# 西北华北森林可持续经营技术研究

惠刚盈　赵中华　等编著



中国林业出版社

**图书在版编目(CIP)数据**

西北华北森林可持续经营技术研究 / 惠刚盈等编著. —北京：中国林业出版社，2017.12

ISBN 978-7-5038-9332-2

Ⅰ.①西… Ⅱ.①惠… Ⅲ.①森林经营-可持续性发展-研究-西北地区 ②森林经营-可持续性发展-研究-华北地区 Ⅳ.①S75

中国版本图书馆 CIP 数据核字(2018)第 012467 号

---

**出版** 中国林业出版社(100009 北京西城区刘海胡同 7 号)

**E-mail** cfybook@163.com **电话** 010-83143581

**发行** 中国林业出版社

**印刷** 北京中科印刷有限公司

**版次** 2018 年 3 月第 1 版

**印次** 2018 年 3 月第 1 次

**开本** 787mm×1092mm 1/16

**印张** 20

**字数** 462 千字

---

# 作者名单


惠刚盈　赵中华

赵　忠　黄选瑞

刘清泉　王迪海

李永宁　刘丽英

丁　易　于澎涛

张弓乔　刘文桢

胡艳波　张连金

左海军　黄继红

张文辉　孙长忠

# 前言

Preface

西北、华北地区是我国重要的水源地和生态屏障，生态区位极为重要，在我国生态环境建设和生态安全方面占有重要的战略地位；同时西北地区和华北土石山区也是我国生态环境脆弱、水土流失严重、自然灾害多发的地区。近年来随着国家天然林保护和退耕还林等重大生态工程的逐步实施，生态环境质量得到显著改善，对西北、华北地区森林的休养生息起到了积极的作用。但长期以来，由于森林经营工作始终没有得到应有的重视，“重营林轻管护”的现象普遍存在，现有的天然林大多是过度利用后形成的次生林，林分密度过大、枯损率增加、质量不高；人工林树种组成单一，林分结构简单，生产力低下。这些问题在地区生态安全、区域国民经济发展、农村产业结构调整、饮用水源地保护及水资源保障等方面产生了严重的影响。如何根据现有森林的状态，通过实施科学的森林经营措施，达到改善森林结构、提高森林生产力、促进森林多种功能的持续协调发挥的目的是迫切需要研究的重大科学问题。

2012年至2016年，由中国林业科学研究院林业研究所牵头，西北农林科技大学、河北农业大学 、内蒙古林业科学研究院、中国林业科学研究院森林环境与保护研究所、中国林业科学研究院华北林业实验中心、甘肃省小陇山林业实验局林业科学研究所等单位参加，联合承担了国家“十二五”科技支撑计划课题“西北华北森林可持续经营技术研究与示范(2012BAD22B03)”。该课题针对西北、华北地区不同生态类型区典型森林类型结构不合理、生产力低、生态功能弱以及森林经营目标单一的客观实际，从最大限度满足社会经济发展和生态建设与保护对森林多种功能需要出发，在系统诊断主要森林类型特征和功能的基础上，以培育健康稳定、生态功能持续发挥的森林为目标取向，研究和构建典型森林类型可持续经营技术体系，为提高西北、华北地区森林质量、充分发挥森林多种功能提供技术支撑。

经过课题组70余人5年的研究与试验，对西北、华北地区典型森林类型可持续经营的关键技术进行了深入的研究，初步形成了西北、华北森林可持续经营技术体系，本书内容为部分主要研究成果。

本书分为7章，第1章为绪论，主要介绍课题的研究背景、研究现状和本课题的研究目标、主要研究内容等，主要编著者为赵中华、惠刚盈；第2章至第7章为西北华北地区主要森林类型可持续经营理论与技术研究及实例，其中第2章为天然林空间结构优化调整技术研究，主要内容有基于相邻木关系的林木密集程度表达方式研究、林分拥挤度及其应用、林分空间结构参数与非空间结构参数整合研究、基于林分状态特征的森林经营田间试验设计研究及林分状态特征合理性评价、经营措施优先性研究等内容。主要编著者惠刚盈、赵中华、张弓乔、刘文桢、胡艳波；第3章为基于立地水分植被承载力的森林经营技术研究，主要内容包括林分蒸腾估计方法的改进、基于森林植被承载力的森林经营技术，主要编著者为于澎涛、左海军；第四章为森林景观水平可持续经营优化配置研究，主要内容有景观水平森林经营类型划分方法研究、森林景观格局的主要因子辨析及景观水平不同经营系统的空间配置及优化经营技术，主要编著者为丁易、黄继红；第五章为黄土高原人工林可持续经营技术研究，研究内容包括黄土高原人工林健康评价与经营技术、黄土高原人工林多功能可持续利用评价体系、黄土高原油松中龄林抚育间伐效益研究及黄土高原油松林地被物对油松幼苗早期更新的影响研究，主要编著者为王迪海、赵忠、张文辉；第六章为华北土石山区森林可持续经营技术研究，主要研究内容包括华北落叶松人工林经营技术研究、华北落叶松成熟林生长规律、华北落叶松林分空间结构、结构方程模型在落叶松林经营中的应用以及华北土石山区杨桦次生林经营技术等，主要编著者为李永宁、黄选瑞、孙长忠、张连金；第7章为内蒙古灌木林可持续经营技术研究，主要内容包括内蒙古灌林区划、山杏灌木林可持续经营技术研究、沙柳灌木林可持续经营技术研究等内容，主要编著者为刘丽英、刘清泉。全书由赵中华、惠刚盈统稿。

本书是全体课题参加人员的共同结晶，除上述编著人员外，其他课题主要参加人员也参与了本书有关内容的编著与讨论，许多研究生参加了课题研究的具体工作，课题试验区所在的单位甘肃省小陇山林业实验局百花林场、新疆林科院、六盘山林业局、陕西永寿县林业局、陕西省黄龙林业局、桥山林业局、甘肃镇原县林业局、河北塞罕坝林机械林场、河北木兰围场、内蒙古赤峰林科院等单位为课题的试验示范提供了良好的工作条件和帮助，在此，对以上人员和单位表示衷心的感谢！本书的出版得到了国家“十二五”科技支撑计划课题“西北华北森林可持续经营技术研究与示范”(2012BAD22B03)和国家自然科学基金“基于相邻木关系的混交林树种分布格局测度方法研究”(31370638)的共同资助，在此一并致谢！

本书的内容体现了西北华北地区典型森林类型的可持续经营技术的最新研究成果，希望该书的出版对研究区森林可持续经营起到良好的推动作用，为我国森林可持续经营提供一定的参考。由于编者水平有限，书中疏漏和错误在所难免，加之时间仓促，有些研究内容还属于阶段性成果，需要在实践中进一步检验和深入研究，希望广大读者和有关专家批评指正。

编著者

2017年6月于北京

Contents
# 目 录

Chapter 1

# 第1章 绪论

世界森林面积锐减、森林景观破碎化和森林生态系统功能下降而引起的生态环境问题，使林学家、生态学家们认识到只有重视森林生态系统在自然环境保护中的主导作用，注重研究森林与生态环境的依赖关系，按照森林的自然生长规律和演替过程安排经营措施，重视森林的多目标经营，才能真正发挥森林生态系统的各项效益，真正实现森林可持续经营和林业的可持续发展。以德国为代表的欧洲近自然森林经营是尽可能有效地运用生态系统的规律和自然力造就森林，把生态与经济要求结合起来实现合理地经营森林的一种贴近自然的森林经营模式；以美国为代表的生态系统经营则强调把森林作为生物有机体和非生物环境组成的等级组织和复杂系统，用开放的复杂的大系统来经营森林资源；欧盟和日本等通过林业立法倡导多功能林业，并取得了一些实质性科技进展。无论是“近自然林”还是“生态系统管理”，其实质都是为了维护和恢复森林生态系统的健康，发挥森林的多种功能和自我调控能力。由此可见，当前森林可持续经营已成为各国主要研究内容。

森林经营是林业发展永恒的主题。长期以来，森林经营工作始终没有得到应有的重视，并且在森林经营工作中，重点关注森林的物质生产功能，尤其是木材产量，使得现有森林，以人工林为主导，树种组成单一，林分结构简单，林地利用率低，生产力低下，病虫害与森林火灾时有发生，森林生态系统功能低下。我国虽然在森林经营研究中做了大量的工作，但受学科发展和国情的限制，已有的研究尚未充分认识和定量评价森林多种功能间的关系及其时空变化规律，这导致林业管理中人为割裂了森林的多种功能，使森林的整体功能潜力远未发挥，成为限制森林科学经营的最大技术瓶颈。

森林经营的原理就是道法自然，即遵从自然规律进行既定目标的森林结构调整。森林结构是分析和管理森林生态系统的重要因子，是对林分发展过程如更新方式、竞争、自然稀疏和经代理人干扰活动的综合反映。量化描述森林结构被认为中现代森林经营最有效的工作指南。已有的森林结构量化指标被广泛应用于林分结构分析、树种空间多样性、林木竞争关系、林分结构重建和采伐木选择，如何挖掘结构参数新的应用领域及对结构参数体系进一步完善，把林分空间结构的各个方面作为一个整体来分析空间结构变化用于指导森林经营实践是未来研究的重要方向。我国学者在森林健康经营研究方面作了一些探讨，但从现有成果来看，森林健康经营林分水平研究多，区域尺度研究少，研究缺少系统性数据积累；对以木材利用为主的森林经营研究多，以生态服务功能为主的研究少；以流动或临时调查为基础的研究多，持续定位长期监测的研究少。因此，有必要开展系统的、多尺度的森林健康评价和健康经营技术研究。在森林的碳储量和碳汇价值评价技术方面，人们主要集中在全球、全国水平以及我国东北地区森林的碳储量和碳汇价值观测评价上，而对典型森林类型的碳储量和碳汇价值评价很少涉及；在水源涵养林功能评价、机理探讨和实验观测等方面我国学者也进行了大量的研究，取得了一些成果，但已有的研究尚未充分认识和定量评价森林多种功能间的关系及其时空变化规律。灌木林具有不可忽视的生态、经济和社会作用，但在大力发展灌木林时，没有把灌木林产品利用与灌木林的可持续经营结合在一起，已经成为制约灌木林产业与生态保持良好平衡的瓶颈。

西北、华北地区是我国重要的水源地和生态屏障，生态区位极为重要，在我国生态环境建设和生态安全方面占有重要的战略地位。西北地区和华北土石山区是我国生态环境脆弱、水土流失严重、自然灾害多发的地区，同时也是我国经济发展水平相对较低的区域。近年来随着国家天然林保护和退耕还林工程等重大生态工程的逐步实施，森林面积逐年增加，生态环境质量得到显著改善，对西北、华北地区森林的休养生息起到了积极的作用，使该区域的森林在生物多样性和生态平衡维持，环境保护、水源涵养、防风固沙、农田保护等方面得到了很大的提升。但长期以来，由于森林经营工作始终没有得到应有的重视，“重营林轻管护”的现象在各级林业部门及农民中普遍存在，大部分未及时采取有效的抚育经营措施，并且在森林经营工作中，人为割裂了森林多种功能的持续协调发挥。在天然林区，现有的森林大多是天然林过度利用后形成的次生林，由于严格的森林禁伐、禁牧，也引发了如林分密度过大、枯损率增加、质量下降等许多新的问题；在人工林区，树种组成单一，林分结构简单，林地利用率低，生产力低下，病虫害与森林火灾时有发生，森林资源质量不高，森林生态系统功能低下甚至日趋恶化；在灌木林区，没有把灌木林产品利用与灌木林的可持续经营结合在一起，忽视了灌木林的生态、经济和社会作用。这些问题对于地区生态安全，区域国民经济发展、农村产业结构调整、饮用水源地保护及水资源保障等方面产生了严重的影响。

从林业政策来看，我国的森林资源经营管理突出表现在以死看死守为主，忽视了对森林资源的培育和适度经营，导致大面积人工林缺乏有效及时的经营、低质低效林广泛存在。值得欣慰的是，近年来国家对森林经营给予高度重视，广大森林经营者也热切期盼，通过森林经营，能够在改善森林结构、提高森林生产力、提升森林生态环境服务功能的同时，能够通过森林经营增加经济收益。

我国学者在分类经营、近自然经营、生态系统管理和可持续经营等方面进行了大量有益的探讨，也进行了一些实践探索，并发展了近自然森林经营方法，提出了结构化森林经营方法与技术。“九五”期间开展了以林业生态工程建设区为重点的研究，如防护林体系稳定林分结构与调控研究、困难立地造林与植被恢复、低效防护林改造更新等研究；“十五”期间主要开展了以退耕还林还草工程区为重点的研究，如退耕还林还草工程区水土保持型植被、水源涵养型植被建设技术研究、退耕还林还草工程区华北石质山地植被恢复与复合经营技术研究、天然林保育技术等；“十一五”期间主要开展了以林业生态建设关键技术为重点的研究，如华北土石山区植被与重建技术研究、黄土高原水土保持植被恢复技术、天然林保育恢复与可持续经营技术等研究。自“九五”以来的三个五年计划中均未设立专门的森林经营研究课题，这些研究多集中在水源涵养林功能评价、机理探讨和实验观测等方面，很少涉及有关森林可持续经营的研究，也未协调好主导功能与其他功能的冲突。

“十二五”期间，由国家林业局和中国科学院组织实施了国家科技支撑项目“森林可持续经营关键技术研究与示范”(2012BAD22B00)，本研究为该项目的第3课题“西北华北森林可持续经营技术研究与示范”(2012BAD22B03)。课题针对西北、华北地区典型森林类型，在甘肃小陇山和陕西桥山林区天然林、宁夏六盘山水源涵养林、新疆天山、阿勒泰山天然林区、黄土高原典型人工林、内蒙古灌木林区和华北燕山山地人工林区，开展以培育健康稳定的多功能森林为目标的森林经营技术研究与示范。课题根据森林类型及研究区域共设置了4个专题，分别为“西北天然林可持续经营技术研究与示范”、“黄土高原人工林可持续经营技术研究与示范”、“华北土石山区森林可持续经营技术研究与示范”以及“内蒙古灌木林可持续经营技术研究与示范”。课题研究总体技术路线如图1-1所示。

“西北天然林可持续经营技术研究与示范”专题包括“西北天然林林分空间结构优化调整技术研究”、“基于立地水分植被承载力的森林经营技术研究”和“森林景观水平可持续经营技术优化配置”3个主要研究内容。其中，“西北天然林空间结构优化调整技术研究”以甘肃小陇山、陕西桥山天然林区试验样地调查数据、森林经营规划和森林资源清查资料为基础，从树种结构、径级结构、空间分布格局、树种隔离程度和竞争关系以及林分密度等方面确定影响不同森林类型主导功能发挥的关键因子，开展林分状态合理性评价技术、经营迫切性评价方法和经营措施优先性确定技术研究，构建天然林结构调整计算机优化经营规则和经营模型，编制结构优化模拟软件，并建立典型森林类型林分结构优化经营技术模式示范区。“基于立地水分植被承载力的森林经营技术研究”依托生态定位站长期观测数据，在宁夏六盘山研究主要森林植被类型的结构特征动态随立地环境变化规律及森林植被结构对蒸散耗水和产流能力的影响，提出基于降水输入可用水分和满足坡面产流要求的立地植被承载力定量确定技术。“森林景观水平可持续经营优化配置研究”以试验样地调查数据、森林经营规划、森林资源清查及多源遥感影像资料为基础，在新疆天山和阿尔泰山林区，运用基于植被干扰动态模拟技术和景观情景分析探索技术，分析森林景观斑块的外在特征和森林植被群落外貌特征，研究景观水平上森林经营类型划分方法；辨析影响森林景观的主要因子，量化不同森林景观类型及森林生态系统对干扰的响应程度，从景观水平提出可持续经营技术指标。

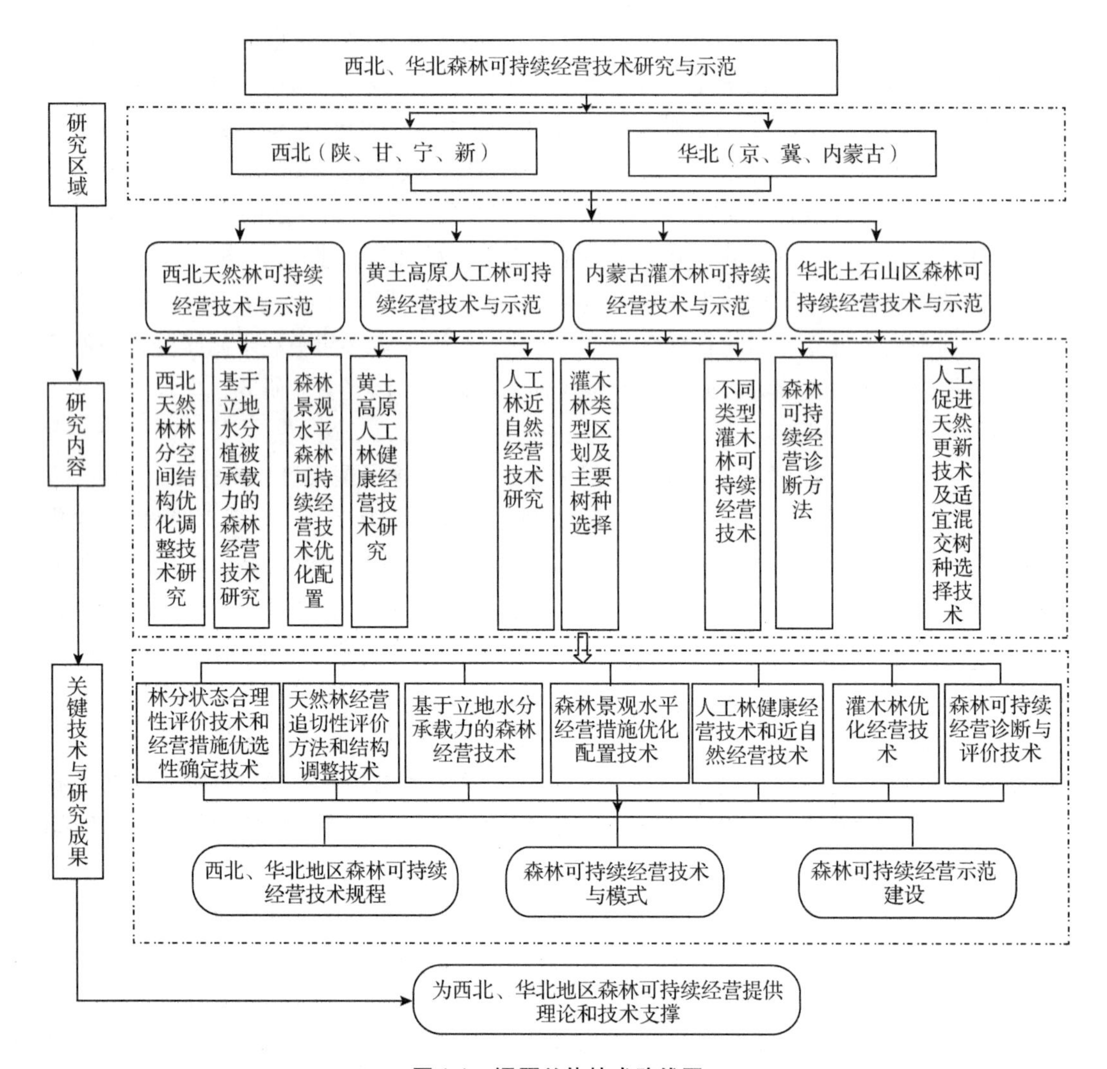


**图 1-1　课题总体技术路线图**

“黄土高原人工林可持续经营技术研究与示范”专题包括黄土高原人工林健康评价与经营技术研究、黄土高原人工林多功能可持续利用评价体系研究及人工林近自然经营技术研究等内容。其中，“黄土高原人工林健康评价与经营技术研究”以地处黄土高原南部的陕西省永寿县、白水县、扶风县、淳化县、富县和甘肃正宁县等地的刺槐、油松、侧柏人工林为研究对象，采用层次分析和聚类分析的方法构建适用于该地区人工林的健康评价体系，基于建立的林分健康评价指标体系，并对研究区域的刺槐、油松、侧柏人工林健康状况评价。“黄土高原人工林多功能可持续利用评价体系研究”运用层次分析法，构建由目标层、约束层和指标层 3 个层次组成的森林多功能评价体系，并选择黄土高原区具有代表性的油松林、刺槐林、侧柏林、杨树林和油松侧柏混交林为评价对象进行森林多功能可持续利用进行评价。“人工林近自然经营技术研究”以黄土高原油松人工林为对象，采用近自然经营技术进行抚育间伐，研究油松人工林抚育间伐效益和地被物对油松更新的影响。

“华北土石山区森林可持续经营技术研究与示范”专题以华北土石山区主要森林类型华北落叶松为对象，布设典型样地，研究华北落叶松人工林更新特征和影响更新的限制因子、华北落叶松成过熟林的生长发育规律、林分空间结构特征并提出相应的经营技术。以杨桦次生林为对象，研究杨桦次生林的干扰和更新特征，提出杨桦次生林经营技术，并对杨桦次生林抚育间伐效果进行评价；同时，根据杨桦次生林演替特征，开展基于演替趋势的杨桦次生林近自然度评价技术体系。以京西九龙山主要森林类型为研究对象，开展森林可持续经营诊断与评价，人工林近自然化改造技术、天然次生林结构优化技术研究。

“内蒙古灌木林可持续经营技术研究与示范”专题研究内容包括内蒙古地区灌木林类型区划及主要树种选择技术研究，山杏、灌木柳灌木林可持续经营技术研究及灌木林可持续经营技术组装集成。研究通过调查分析内蒙古自治区灌木林整体概况，划分类型区，依据各类型区的特点和灌木林生产经营发展方向，选择主要灌木林树种；同时通过查阅文献收集内蒙古自治区各灌木树种可持续经营(从育苗、栽培、抚育管护及林产品采收和加工利用等方面)的最新研究技术，开展灌木林抚育管护、平茬复壮、修剪、嫁接、病虫害防治、封禁保护等可持续经营技术研究，并进行经济效益、生态效益监测与评估，组装集成灌木林可持续经营模式，并建立示范基地。

课题研究区域涉及我国西北、华北主要的林区，研究对象既有人工林生态系统，也有天然林生态系统，包括甘肃小陇山和陕西桥山林区天然林、宁夏六盘山水源涵养林、新疆天山和阿勒泰山天然林区、黄土高原典型人工林、内蒙古灌木林区和华北燕山山地人工林。各项研究内容都是在对研究区基础资料全面了解的基础上，通过调查研究区典型林分类型的特征，以试验样地调查数据、森林经营规划资料、森林资源清查资料、生态定位站长期观测数据和多源遥感影像资料等为基础数据，开展主要森林类型主导功能和主要功能诊断分析，研究典型森林类型多功能经营关键技术，开展试验示范，重点解决在多功能经营中如何既能突出森林主导功能又能协调多目标冲突的关键技术难点，提供森林多功能经营共性技术体系及针对典型区域不同森林类型的、可操作的高效经营模式，在保证发挥好不同森林类型主导功能的同时充分发挥其他功能，为提高西北、华北地区森林整体质量与功能，实现森林可持续经营提供技术支撑。

Chapter 2

# 第2章 西北天然林空间结构优化调整技术研究

结构决定功能。结构是构成系统要素的一种组织形式。一个系统不是其组成单元的简单相加，而是通过一定规则组织起来的整体，这种规则和组织形式就是系统的结构。结构反映了构成系统的组成单元之间的相互关系，直接决定了系统的性质，是系统与其组成单元之间的中介，系统对其组成单元的制约是通过结构起作用的，并通过结构将组成单元连接在一起。

森林是以乔木为主体的生物群落。生物群落通常包括动、植物群落及其微生物区系。一般对森林的理解更侧重于其中的植物群落，而植物泛指决定群落外貌特征的那些植物。通常所讲的植物群落是指某一地段上全部植物的综合，它具有一定的种类组成和种间的数量比例，一定的结构和外貌，一定的生境条件，执行着一定的功能，其中植物与植物、植物与环境间存在着一定的相互关系，它们是环境选择的结果，在空间上占有一定的分布区域，在时间上是整个植被发育过程中的某一阶段。所以说，一个植物群落就是一个生态系统。群落内不同种类的植物之间存在着复杂的相互关系，并非是杂乱无章的堆积。这种关系是群落结构的一个重要特征，一般难以从群落的表面加以识别，所以称其为群落的内部结构。

群落结构的另一个重要特征是通常讲的群落的外貌结构即水平结构和垂直结构。水平结构指的是植物在水平地面上的排列形式，反映了植物的分布格局。垂直结构指的是植物在高度方向上的层次配置，反映了群落的成层现象。这是群落结构的可见特征。群落的内部结构和外貌结构构成了群落的空间结构。可见，森林的空间结构指的是同一森林群落内物种的空间关系，即林木的分布格局及其属性在空间上的排列方式。

林分空间结构是研究森林空间结构的基础，主要指林木空间分布格局、树种多样性和个体大小。分布格局从总体上决定了林分内的光照分配体系和更新方式，并强烈地影响树木的生长和木材产量的蓄积；不同树种数量和分布状况构成了混交度，决定了林分内部光照条件和枯落物成分，并控制许多生物和非生物的过程；分布格局、混交度、年龄和竞争态势决定树木在水平和垂直空间上的大小分化程度，而分化度决定了林下的微型气候、食物供给和森林结构的复杂性。因此，它直接或间接地影响到森林动物的出现和数量以及植物的种类。

森林空间结构决定了树木之间的竞争势及其空间生态位，它在很大程度上决定了林分的稳定性、发展的可能性和经营空间大小。分析和重建林分空间结构是研制新一代林分生长模型的重要基础，也是制定森林经营规划方案的前提。通过对林分空间结构量化分析方法的研究，不仅是要合理地描述现实林分的空间结构，更是要为正确重建林分空间分布格局服务，促进以树木相邻关系为基础而建立的生物过程模型得以在生产实际中应用。本研究在前期研究的基础上，以培育健康稳定多功能持续发挥的森林为目标，进一步开展了森林空间结构量化分析表达方法研究，从树种结构、径级结构、空间分布格局、树种隔离程度和竞争关系以及林分密度等方面总结探索林分结构与各种功能的数量关系及合理林分的状态特征数量指标，开展了基于林分状态特征的森林经营田间试验设计研究，并在此基础上开展了天然林林分状态合理性评价技术、经营迫切性评价方法和经营措施优先性确定技术研究，构建了天然林结构调整计算机优化经营规则和经营模型，最终提出了完整的西北地区天然林可持续经营技术模式，以期为西北地区天然可持续经营提供理论支撑与技术范式。

## 2.1　基于相邻木关系的林木密集程度表达方式研究

### 2.1.1　密集度的提出

林木密集程度是林分空间结构的重要属性，反映林木的疏密程度，包含一定的竞争信息，同时直观表达了林冠层对林地是否连续覆盖。如何通过构建空间结构参数准确量化单株林木周围和林分整体的密集程度？以相邻木空间关系为基础，采用模拟林分数据和实际林分调查数据相结合的方法，提出了一种新的与林木距离有关的林分空间结构参数——密集度，它以林分空间结构单元为基础，通过判断林分空间结构单元中树冠的连接程度分析林木的密集程度。

密集度(*Crowd index*，简称 $C_i$)的定义为参照树与 $n$ 株最近相邻木树冠连接的株数占所考察的最近相邻木的比例。树冠连接是指相邻树木的树冠水平投影重叠，包括全部重叠或部分重叠，换言之，树冠刚刚相切或相对独立都不属于连接。计算公式为：

$$C_i = \frac{1}{4}\sum_{j=1}^{4} y_{ij} \tag{2-1}$$

其中：$y_{ij} = \begin{cases} 1, & \text{当参照树 } i \text{ 与相邻木 } j \text{ 的树冠投影相重叠时} \\ 0, & \text{否则} \end{cases}$

密集度通过判断林分空间结构单元中树冠的连接程度分析林木疏密程度。当考虑参照树周围的 4 株相邻木时，$C_i$的取值有 5 种，见图 2-1。

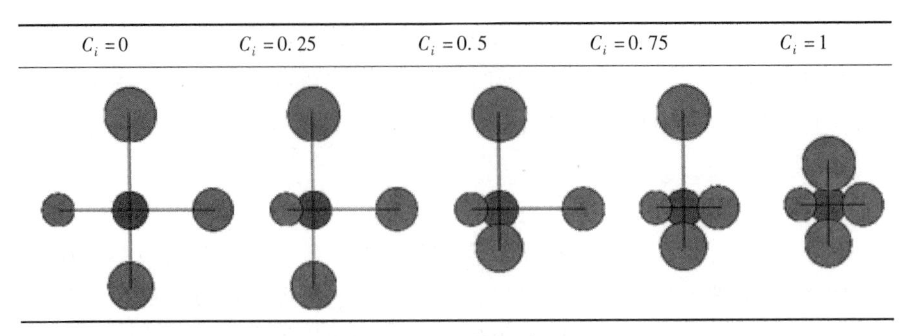


**图 2-1　$C_i$取值示意图**

当 $C_i=1$ 时，可认为林木很密集；当 $C_i=0.75$ 时，林木比较密集；当 $C_i=0.5$ 时，林木中等密集；当 $C_i=0.25$ 时，林木稀疏；当 $C_i=0$ 时，林木很稀疏。这 5 种可能明确地定义了参照树所在的结构单元的林木密集程度，程度的高低以中度级为岭脊，生物意义十分明显。

密集度量化了林木树冠的密集程度，同时包含了一定的竞争信息。$C_i$越大说明林木密集程度越高，参照树所处小环境树冠越密，树冠越连续，林木间的竞争也相应增加。$C_i$越小说明林木密集程度越低，林木越稀疏，树冠之间出现空隙越大，林木间对营养空间的竞争也有所减小。在某些林分空间结构简单的地段，缺少其他地被植物，林隙越大还意味着林地裸露的面积越大。

### 2.1.2　林分密集度

$C_i$值的分布可反映出一个林分中林木个体所处小环境的密集程度。在研究林分密集度($\bar{C}$)时，如果仅考虑树冠连接状况，则采用下式：

$$\bar{C}=\frac{1}{n}\sum_{i=1}^{n}C_i \tag{2-2}$$

如果考虑不同水平分布格局中林木能够占据的方位不同，在计算树种或林分的密集度时加入格局因子，则计算公式如下所示：

$$\bar{C}=\frac{1}{n}\sum_{i=1}^{n}C_i\lambda_{W_i} \tag{2-3}$$

其中：$\bar{C}$：林分密集度；$C_i$：密集度；$n$：全林分株数；$\lambda_{W_i}$：格局权重因子。$\lambda_{W_i}$的赋值是由不同分布格局中 $C_i$均值的代表性决定的。图 2-2 中 $W_i$ 为不同林木分布格局的角尺度取值，描述了林木分布从非常均匀到非常不均匀的状态。

在不同类型的分布格局中，相邻木可能占据的方位是不同的，$C_i$均值的代表性也随之发生变化。如果林木分布非常均匀，$W_i=0$，4 株最近相邻木基本均匀占据了参照树周围的 4 个方位，此时 $C_i$均值完全能够代表该参照树所处小环境的疏密程度和竞争压力，因此 $\lambda_{W_i}$赋值为 1；如果林木分布格局为均匀分布，$W_i=0.25$，4 株最近相邻木能够占据参照树周围的 3 个方位，此时 $C_i$均值能表达参照树所处小环境 3 个方位的疏密和竞争，因此 $\lambda_{W_i}$赋值为 0.75；当林木格局为随机分布时，$W_i=0.5$，4 株最近相邻木能够占据参照树周围的 2 个方位，$C_i$ 均值表达了参照树所处小环境 2 个方位的疏密和竞争，因

此 $\lambda_{W_i}$赋值为 0.5；当林木分布变为团状时，$W_i=0.75$，4 株最近相邻木占据的方位稍多于 1 个但不到 2 个，因此 $\lambda_{W_i}$赋值为 0.375；当参照树的所有相邻木都非常拥挤地聚集到一侧时，林木分布为强团状分布，$W_i=1$，$C_i$ 均值也仅能够代表参照树所处小环境在 1 个方位的疏密程度和竞争压力，因此 $\lambda_{W_i}$赋值为 0.25。

考虑不同水平分布格局，总体上说，$\bar{C}$ 越大说明林分整体密集程度较高，林冠层连续覆盖程度越高，林木间的竞争也较为激烈，反之则林分越稀疏，林分出现林隙的可能性增加，林分整体密集程度和竞争较低。

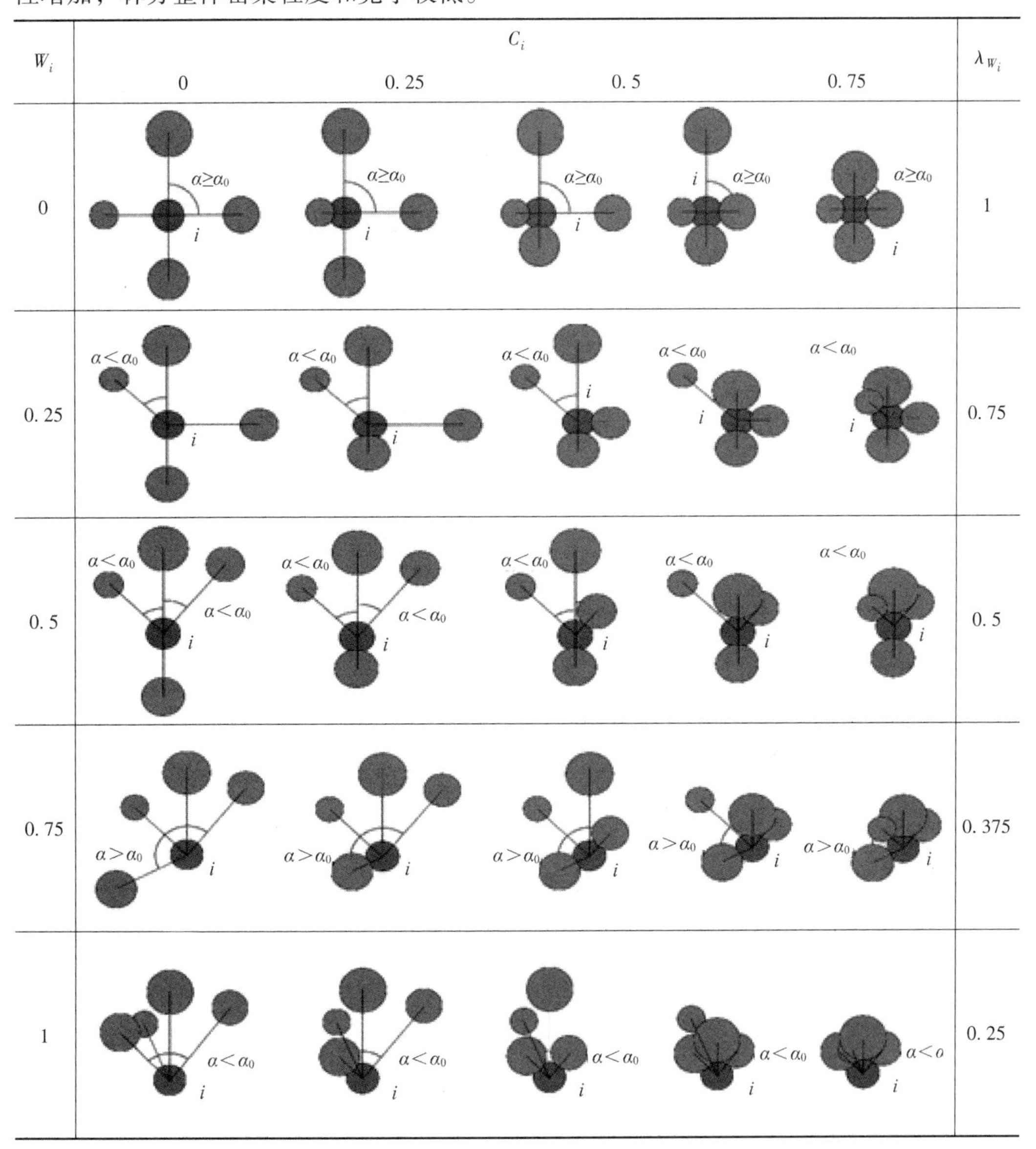


**图 2-2　不同分布格局的权重赋值**

### 2.1.3 模拟研究

为了更好地理解密集度，研究模拟了一个 10m×10m 的小样地，为避免边缘效应，设置 2m 宽的缓冲区，样地内共有 10 株树，核心区内有 5 株，缓冲区有 5 株，该林分的郁闭度为 0.8，$\bar{W}=0.550$，格局为团状分布(图 2-3)。

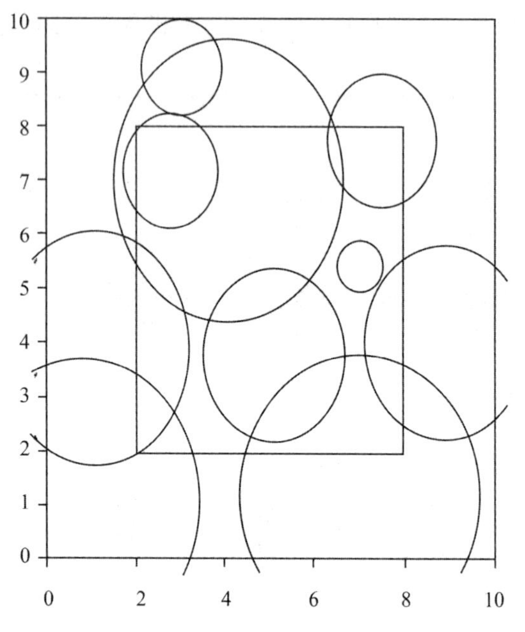


| No | Crown (m) | $C_i$ | $W_i$ | |
|---|---|---|---|---|
| 5 | 3.2 | 0.5 | 0.75 | 0.375 |
| 6 | 1 | 0 | 0.25 | 0.75 |
| 7 | 2.1 | 0.5 | 0.5 | 0.5 |
| 8 | 5.2 | 0.75 | 0.5 | 0.5 |
| 9 | 2.4 | 0.25 | 0.75 | 0.375 |
| 1* | 1.8 | | | |
| 2* | 3.6 | | $\bar{C}(2)=0.400$ | |
| 3* | 5.4 | | $\bar{C}(3)=0.181$ | |
| 4* | 4.3 | | | |
| 10* | 5.3 | | | |

* 落入缓冲区的林木。

**图 2-3 密集度计算示意图**

从图 2-3 可看到，部分林木的树冠的确连在一起，有些地方甚至层叠在一起。统计核心区树木的密集度可知，$C_i=0$ 的林木是 6 号，其树冠孤立于其他林木；9 号树冠与 1 株相邻木连接，$C_i=0.25$；5 号和 7 号与其周围 2 株最近相邻木树冠连接，$C_i=0.5$；8 号与其周围 3 株最近相邻木树冠连接，$C_i$ 为 0.75。结合分布格局分析林分的密集程度可知，6 号的相邻木基本均匀分布于其周围，格局赋值为 0.75；7、8 号所处的空间结构单元 $W_i=0.5$，属于随机分布，$\lambda_{W_i}$为 0.5，5 号、9 号处于团状分布格局，其相邻木大部分偏向一侧，$\lambda_{W_i}$为 0.375。如果不加格局权重，采用公式(2-2)计算林分的密集度为 0.4，加入格局权重采用公式(2-3)计算林分的平均密集度为 0.181，综合分析表明该林分的林冠层某些结构单元较为连续但整体上比较稀疏，如图 2-3 所示林中出现大块林隙，林分的密集程度比较低。对照图 2-2 和密集度所描述的情况，发现二者比较吻合，密集度对于结构单元和林分的密集程度的描述都是准确的。

为说明密集度对不同格局的适应性，模拟均匀、随机和团状分布样地各 1 块，面积为 50m×50m，缓冲区宽度为 5m，林木密度为 1200 株/$hm^2$(图 2-4)。

由图 2-4 可知：$C_i$ 分布明显受到 $W_i$ 分布的影响，均匀分布中相邻木均匀分布时树冠独立或轻度密集的情况比其他两种分布类型更明显，随机分布则是相邻木基本占据两个方位、树冠基本密集的情况特别明显，而团状分布出现了较多虽然树冠大多密集但相邻木集中于某一个方位的情况。

总体上说，随着格局分布均匀性的降低，林木的密集程度也有所降低，林分内出现了较多的林隙。

如果采用公式(2-2)计算林分的密集度，随机分布的平均密集度偏高，这是由于 $W_i$ 等于 0.5 的结构单元占据了绝大多数，而均匀和团状的结构单元数量均衡。

实际上均匀分布格局的密集程度应该更高，由此可知，还是应该采用公式(2-3)加入格局权重后计算林分的密集度才能更符合不同的格局特征。

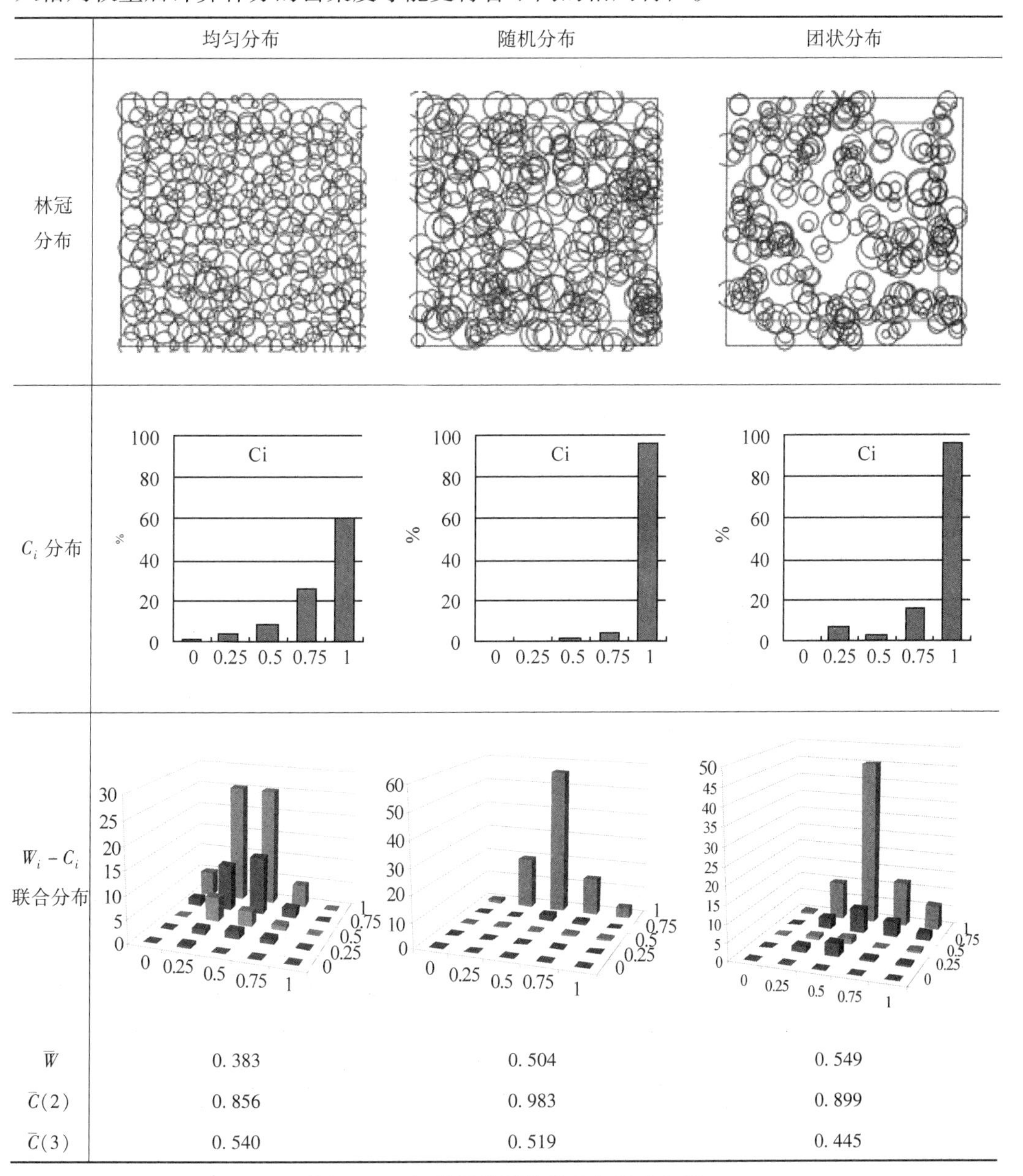


图 2-4　不同格局类型林分密集程度分析

## 2.1.4 应用实例

### 2.1.4.1 不同密度人工林的密集度分析

研究区位于江西大岗山，海拔 250m，属亚热带季风型湿润性气候，年平均气温 16.8℃，年降水量 1656mm。主要地带性土壤为黄棕壤。两块杉木人工纯林样地密度分别为 1667 株/hm$^2$(株行距 2m×3m)和 3333 株/hm$^2$(株行距 2m×1.5m)，面积为 20m×30m，皆为典型的均匀分布(图 2-5)。

由图 2-5 可知，研究样地是密度不同、格局相似的均匀分布，这种林分空间结构单元里的相邻木多数占据 4 个方位。两块样地内树冠孤立或仅与 1 株连接的林木($C_i$ 取值为 0 或 0.25)基本没有，与 2 株最近相邻木树冠接触的林木($C_i$ 取值为 0.5)在株行距 2m×3m的样地里约占 50%，同一块样地内与 3 株最近相邻木树冠接触的林木($C_i$ 取值

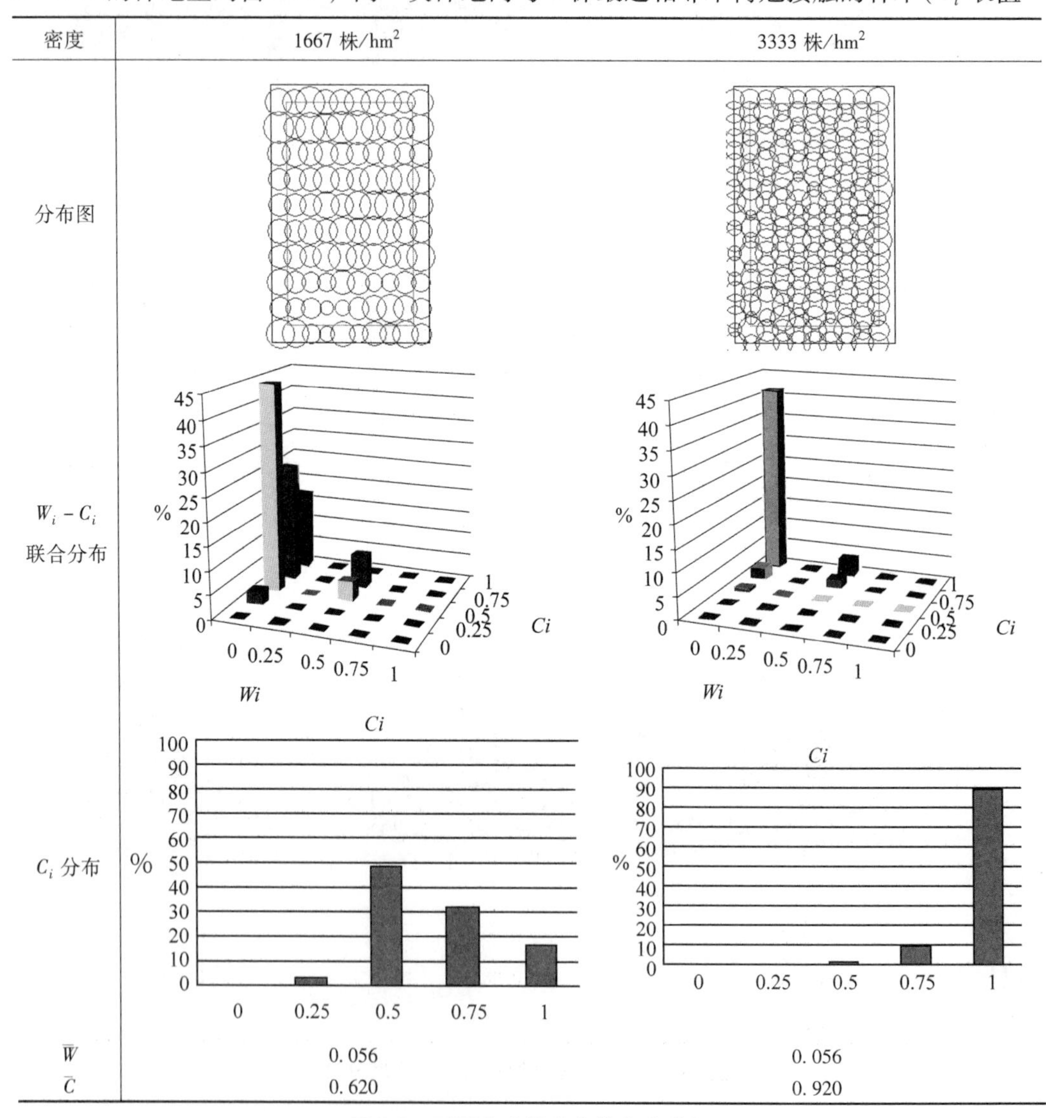


图 2-5 不同密度林分密集程度分析

为 0.75）超过 30%，而株行距 2m × 1.5m 的样地里接近 90% 的林木与周围 4 株最近相邻木的树冠都有接触（$C_i$ 取值为 1）。由于格局的均匀性，随着密度的增大，树冠大于株行距的可能性也增大，林冠层越来越密，林分空间结构单元中树冠全部连接在一起的情况越来越明显，林木对营养空间的竞争也越发激烈，林分密集程度不断提高。

2.1.4.2　天然林的密集度分析

样地位于吉林省蛟河林业试验区管理局东大坡自然保护区内（43°51′N ~ 44°05′N，127°35′E ~ 127°51′E），属于长白山系张广才岭支脉断块中山、吉林省东部褶皱断山地地貌，相对海拔在 800m 以下，该区气候属温带大陆性季风山地气候，年平均气温 1.7℃，年最低气温 -22.2℃，年平均降水量 856.6mm，年相对湿度 75%。主要地带土壤为暗棕壤。

试验地的植被属于温带针阔混交林区域的长白山地红松云冷杉针阔混交林区，主要植物属于长白植物区系。本区的主要森林类型有红松针阔混交林、云冷杉林和硬阔叶林等天然林。

样地面积为 100m × 100m，样地坡度 6°，坡向西北。林相为复层、异龄，层次明显。林分郁闭度 0.9，林分密度为 830 株/hm²，平均胸径 17.6cm，林分的断面积为 30m²/hm²，林分蓄积量约为 224.2m³/hm²。单木共有 22 个针阔叶树种。林分属于随机分布（图 2-6）。为避免边缘效应，设置 5m 宽的缓冲区，其中林木仅作为相邻木参与结构参数的计算，统计核心区内所有起测径（5.0cm）以上单木的密集度（$C_i$）和角尺度（$W_i$），评价林木密集程度（图 2-7）。

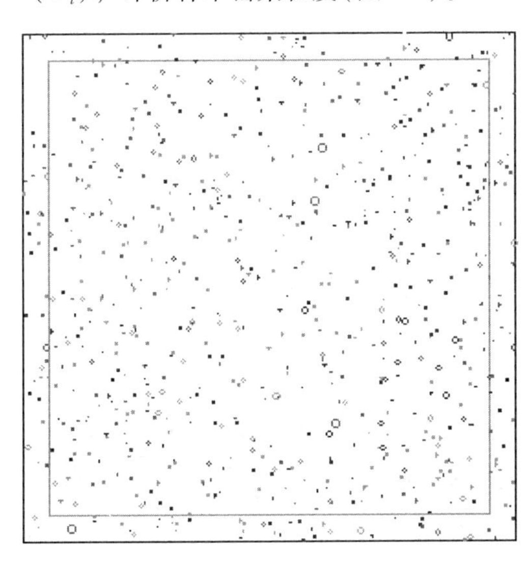

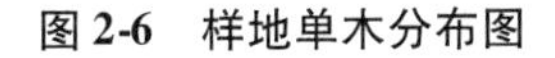
图 2-6　样地单木分布图

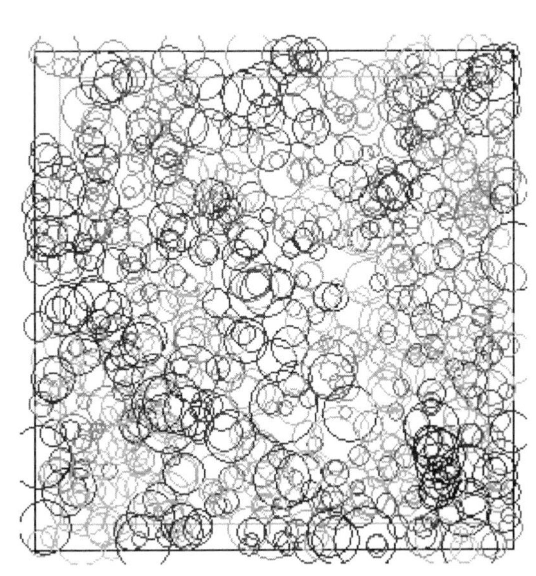

图 2-7　林分树冠对空间的利用程度

本林分核心区内起测径以上的林木共 681 株，由 $C_i$ 的分布图可知，林内树冠孤立或仅与 1 株连接的林木（$C_i$ 取值为 0 或 0.25）基本没有，与 2 株最近相邻木树冠接触的林木（$C_i$ 取值为 0.5）约占 4%，与 3 株最近相邻木树冠接触的林木（$C_i$ 取值为 0.75）约占 12%，超过 80% 的林木与周围 4 株最近相邻木的树冠都有接触（$C_i$ 取值为 1），这些林木间的竞争相当激烈(图 2-8)。

结合林分的空间分布格局分析可知，该林分属于随机分布，$W_i$ 取值为 0.5 的结构单元最多，其中超过 50% 的参照树与周围 4 株相邻木树冠连接($C_i = 1$)，相邻木至少占据了参照树周围的两个方位，约 15% 的结构单元至少占据了参照树周围的 3 两个方位。经计算得知林分密集度 $\bar{C}$ 为 0.509，林冠层连续，林分的密集程度相对较高(图 2-9)。

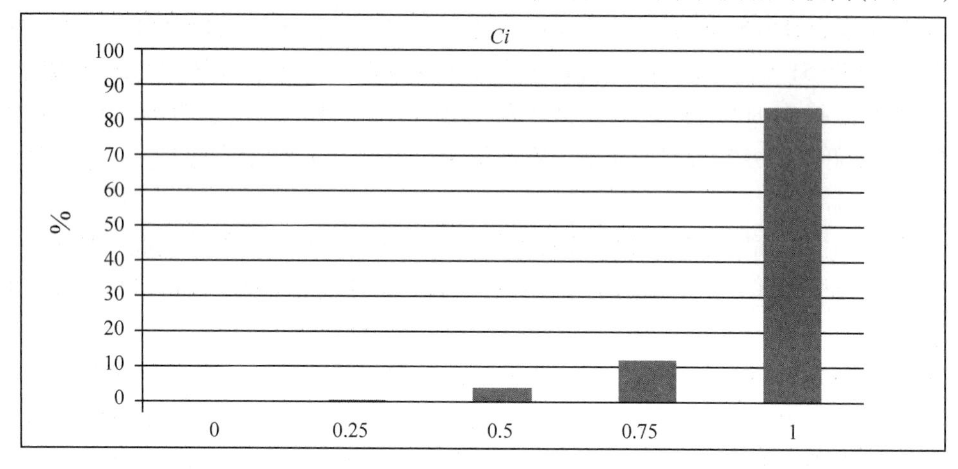


**图 2-8 单木密集度分布**

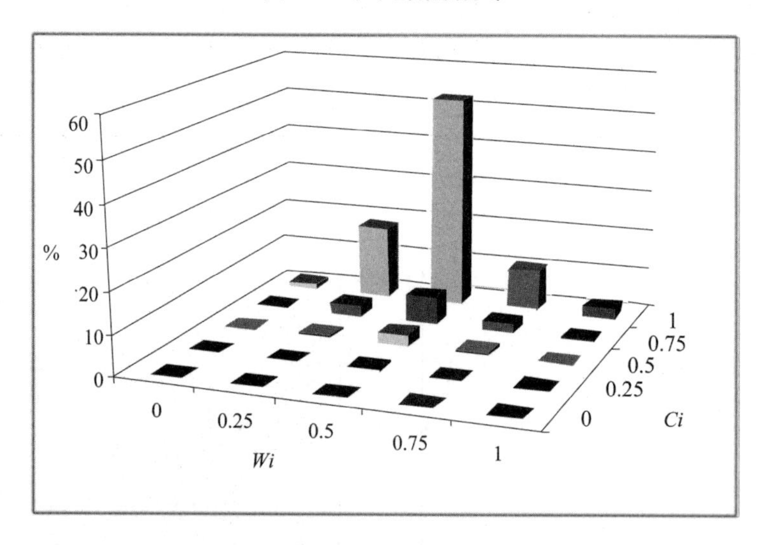


**图 2-9 $C_i - W_i$ 分布**

## 2.2 林分拥挤度及其应用

控制和调整林分密度始终是森林经营研究的核心。林分密度是除立地质量外又一影响林分生长的重要因素，不仅影响林分的产量和质量，而且影响林内环境和林分稳定性。而如何进行密度控制，何谓合理的林分密度，一直是森林培育所关心的科学问题。

为此，关于林分密度的表达显得尤为重要。截至目前，已提出了众多的林分密度指标，譬如：郁闭度、疏密度、株距指数、林分密度指数、树木面积比、树冠竞争因子、每公顷断面积、单位面积株数、相对植距和优势高—营养面积比等。虽然林分密度表达方式多样，但以株数密度、疏密度及郁闭度等为常见。其中：株数密度仅表示单位面积上的林木株数，无法说明林木之间的密集程度，如林木株数密度相同的林分因林木大小不同，其林木的密集程度也大不一样；疏密度虽然能反映林分的生长状况，但是最大断面积较难确定；郁闭度能反映林分利用空间的现状及树冠的郁闭程度，且数值化的郁闭度值已成为森林经营实践的结晶，林学上根据林分郁闭度值的大小进行密林(≥0.7)与疏林(<0.7)的划分；森林经营中，通常要求林分郁闭度保持在 0.7 左右，而对于 0.9 以上林分必须进行密度调控。但是该指标较粗放，且无法准确反映林分内出现较大林窗时着生林木区域的林木实际拥挤程度。目前还没有一种数字化密度指标能同时表达出森林形成和发育的整个过程——郁闭前幼林自由生长阶段、郁闭成林后的自然整枝阶段和完全郁闭后的优胜劣汰竞争阶段。

### 2.2.1　林分拥挤度的提出

林分密度是对林分自然动态发展过程中林木间的拥挤程度的反映。众所周知，在初始密度一定的条件下，林分将经历如下过程：郁闭前，林木间没有拥挤和遮盖，个体自由生长，树冠由小变大，随着树龄的增大，冠幅继续增大，在株数密度不变的情况下，相邻树木的树冠将相互靠近，直到发生接触，林分逐渐郁闭成林，结束其最大自由生长时段。进入郁闭成林阶段后，起初树冠间发生物理阻碍，树冠下部枝条因得不到足够的阳光，首先发生自然整枝，活树冠上移变小(这一点显著不同于孤立木树冠的极限自由生长)，继续发展将会是林木个体树冠重叠，林冠完全覆盖林地，拉开激烈空间竞争的序幕，激烈的竞争将会导致自疏，林内出现枯立木，竞争胜出的林木继续生长，树冠的扩展将填充枯立木占据的临时空隙，而后，胜出林木的生长由于生存空间受阻而得不到充分的发挥，处于弱势生态位的林木生存空间进一步恶化，从而导致又一个弱势林木的死亡。

基于上述分析可知，在株数密度不变(林木间距一定)的情况下，随着树龄的增大，树冠体积逐步扩大，林分郁闭度将会发生明显的变化，这种明显的变化一直可以持续到林分完全郁闭。此后，如果林木没有发生死亡，林分郁闭度的值恒等于 1，但林木拥挤程度伴随树木的生长不断加剧，而林分郁闭度无法表达出这种变化。实际上，郁闭度是林冠覆盖林地的整体表达，无法描述林木树冠之间的遮盖或挤压程度。所以有必要将树冠和间距联系起来，构建综合变量来反映林分密度动态过程。林分拥挤度的概念由此产生。

林分拥挤度($K$)用来表达林木拥挤在一起的程度，用林木平均距离($L$)与平均冠幅($CW$)的比值表示，即：

$$K = \frac{L}{CW} \qquad 2\text{-}4$$

式(2-4)即为基于林木间距和冠幅的林分拥挤度综合变量。需要说明的是：对于单层林直接用全林分的平均距离和平均冠幅 $K$ 值进行计算，对于复层林，仅用上层林木的平均距离与平均冠幅进行 $K$ 值计算。显然，当 $K>1$ 时表明林木之间有空隙，林冠没有完全覆盖林地，林木之间不拥挤；$K=1$ 表明林木之间刚刚发生树冠接触；只有当 $K<1$ 时表明林木之间才发生拥挤，其拥挤程度取决于 $K$ 值，$K$ 越小越拥挤。

直观而言，人体无法穿越林间就意味着林木拥挤，其直观原因是树冠之间空隙较小。可见，林分拥挤度实质上反映了林分中林木在水平方向上冠体相互挤压的程度。冠幅和林木之间的距离与单位面积上的林木株数($N$)有关，可见，林分拥挤度将林分密度影响最大的两个重要指标林木个体大小(树冠)和林木间距有机结合，是对林分密度更为直观科学的表达，已成为新的表达林分拥挤程度的综合变量。

林木平均间距可通过以下公式得到：

$$L = \sqrt{10000/N} \tag{2-5}$$

式中：$N$ 为每公顷株数。

将林木平均间距计算公式代入林分拥挤度($K$)计算公式得下式：

$$K = \frac{\sqrt{10000/N}}{CW} \tag{2-6}$$

因此，在林分立木株数和平均冠幅已知的情况下，林分拥挤度也可通过上式进行计算。

由此可见，林分拥挤度既保持了像林分株数密度简单易操作的优点，同时也是对林木之间冠体挤压直观性的科学量化。

### 2.2.2　林分拥挤度的原理及标准

众所周知，林木间距是影响其竞争的直接原因。林木冠幅则是在一定立地条件下树木自身生长和周围相距最近林木相互影响的结果，它不仅体现了树木光合作用的面积，决定了树木的生长活力和生产力，反映了树木的长期竞争水平，而且还随林龄、密度和立地条件等因素而变化。通常，一定密度的林分在郁闭之前，林木间距是不变的，而随着林龄的增大林木的树冠因生长而逐渐变大，林隙变小；林分郁闭之后，随着对生长空间竞争的不断加剧，林木开始发生自然稀疏，林木间距变大，虽然冠幅也继续增长，但由于树冠增长的速度是渐变而缓慢的，所以就会造成林木间平均距离与林分平均冠幅的比值——林分拥挤度($K$)呈现有规律变化：首先，随着林龄的增大，由于树冠的生长而使 $K$ 值急剧下降，其下降的速度取决于林木个体树冠的生长率和林分株数密度(林木间距)的大小。直到林木树冠互相接近时树冠生长受到抑制，$K$ 值下降速度趋于缓慢。再后来树冠下部的枝条由于得不到足够的阳光，发生自然整枝，活树冠上移变小，$K$ 值变为缓慢上升。最后林冠完全覆盖林地，激烈的竞争导致强烈的自疏，出现 $K$ 值继续上升。

为便于分析，假定林木大小相同(树冠为正圆)且方形配置，当林分平均冠幅等于林木平均间距时(图 2-10)，虽然此时的林地覆盖(郁闭度 $P=0.785$)还没有达到最大，但各林木已经充分享用到共同自由生长时的最大空间，此时 $K=1.0$，林木下部枝条由于光线不足出现自然枯死，树冠上移变小，从而造成 $K$ 值的波动。再当林分完全郁闭时（图2-11），即 $P=1$，所对应的林分拥挤度值 $K=0.707$，此时林分中林木拥挤已经达到极限位置，在树种和立地条件都相同的情况下，林分达到该极限状态的时间主要与林分密度有关，密度越大，到达该极限状态的时间越早；反之，时间越迟。但由于林木的生长是连续的，且需要经过一段时间的激烈竞争后林分才可能产生自然稀疏，因此，林木之间竞争进一步加剧，树冠在物理阻碍中挣扎生长，$K$ 值略有减少，一旦林分自疏开始，林内出现自然死亡，林木间距变大，从而造成 $K$ 值上升。可见，林分拥挤度能够恰当描述林分疏密的变化过程。

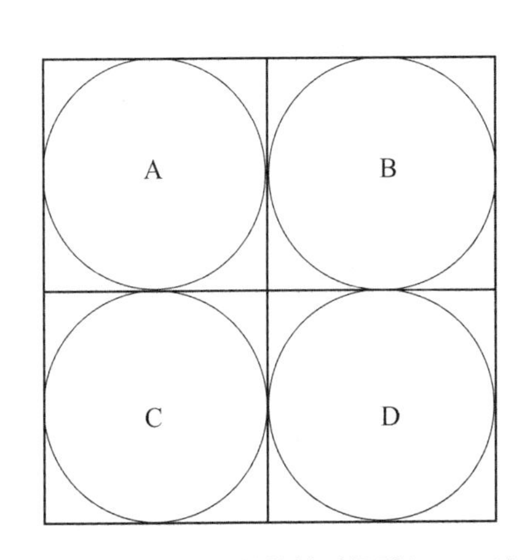


**图2-10　树冠刚开始接触时投影（$K=1.0$）**

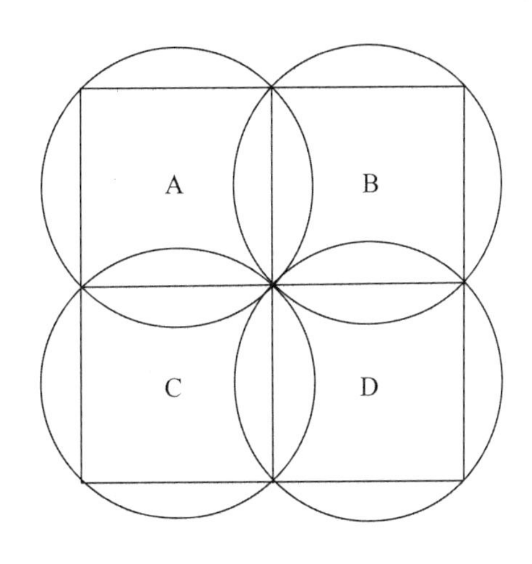


**图2-11　树冠完全重叠时投影（$K=0.707$）**

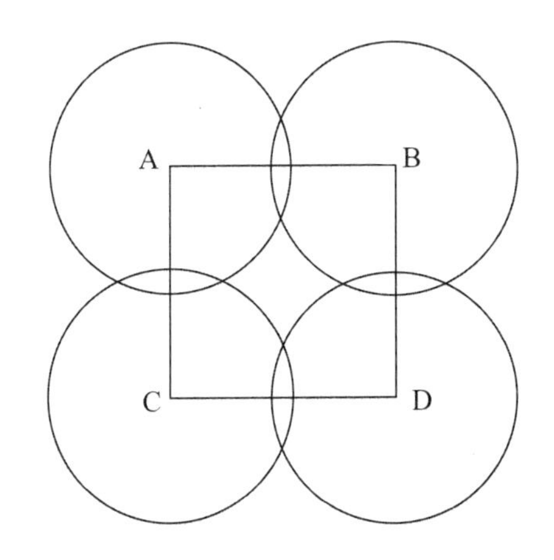


**图2-12　$K=0.9$ 时的树冠投影**

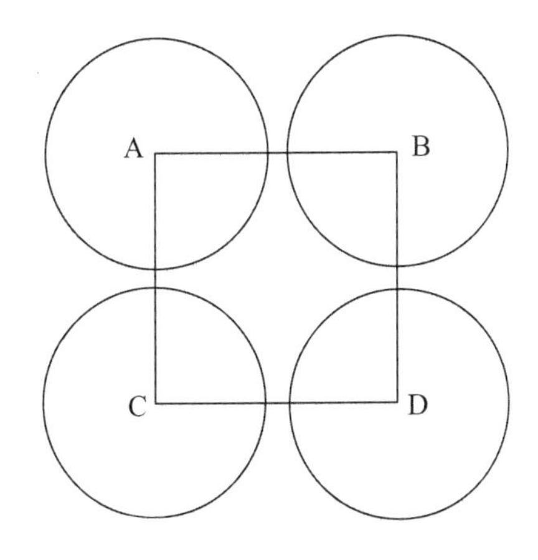


**图2-13　$K=1.1$ 时的树冠投影**

将拥挤度 $K=1$ 视为最理想林分环境条件下林木自由生长的林分密度，以 ±10% 的变幅构成允许变化区间，即林分拥挤度 $K$ 值的范围[0.9，1.1]被视为林分合理拥挤的标准，$K=0.9$ 的直观解释是，如果林木冠幅为2m，密度适宜时的林木平均间距至少为

1.8m。之所以将这个区间作为合理林分密度标准是基于以下分析：$K=0.9$(图 2-12)对应的林分郁闭度 $P\approx0.86$；$K=1.1$(图 2-13)对应的林分郁闭度 $P\approx0.71$，这与前面森林经营中人们对林分郁闭度的数字化概念相符。

### 2.2.3 林分拥挤度的应用

在森林经营中，贯穿林分整个生长过程的重要措施是间伐。抚育间伐是控制密度的主要手段，其目的在于通过人为干预，使林木生长处于最佳密度条件之下，以便提供更多的木材产量或发挥最大多功能效益。经典森林抚育间伐的核心技术就是在一定时期选择一定数量的优秀个体并保持其合理的密度结构，这些都与林分密度息息相关。林分拥挤度及其标准能对以上问题进行科学解答。此外，林分拥挤度还可作为评价天然林经营效果的重要指标。

#### 2.2.3.1 判断林分是否需要经营

通过林分拥挤度($K$ 值大小)来判断林分的状态，若 $K>1.1$，林分较为稀疏，林木还有较大的生长空间，不需要间伐，如果 $K$ 值很大，则需要补植；若 $K$ 值在[0.9, 1.1]之间，林分拥挤度在合理范围内，林分可不进行经营；若 $K<0.9$，林分之间竞争加大，迫切需要进行经营。因此，$K<0.9$ 是确定林分是否需要进行密度调整的关键值。

#### 2.2.3.2 确定首次抚育间伐的时间

林分的首次抚育间伐时间应该是在林木竞争加剧之后，达到稳定状态之前。由此，张连金等用林分拥挤度的倒数形式确定出了马尾松人工林首次间伐的年龄，即通过建立林分年龄与林分拥挤度的倒数之间的关系模型，确定了不同造林密度的首次间伐时间，该时间与传统方法确定的时间基本一致，且计算较为简便。

#### 2.2.3.3 确定林分经营强度

确定林分经营强度的关键是如何高效进行间距控制，而由林木平均距离公式可以导出，经营后的林分保留株数($N_a$)与经营前林分株数($N_b$)之比为一个与间距加大百分比($x\%$)有关的常数即：

$$\frac{N_a}{N_b}=\frac{1}{(1+x\%)^2} \tag{2-7}$$

通常，$x\%=10\%\sim15\%$ 约为抚育株数强度的 17%~24%(低强度)；$x\%=15\%\sim20\%$ 约为抚育株数强度的 17%~30%(中强度)；$x\%=30\%\sim40\%$ 约为抚育株数强度的 41%~49%(高强度)。

因此，通过有效控制林木间距(间距加大 $x\%$)来直接确定经营强度。间伐木的选择可根据新的“三砍三留”的原理进行。首先伐除没有培育前途的不健康林木，其次要伐除那些目的树的竞争者，包括藤本、灌木和“霸王树”。

## 2.3 林分空间结构参数二元分布研究

在过去的几十年中，大量的结构参数、树种隔离指数、半方差分析、物种多样性指数、直径分布和年龄分布等等，被用于量化林分空间结构特征。然而，这些传统的指标仅能够提供林分或者某个树种的整体特征，而无法提供林分内具有某类共同特征的林木的生境特征，例如优势木，中庸木或劣势木等等的生境特征。但是，目前林业上已有少数文章研究了两个变量之间的联合概率分布即二元分布，并发现二元分布可以提供更多有用的信息。因此，能否从通过二元分布寻找到一种合适的方法来探索林木的生境特征成为本研究关注的重点。

传统的林分量化指标或是以单个的概率值，或是以图表的形式刻画林分结构特征。它们中的一些指标表达的是林分空间结构特征，而另一些表达的却是非空间的生态统计特征（e. g. ，直径分布，年龄分布，生物多样性），并且这些指标反映的都是林分的整体结构状况。若将它们中的任何两个指标进行有意义的联合似乎是件非常困难的事情。而在现有的二元分布研究中，主要关注树高与胸径之间的关系，其研究的基本思想仍是以木材生产为中心，研究方法多是基于一个被称为 Johnsson $S_B$的边际函数，这似乎也很难反映林分的生境状况。

根据 Gadow 等人的研究，林分的空间结构可以通过一组基于最近相邻木空间关系的结构参数角尺度、混交度和大小比数等结构参数进行分析，它们描述了一个结构单元中树木种类、大小和位置的变化，表现出独特的频率优势。

在一个由 5 株树构成的基本结构单元中（图 2-14），参照树和它的最近 4 株相邻木之间的树种关系、大小关系以及分布关系各有 5 种。实际上，任何一个结构单元都同时包含分布格局，树种和大小这 3 方面的因素。各因素的不同取值构成了多种多样的结构单元，也就是当我们同时将分布格局、树种和大小都考虑进结构单元中后可能得到许多种不同组合的结构单元。例如，两个结构单元的大小比数相同，但角尺度和混交度可能完全不同；或是角尺度相同，但混交度和大小比数完全不同；或是混交度相同，但角尺度和大小比数不同。许许多多的不同结构单元共同构成了森林的有机整体。然而，在当我们利用结构参数的一元分布的方法分析林分空间结构特征时，它们只能够各自独立地提供林分整体单方面的特征，即角尺度分布图仅展示林分整体的分布状况，而与混交度或大小比数没有任何关系；混交度分布图仅能够提供林分整体的混交状态，而不涉及直径大小或分布；直径大小比数分布图仅能说明树木大小分化，而与另外两个指标无关。

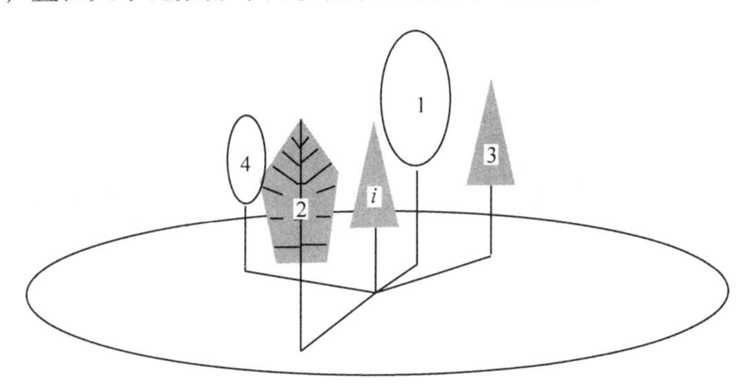


**图 2-14　参照树及其 4 株最近相邻木所构成最佳空间结构单元**

因此，结构参数的一元分布无法展示结构单元中其他两种属性分布状况，这将不利于我们对林分空间结构的深刻认识。我们注意到角尺度、混交度和大小比数这 3 个结构参数之间是相互独立的，且每个结构参数均有相同的取值等级（0. 00、0. 25、0. 50、0. 75、1. 00），这两个特征（独立和取值等级相同）为它们之间数学上的两两联合提供了必要条件。3 个结构参数的两两联合后可得到角尺度—混交度、角尺度—大小比数和混交度—大小比数 3 种不同的组合即 3 种二元分布，这些二元分布可能允许我们进一步认识林分空间结构特征。

以西北秦岭北坡的松栎混交林和黄土高原油松林等三种天然林类型为例，采用空间结构参数二元法分析了它们的空间结构特征(图 2-15、图 2-16 和图 2-17)，结果表明：①松栎混交林中 77. 09%~83. 38% 的林木个体周围都是其他树种即林木处于高度混交状

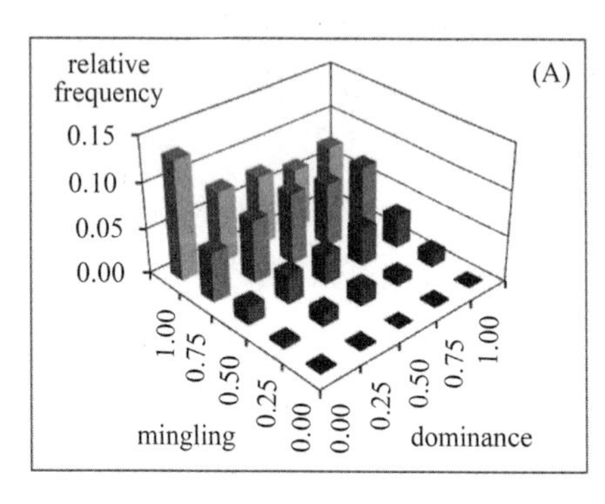


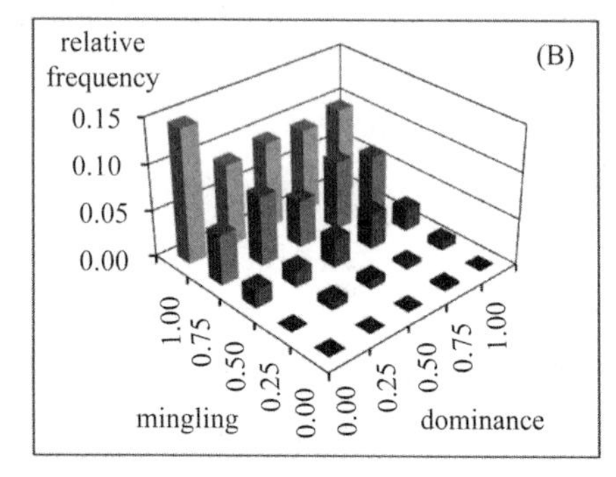


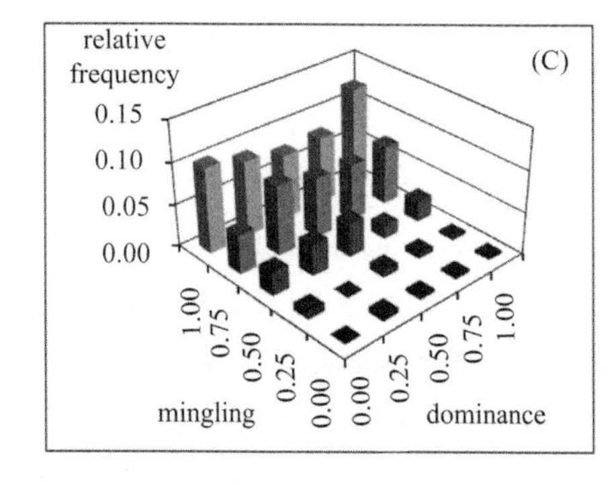


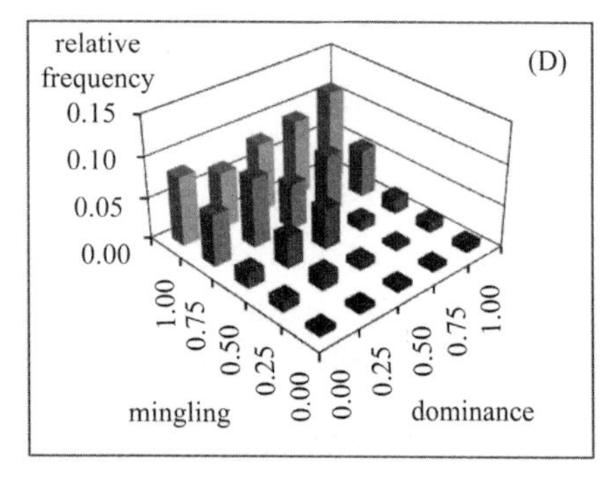


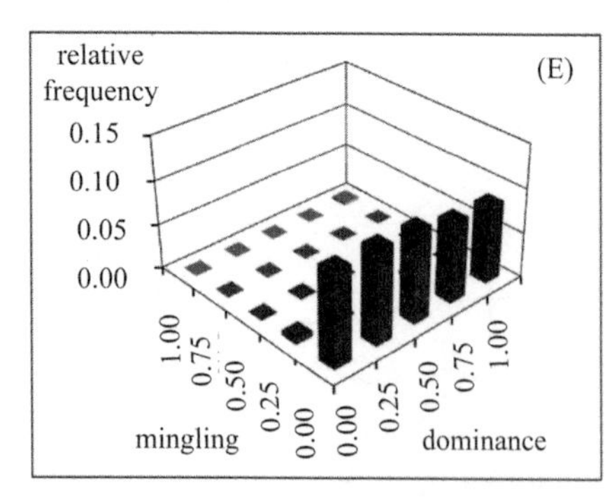


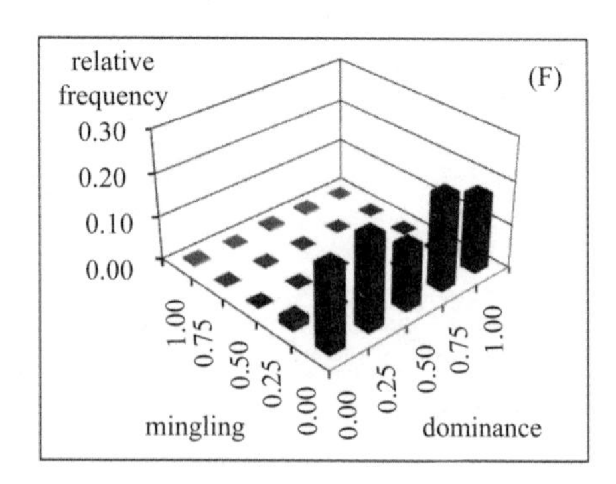


**图 2-15　三种针阔混交林中混交度和大小比数的二元分布**

态；而天然油松林中平均 95. 42% 的林木个体周围最近 4 株树均为其本身树种，也就是该林分基本为油松纯林。②在二元分布总共 25 个结构单元组合中，松栎混交林中处于高度混交（mingling = 1. 00）和绝对劣势（dominance = 1. 00）的林木个体则占有最大份额（mean value = 11. 75%）。③随机分布格局下，松栎混交林中不同优势状态的林木有相近的概率，但在油松林中优势或劣势个体占据更多的比例。④这三类天然林的共同特征是，林分中至少有 50% 以上的林木呈随机分布。

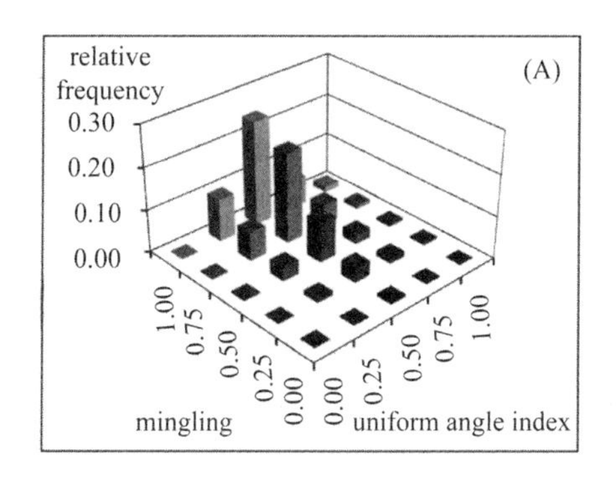


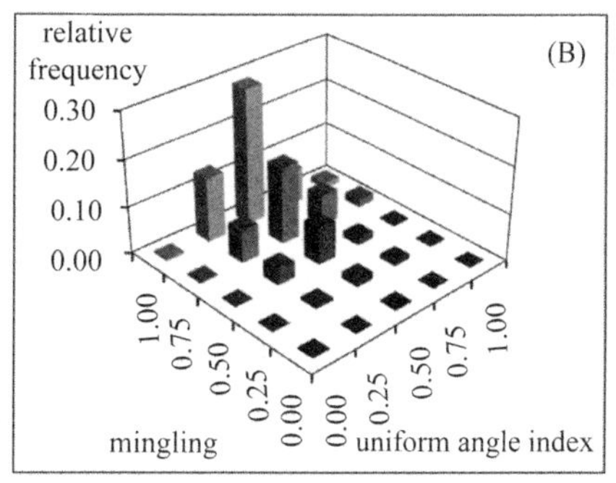


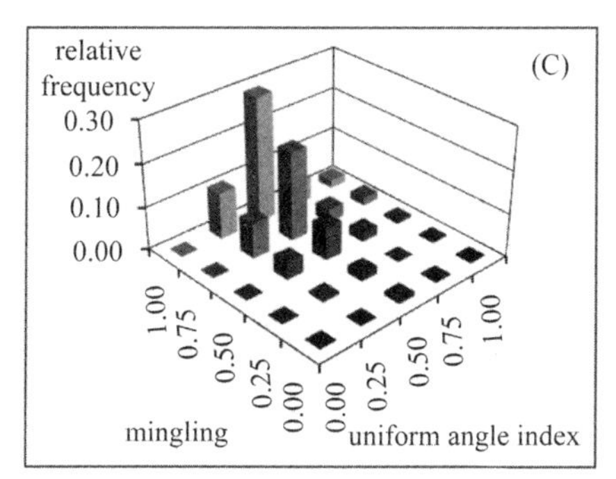


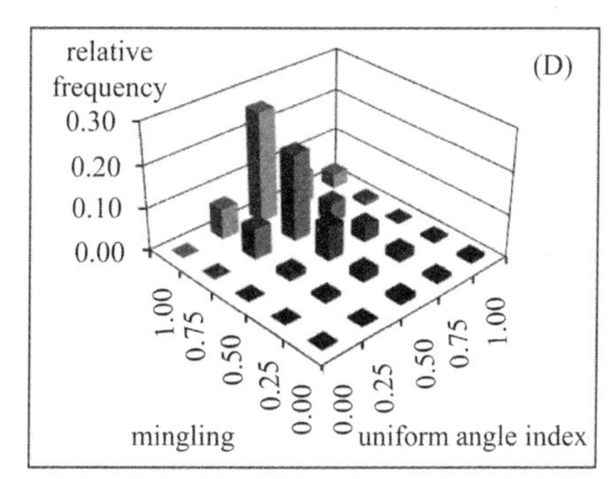


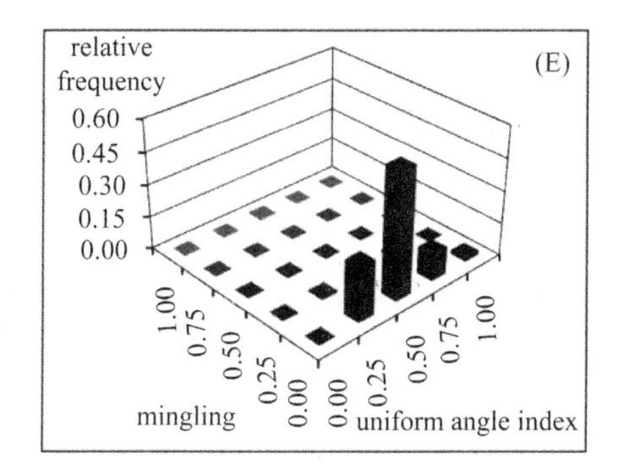


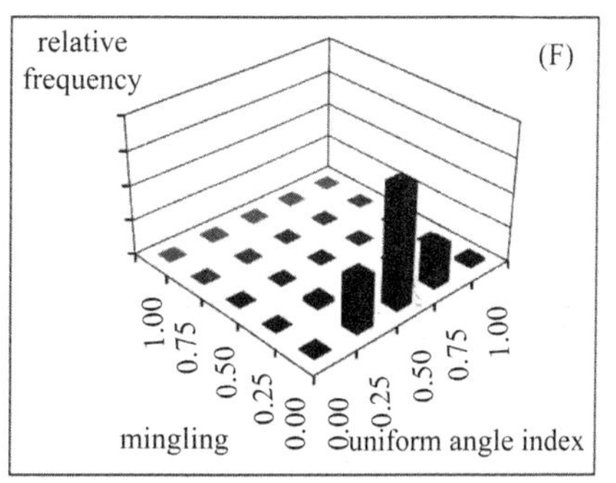


**图 2-16　三种针阔混交林中混交度和角尺度的二元分布**

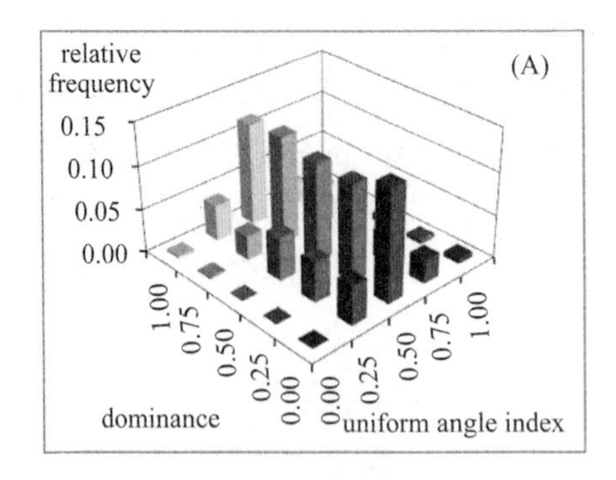


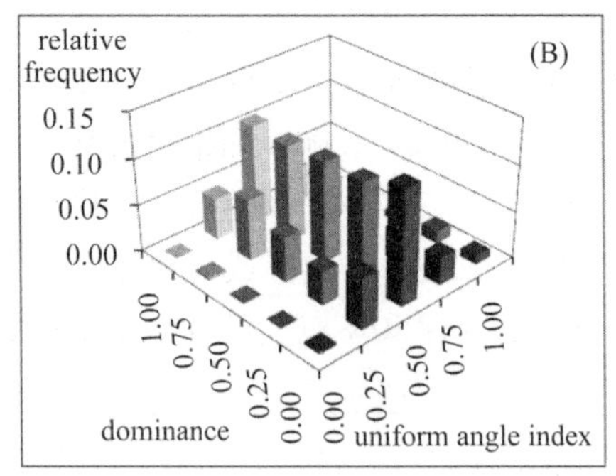


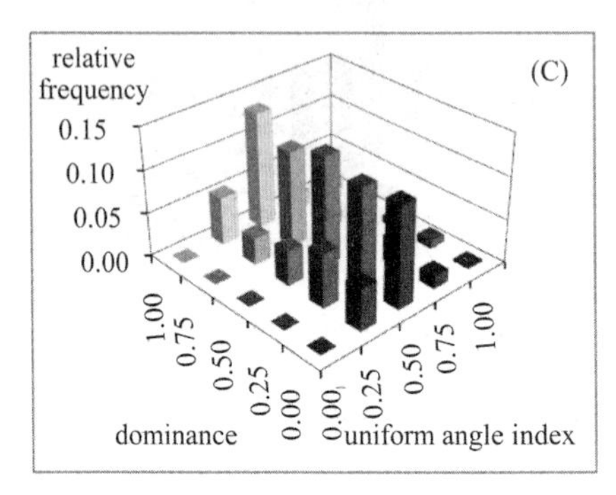


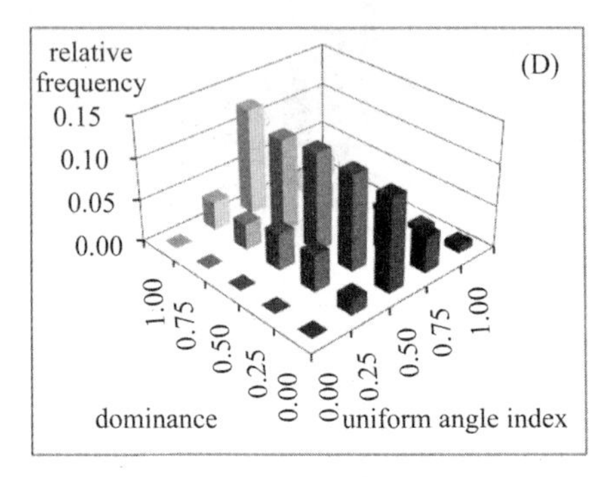


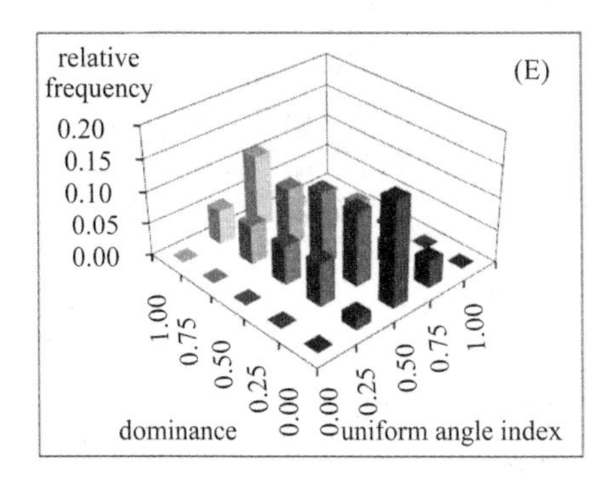


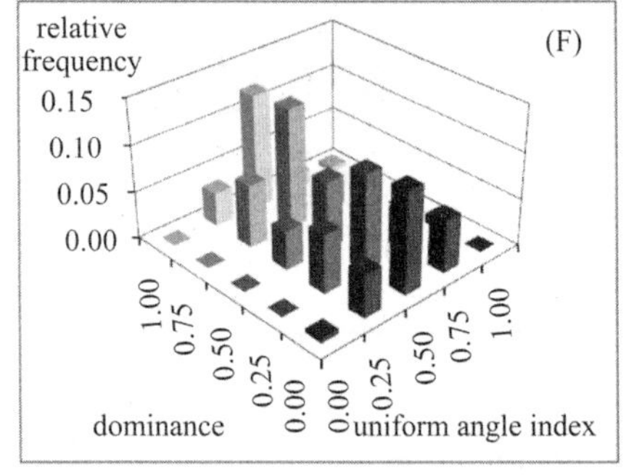


**图 2-17　三种针阔混交林中大小比数和角尺度的二元分布**

## 2.4　林分空间结构参数与非空间结构参数调查的整合研究

在结构化森林经营作业设计中，需要对林分的空间结构参数与非空间结构参数进行调查，传统的作业设计调查中并不涉及林分的空间结构参数调查。在进行标准地调查时只要对每棵林木定位即可获得林分的空间结构参数，但运用点抽样调查方法如何既能够获得林分的空间结构参数也能够同时获得林分的非空间结构参数？本研究开展了林分空间结构参数与非空间结构参数调查的整合研究。

设计 4、9、16、25、36、49、64、81、100 个抽样点等 9 个抽样调查方案，利用

Winkelmass 软件分别进行 1000～2000 次模拟抽样，分析各抽样方案与全面调查所得的格局是否吻合，计算格局吻合率；利用统计分析程序 STATISTICA，采用数学模型对模拟抽样点数与对应林木空间分布格局吻合率的关系进行拟合，并进行相关关系显著性检验；求解拟合方程的二阶导数，确定二阶导数开始趋近于 0 所对应的抽样调查点数，综合分析确定对天然红松阔叶林空间分布格局进行准确判断的最小抽样调查样本量；以全面调查的样地为原型，利用 Winkelmass 软件自动生成 9 块大小 100m×100m、林木株数为 1000 株、林木呈随机分布（平均角尺度介于[0.475，0.517]之间）的样地，分别按 4、9、16、25、36、49、64、81、100 个抽样点等 9 个方案进行 1000～2000 次模拟抽样，分析其格局吻合率与抽样调查点数的关系（表 2-1），进一步求证最小样本量的合理性和可行性。

采用 49 个点（7×7 的系统网格）作为天然林林木空间分布格局调查的最小样本量将是合理和可行的。

为估测每公顷断面积及林分密度，可采用 2 种方法来进行估测。

**表 2-1　抽样点数与林分水平空间格局吻合率的关系**

| 抽样点数 | 分布格局吻合率（%） | 抽样次数 |
|---|---|---|
| 4 | 48.0 | 1906 |
| 9 | 51.7 | 2000 |
| 16 | 72.4 | 1589 |
| 25 | 71.7 | 2000 |
| 36 | 92.5 | 2000 |
| 49 | 96.7 | 1751 |
| 64 | 95.4 | 1288 |
| 81 | 99.9 | 2000 |
| 100 | 100 | 2000 |

### 2.4.1　角规测树与点抽样结合

估测每公顷断面积和林分密度附加角规测量点 5 个。以往的标准地都以既定面积作为必要条件，标准地内必然要每木调查，而角规标准地则在林分内设一定点为中心，通过一定的视角绕测周围的林木，专门计数超过视角的林木株数，而不测标准地面积和林木胸径。各点平均株数乘以视角对应的常数得到每公顷胸高断面积（$m^2$）。

每公顷断面积计算公式为：

$$\hat{G}_{ha} = k \cdot N_{wzp} \tag{2-8}$$

其中，$k=1$（当采用缺口为 1cm，杆长为 50cm 角规时）；$N_{wzp}$ 为计数超过视角的林木株数（等于视角的林木株数记为 0.5）。

每公顷株数按下式计算：

$$\hat{G}_{ha} = \frac{\hat{G}_{ha}}{\bar{g}} \tag{2-9}$$

式中：$\bar{g}$ 为平均断面积，它是通过对所有样点调查的林木的断面积平均而得，即：

$$\bar{g} = \frac{\pi}{40000}\sum_{i=1}^{n} d_i^2/n \tag{2-10}$$

### 2.4.2 用测量抽样点到第 4 株林木的距离估测每公顷林分密度

用测量抽样点到第 4 株林木的距离来估测林分密度(图 2-18)，每公顷株数可根据角尺度的取值区间采用不同的方法进行估测。

$$\frac{估计方法}{角尺度区间}:\frac{\text{Prodan}}{[0,0.47]}\ \frac{\text{Thompson}}{[0.47,0.53]}\ \frac{\text{Persson}}{[0.53,0.58]} \tag{2-11}$$

Prodan $\hat{N}_{ha} = \frac{10000}{\pi E(r_k^2)}(k-0.5)$

Thompson $\hat{N}_{ha} = (n \times k - 1) \times n^{-1}\pi^{-1} \times E^{-1}(r_k^2) \times 10000$

Persson $\hat{N}_{ha} = \frac{10000}{\pi \tilde{r}_k^2}k$

式中：$k$ 为抽样点到相邻木株数，本研究取 4。

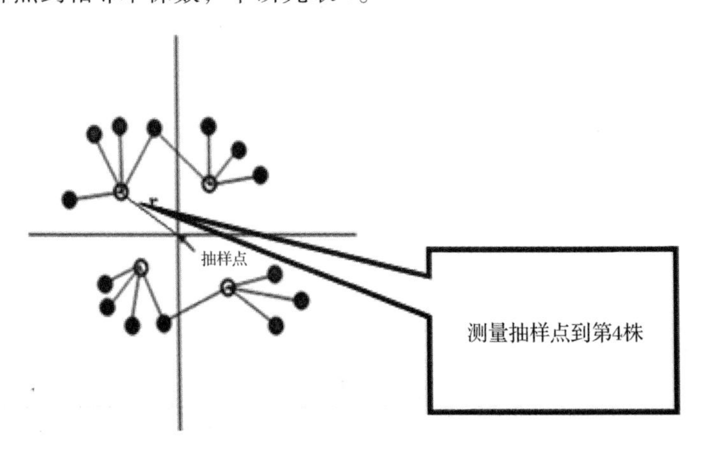


**图 2-18 点抽样估测密度示意图**

## 2.5 基于林分状态特征的森林经营田间试验设计研究

田间试验设计是控制试验误差的主要手段，通常所讲的田间试验设计是指根据试验地的具体条件，将各试验小区做最合理的设置与排列。自从 1923 年 Fisher 提出随机区组和拉丁方试验设计以来便有了试验设计的概念。常用的田间试验设计按照小区在重复区内的排列方式，分为顺序排列和随机排列两大类。顺序排列是指试验中的各个处理在各重复区内按一定的顺序进行排列，这种设计方法简单，观察记载及田间操作较方便，其缺点是对试验地及试材等要求均匀一致，在土壤及其他非试验条件有明显的方向性梯度变化时易受系统误差的影响，而且不能正确估计试验误差，所以无法采用以概率论为基础的统计分析方法进行试验结果的显著性测验。随机排列指各试验处理以及对照在一个重复区中的排列是随机的，这种试验设计一般是按照试验设计的 3 条基本原理而设计的，其优点在于能克服土壤及其他非试验因素造成的系统误差的影响，提高试验的正确性，有正确的误差估计，获得的试验结果能够进行显著性测验，如完全随机设计，其采用抽签法或查随机数表法来实现试验小区的随机排列，以避免试验环境（土壤条件）不完全一致而造成的影响。另一种常用的田间试验设计方法是随机区组设计，这种方法根据“局部控制”的原则，将试验地按土壤肥力程度设置重复（区组），然后在每个区组内划分小区，区组内各处理随机排列，这种设计是随机排列设计中一种最常用、最基本的试验设计方法；但当试验受地段限制时，一个试验的所有区组不能排在同一地块上，可将少数区组放在另一地段。因此，随机区组的方法只能在一定程度上减小误差变异，而不能完全避免这种差异。以上试验设计方法针对的是假设试验条件一致或是已知某种状况（如土壤条件）差异情况下定性安排试验的排列。虽然在随机试验设计中试验小区的排列方式是通过抽签、查随机数表或计算机模拟获得，但实质上是对所要安排的试验小区编号数字的数学随机化过程，且均是有限的随机过程，虽有优化方法中的约束条件但缺失目标函数，因此，并非是优化的试验设计，无法确保试验设计后的试验组与对照组具有非常小的林分状态差异。这里讲的林分状态指在一定立地条件下的林分基本因子，如平均直径、树高、断面积和林分空间结构参数（角尺度、大小比数、混交度）等。林业田间试验与农田、室内沙盘控制试验以及苗圃地布置试验大为不同。现存的森林通常分布在山地，且所处的环境复杂多样，即使在同一山坡上也存在立地条件、树种组成和林分结构的差异。在这种复杂多样的山地划分小区后，通常忽视了安排试验时处理间林分状态的差异分析，造成各个处理间的林分差异增大，使试验在开始前已经存在误差；而这种试验前的误差使开始的试验条件不一致，最终导致试验数据不准确。消除这种误差较为普遍的做法是设置对照与处理固定试验地并进行一定的重复，也可以使用降低变异误差的田间试验设计方法，如为了降低土壤差异可以使用随机区组设计；但至今还没有一种能比较并缩小试验林分各处理间林分状态特征（特别是林分空间结构）差异的田间试验设计方法。因此，如何进行多因素和多重复试验的野外布设是所有森林经营试验所面临的共性问题。本研究试图找到这样一种田间试验设计方法，在试验开始前，通过找到小区最合理的排列，尽可能消除各个处理间的林分状态差异，尽可能地缩小试验前各处理间的差异。

### 2.5.1　完全随机优化设计的林分状态参数与目标函数

本研究采用完全随机区组设计，以林分状态特征为基本参数，包括林分基本参数（平均胸径、平均树高、林分断面积 $G$）和林分空间结构参数（角尺度、大小比数、混交度）。首先将 q 定义为处理间林分状态特征（林分基本参数与林分空间结构参数）各参数的累计差值，优化方法是在 1000 次随机的小区排列方案中找到最小 $q$ 值，它所对应的小区排列方案即为最优设计方案。$Q$ 即为所构造的优化目标函数。由于林分空间结构参数的取值范围为[0，1]，而林分基本参数具有不同的量纲，所以对林分基本参数值进行了标准化处理，方法是将林分基本参数值与其相应参数的最大值相比。

$$q = \sum_{i=1}^{n}\sum_{j=1}^{n}[\overline{W}_i - \overline{W}_j] + \sum_{i=2}^{n}\sum_{j=2}^{n}[\bar{u}_i - \bar{u}_j] + \sum_{i=3}^{n}\sum_{j=3}^{n}[\overline{M}_i - \overline{M}_j]$$

$$+ \sum_{i=1}^{n}\sum_{j=1}^{n}\left|\frac{\overline{D}_i - \overline{D}_j}{\overline{D}_{\max}}\right| + \sum_{i=1}^{n}\sum_{j=1}^{n}\left|\frac{\overline{H}_i - \overline{H}_j}{\overline{H}_{\max}}\right| + \sum_{i=1}^{n}\sum_{j=1}^{n}\left|\frac{\overline{G}_i - \overline{G}_j}{\overline{G}_{\max}}\right|$$

$$Q = \min(q_1, q_2, q_3, \cdots\cdots, q_{1\,000})$$

## 2.5.2　完全随机优化设计的算法

随机数列的小区分组过程示意如下：

| | | | | | | | | | | | | | | | |
|---|---|---|---|---|---|---|---|---|---|---|---|---|---|---|---|
| 小区编号顺序排列 | 1 | 2 | 3 | 4 | 5 | 6 | 7 | 8 | 9 | 10 | 11 | 12 | 13 | 14 | 15 |
| ↓ | | | | | | | | | | | | | | | |
| 小区编号随机排列 | 7 | 13 | 2 | 3 | 6 | 11 | 9 | 5 | 8 | 1 | 4 | 10 | 12 | 14 | 15 |
| ↓ | | | | | | | | | | | | | | | |
| 按顺序分组得到各处理 | 7 | 13 | 2 | 3 | 6 | 11 | 9 | 5 | 8 | 1 | 4 | 10 | 12 | 14 | 15 |
| | 处理1各小区编号 | | | | | 处理2各小区编号 | | | | | 处理3各小区编号 | | | | |

若试验有 $n$ 个处理(经营措施)，每个处理 $m$ 个试验小区(重复)，一共可划分 $n \times m$ 个试验小区。对全部小区编号，共有 $1 \sim n \times m$ 个数字。用计算机将这个数字随机排列组成新的数列，再将这个新数列依次划分为 $n$ 组，也就是 $n$ 个新的处理，每组仍为 $m$ 个数字，则这 $m$ 个数字就是新处理中的全部小区(重复)编号。例：假设试验有 3 个处理，每个处理有 5 个试验小区(重复)，即 $n=3$，$m=5$；则首先将 15 个小区编号为 1－15 号；然后随机生成由这 15 个数字组成的新排列；最后重新划分为 3 组，每组生成一个新的处理，仍为 5 个数字，则得到了新试验设计方案。

这个随机过程自动进行 1000 次，将会得到 1000 次不同的试验设计方案，从中找到处理间差异最小的方案。图 2-19 为实现该过程的流程图。

## 2.5.3　基于林分状态特征的森林经营田间试验设计应用

运用基于林分状态特征的森林经营田间试验设计方法，对甘肃省小陇山林业实验局百花林场大干子沟 11 林班 3 号小班松栎混交林和华北林业实验中心九龙山侧柏人工林样地进行了森林经营试验设计。在京西山地人工侧柏林试验地内，计划进行包含 2 个处理(代号为 A、B)的森林经营试验。这 2 个处理分别为结构化森林经营与对照。每种处理均设置 12 个重复，共 $2 \times 12 = 24$ 个小区，依次编号(1－24 号)(图 2-20，左)。因此该试验地田间试验设计的处理数 $n=2$，$m=12$，共有小区 $n \times m = 24$ 个。小区面积均为 $15\text{m} \times 12\text{m} = 180\text{m}^2$。在甘肃小陇山大杆子沟锐齿栎天然林 3 号小班试验地内，计划进行包含 4 个处理(代号为 A、B、C、D)的森林经营试验。这 4 个处理分别为结构化经营、近自然经营、次生林综合培育以及对照。每种处理均设置 4 个重复(A1－A4、B1－B4、

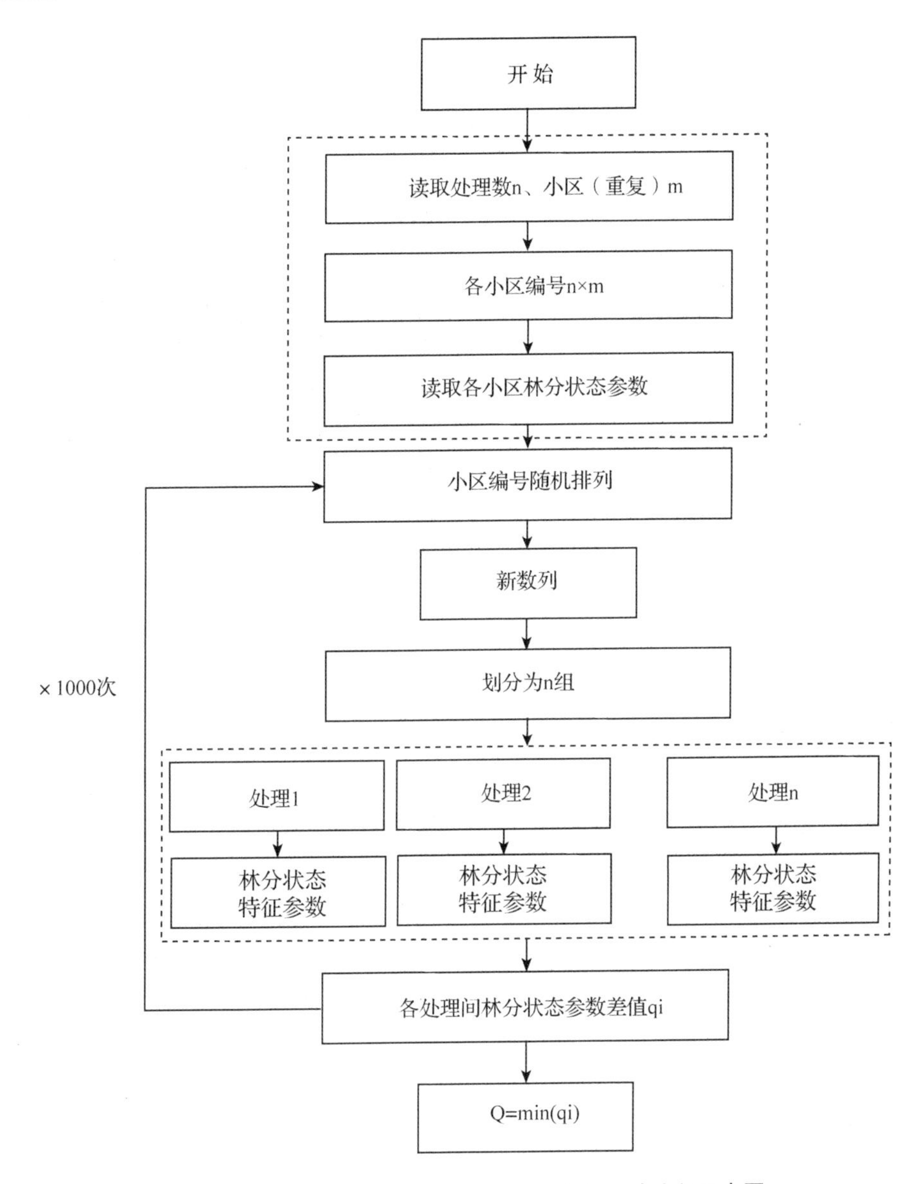


**图 2-19　基于林分状态特征的完全随机优化设计流程示意图**

C1－C4、D1－D4)，共 4×4＝16 个小区，依次编号(1－16 号)(图 2-20，右)，该试验地田间试验设计的处理数 $n=4$，$m=4$，共有小区 $n\times m=16$ 个。小区面积均为 $20\text{m}\times 20\text{m}=400\text{m}^2$。

将基于林分状态特征的完全随机优化设计方法应用到京西山地人工侧柏林与甘肃小陇山大干子沟天然林两类完全不同的森林类型进行了森林经营试验设计优化研究。同时与传统方法顺序设计法、拉丁方设计法以及随机区组设计法进行了对比分析。两块试验地分别采用了最优小区排列方案。结果表明，这种方法完全可以保证试验地各个处理间或处理与对照间的林分状态差异小于 5%，从而确保试验前处理间林分状态的一致性。而应用顺序设计、拉丁方设计与随机区组设计不论是林分基本特征还是林分空间结构参

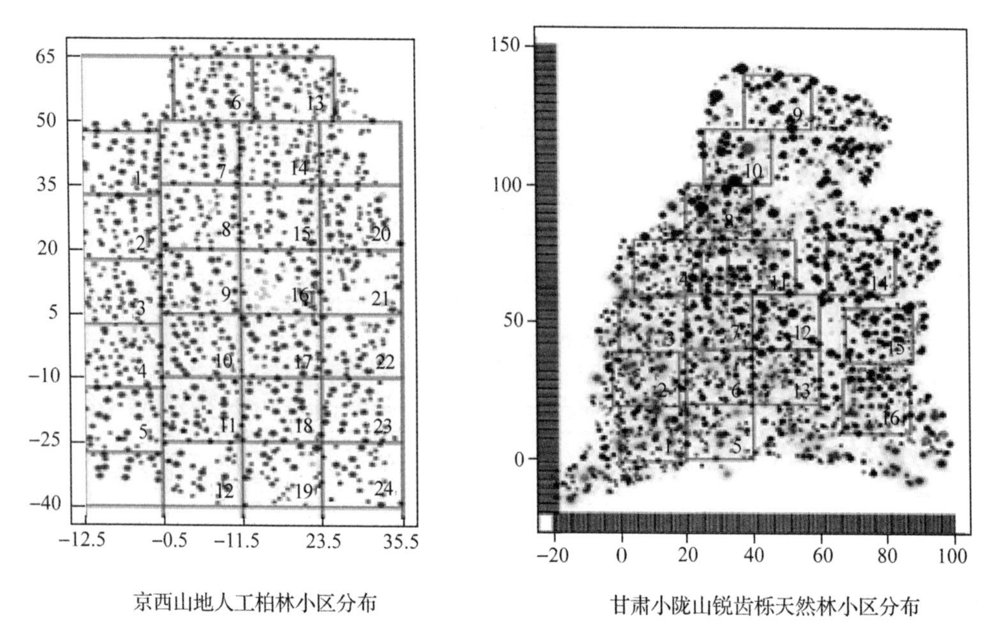


**图 2-20 森林经营田间试验设计**

数其差异都远大于完全随机优化设计方案。

在完全随机优化设计的目标函数中，林分空间结构参数与林分基本参数合并在一起计算，为了避免量纲、单位不一致的问题，必须对基本参数数值进行标准化处理。

鉴于田间试验设计侧重点不同，本研究认为可以根据实际情况进行类似的完全随机优化设计。例如当试验偏重于优化林分空间结构时，则以林分空间结构参数为主，使试验地处理组与对照组的空间结构参数基本保持一致。因此在优化时，可采用优先比较各处理间的空间结构参数，再比较基本特征参数的方法。计算 1000 组不同小区排列方案得到的空间结构参数的差异，得到具有最小值的小区排列方案，再在这些最小值的小区排列方案中找到基本参数差异最小的排列方式。这种方法更有利于衡量不同处理间林分空间结构特征的一致性。

## 2.6 林分状态合理性评价技术研究

林分状态的合理与否关系到经营的必要性和紧迫性，评价林分状态就是人们参照一定标准对林分的价值或优劣进行评判比较的一种认知过程，同时也是一种决策过程。森林是一个复杂的生态系统，所以对森林的评价通常采用多指标的综合评价方法，多指标综合评价的前提就是确定科学的评价指标体系。只有科学合理的评价指标体系，才有可能得出科学公正的综合评价结论。综合评价指标体系构造时必须注意全面性、科学性和可操作性原则。全面性即评价指标体系必须反映被评价问题的各个方面；科学性即整个综合评价指标体系从元素构成到结构，从每一个指标计算内容到计算方法都必须科学、合理、准确；可操作性即一个综合评价方案的真正价值，只有在付诸现实才能够体现出来。这就要求指标体系中的每一个指标都必须是可操作的，必须能够及时收集到准确的数据，对于指标收集困难的应该是设法寻找替代指标、寻找统计估算的方法。

### 2.6.1　林分状态的表达

众所周知，作为森林分子的林分通常既有疏密之分，也有长势之别；林分中的林木既有高矮、粗细之分，也有幼树幼苗、小树大树之别，更有树种、竞争能力和健康状况的差异，林木并非杂乱无章的堆积而是有其内在的分布规律。这就是人们对森林的直观认识，也是人们对森林的结构和活力等自然属性的认知。可见，林分状态可从林分空间结构(林分垂直结构和林分水平结构)、林分年龄结构、林分组成(树种多样性和树种组成)、林分密度、林分长势、顶极树种(组)或目的树种竞争、林分更新、林木健康等方面加以描述(图 2-21)。

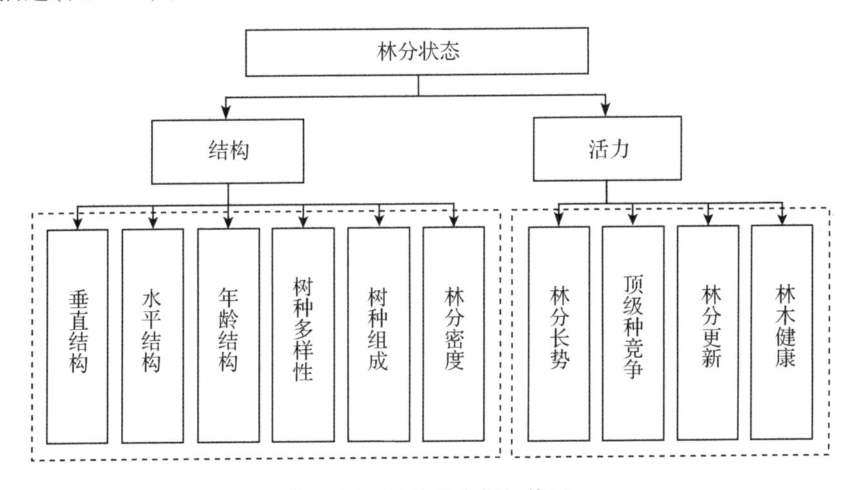


**图 2-21　林分状态指标体系**

### 2.6.2　林分状态指标及其取值标准

表达林分状态的指标复杂多样，有定性指标也有定量指标，且每个指标的取值和单位差异很大。所以，首先要对所选的描述林分状态的指标进行赋值、标准化和正向处理(数值越大越好)，使其变成[0，1]之间的无量纲数值。

林分空间结构用垂直结构和水平结构衡量。垂直结构用林层数表达。林层数按树高分层。树高分层可参照国际林联(IUFRO)的林分垂直分层标准，即以林分优势高为依据把林分划分为 3 个垂直层，上层林木为树高≥2/3 优势高，中层为树高介于 1/3~2/3 优势高之间的林木，下层为树高≤ 1/3 优势高的林木。可采用两种方法之一来计算林层数。1)按树高分层统计：如果各层的林木株数都≥10%，则认为该林分林层数为 3，如果只有 1 个或 2 个层的林木株数≥ 10%，则林层数对应为 1 或 2。2)按结构单元统计：统计由参照树及其最近 4 株相邻树所组成的结构单元中，该 5 株树按树高可分层次的数目，统计各结构单元林层数为 1、2、3 层的比例，从而可以估计出林分整体的林层数。

林层数≥2.5，表示多层，赋值为1；林层数<1.5表示单层，赋值为0；林层数在[1.5，2.5)之间，表示复层，赋值0.5。

林分水平结构通过林木点格局来表达，随机分布赋值为1；团状分布赋值为0.5，均匀分布赋值为0。可采用距离法或Voronoi多边形或角尺度等方法来分析。

林分年龄结构是植物种群统计的基本参数之一，通过年龄结构的研究和分析，可以提供种群的许多信息。统计各年龄组的个体数占全部个体总数的百分数，其从幼到老不同年龄组的比例关系可表述为年龄结构图解(年龄金字塔或生命表)，分析种群年龄组成可以推测种群发展趋势。如果一个种群具有大量幼体和少量老年个体，说明这个种群是迅速增长的种群；相反，如果种群中幼体较少，老年个体较多，说明这个种群是衰退的种群。如果一个种群各个年龄级的个体数目几乎相同，或均匀递减，出生率接近死亡率，说明这个种群处在平衡状态，是正常稳定型种群。也就是说，从年龄金字塔的形状可辨识种群发展趋势，钟形是稳定型，赋值1；正金字塔形是增长型，赋值0.5；倒金字塔型是衰退型，赋值0。在进行乔木树种年龄结构研究时，由于许多树木材质坚硬，难以用生长锥确定树木的实际年龄，或者为了减少破坏性，常常用树木的直径结构代替年龄结构来分析种群的结构和动态。森林种群年龄结构的研究在森林生态学研究领域取得了许多成果，发现了许多规律，种群稳定的径级结构类似于稳定的年龄结构，天然异龄林分的典型直径分布是小径阶林木株数极多，频数随着直径的增大而下降，即株数按径级的分布呈倒J型。倒“J”表示典型异龄林，赋值为1；单峰表示几乎为同龄林，赋值为0；多峰表示不完整异龄林，赋值为0.5。

林分组成用树种多样性和树种组成系数描述。树种多样性用Simpson指数，或修正的混交度均值($\bar{M}'$)表达：

$$\bar{M}' = \frac{1}{5N}\sum(M_i n'_i) \tag{2-12}$$

式中：$N$为林木株数；$M_i$为第$i$株树的混交度；$n'_i$为第$i$株树所处的结构单元中树种个数。其值在[0，1]之间，越大越好。树种组成系数依树种断面积占林分总断面积的比值计算，用十分法表示，统计大于1成的树种数。≥3表示多优势树种混交林，赋值为1；=2表示混交林，赋值0.5；<2赋值为0。

林分密度用林分拥挤度($K$)描述。林分拥挤度用来表达林木之间拥挤在一起的程度，用林木平均距离($L$)与平均冠幅($CW$)的比值表示，即$K=\frac{L}{CW}$。

显然，$K>1$，表明林木之间有空隙，林冠没有完全覆盖林地，林木之间不拥挤；$K=1$表明林木之间刚刚发生树冠接触；只有当$K<1$时表明林木之间才发生拥挤，其程度取决于$K$值，$K$越小越拥挤。林分拥挤度在[0.9，1.1]之间表示密度适中，赋值为1，其他赋值为0。

林分长势用林分优势度或林分潜在疏密度表达。林分优势度用下式来表示：

$$S_d = \sqrt{P_{U_i \le 0.25} \times \frac{G_{max}}{G_{max} - \bar{G}}} \tag{2-13}$$

其中，$P_{U_i=0}$为林木大小比数取值为0等级的株数频率；$G_{max}$为林分的潜在最大断面积，这里将其定义为林分中50%较大个体的平均断面积与林分现有株数的积；$\bar{G}$为林分断面积。林分优势度的值通常在[0，1]之间，愈大愈好。若偶尔出现$S>1$时，令其等于1。林分疏密度是现实林分断面积与标准林分断面积之比。鉴于"标准林分"在实际应用中的难度，所以本文用林分潜在疏密度替代传统意义上的林分疏密度。用$B_0=\bar{G}/G_{max}$表示。其值在[0，1]之间，愈大愈好。

顶极种的竞争用顶极或目的树种的树种优势度表达。树种优势度用相对显著度($D_g$)或树种空间优势度$D_{sp}=\sqrt{D_g\times(1-\bar{U}_{sp})}$表达，其中，$\bar{U}_{sp}$为树种大小比数均值。树种优势度的值在[0，1]之间，愈大愈好。

林分更新采用《森林资源规划设计调查技术规程》(国标GB/T 26424-2010)来评价，即以苗高>50cm的幼苗数量来衡量，若≥2 500表示更新良好，赋值为1；<500表示更新不良，赋值为0；[500，2500)之间表示更新一般，赋值为0.5。

健康林木(没有病虫害且非断梢、弯曲、空心等)比例，≥90%，赋值1；<90%，赋值0。

### 2.6.3　林分状态的单位圆分析

采用单位圆分析方法进行林分状态综合评价。单位圆的绘制方法是：首先，画一个半径为1的圆，然后，把这个圆圈的360°分成$n$个扇形区，分别代表$n$个林分状态指标，譬如，林分空间结构(垂直结构、水平结构)、林分年龄结构、林分组成(树种多样性、树种组成)、林分密度、林分长势、顶极种或目的树种竞争、林木健康和林分更新等指标(图2-22)；再次，从$n$个扇形区的圆心开始以放射线的形式分别画出相应的指标线，并标明指标名称；最后，把现实林分的相应指标值用点标在放射线上，依次连接相邻点，形成的闭合图形就代表了现实林分状态。需要指出的是，为使相邻点连线构成闭合图形，必须对指标值进行大小排序(指标值相同的不分次序)，将排序后的指标分成最大值为1和非1两类，最大值之间维持圆弧连接，最大值与其他值用线段连接，如此形成的图形就是现实林分状态的综合表达，其图形构成的面积就是对现实林分状态值

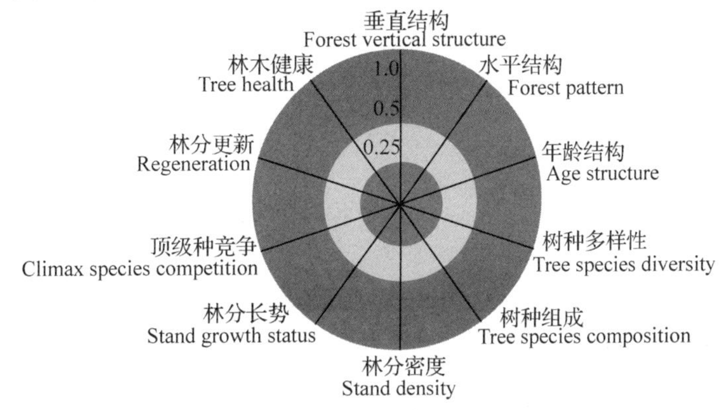


**图2-22　林分状态单位圆**

的合理估计。显然，当所有林分状态指标的取值都为 1 时，构成的闭环面积最大，且恒等于单位圆面积 π，可视为最优林分状态的期望值。该期望值与林分状态指标有多少或指标是什么无关，这就是最优林分状态的 π 值法则。所以，现实林分状态与最优林分状态值之比就是对现实林分状态好坏的恰当描述，用公式表达为：

$$\omega = \frac{s_1 + s_2}{\pi} = \frac{\frac{m\pi}{n} + \sum_{i=1}^{\mathrm{nlm}} s_{2i}}{\pi} \qquad 2\text{-}14$$

$$s_{2i} = \frac{1}{2} L_1 L_2 \sin\theta \qquad 2\text{-}15$$

式中：$\omega$ 为现实林分状态值；$s_1$为闭合图形中扇形面积和；$s_2$为闭合图中三角形面积和；$n$ 为代表指标个数($n \geq 2$)；$m$ 为代表指标值等于 1 的个数；$L_1$、$L_2$为分别为三角形部分的相邻指标值；$\theta$ 为相邻指标构成的夹角。

$\omega$ 值为[0, 1] 之间的数值，依据 $\omega$ 值的大小可将现实林分分为 5 类：状态极佳，$\omega \geq 0.65$；状态良好，$\omega$ 值为[0.55～0.65)；状态一般，$\omega$ 值为[0.40～0.55)；状态较差，$\omega$ 值为[0.25～0.40)；状态极差，$\omega < 0.25$。

### 2.6.4 林分状态合理性评价方法的应用

对我国天然锐齿栎混交林和天然红松阔叶林进行林分状态分析(表 2-2)，4 块天然林直径分布均为倒“J”型，表明林分年龄结构状态良好；而所有 4 块林分的林分拥挤度均处于不合理的密度范围；林木健康和林木水平分布格局，除小阳沟(2)样地外，其他 3 块均表现出健康和随机的良好状态特征；东大坡 54 林班的林分在垂直结构方面优于其他 3 个样地。其他指标各有所不同，综合分析见图 2-23。

**表 2-2 不同类型天然林林分状态特征**

| 样地名称 | 林分类型 | 空间结构 | | 年龄结构 | 林分组成 | | 林分密度 | 林分长势 | | 顶极种竞争 | 林分更新 | 林分健康 |
|---|---|---|---|---|---|---|---|---|---|---|---|---|
| | | 垂直 | 水平 | 直径分布 | 树种多样性 | 组成系数 | 林木拥挤度 | 林分优势度 | 潜在疏密度 | 树种优势度 | 幼苗数量 | 健康林木比例 |
| 小阳沟(1) | 锐齿栎天然林 | 1.9/0.5 | 0.492/1 | J/1 | 0.593 | 2/0.5 | 0.663/0 | 0.638 | 0.545 | 0.537 | 8100/1 | 96.5%/1 |
| 小阳沟(2) | 锐齿栎天然林 | 1.9/0.5 | 0.533/0 | J/1 | 0.584 | 3/1 | 0.554/0 | 0.562 | 0.545 | 0.401 | 7480/1 | 87.1%/0 |
| 东大坡 52 林班 | 红松阔叶林 | 2.2/0.5 | 0.499/1 | J/1 | 0.549 | 2/0.5 | 0.660/0 | 0.683 | 0.548 | 0.314 | 2300/0.5 | 90.9%/1 |
| 东大坡 54 林班 | 红松阔叶林 | 2.5/1 | 0.491/1 | J/1 | 0.625 | 3/1 | 0.643/0 | 0.688 | 0.538 | 0.484 | 720/0.5 | 92.9%/1 |

图 2-23 表明，东大坡 54 林班的林分状态($\omega = 0.584$)处于良好等级；小阳沟(1)样地($\omega = 0.501$)和东大坡 52 样地($\omega = 0.414$)的林分状态处于中等；而小阳沟(2)样地

($\omega=0.358$)处于状态较差的境地，这与现地观感一致。

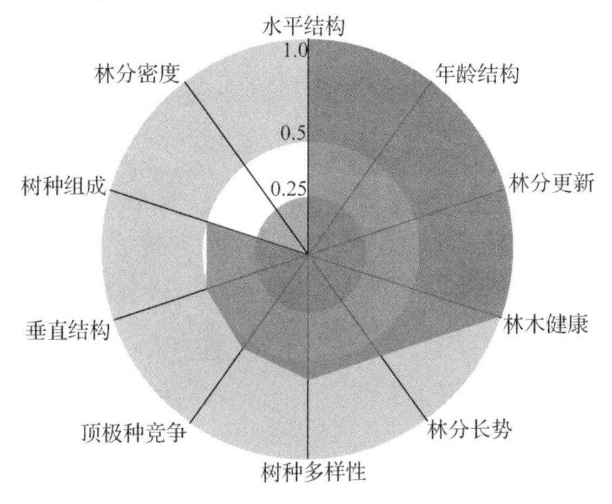


小阳沟(1)$\omega=0.501$

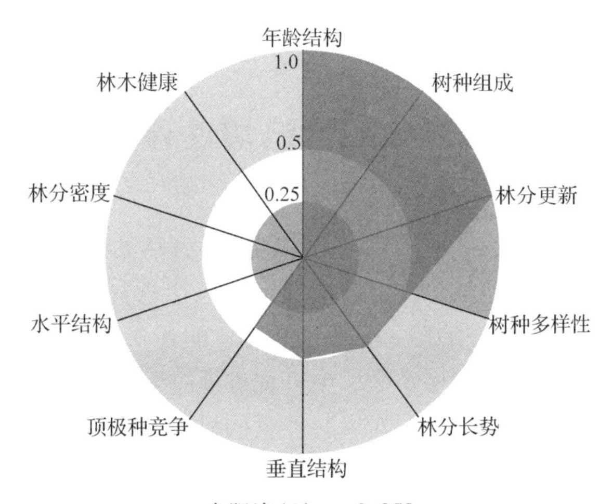


小阳沟(2)$\omega=0.358$

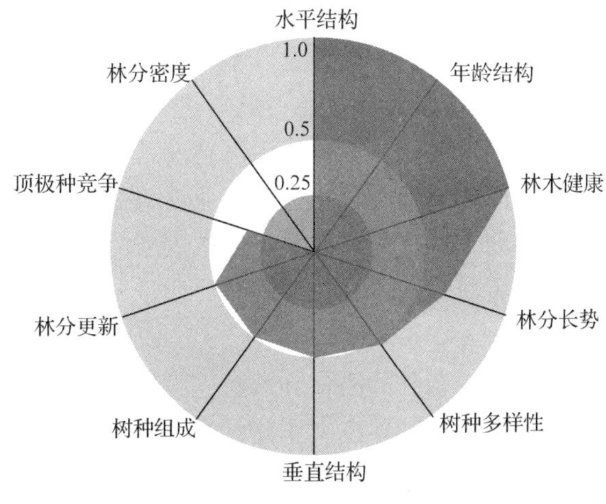


东大坡 52$\omega=0.414$

**图 2-23　不同类型天然林林分状态单位圆**

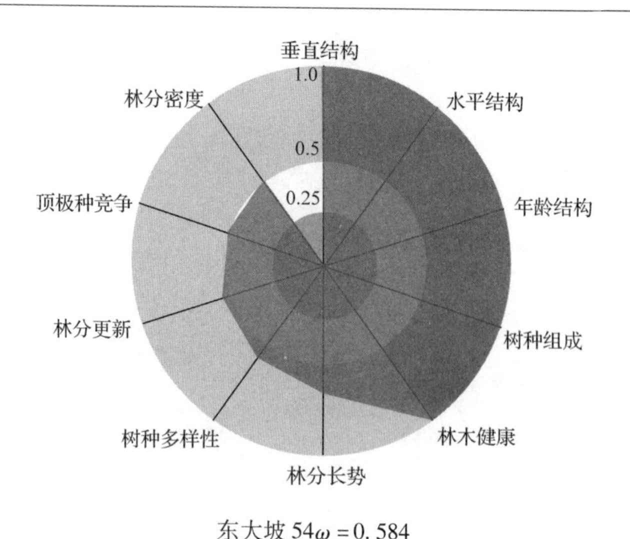


东大坡 54$\omega$ = 0.584

**图 2-23　不同类型天然林林分状态单位圆(续)**

## 2.7　基于培育目标的林分经营迫切性评价及应用

森林经营是对森林为进行科学培育与管护的一系列活动的总称，即从宜林地上形成的森林起，到采伐更新时止的整个生产经营活动，包括森林更新造林、森林抚育间伐、森林采伐利用等各项培育管护措施。森林经营的目的在于使经营对象更加合乎经营目标，经营目标取决于社会经济发展水平、生产和生活对森林效益的需求。不同时代人们对森林需求、认知和经营理念不同，对森林经营的目标也有所差别；但就总体而言，历史上的森林经营大多以木材生产为中心，强调森林的生产功能，将其作为唯一的或主要的目标。在经历了近 200 年围绕“木材利用”的森林经营之后，20 世纪末至今，森林经营的目标发生了根本性的转变，森林可持续经营已成为森林经营管理追求的目标。我国的森林经营也经历了同样的发展阶段，历史上以木材生产为中心，从 20 世纪 90 年代到 21 世纪初是以木材生产为主，兼顾生态效益，此后进入了木材生产与生态效益并重阶段，实施了天然林保护工程、退耕还林工程等生态建设工程。党的十八大以来，我国提出了加快推进生态建设，全面对天然林禁止进行商业性采伐，特别是十八届五中全会以后，将生态建设写入五年计划，提出绿色发展，低碳发展的新理念，我国已进入深入实施以生态建设为主的林业发展战略阶段，提升森林的质量和效益，将是我国林业发展的一个长期目标。

当前，强化森林经营，提升森林的质量和效益，大幅度提高林地生产力，保持生态系统稳定与健康，已成为林业发展和生态文明建设的时代要求。因此，森林经营首要的目标应该是培育健康稳定、优质高效的森林，发挥森林在维持生物多样性和保护生态环境方面的价值。经营森林就是要通过在森林中开展各种有利于改善森林状态的经营活动，缩短森林自然发育周期，加速自然演替过程，达到健康稳定、优质高效的目标。然而，森林经营具有周期长、功能多样、经营对象复杂和经营效果见效慢等特点，确定合理有效的经营方向是实现培育健康稳定森林的前提，否则会由于不当的经营措施造成难以估计的损失，甚至是对森林的一种破坏，因此，在森林资源日趋紧张的情况下对森林进行经营要慎之又慎。针对现实森林，如何确定合理有效的经营方向，即森林是否要经营，为什么要经营，实施哪些经营措施才能实现森林健康稳定？惠刚盈等(2007)指出，新的结构建模思想出现使得传统的功能建模思想受到了很大的冲击，森林经营效果评价方法已由传统的功能评价转向情景状态的评价。森林状态的评价与描述应当是进行森林经营措施选择的依据。为评价森林当前的状态与健康稳定森林状态的差异，人们提出了森林自然度的概念，不同的学者针对不同的研究对象和目的采用了不同的评价方法和指标。森林自然度对于描述和评价森林状态，划分森林经营类型是合适的方法，但对于确定森林经营方向，制订经营措施来说，该方法的指标较多，计算过程也比较复杂。惠刚盈等提出林分经营迫切性概念，用于确定森林经营方向，并从林分空间结构特征和非空间结构两个方面构建林分经营迫切性框架；孙培琦等从林分的空间结构和非空间结构特征两个方面选择了 8 个指标，提出了林分经营的迫切性指数($Mu$)的概念、评价方法及评价标准，并应用于贵州黎平 2 个阔叶混交林和 2 个针阔混交林分的评价。随着研究的深入，惠刚盈等又将经营迫切性评价指标从 8 个增加到了 9 个，对评价体系进一步细化，在实际应用中也显示出了很好的效果。然而，上述研究大多是建立在对天然林评价的基础上，因而一些指标只适用于天然林的评价，对于人工林而言并不完全适用。此外，随着研究的深入和发展以及在实践中的应用，发现原来的经营迫切性评价指标体系中尚缺乏一些重要的指标，如没有考虑到林分密度的问题，而密度问题是森林经营中一个非常重要的因素；个别指标的提法及归类似乎也存在着不同的看法和认识，因此，有必要对经营迫切性的评价指标体系和评价标准进一步的细化和完善。

### 2.7.1　评价指标

林分经营迫切性指标的选择应当遵循以下原则：一是科学性原则，即经营迫切性评价指标应当客观、真实地反映森林的状态特征，并能体现出不同的林分类型或处于不同演替阶段的森林群落间的差别；二是具有可操作性，即经营迫切性评价指标内容应该简单明了，含义明确，易于量化，数据易于获取，指标值易于计算，便于操作，对于经营单位或有关评价部门易于测度和度量，简单实用。根据以上原则，以培育健康稳定、优质高效的森林为终极目标，其状态特征主要体现在其异龄性、混交性、复层性及优质性几个方面。异龄性考虑森林中林木个体的年龄结构；混交性主要考虑森林的树种组成和多样性；复层性指森林的垂直结构，包括其成层性及天然更新情况；优质性则体现森林整体的生产力和个体的健康状况，包括林木个体分布格局、健康状况、林分长势及目的树种的竞争、林分整体的拥挤程度及林木个体的密集程度等方面。图 2-24 给出了森林经营迫切性评价指标，从 4 个方面进行评价，共包括 11 个指标。在这里需要表明的是，在对人工林进行经营迫切性评价时，要充分考虑人工林的经营目标，也就是说，如果人工林是短周期工业用材，而不是异龄、复层、混交林的健康稳定森林生态系统时，该评价系统并不适用；而对于培育目标要从用材林转变为健康稳定的森林的人工林完全可用该评价系统，在评价时可能大多数指标需要调整的现象，这对于人工林来说是正常的，因为人工林本身结构比较简单。

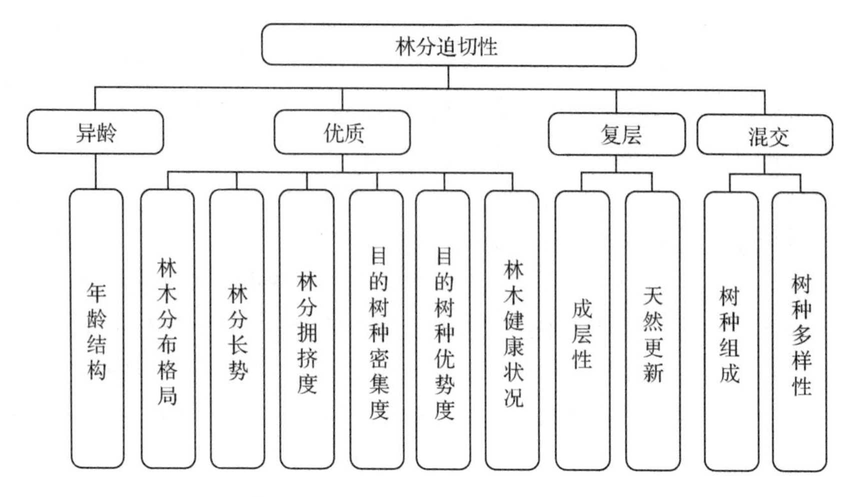


**图 2-24 森林经营迫切性评价指标体系**

### 2.7.2 经营迫切性指标评价标准

#### 2.7.2.1 年龄结构

林分年龄结构是植物种群统计的基本参数之一，通过年龄结构的研究和分析，可以提供种群的许多信息。由于天然林林木不同树种和发育阶段林木的年龄在野外测定的艰难性，人们通常用直径结构来替代年龄结构。研究认为大多数天然林或异龄混交林的直径分布为近似比曲线的反"J"型分布，或为不对称的单峰或多峰山状曲线。也有研究认为，异龄混交林的径级结构是各径阶林木株数按径级依常量 $q$ 值递减，理想的直径分布应该保持这种统计特性，Liocourt 认为，$q$ 值一般在 1.2～1.5 之间，也有研究认为，$q$ 值在 1.3～1.7 之间。异龄混交林相对于人工林而言更加稳定健康，因此，把异龄混交林的径级结构的 $q$ 值是否落在 1.2～1.7 之间作为林分是否需要经营的评价标准，即当 $q$ 值没有落在该区间内则林分的直径分布需要调整。对于人工林要培育为健康稳定的森林，径级结构必然要调整，通过补植，更换树种等措施，使其径级结构向异龄林径级结构发展。

#### 2.7.2.2 成层性

森林的垂直结构常可按乔木层的结构分为单层林和复层林，本研究中只考虑森林的乔木层结构，用林层数来表达。林层划分可参照国际林联（IUFRO）的林分垂直分层标准，即以林分优势高为依据把林分划分为 3 个垂直层，上层林木为树高≥2/3 优势高，中层为树高介于 1/3～2/3 优势高之间的林木，下层为树高≤1/3 优势高的林木。林层数≥2，表示复层，垂直结构合理，不需要经营，否则需要提高森林层次结构的复杂性。

#### 2.7.2.3 天然更新

森林更新可参照国家林业局资源司在《森林资源连续清查技术规定》中对幼苗更新

的等级规定(表2-3)。将林下更新是否达到了中等或中等以上作为评价标准，即当天然更新为中等或良好时，不需要经营，否则，需要经营。

**表2-3　幼苗更新等级**

| 等级 | 幼苗高度级(cm) | | |
|---|---|---|---|
| | <30 | 30~49 | ≥50 |
| 良好 | ≥5000 | ≥3000 | ≥2500 |
| 中等 | 3000~4999 | 1000~2999 | 500~2499 |
| 不良 | <3000 | <1000 | <500 |

#### 2.7.2.4　林木分布格局

众多研究表明，在自然界中，由于人为干扰、自然演替等多种因素的影响，大多数群落的分布格局为团状分布，均匀分布的格局则很少见，多见于人工群落。但对一个发育完善的顶极群落而言，其优势树种总体的分布呈现随机格局，各优势树种也呈随机分布格局镶嵌于总体的随机格局之中。显然，对于森林群落而言，林木分布格局的随机性将成为判断林分是否需要经营的一个尺度。判断林木分布格局有很多种方法，有聚集指数 $R$、$K(d)$函数、双相关函数、角尺度法，可根据调查数据选择不同的测定方法。

#### 2.7.2.5　林分长势

林分长势为反映林木对其所占空间利用程度的指标。传统的表达林分长势的指标用林分疏密度，即用单位面积(一般为 $1hm^2$)上林木实有的蓄积量，或胸高总断面积对在相同条件下的标准林分(或称模式林分)的每公顷蓄积量，或胸高总断面积的十分比表示。在经营迫切性评价中，如果可以得到评价地区标准林分蓄积量，则可以运用林分疏密度来反映林分长势力，将疏密度是否大于0.5作为评价标准，即林分疏密度小于0.5，则需要采用经营措施来提高林分的长势。其实，在实际应用中，很难得到标准林分的蓄积量，因此疏密度指标的应用存在一定的困难。林分优势度也可以用下式来表达：

$$S_d = \sqrt{P_{U_i \leq 0.25} \frac{G_{max}}{G_{max} - \bar{G}}} \qquad 2\text{-}16$$

式中：$P_{U_i=0}$为林木大小比数取值小于等于0.25等级的株数频率；$G_{max}$为林分的潜在最大断面积，这里将其定义为林分中50%较大个体的平均断面积与林分现有株数的积；$\bar{G}$为林分断面积。

林分优势度的值通常在0~1之间，当 $S_d>0.5$ 时，林分不需要经营，否则需要采取促进林分生长的措施。

#### 2.7.2.6　目的树种(组)的优势度

将林分中的培育树种或乡土树种统称为目的树种，进行森林经营的目标就是提高目的树种的优势程度，获得更大的生态和经济效益。大小比数反映林木个体的大小分化程度，将大小比数与树种的相对显著度相结合，依树种统计可分析林分内不同树种的优势程度。可用下式来表达：

$$D_{sp} = \sqrt{D_g \cdot (1 - \bar{U}_{sp})} \qquad 2\text{-}17$$

式中：$D_{sp}$树种(组)优势度，$D_g$相对显著度，$\bar{U}_{sp}$树种(组)大小比数，其中，相对显著度为林分中该树种(组)的断面积占全部树种断面积的比例。树种优势度值在0~1之间。接近1表示非常优势，接近0表示几乎没有优势。本研究以林分中顶极树种(组)或乡土树种的优势度是否大于0.5作为林分是否进行经营的评判标准，大于0.5不需要经营，否则需要提高培育树种的优势程度。

2.7.2.7 林木健康状况

林分内林木的健康状况主要是通过林木体态表现特征如虫害、病腐、断梢、弯曲等来识别。这里以不健康的林木株数比例是否超过10%为评价标准，即当不健康林木株数比例超过10%时需要对林分进行经营，否则不需要经营。

2.7.2.8 树种组成

树种组成是森林的重要林学特征之一，林分树种组成用树种组成系数表达，即各树种的蓄积量(或断面积)占林分总蓄积量(或断面积)的比重，用十分法表示；当组成系数表达式中够1成的项数大于或等于3项时则不需要经营，否则，需要经营。

2.7.2.9 树种多样性

物种多样性包括物种丰富度和物种均匀度两个方面的含义。物种丰富度是对一定空间范围内的物种数目的简单描述；物种均匀度则是对不同物种在数量上接近程度的衡量。树种多样性可以用反映物种多样性程度的Simpson多样性指数来表达，该指数的值在[0，1]之间，是一个正向指标，值越大，表示树种多样性越高。林分的Simpson指数大于0.5则不需要经营，否则需要采用提高林分树种多样性的措施。树种多样性也可以采用林分修正的林分混交度($\bar{M}'$)来表达。林分修正的林分混交度表达式如下：

$$\bar{M}' = \frac{1}{5N}\sum(M_i n'_i) \qquad 2\text{-}18$$

式中：$N$表示林分总株数，$n'$表示第$i$株林木与其最近4株相邻木组成的结构单元中的树种数；$M_i$表示第$i$株个体的混交度。

林分的平均混交度反映林分内树种的隔离程度，从$\bar{M}'$的计算公式中可以看出，$\bar{M}'$是对传统混交度的修正，他既包含了每个结构单元中的树种之间的混交关系，也反映了结构单元中的树种数，克服了林分平均混交度应用中需要特别指出树种组成及比例的缺陷，因此，$\bar{M}'$不仅可以反映林分的树种隔离程度，也可以反映林分树种多样性。$\bar{M}'$的比值在[0，1]之间，越大表明林分混交度、树种多样性越高，以$\bar{M}'=0.5$作为林分是否需要进行经营的评判标准，即当$\bar{M}'$大于0.5时，森林不需要经营。需要指出的是，在对天然纯林这种特殊的森林类型进行经营迫切性评价时，树种多样性指标可以不予考虑；对于人工林而言，如果培育目标是短周期工业用材林，在经营迫切性评价时也不需要考虑；只有当人工林的培育目标转变为异龄、混交、复层的健康稳定森林时才考虑该指标。

2.7.2.10 林木拥挤程度

林分密度与林木的胸径、树高，木材质量等具有密切的关系，是森林经营中必须考虑的因素。本研究用林分拥挤度($K$)描述，用来表达林木之间拥挤在一起的程度，其被定义为用林木平均距离($L$)与平均冠幅($CW$)的比值表示，即：

$$K = \frac{L}{CW} \quad 2\text{-}19$$

显然，当 $K$ 大于 1 时表明林木之间有空隙，林冠没有完全覆盖林地，林木之间不拥挤；$K=1$ 表明林木之间刚刚发生树冠接触；只有当 $K$ 小于 1 时表明林木之间才发生拥挤，其程度取决于 $K$ 值，$K$ 越小越拥挤。林分拥挤度在[0.9－1.1]之间表示密度适中，不需要进行密度调整；当 $K$ 值大于 1.1，则表明林分密度较小，林间有空地，需要进行补植，当 $K$ 小于 0.9 时，表明林分密度较大，需要减小林分密度。

2.7.2.11　目的树种的密集度

林木密集程度是林分空间结构的重要属性，反映林木的疏密程度，包含一定的竞争信息，同时直观表达了林冠层对林地是否连续覆盖，本研究采用密集度来表达。

对于培育的目的树种而言，可以直接统计林分中每棵目的树种的密集度，然后求平均值，即可得到目的树种的密集度，计算公式如下：

$$\overline{C_{sp}} = \frac{1}{n}\sum_{i=1}^{n} C_{sp_i} \quad 2\text{-}20$$

判断$\overline{C_{sp}}$是否大于 0.5，大于则需要对其进行调整，否则不需要经营。

表 2-4 为林分经营迫切性评价森林空间结构和非空间结构指标取值标准。

**表 2-4　经营迫切性指标评价标准**

| 评价指标 | 取值标准 |
| --- | --- |
| 直径分布 | ∈[1.2, 1.7] |
| 成层性 | 林层数≥2 |
| 天然更新 | 更新等级≥中等 |
| 林木分布格局 | 是否随机 |
| 林分长势 | $S_d>0.5$ |
| 目的树种(组)优势度 | ≥0.5 |
| 健康林木比例 | ≥90% |
| 树种组成 | 组成系数≥3 项 |
| 树种多样性 | ≥0.5 |
| 林分拥挤程度 | [0.9, 1.1] |
| 目的树种密集度 | ≤0.5 |

## 2.7.3　评价指数及迫切性等级

林分经营迫切性指数($M_u$)仍采用孙培琦等提出的迫切性指数评价方法。将迫切性等级进一步细化，划分为 7 个等级(表 2-5)。

**表 2-5 林分经营迫切性等级划分**

| 迫切性等级 | 迫切性描述 | 迫切性指数值 |
|---|---|---|
| 0 | 均满足取值标准，为健康稳定的森林，不需要经营 | 0 |
| 1 | 大多数符合取值标准，只有 1 个因子需要调整，可以经营 | 0.1 |
| 2 | 有 2 个指标不符合取值标准，应该经营 | 0.2 |
| 3 | 有 3 个指标不符合取值标准，需要经营 | 0.3 |
| 4 | 有 4 个指标不符合取值标准，十分需要经营 | 0.4 |
| 5 | 有 5 个指标不符合取值标准，林分偏离健康稳定的状态，特需经营 | 0.5 |
| 6 | 绝大多数指标都不符合取值标准，林分偏离健康稳定的状态，必须经营 | ≥0.6 |

### 2.7.4 林分经营迫切性评价方法的应用

#### 2.7.4.1 在松栎混交天然林中的应用

(1)松栎混交林样地概况

在甘肃省小陇山林业实验局百花林场曼坪工区小阳沟林班松栎混交林设立了 1 块 70m×70m 的全面调查样地，运用全站仪对样地内胸径大于 5cm 的林木全部进行定位，并进行胸径测量、记载每株树木的树种、胸径，同时调查林分的郁闭度、坡度、林分平均高、林层数、幼苗更新和枯立木情况等。

根据样地调查资料可知(表 2-6)，小阳沟林分起源于天然林，样地平均海拔 1720m，坡度 12°，坡向西北向，林分郁闭度为 0.8，公顷断面积为 27.9$m^2$，每公顷有林木 933 株，平均胸径为 19.5cm，运用一元材积表计算，林分的公顷蓄积量为 231.1$m^3$，林分中除主要建群种锐齿栎和山榆外，还有华山松、辽东栎、太白槭、白檀、多毛樱桃、甘肃山楂等共 33 个树种。

**表 2-6 小阳沟经营样地林分因子**

| 样地 | 坡度(°) | 海拔(m) | 郁闭度(%) | 断面积($m^2/hm^2$) | 密度(株 $hm^2$) | 树种数 | DBH(cm) | H(m) | C(m) |
|---|---|---|---|---|---|---|---|---|---|
| 1 | 13 | 1726 | 0.85 | 27.9 | 933 | 33 | 19.5 | 13.1 | 5.0 |

(2)松栎混交林林分经营迫切性评价及经营方向确定

在完成对林分的调查和状态分析的基础上，运用经营迫切性评价方法对林分的状态特征进行评价，并以此为依据确定林分的经营方向。小阳沟林分经营迫切评价指标中有 3 个指标不合理(表 2-7)，分别是林分拥挤度、树种组成和林木成熟度，林分经营迫切性指数为 0.3，林分需要经营。

由表 2-7 可以看出，小阳沟林分的林木分布格局为随机分布，顶极树种的优势度和树种多样性较高，直径分布为典型倒“J”型分布，天然更新良好，林木健康，是典型的复层异龄混交林。但从林木拥挤度来看，其值为 0.581，小于 0.9，说明林分密度较大，需要调整林分密度；从目的树种的密集度来看，林分中的锐齿栎、油松及华山松树冠与相邻木树冠连接、重叠较严重，需针对培育树种周围的林木进行调整；从林分的树种组成可以看出，林分只有锐齿栎和山榆的断面积比例达到了 1 成以上，因而该项指标未达到标准值。小阳沟林分经营迫切性指数值为0.28，迫切性等级为比较迫切。从林分自然度和经营迫切性评价可以看出，小阳沟林分经营方向为：降低林分密度和培育树种的密集程度，调整林分树种组成，提高林分其他伴生树种的比例，使树种组成更加合理，同时，在兼顾林分空间结构和非空间结构不发生改变和生态效益不减弱的前提下，择伐利用部分成熟林木，产生一定的经济效益。

**表2-7　小阳沟林分经营迫切性评价指标值**

| 样地 | 直径分布 | 成层性 | 天然更新 | 林木分布格局 | 林分长势 | 目的树种(组)优势度 | 健康林木比例(%) | 树种组成 | 树种多样性 | 林分拥挤度 | 目的树种密集度 |
|---|---|---|---|---|---|---|---|---|---|---|---|
| 松栎混交林 | 1.372/0 | 2.7/0 | 良好/0 | 随机 | 0.634/0 | 0.611/0 | 95.3/0 | 5锐2榆3其他/1 | 0.593/0 | 0.585/1 | ≥0.5/1 |

注：林分指标实际值/林分指标评价值($S_i$)。

#### 2.7.4.2　在侧柏人工林中的应用

(1)侧柏人工林样地概况

侧柏人工林样地位于北京九龙山，为侧柏林人工林，该林分为20世纪60~70年代开始营造，期间进行过补植，2003因病虫害，进行过抚育新间伐。伐前郁闭度为0.8，伐后为0.7，株数采伐强度为4.9%，蓄积采伐强度4.98%。此外再无其他经营历史。侧柏是北京地区的乡土树种，是北京山区低山针叶林中的主要树种之一，反映了北京的气候特点和森林特征，侧柏是北京低山和平原地区人工林中主要的常绿树造林树种。北京的气候属于标准的温带大陆性季风气候，四季明显，冬季寒冷干燥，夏季炎热多雨，雨季集中；在北京海拔1000m以下，低山的土壤类型属于山地褐土，此类土壤瘠薄，土温高，水分含量少，保水能力差，在此地带发育形成的森林植被主要由耐贫瘠干旱的种属组成，裸子植物的植被类型属温性针叶林，主要包括油松人工林和侧柏林。现在分布的天然林只有侧柏林。2013年5月，在中国林科院华北实验中心院内的侧柏人工林内设置面积为面积50m×90m固定试验样地，用全站仪对样地内的每株胸径大于5cm的林木进行了定位，并进行胸径测量，记载每株树木的树种、胸径，同时调查林分的郁闭度、坡度、林分平均高、林层数、幼苗更新和枯立木情况等。

由表2-8可以看出，该林分密度为每公顷2331株，平均树高和平均胸径较小，郁闭度达到了0.85。

**表2-8　侧柏人工林林分特征**

| 样地 | 坡度(°) | 海拔(m) | 郁闭度(%) | 树种组成 | 断面积($m^2/hm^2$) | 株数(株/$hm^2$) | DBH(cm) | H(m) |
|---|---|---|---|---|---|---|---|---|
| 侧柏林 | 17 | 60 | 0.85 | 10侧-其他 | 20.3 | 2331 | 10.5 | 7.5 |

(2)侧柏人工林林分经营迫切性评价及经营方向确定

在完成对林分的调查和状态分析的基础上，运用经营迫切性评价方法对林分的状态特征进行评价，并以此为依据确定林分的经营方向，在评价侧柏人工林时，多样性不作为评价指标。表2-9为对11个经营迫切性指标的评价结果。

**表2-9　侧柏人工林林分经营迫切性评价指标值**

| 指标 | 实际值/评价值($Si$) |
|---|---|
| 直径分布 | 1.2/0 |
| 成层性 | 1.5/1 |
| 天然更新 | 不良/1 |
| 林木分布格局 | 0.428/1 |
| 林分长势 | 0.415/1 |
| 目的树种(组)优势度 | 0.700/0 |
| 健康林木比例/(%) | 88%/1 |
| 树种组成 | 9侧柏1其他/1 |
| 林分拥挤度 | 0.505/1 |
| 目的树种密集度 | ≥0.5/1 |
| $M_u$ | 0.8 |

从表2-9可以看出，侧柏人工林的经营迫切性指数值为0.80，绝大多数因子都不符合取值标准，林分远离健康稳定森林的特征，必须经营。经营方向为降低林分密度和培育树种密集程度，采伐不健康林木，调整林木分布格局，促进林分更新，诱导林分向异龄混交复层林发展。

## 2.8　基于林分状态的天然林经营措施优先性研究

在林分状态合理性评价的基础上，用雷达图方法进行经营问题诊断，针对发现的林分状态不合理指标(即经营问题)，分析提出可能解决该经营问题的有效技术措施，将既能有针对性地解决当下主要问题，又能同时解决其他经营问题的技术措施赋以优先执行权。鉴于经营森林的最高目标是培育健康稳定、优质高效的森林，所以本研究将健康问题置于优先地位，也就是说，凡是林木遇到健康问题必须优先执行有利于健康的措施。

### 2.8.1　经营问题诊断

雷达图是专门用来进行多指标体系比较分析的专业图表。从雷达图中可以看出指标的实际值与参照值的偏离程度，从而为分析者提供有益的信息。由于其直观性，本研究将其用来进行林分状态分析。

雷达图的绘制方法是：首先，画出三个同心圆，同心圆的最小圆圈代表同行业的最低水平(最差的林分状态或平均状态的一半)，中间圆圈代表同行业平均水平(平均的林分状态)，又称标准线，最大圆圈代表同行先进水平(最佳的林分状态)；然后，把这三个圆圈的360°分成8个扇形区，分别代表林分空间结构、林分年龄结构、林分组成、林分密度、林分长势、顶极种或目的树种竞争、林木健康和林分更新指标区域；再次，从

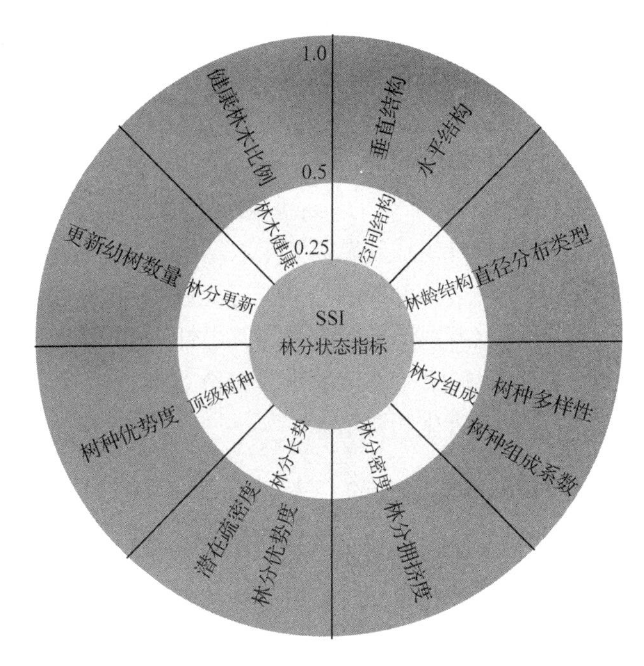


图 2-25　林分状态雷达图

8 个扇形区的圆心开始以放射线的形式分别画出相应的指标线，并标明指标名称；最后，把现实林分的相应指标值用点标在图上，以线段依次连接相邻点，形成的多边形折线闭环，就代表了现实林分状态。这里我们定义，凡是指标值处于标准线以内（<0.5）的都是不合格的指标（图 2-25）。

## 2.8.2　单一林分状态指标不合理时的经营措施选择

针对单一不合理的林分状态经营问题国内外已进行了大量的长期经营对比试验研究，筛选出了富有成效的经营方法与技术（表 2-10）。

表 2-10　一个林分状态指标不合理时的经营措施选择

| 状态指标 | 经营措施 | 编号 |
|---|---|---|
| 林木健康 | 进行卫生伐，必要时进行有害生物防治 | 1 |
| 林分空间结构 | 结构化森林经营中针对幼树微环境或格局调节技术 | 2 |
| 林分年龄结构 | 幼树开敞度调节或结构化森林经营中针对幼树微环境调节技术 | 3 |
| 林分组成 | 结构化森林经营中针对稀少种微环境调节技术，必要时更换树种 | 4 |
| 林分密度 | 抚育间伐或补植目的树种 | 5 |
| 林分长势 | 目标树培育或结构化森林经营中针对目标树微环境调节技术，同时进行地力维护 | 6 |
| 顶极种竞争 | 结构化森林经营中的针对顶极种微环境调节技术 | 7 |
| 林分更新 | 在制造林窗的同时促进天然更新或人工种植目的树种，紧跟其后还要开展更新抚育 | 8 |

譬如，改善林分成层性或年龄结构最有效的手段是针对更新幼树进行开敞度调节或结构化森林经营中针对幼树微环境调节技术；调节林分水平结构或顶极种(或目的树种)竞争问题，优先选择结构化森林经营中针对目的树微环境及林木格局调节技术；对于林分更新问题，需要在制造林窗的同时，促进天然更新(适当割灌、松土、清除地被物)，或人工播种、种植目的树种，必要时可采取防止动物危害更新幼树的措施，紧跟其后还要开展更新抚育；解决树种组成问题需要采取结构化森林经营中针对稀少种微环境调节技术或更换树种；对于林分密度问题需要进行抚育间伐或补植目的树种；对于林分长势问题，需要进行目标树培育或结构化森林经营中针对目标树微环境调节技术，同时进行地力维护(割灌、松土、施肥、甚至灌溉、栽植豆科植物等)；对于健康问题则需要进行卫生伐，必要时进行有害生物防治。

### 2.8.3 两个林分状态指标不合理时的经营措施优先性

在 8 个因子中有 2 个及以上因子同时不合理时才存在组合问题，即"综合症"问题，也才有必要进行经营措施优先性安排。由于经营森林的最高目标是培育健康稳定、优质高效的森林，因此必须优先执行有利于林木健康的经营措施。当然，如果所考察的全部 8 个林分状态因子中有 6~8 个林分状态全不合理，说明经营主体已经缺失，需要人工重建。基于此，仅需要考虑除健康因子以外的其余 7 个因子中任意 2~5 个因子组合的经营措施优先性(表 2-11)。

**表 2-11 2~5 个因子不合理时的林分状态组合**

| 林分状态 | 组合数 | 雷达图 |
|---|---|---|
| 2 个林分状态指标不合理 | $C_2^7=\binom{7}{2}=\frac{7!}{2!\cdot(7-2)!}=\frac{7\cdot6\cdot5\cdot4\cdot3\cdot2\cdot1}{(2\cdot1)\cdot(5\cdot4\cdot3\cdot2\cdot1)}=21$ | 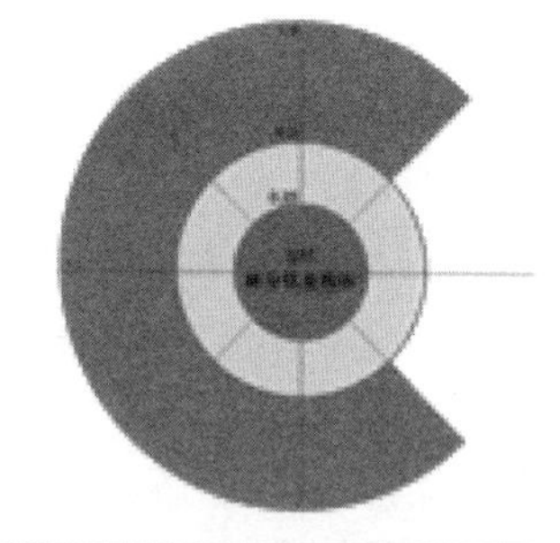 |
| 3 个林分状态指标不合理 | $C_3^7=\binom{7}{3}=\frac{7!}{3!\cdot(7-3)!}=\frac{7\cdot6\cdot5\cdot4\cdot3\cdot2\cdot1}{(3\cdot2\cdot1)\cdot(4\cdot3\cdot2\cdot1)}=35$ | 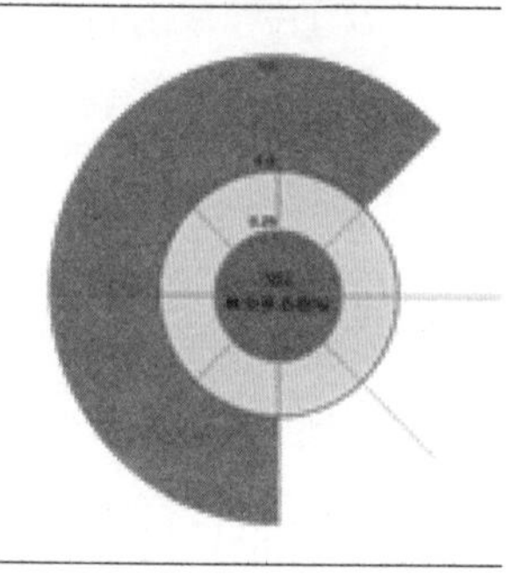 |

（续）

| 林分状态 | 组合数 | 雷达图 |
| --- | --- | --- |
| 4个林分状态指标不合理 | $C_4^7=\binom{7}{4}=\frac{7!}{4!\cdot(7-4)!}=\frac{7\cdot6\cdot5\cdot4\cdot3\cdot2\cdot1}{(4\cdot3\cdot2\cdot1)\cdot(3\cdot2\cdot1)}=35$ | 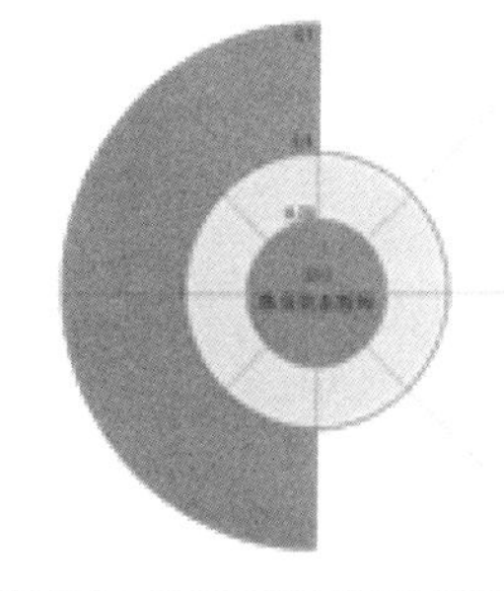 |
| 5个林分状态指标不合理 | $C_5^7=\binom{7}{5}=\frac{7!}{5!\cdot(7-5)!}=\frac{7\cdot6\cdot5\cdot4\cdot3\cdot2\cdot1}{(5\cdot4\cdot3\cdot2\cdot1)\cdot(2\cdot1)}=21$ | 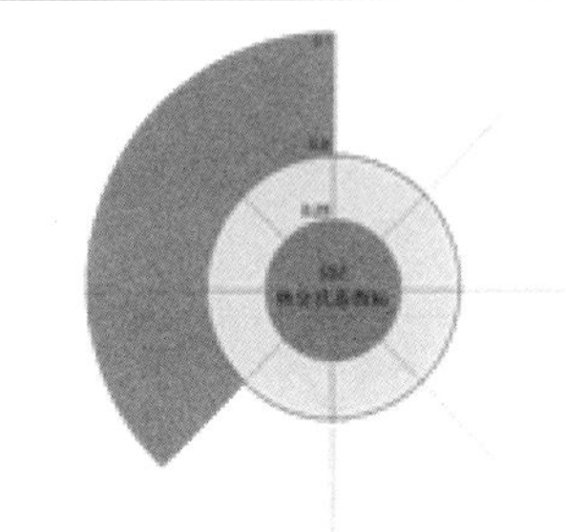 |

### 2.8.4　天然林经营措施优先性应用

以甘肃小陇山天然锐齿栎混交林和吉林蛟河天然红松阔叶林样地数据为例，分析林分状态特征（表2-12），用雷达图进行经营诊断（图2-26），并确定经营措施优先性。

在小阳沟第1块锐齿栎天然林样地，8个方面11个林分状态指标中有10个处于雷达图的中间（平均林分状态）与最大圆圈（最佳林分状态）之间，只有1个林分状态指标处于最小圆圈之内，林分状态总体良好，属单一林分状态因子不合理的情况。只需要对林分密度进行调整或直接对达到目标直径的林木进行单株择伐利用。

在小阳沟第2块锐齿栎天然林样地，8个方面11个林分状态指标中有4个指标处于雷达图上最小圆圈之内，即有4个林分状态指标不合理。该林分密度较大，林分空间结构不合理，顶极树种（组）不占优势，且林分中不健康林木比例较大。因此，对于该林分首先要解决林木健康问题，然后针对其他3个问题即林分空间结构、顶极树种优势度、林分密度再进行经营措施安排。该林分类型与120种“经营处方”中所描述的“林分空间结构、顶极种竞争和林分密度”3个因子不合理的情况一致，即“林分长势指标合理而顶极种竞争出现了问题，表明林分为顶极种不占优势的密集生长的混交林。林分空间结构不合理表明成层性或水平结构出了问题，成层性问题可以通过良好的更新而自然得到恢复，而水平结构只有通过结构化森林经营得到解决”。所以，针对此类林分的经营策略是：优先伐除不健康林木，并采用结构化森林经营中针对顶极种竞争微环境及林木分布格局的调节技术。

**表 2-12　不同类型天然林林分状态特征**

| 样地 | 林分类型 | 空间结构 | | 年龄结构 | 林分组成 | | 林分密度 | 林分长势 | | 顶极种竞争 | 林分更新 | 林分健康 |
|---|---|---|---|---|---|---|---|---|---|---|---|---|
| | | 垂直 | 水平 | 直径分布 | 树种多样性 | 组成系数 | 林木拥挤度 | 林分优势度 | 潜在疏密度 | 树种优势度 | 幼苗数量 | 健康林木比例 |
| 小阳沟(1) | 锐齿栎天然林 | 1.9/0.5 | 0.492/1 | J型/1 | 0.593 | 2/0.5 | 0.663/0 | 0.638 | 0.545 | 0.537 | 8100/1 | 96.5%/1 |
| 小阳沟(2) | 锐齿栎天然林 | 1.9/0.5 | 0.533/0 | J型/1 | 0.584 | 3/1 | 0.554/0 | 0.562 | 0.545 | 0.401 | 7480/1 | 87.1%/0 |
| 王安沟 | 锐齿栎天然林 | 1.8/0.5 | 0.491/1 | J型/1 | 0.715 | 2/0.5 | 0.482/0 | 0.698 | 0.575 | 0.464 | 4440/1 | 91.7%/1 |
| 东大坡52林班52 | 红松阔叶林 | 2.2/0.5 | 0.499/1 | J型/1 | 0.549 | 2/0.5 | 0.660/0 | 0.683 | 0.548 | 0.314 | 2300/0.5 | 90.9%/1 |
| 东大坡54林班54 | 红松阔叶林 | 2.5/1 | 0.491/1 | J型/1 | 0.625 | 3/1 | 0.643/0 | 0.688 | 0.538 | 0.484 | 720/0.5 | 92.9%/1 |

注：表格中除林分长势和顶极种优势度外，均为赋值。

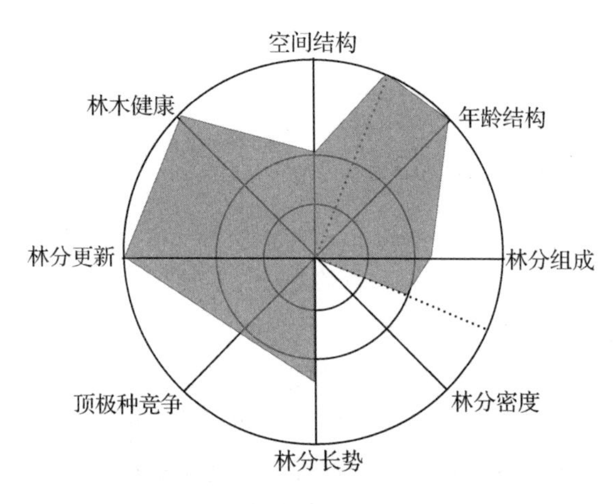


**图 2-26　不同类型天然林林分状态雷达图**

王安沟锐齿栎天然林样地，8 个方面 11 个林分状态指标有 9 个指标处于雷达图的中间圆圈之上，仅有 2 个指标处于最小圆圈之内，即有 2 个林分状态指标不合理。该林分密度较大、顶极树种(组)竞争不占优势，恰是 120 种“经营处方”中所描述的“顶极种竞争 + 林分密度” 2 个因子不合理的情况，即“林分结构合理，表明这里林分密度指标不合理主要是林木太拥挤。林分长势、林分结构和林分组成等指标没有问题，表明林分总体良好，发展潜力很大。造成顶极种竞争有问题的主要原因是非顶极种处于优势”。所以，优先采用结构化森林经营中针对顶极种或目的树种竞争微环境的调节技术。

吉林蛟河红松阔叶林 52 林班样地，8 个方面 11 个林分状态指标有 9 个指标处于雷达图的中间圆圈之上，仅 2 个指标处于最小圆圈之内，即有 2 个林分状态指标不合理。该林分与王安沟林分类似，密度较大、顶极树种(组)不占优势，所以，优先采用结构化森林经营中针对顶极种或目的树种竞争微环境的调节技术。

吉林蛟河红松阔叶林52林班样地，8个方面11个林分状态指标中有9个指标处于雷达图的中间圆圈之上，有2个指标处于最小圆圈之内。该林分与蛟河红松阔叶林52林班以及王安沟林分类似。优先采用结构化森林经营中针对顶极种或目的树种竞争微环境的调节技术。

## 2.9　西北主要天然林经营模式设计

研制森林经营模式属于森林经营研究的核心内容。世界各地已建立了许多人工林优化栽培模式，开展了许多富有成效的、与森林经营模式有关的天然林经营技术研究。如国际上的恒续林经营、目标树经营、检查法择伐经营；国内长白山阔叶红松林的“栽针保阔”动态经营体系；秦岭西段小陇山“次生林综合培育”技术体系；林隙动态与天然林生物多样性保育；由共性技术原则和个性技术指标构成的“东北天然林生态采伐技术体系框架”；基于空间技术和多源生态数据融合的森林生态系统经营管理系统；结构化森林经营理论与技术；退化天然林恢复中的保留木经营调控技术等等，而这些经营技术既互相包容又有区别。如何将现有的、已被实践检验而富有成效的经营方法与技术按特定区域、特定的森林类型进行组装配套，形成森林经营模式，是目前天然林经营研究中亟待解决的科技问题。到目前为止，直接针对西北主要森林类型的经营模式则尚未形成。本研究试图根据国内外研究成果进行我国西北天然林经营模式设计。

### 2.9.1　天然林经营模式设计的理论基础与技术依据

#### 2.9.1.1　理论基础

经营森林的最高目标是培育健康、稳定、优质、高效的森林。健康意味着结构完整，没有受到生物与非生物因素的严重侵害，整个生态系统功能正常。森林的健康既包括个体(如林木)也包含群体(如林分)的健康。稳定指生态系统能有效抵御各种干扰，或受干扰后仍能自然恢复，即具有承受干扰的能力。优质即森林生态系统的结构合理、林木生长及质量良好，能达到培育目标要求；高效则指的是森林的生长、生态、经济与景观功能发挥优良。优质高效指的是投入少量的成本就能经营出林木个体品质优、林分群体结构功效高的森林，也就是说，由优良品质林木个体组成的结构功效高的森林群体能以最少的经营成本获取最高的效益。具体来说，健康、稳定、优质、高效的森林生态系统通常具有以下几个方面的特征：在结构方面，组成复杂，群落结构、林分非空间结构与空间结构等合理，生物多样性和空间异质性高，生物系统联结良好和生态系统功能性过程效率高，利用环境资源的能力强。在能量转换和物质循环方面，保持着良好性能与平衡；在稳定性方面，对外界的干扰抵抗力强，具有高效的自我维护与恢复能力。要达到上述目标，森林经营需要按照生态系统管理的要求首先进行模式设计，并在设计中重点突出结构优化，生物多样性保护，树立尊重自然和可持续经营的理念。

### 2.9.1.2 技术依据

到目前为止，已有大量的试验研究成果值得借鉴。譬如，我国于政中等从1987首次在吉林汪清林业局金沟岭林场进行了检查法试验，研究结果表明，只要择伐强度不超过20%，最好在15%左右，完全可以越采越多，越采越好，青山常在，永续利用。传统的针对木材生产的天然乔林大强度择伐利用模式的有效性差，主要原因是，择伐利用强度(30%~40%)大，大量中大径木被采伐，降低了林分生长量，加之两次大强度的择伐间隔期相对较短(通常10~15年)，对于生长恢复较慢的树种如锐齿栎林分来说，间隔期再长些更为合理，应以20~25年为宜。天然林皆伐后自然恢复模式的有效性更差。强度皆伐不仅对林分整体功能造成极大的损害，而且对林地的破坏程度也较大；采伐中残留的小径级个体形成了林隙较多的幼龄林，需要更长的恢复时间。可见，大强度择伐利用和皆伐利用方式均不是可持续的森林经营方式。

德国的近自然森林经营和我国的结构化森林经营均属高度集约的森林可持续经营技术。二者的经营目标是一致的，即都是培育健康稳定优质高效的森林。二者的最大不同点在于技术途径不同，近自然森林经营在实践中多采用目标树经营，而结构化森林经营更强调林分整体的结构优化。近自然林经营阐明了这样一个基本思想，人工营造森林和经营森林必须遵循与立地相适应的自然选择下的森林结构，才能保证森林的健康与安全，森林才能得到可持续经营，其综合效益才能得到持续最大化的发挥。因此，不论是哪种类型的森林，包括天然次生林、人工林，其经营必须要遵照生态学的原理来恢复和管理。近自然经营不排斥木材生产，与传统森林经营理论相比，它认为只有实现最合理的接近自然状态的森林才能实现经济利益的最大化。按近自然的森林模式培育森林，要针对森林具体状态加以科学合理地调控，以目标树培育为中心，对目标树周围的干扰木和非目标树进行调整。结构化森林经营量化和发展了德国近自然森林经营原则，以培育健康森林为目标，以系统结构决定功能系统法则为理论之基，以健康森林结构(天然林顶极群落)的普遍规律为范式，依托可释性强的结构单元，既注重个体活力，更强调林分群体健康。主要技术特征是：用林分自然度划分森林经营类型；用林分经营迫切性指数确定森林经营方向；用空间结构参数调整所有顶极树种和主要伴生树种的中大径木的结构；用状态评价衡量经营效果。在吉林蛟河、甘肃小陇山、贵州黎平等天然林区运用结构化森林经营技术对不同类型的林分进行了富有成效的结构调整。结构化森林经营能够明显改善森林的健康状况，提高林分中顶极树种的竞争优势，维持森林的多样性，优化森林结构，提高森林质量和生产力，与对照相比，经结构化森林经营方法抚育后的林分每公顷年生长量增加1~1.4$m^3$，年生长率提高30%~58%。通过对甘肃小陇山林区现有三个主要森林经营模式(次生林综合培育模式、近自然森林经营模式和结构化森林经营模式)进行的有效性评价发现，结构化森林经营模式的有效性大于近自然经营模式，更大于次生林综合培育模式。值得一提的是，在生产可行性方面，结构化森林经营模式与近自然经营模式相差无几，而在技术先进性方面，结构化森林经营模式远远超过近自然经营模式。模式的评价所采用的方法是以原始群落或地带性顶极群落为参考系，从反映技术先进性的空间利用程度、物种多样性、建群种竞争态势和树种组成以及体现生产可行性的投入与产出等方面进行森林经营模式有效性评价。技术先进性被定义为给定经营模式下每投入一个工能使所经营林分更加接近地带性顶极群落。生产可行性被定义为给定经营模式下每投入一个工能使所经营林分在经营时段内的木材生产能力提高。经营模式的有效性体现的是技术上先进性和生产上可行性的统一，用二者的和表达，其数值越大，说明经营模式越有效。

林冠下更新、栽针保阔是复层异龄混交林营建的有效途径。在东北的次生林经营实践中，纠正了“砍掉杨桦，大造红松”的次生林改造方法，逐渐形成了完整的“栽针保阔”的动态经营体系。对东北东部山地次生林栽植以红松为主的针叶树，保留天然更新的阔叶树，尤其是珍贵的阔叶树，把人工更新和天然更新密切结合起来，以符合地带性顶极群落——阔叶红松林的发生、发展规律，林冠下栽植耐阴的针叶树种，在庇荫条件下生长发育没问题。只要遵循其随年龄增加，需光量也逐渐增加的生物学特点，及时地再次疏开上层林冠，就能使红松等针叶幼苗、幼树生长成林。

上述研究为天然林经营模式设计奠定了良好的理论基础，将构成天然林经营模式中核心的技术措施和经营方法。

## 2.9.2　西北主要天然林经营模式设计

我国西北地区森林类型众多，各种针叶林、针阔混交林、落叶阔叶林在西北广为分布，树种最丰富的为松属(*Pinus*)、云杉属(*Picea*)和栎属(*Quercus*)。针叶林主要树种有云杉、油松、华山松，落叶阔叶林主要有栎属、水青冈属、桦木属、鹅耳枥属、桤木属、杨属等，针叶与阔叶树种常组成混交林。针对以上西北天然林主要类型，按森林经营规划，在哪些需要进行经营的森林地段，进行经营模式设计。本研究的总体设计思想是：针对西北天然林的典型类型的现状，有机结合林分经营与单木经营，期望通过百年左右的经营将西北地区典型天然林保育成优质、高效、健康、稳定的森林生态系统。林分经营是针对林分或部分群体的事件，通过人为干预的措施来快速调整林分树种组成或成层性。单木经营是针对林分中的目标个体(目的树)的经营策略，通过缓和的方式逐步提高林分质量，改善林分中目的树微环境来确保系统核心要素的生态位，发挥其在系统中的主导作用。近自然森林经营和结构化森林经营都遵循“尽量减少对森林干扰”的近自然化原则，所以，在经营模式设计中始终贯彻轻度干扰方式，使蓄积抚育强度保持在20%以内，经营周期尽量设定在20年以上。据此总体思想，特设计了如下经营模式：

### 2.9.2.1　天然针叶林(松林、云杉林)经营模式

在西北地区有大量的油松、华山松和云杉天然林，这类天然针叶林针叶树种占绝对优势，树种隔离程度较低，属于弱度混交；主要树种的大小分化差异明显，种群分布格局为随机分布；林下更新状况不良，枯枝落叶厚，林分密度大，拥挤程度较高。针对这种林分状况，首先需要根据现有林中、大径木的多少确定经营类别，以林木直径26cm为界，分为$D \geqslant 26$cm的林木数量占林分30%以上和$D < 26$cm的林木株数占林分70%以上两种。对于$D \geqslant 26$cm的林木又视目标直径45cm的株数比例情况分为两类，$D \geqslant 45$cm的林木数量占林分10%以上和$D < 45$cm的林木数量占林分20%以上。对于$D \geqslant 45$cm的

林木数量占林分10%以上的林分，可直接进行幼树开敞度和地力维护，然后经历20～25年的生长即可进入结构化森林经营的单木微环境调节阶段；若$D<45$cm的林木数量占林分20%以上时，这时森林经营的主要任务是进行大树均匀性调整并进行幼树开敞度和地力维护，因为许多研究发现，林分中的大树具有均匀分布的特性。因此，伐除现实林分中聚集在一起的大树，以人工创造林隙，促进形成更新的光照条件，同时激活土壤中的种子库，在已形成的林隙中清除地被物。因为，除光照、温度和水分等气象环境因子以外，地被物是造成针叶林天然更新的最大障碍。对不同间伐强度5年后的栓皮栎林的研究发现，间伐10%、20%和30%的样地内实生苗的存活率分别提高了25.5%、235.7%和480.0%。间伐使林地的光照、温度、土壤水分和养分等环境因子发生变化，促进了各年龄段实生苗的高度、新梢生长量及叶面积指数的增长。利用目标树作业和单株择伐相结合的方式近自然化改造黄龙山油松人工林，研究结果表明作业后增加了林下天然更新的树种数量和密度，促进了林下主要树种(油松)和伴生树种(辽东栎和茶条槭)的大量发育和生长。

对于70%的林木直径小于26cm的林分而言，主要是进行拥挤度调整，可进行2次小强度(间距增10%～15%)干涉，间隔期20～25年。在经历了第2次抚育间伐后，在已形成的林隙中清除地被物。林分经营5年后，可连续进行3年每年2次的更新抚育。10～15年后进行一次更新幼树开敞度调整和地力维护(适当割灌、松土、清理地被物、种植豆科植物等)，20～25年后进入单株树经营阶段。利用结构化森林经营理论进行林木分布格局、优势度、密集度以及混交度调节。再经历20～25年后进行第2次单木经营，20年后有望进入目标直径利用的复层异龄阶段(图2-27)。

#### 2.9.2.2　天然栎类阔叶林经营模式

栎类阔叶林类型多样，从而出现了多种经营方法，如矮林作业和中林作业以及乔林作业，这些方法几乎都是针对提高栎类林分的生产率和林分质量而进行的经营实践，在我国历史上大都采用皆伐或大强度择伐利用，多萌芽更新，经营方式粗放。目前遗留下来的栎类阔叶混交林多为大强度采伐破坏后自然恢复的林分，群落树种组成丰富，树种多样性和隔离程度高，多为强度混交；栎类为主要建群种，但优势不明显；林分密度大，林木拥挤，林内卫生条件差，萌生株多，林木大小分化明显，分布格局多为团状；林层结构复杂，为异龄复层结构；林下腐殖质层较厚，幼苗更新中等，不健康林木比例相对较高。本研究试图在森林经营规划的基础上，从生态系统经营的角度，给出其集约经营模式建议。

针对这种林分状况同样需要根据现有林中大径木的多少确定经营类别，以林木直径26cm为界，若$D\geqslant26$cm的林木数量占林分30%以上时，这时森林经营的主要任务是进行大树均匀性调整，要伐除聚集在一起的大树，特别是萌生株，经历20～25年后再进行1次大树均匀性调整。对于70%的林木直径小于26cm的林分而言，主要是进行拥挤度调整，2次小强度下层抚育间伐，间隔期20～25年。在最后一次间伐经营后，视林分天然更新情况，对于更新不良的按800株/$hm^2$的密度在林下补栽其他珍贵阔叶树或松类(华山松或油松)。对于人工补栽的幼树要进行3年每年2次的幼林抚育。10～15年

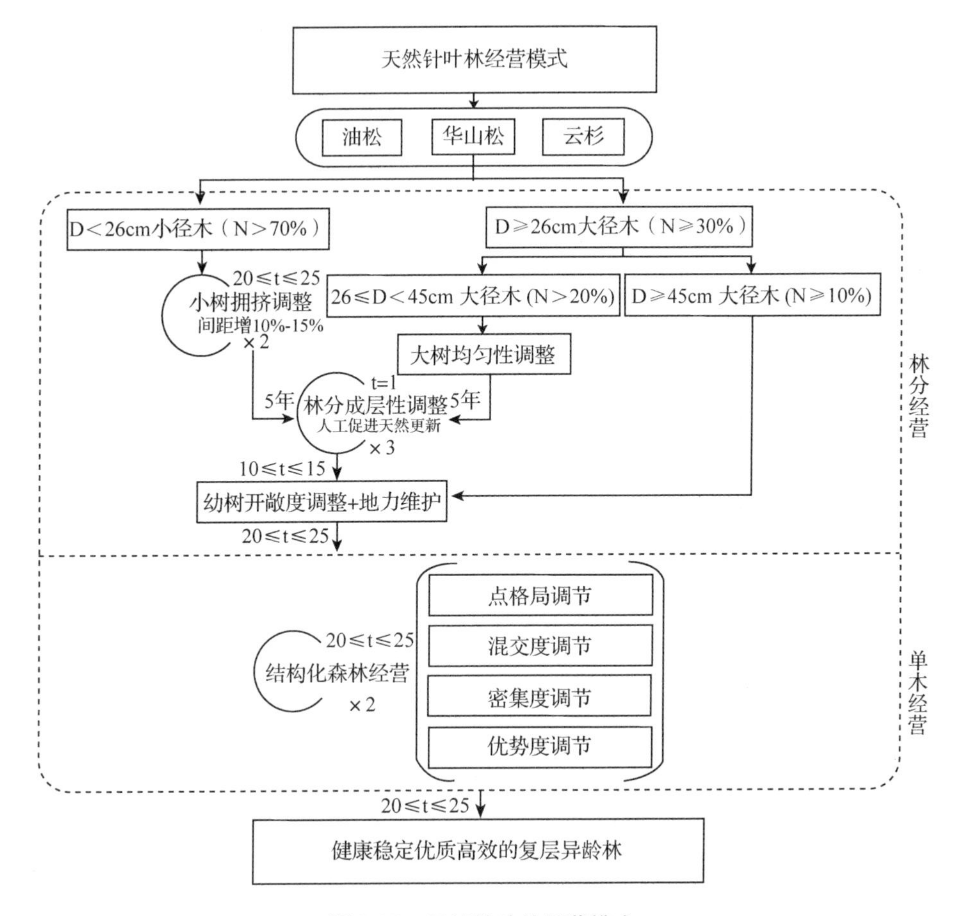


**图 2-27　天然针叶林经营模式**

后，再进行幼树开敞度调整和地力维护，伐除掉遮盖或挤压幼树的其他阔叶树。20～25年后进入单株树经营阶段。利用结构化理论进行林木格局、优势度、密集度以及混交度调节，经历20～25年后再进行第2次单木经营，20年后有望进入目标直径利用的栎类阔叶林或针阔混交林阶段(图2-28)。

### 2.9.2.3　天然松栎(阔)混交林经营模式

松栎混交林为西北地区典型的地带性植被类型，分布范围较广。松栎混交林树种组成以栎类和松类为主，伴生其他地带性植被，林分密度大，树种多样性和隔离程度较高，多为强度混交；林木分布格局多为随机分布或轻微的团状分布，林木大小分化明显，林下腐殖质层较厚，更新中等。松栎混交林依据优势树种所占的比例分为3类：松树占优势、栎类占优势和松栎均衡型。对于松树株数占优势的林分又可根据现有林中大径木的多少确定经营类别，以林木直径26cm为界，分为$D \geq 26$cm的林木数量占林分30%以上和$D < 26$cm的林木株数占林分70%以上两种。对于$D \geq 26$cm的林木又视目标直径45cm的株数比例情况再分为两类，即$D \geq 45$cm的林木数量占林分10%以上时，可直接进入促进天然更新和地力维护阶段，再经历10～15年后进入结构化森林经营的单木微环境调节阶段；若$D < 45$cm的林木数量占林分20%以上时，这时森林经营的主要

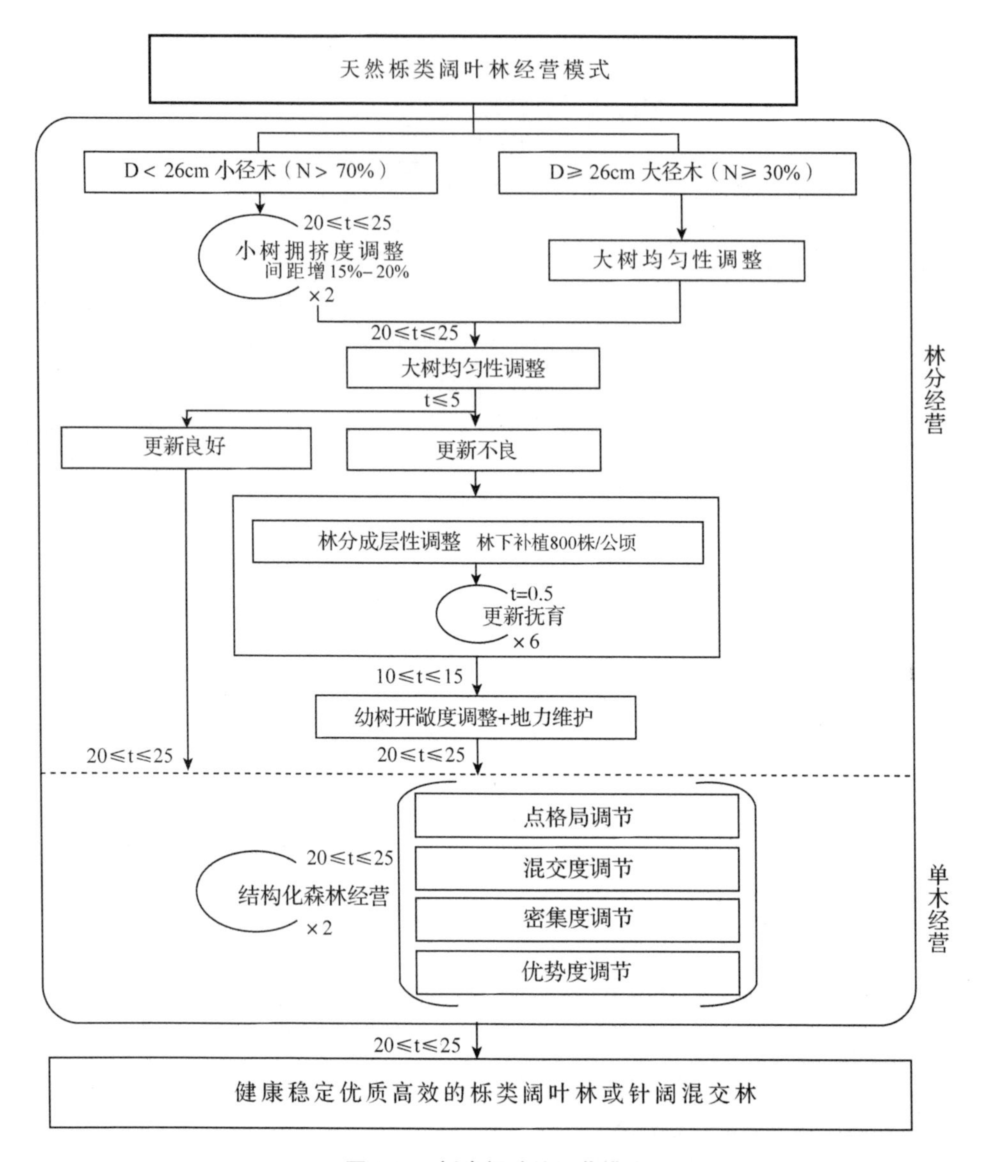


**图 2-28 栎类阔叶林经营模式**

任务是进行大树均匀性调整和促进天然更新和地力维护，经历 10 ~ 15 年后即可进行单株经营；对于 $D<26$cm 的林木株数占林分 70% 以上的林分而言，首先进行拥挤度调节，然后依次进行均匀性和目的树微环境调节。对于栎类(阔叶树)株数占优势的林分需要对栎类拥挤度进行调节，以提高林分质量，保持树种多样性，20 ~ 25 年后，进行栎类大树均匀性调整，经历 10 ~ 15 年后进行促进更新和地力维护阶段，再经历 10 ~ 15 年后即可进入单株经营阶段。对于松栎均衡型可根据现有林中大径木的多少确定经营类别，以林木直径 26cm 为界，分为 $D\geqslant26$cm 的林木数量占林分 30% 以上和 $D<26$cm 的林木株数占林分 70% 以上两种。对于 $D\geqslant26$cm 的林木又视目标直径 45cm 的株数比例情况再分为两类，即 $D\geqslant45$cm 的林木数量占林分 10% 以上时，可直接进入促进更新和地力维护

阶段，10～15 年后进入结构化森林经营的单木微环境调节阶段；若 $D<45$cm 的林木数量占林分 20% 以上时，这时森林经营的主要任务是进行大树均匀性调整和促进天然更新和地力维护，经历 10～15 年后即可进行单株经营；对于 $D<26$cm 的林木株数占林分 70% 以上的林分而言，这类林分只需进行 2 次林分拥挤度调整，间隔期 20～25 年，在进行第 2 次拥挤度调整后，经历 10～15 年的生长，首先进入促进更新和地力维护阶段，然后经历 10～15 年的生长即可进入单株经营阶段，再经 2 次单木经营，间隔期 20～25 年，20～25 年后有望形成优质高效的松栎混交林(图 2-29)。

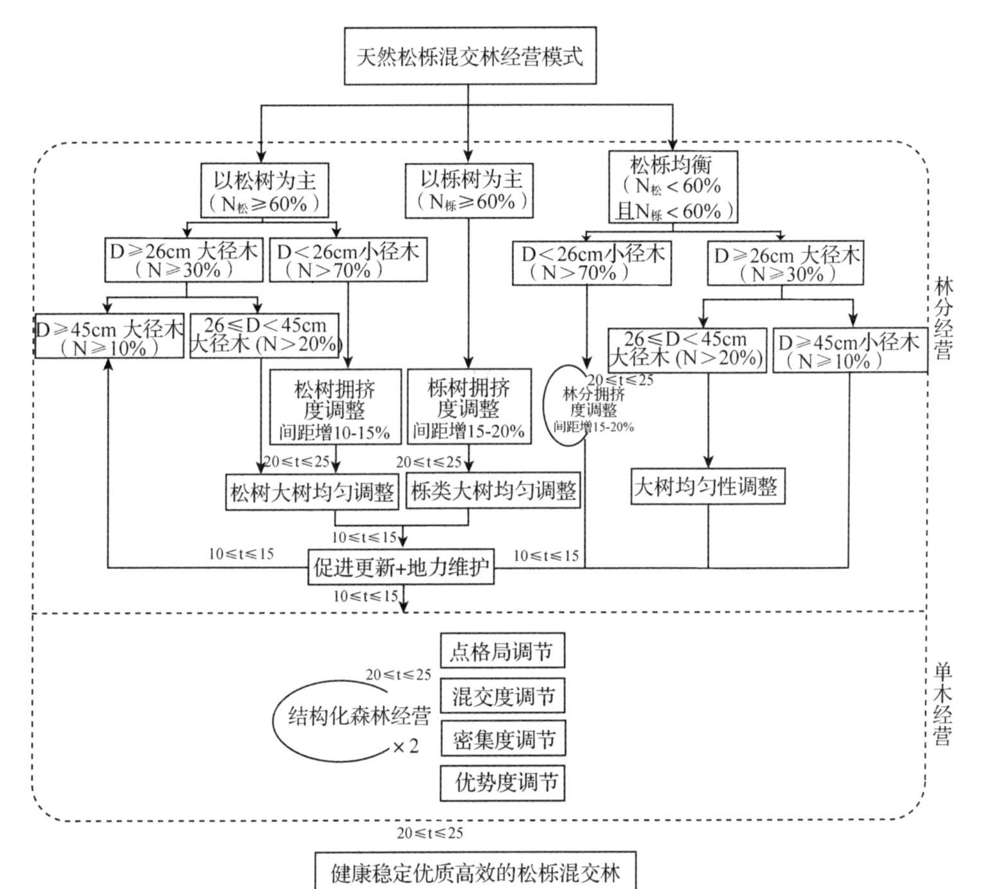


**图 2-29　天然松栎混交林经营模式**

# Chapter 3 第3章

# 基于立地水分植被承载力的森林经营技术研究

森林具有水土保持、固碳释氧等多种功能，因而国内外都在大规模地造林或恢复森林，但国内外很多研究发现，森林流域的径流低于草地流域，造林在一定程度上减少径流的。随着水资源日益短缺和气候变化影响加剧，国内外都开始日益重视森林植被与水的关系及其调控。在西北干旱缺水地区，水资源是社会经济发展的最大限制，因而山地水源涵养林经营对区域水资源供给安全具有重要作用。山区森林的面积增加和经营不当(如林分过密)都会显著降低流域产水量，从而危及区域可持续发展。因此，西北地区山地水源涵养林的可持续经营必须考虑对水资源的影响。国内近些年来虽然逐渐出现了几个典型立地植被承载力的研究案例，主要是采用对比流域、统计分析、模型模拟等手段来定量评价造林减少径流的效应，但这些研究仍然限定在以密度为承载力指标，其生态水文过程基础薄弱，在计算方法、气候影响、产水要求等方面还不系统深入，缺乏在坡面和林分尺度的过程与机理解释，更缺乏为减少森林降低径流作用的林水协调管理的技术研究，难以推广应用到不同地区。因此，本研究依托六盘山森林生态站，在了解森林植被结构变化影响森林水文循环过程的基础上，量化不同典型立地的土壤水分植被承载力，提出干旱地区主要由水分决定的植被承载力确定技术以及基于承载力的森林管理技术，实现林水协调管理。

## 3.1 林分蒸腾估计方法的改进

利用样树液流速率测定结果经尺度扩展计算林分液流速率已成为野外观测林分蒸腾的基本方法。但在详细考虑除边材面积(或胸径)以外的其他树形特征的影响上还缺乏深入研究，这限制着林分蒸腾估算精度的提高。

在六盘山半干旱的叠叠沟小流域26年生华北落叶松人工林内，利用热扩散探针法研究了5株具有不同树高优势度的样树在生长季中期的液流速率变化及差异。研究结果表明：树木的优势度越高，其液流在日内启动越早，结束越晚，到达峰值越早，峰值也越大；日均液流速率明显高于优势度低的样树。在不同优势度的树木之间，液流变化响应环境条件的规律基本一致；但高优势度树木的液流速率在5分钟时间尺度上对太阳辐射和饱和水汽压差的响应敏感性要高于低优势度树木，在日时间尺度上对土壤水分的响应敏感性则低于后者(表3-1、图3-1、图3-2)。

**表3-1 六盘山叠叠沟华北落叶松人工林的树干液流测定样树特征**

| 树号 | 树高(m) | 相对树高(m) | 冠长(m) | 冠幅半径(m) | 胸径(cm) | 胸高处边材面积($cm^2$) |
|---|---|---|---|---|---|---|
| 18 | 14.9 | 3.9 | 11.8 | 4.2 | 19.1 | 161.3 |
| 8 | 12.9 | 1.9 | 10.0 | 2.4 | 14.4 | 100.6 |
| 36 | 12.0 | 1.0 | 9.4 | 3.0 | 13.5 | 90.3 |
| 46 | 11.7 | 0.7 | 9.8 | 2.9 | 15.8 | 117.5 |
| 11 | 5.3 | -5.7 | 3.3 | 1.2 | 4.4 | 13.9 |

注：相对树高体现优势度，等于树高减去样地平均树高。

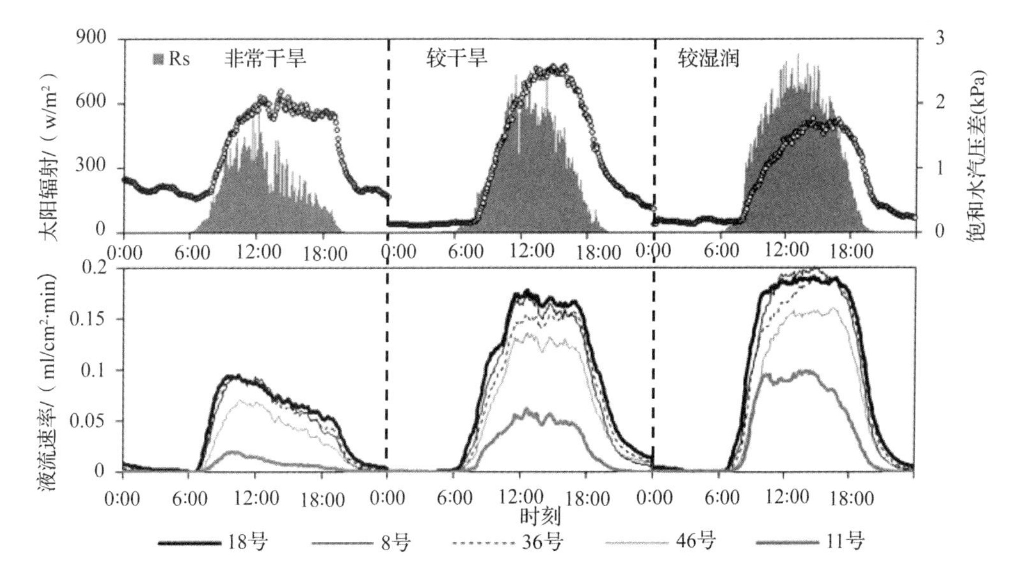


**图3-1 不同干旱时段太阳辐射、饱和水汽压差及不同优势度华北落叶松的液流速率日进程**

相关分析表明，日均液流速率与树木优势度(相对树高)、树高的相关性极显著($P<0.01$)，其次是与冠长、胸径的相关显著($P<0.05$)，但与冠幅、边材面积的相关不显著($P>0.05$)。

研究表明，液流速率受到树高和树木优势度(相对树高)的显著影响，研究期间各株样树的平均液流速率($J_s$)随树高($H$)或相对树高($h$)增加而线性增大($J_s=0.0051H-0.0067$，$R^2=0.95$；$J_s=0.0051h+0.0494$，$R^2=0.95$)。

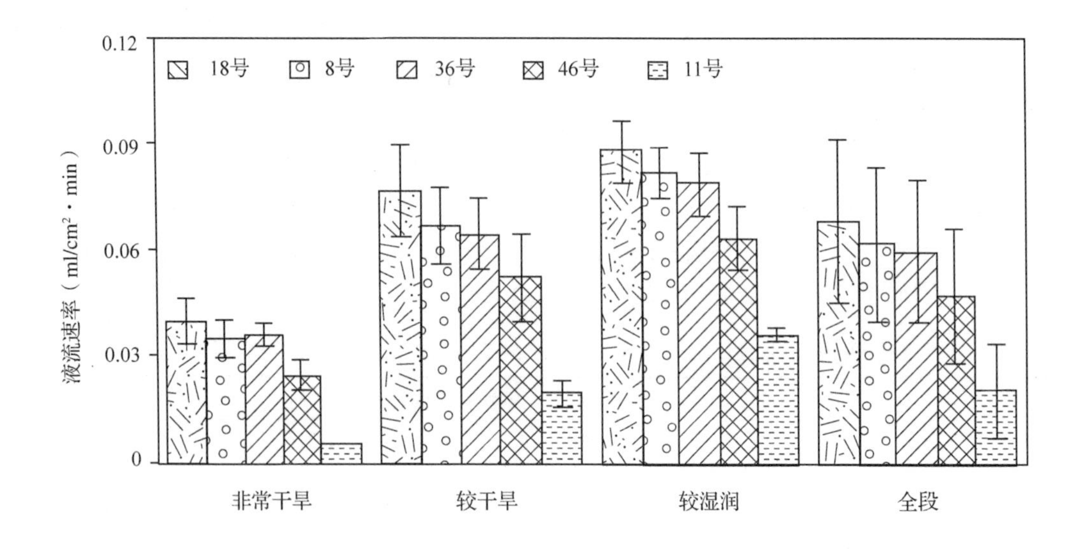


图 3-2　不同优势度华北落叶松样树的平均液流速率的差异

在基于单株液流速率测定结果尺度上推林分蒸腾时，不考虑树木优势度影响的传统方法的计算结果比考虑优势度时高出 23%，平均高出 16%。建议在未来基于单株树木液流测定结果估计林分蒸腾时要增加考虑树木优势度的影响(图 3-3)。

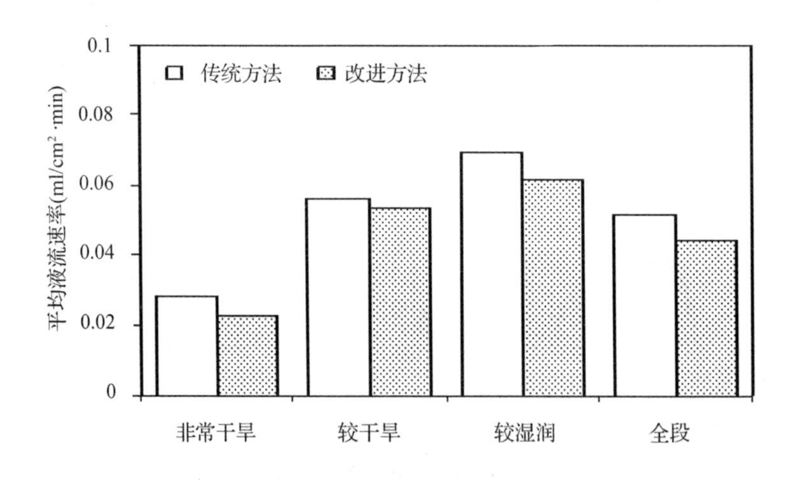


图 3-3　基于单株液流估算林分蒸腾的方法与考虑树木优势度的改进方法的比较

## 3.2　华北落叶松林冠 *LAI* 的生长季内动态变化及生长指标的坡位变化

在干旱缺水地区，计算基于土壤水分的植被承载力的基本原则是维持水量平衡和保障植物稳定，植被蒸散作为最大的水分输出项与 *LAI* 有很大关系。由于气象条件、降水量及土壤水分的年内变化，存在 *LAI* 的生长季内变化。对植被承载力计算起关键作用也许不是生长季的平均 *LAI*，而可能是生长季内的最大 *LAI* 或某段干旱时期的 *LAI*。因此，了解林冠层 *LAI* 的生长季内变化是非常必要的。

以六盘山香水河小流域不同间伐强度的5个华北落叶松林样地为例，分析了 *LAI* 的生长季内动态变化。可以看出，在萌芽开始后的第0~38天(4月25日至6月2日)，随气温快速回升，树叶迅速生长，*LAI* 急剧增大；在第48天(6月12日)达到极端最大值，在随后的第53~92天(6月17日~7月26日)内，*LAI* 保持相对平稳，但一些样地的 *LAI* 有所下降或波动，这可能因期间晴朗天气较多影响观测读数，或受环境胁迫而出现树叶减少；在第111天(8月14日)之后，随气温降低和叶龄老化，*LAI* 开始下降。

整个生长季内5个样地的 *LAI* 相对值变化过程可用一元三次方程进行较好的拟合(自变量X为年内日历天数减去开始萌芽日期)。可以认为，树叶萌芽后48~92天(6月12日至7月26日)内是林分最大 *LAI* 的分布范围(图3-4)。

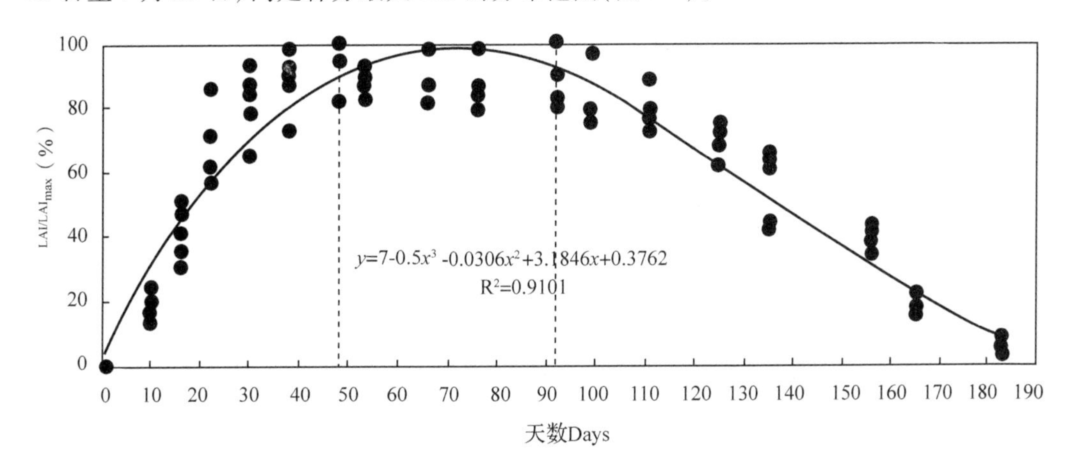


**图3-4　香水河小流域5个不同密度华北落叶松林的 *LAI* 相对值的动态**

在叠叠沟阴坡和半阴坡两个典型坡面上，设立了一系列的不同坡位的华北落叶松林样地，测定华北落叶松林的平均树高、优势木高、林冠层 *LAI*、地上总生物量等生长指标，表明半阴坡样地的均低于阴坡样地的，说明半阴坡的水分植被承载力低于阴坡。

对华北落叶松林生长特征的坡位变化分析表明：①阴坡和半阴坡的华北落叶松林样地的乔木冠层在生长季中期的 *LAI* 随坡位的变化均为从坡顶(阴坡2.41，半阴坡2.64)向下逐渐增大，在坡面中下部(离坡顶250~350m处)达到最大(阴坡3.97，半阴坡3.88)，然后，开始下降直到坡脚。②林分平均树高(变化范围阴坡为8.14~10.09m，半阴坡为7.00~8.88m)、优势木高(变化范围阴坡为9.75~14.51m，半阴坡为8.54~12.42m)及地上总生物量(变化范围阴坡为43.14~80.19t/hm$^2$，半阴坡为31.76~74.26t/hm$^2$)随坡位的变化趋势与林冠层 *LAI* 的变化趋势基本相同，但其最大值多下移到坡面下部，树高还存在一些波动(图3-5)。

林冠层 *LAI* 是表示立地水分所决定的植被承载力的良好指标，但由于其测定需专门

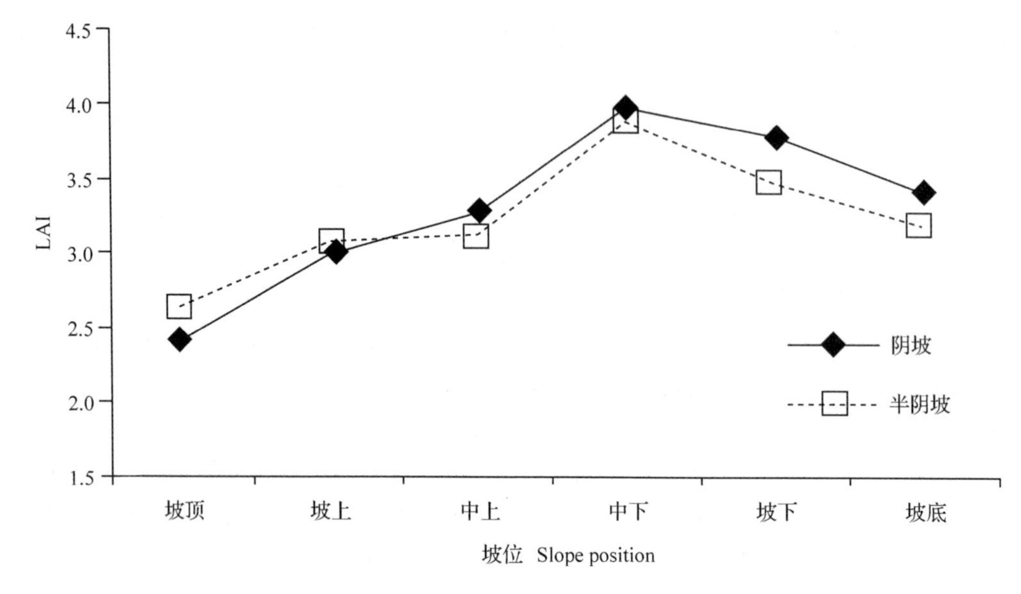


**图 3-5 六盘山叠叠沟华北落叶松林乔木层 *LAI* 的坡面变化**

仪器，寻找合理的其他承载力指标也非常必要。林冠层 *LAI* 与植被地上总生物量和乔木层地上生物量极显著正相关，与优势木高显著正相关，但与平均树高相关不显著。在综合分析树高、生物量与 *LAI* 的关系后发现：在初始造林密度和造林年份一致的条件下，可用相对比较容易测定的乔木层地上生物量(及植被总地上生物量)替代 *LAI* 作为植被承载力的表征指标。当生物量指标缺乏时，可用更易测定的林分优势木高来指示植被承载力，但不能用林分平均树高及林下各植被层生物量(表 3-2)。

**表 3-2 六盘山叠叠沟华北落叶松林冠层 *LAI* 与主要生长指标的相关分析**

| 影响因子 | 林分密度 | 优势木平均高 | 平均树高 | 乔木层生物量 | 灌木层生物量 | 草本层生物量 | 枯落物层生物量 | 总生物量 | 林冠郁闭度 | 平均胸径 |
|---|---|---|---|---|---|---|---|---|---|---|
| 相关系数($n=12$) | 0.845** | 0.656* | 0.422 | 0.853** | -0.406 | 0.053 | 0.261 | 0.786** | 0.883** | -0.676** |
| 显著水平 | 0.000 | 0.010 | 0.086 | 0.000 | 0.095 | 0.435 | 0.206 | 0.001 | 0.000 | 0.008 |

## 3.3 泾河干流上游流域的年径流量对森林覆盖率和林分 *LAI* 的响应模拟

流域的年径流量是一个区域(流域)的水资源量的最重要评价指标。在确定一个区域(流域)的森林植被承载力时，不仅要考虑具体立地上一个林分的 *LAI*、密度等生长指标，还要考虑森林面积的大小即森林覆盖率对区域(流域)的年径流影响，从而在更大空间尺度上实现森林与水资源的协调管理。

在泾河干流上游流域，利用 SWIM 模型模拟研究了森林覆盖率及森林质量的年径流影响。模拟情景制定时遵循以下原则：其一，保障农田面积不变，这是为了遵守国家保护农田面积的底线；其二，适地适树原则，在不适宜森林生长的地区，如研究区海拔2700m以上地区为该地区森林分布的上限，在黄土高原梁峁顶立地，不适宜恢复为森林植被；其三，经济原则，优先在立地条件较好的地方恢复森林，在坡度过于陡峭地方，对造林活动有极大限制，因此也不宜恢复为森林。此外，在干旱区，由于树种组成的变化对径流影响不明显，林分叶面积指数大小是影响产流的关键结构参数，因此制定情景时仅考虑森林覆盖率增加、森林分布及叶面积指数变化的影响。据此，在现有植被分布图基础上，设计了14种森林覆盖率逐步增加的情景，每种森林覆盖情景设置7种叶面积指数(*LAI*)梯度变化情景(即 *LAI* = 0.5、*LAI* = 1、*LAI* = 1.5、*LAI* = 2、*LAI* = 2.5、*LAI* = 3、*LAI* = 3.5)，同时假设原有森林的叶面积指数不变，即仅新增森林叶面积指数发生变化。研究表明，随着森林覆盖率增加，流域年径流深显著下降，但下降速率有较大空间异质性，并与林分结构(林冠层 *LAI*)有关(图3-6)。

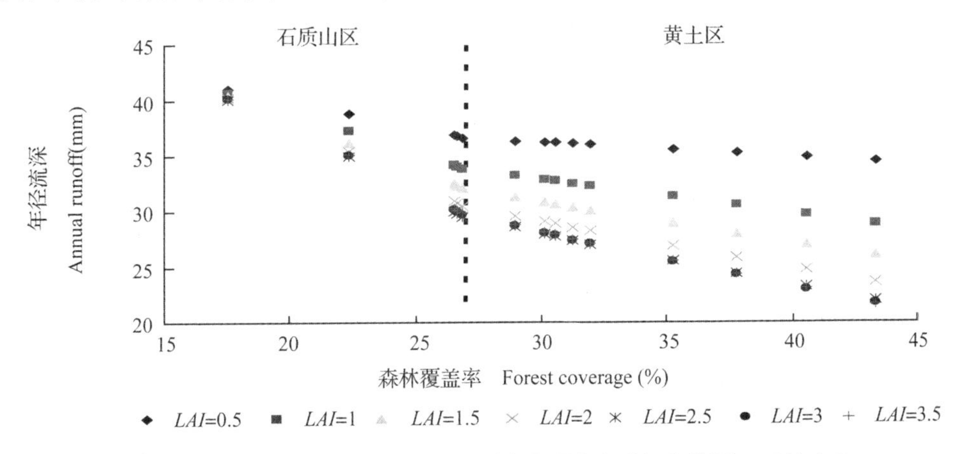


**图3-6　泾河干流上游流域年径流深对森林覆盖率增加和林冠 *LAI* 的响应**

在六盘山土石山区，增加流域面积10%的森林覆盖导致的流域出口年径流减少量在森林 *LAI*0.5 时为5.37mm，在森林 *LAI*2.5 时达到最大(10.75mm)，之后不再随 *LAI* 增大而继续增大；在黄土区，森林覆盖率增加导致的流域出口年径流量减少量小于土石山区，增加流域面积10%的森林覆盖率导致的流域出口年径流深减少量在增加森林的 *LAI*0.5 时为1.31mm，在 *LAI*2.5 时年径流深减少量达到最大(4.94mm)，之后同样是森林 *LAI* 的继续增大未能引起流域年径流量的继续明显降低，这主要是与研究地区的水分限制特性有关。

以上结果表明，在区域(流域)尺度上，造林减少流域径流的作用具有明显的空间差异，立地差别和森林结构的不同，其空间差异完全有可能超过森林结构特征的影响。

## 3.4 基于森林植被承载力的森林经营技术

### 3.4.1 泾河干流上游流域年均径流量减少10%时的森林植被承载力模拟确定

目前泾河上游多年平均径流深仅42.36mm(按模拟年限1997~2003年核算)。但泾河上游的植被恢复任务也非常紧迫，主要是因其土壤侵蚀非常严重(土壤侵蚀模数为3800~5500t/km$^2$·a)，远大于土壤容许流失量(1000t/km$^2$·a)，所以该区是甘肃省的水土流失重点治理区。在泾河干流上游流域范围内，六盘山土石山区的植被恢复任务相对黄土区较为轻松，是因土石山区的乔木林地和灌木林地面积之和已占土地总面积的54.1%，已起到了较好的生态防护功能，其土壤侵蚀面积非常小。因此，黄土区应作为植被恢复的优先区域。

黄土区侵蚀类型主要为沟道侵蚀和坡面侵蚀，水土保持治理宜坚持“治沟”与“治坡”相结合。沟底水分条件较好，在沟底分段营造沟道防护林，能起到较好的滤水、固土、拦沙作用；在坡面上，合理配置土地利用结构方式是治理土壤侵蚀的有效方法，在下坡位营造防护林能较好地发挥其防止土壤侵蚀功能。基于以上分析，认为在下坡位、沟谷底是通过恢复森林植被防治土壤侵蚀的关键部位，因此，黄土区的植被恢复宜优先在这两种立地类型上进行。对其他立地类型，在森林恢复规程中，宜坚持水分条件由好到差的原则，这是因为水分条件越好的地方，植被生产力越高，可较充分利用地力。

在恢复森林植被过程中，森林植被需具有一定的结构才能起到较好防治侵蚀作用，50%~60%的植被盖度能稳定减少泥沙，其相应的叶面积指数宜大于1.5。但是，黄土高原地区植被生长受水分限制严重，如恢复植被的叶面积指数过大可能导致土壤出现干层，影响植被的稳定性，进而影响其防护功能，所以要根据立地条件确定合适的叶面积指数范围，在水分条件较好立地上(如沟谷立地)叶面积指数宜大(最大可达7)，而在水分条件较差立地(如黄土区年降水量小于550mm的较陡阳坡立地)的叶面积指数宜小，不宜超过2。

基于以上植被恢复的原则，模拟计算了满足泾河干流上游年径流深大于37.8mm(当前年径流深的90%)时的植被恢复方案。由于泾河上游黄土区下坡位多与0~15°重合，因此本书以坡度代替坡位作为立地条件划分的标准。植被恢复方案(承载力)为：黄土区位于坡度0~15°的坡面草地和沟谷地草地均可恢复为叶面积指数大于1.5的森林，此时泾河上游森林覆盖率可达27.23%。其中，在年降水量高于550mm的地区及沟谷等具有较好水分条件的立地，叶面积指数可大于2.5；对年降水量低于550mm的立地，其叶面积指数宜小，宜维持在1.5~2之间(表3-3)。

**表3-3　泾河干流上游满足年均径流深降低10%以下时的森林植被恢复方案**

| 流域年径流量（mm） | 造林后森林覆盖率（%） | 造林立地类型与面积 | | 新增森林的叶面积指数范围 |
|---|---|---|---|---|
| | | 立地类型 | 面积（$km^2$） | |
| >37.8 | <27.23 | 黄土区沟谷草地 | 65.5(2.11) | 2.5～7 |
| | | 黄土区 MAP>550mm、0～15°阴坡草地 | 37.2(1.2) | 2.5～4 |
| | | 黄土区 MAP>550mm、0～15°阳坡草地 | 22.3(0.72) | 2.5～3 |
| | | 黄土区 MAP<550mm、0～15°阴坡草地 | 103.0(3.32) | 1.5～2 |
| | | 黄土区 MAP<550mm、0～15°阳坡草地 | 86.2(2.78) | 1.5～2 |

注：( )为造林面积占全流域面积的百分比。

### 3.4.2　植被承载力 *LAI* 指标转为林木密度的技术

主要由水分条件决定的立地植被承载力是干旱缺水地区森林合理经营的重要依据。考虑到干旱缺水地区森林蒸散耗水在水分输出中占据绝对主导地位且其大小直接与叶面积指数相关，提出可将林冠 *LAI* 在生长季一段时间内的最大值($LAI_{max}$)作为植被承载力($LAI_c$)的量化指标，这比林分密度等其他常用结构指标更具科学性，但不足之处是林业生产应用较难。因此，如何准确地将 $LAI_c$ 转换为林木密度等实用性强的林分结构指标，是限制植被承载力推广应用的瓶颈。

利用冠层分析仪(*LAI*-2000)在六盘山叠叠沟和香水河小流域的44个华北落叶松林人工林样地实测了冠层 *LAI* 的季节动态，分析了生长季内 $LAI_{max}$ 与胸高断面积、郁闭度、平均树高、密度等常用林分结构指标的关系。结果表明，$LAI_{max}$ 与各结构指标均呈幂函数关系，其决定系数($R^2$)依次为0.84、0.82、0.56、0.47，说明能同时反映林分密度和树体大小的胸高断面积与林冠 *LAI* 相关最为紧密。

将 $LAI_{max}$ 与胸高断面积的幂函数关系嵌入了林分平均胸径与林分密度($N$)和林龄($t$)关系的模型，用以描述 $LAI_{max}$ 与林龄和密度的关系，并利用样地实测数据拟合了模型参数。所建模型对所有样地 $LAI_{max}$ 的计算值与实测值相对误差平均为8.6%（0%～20.4%），

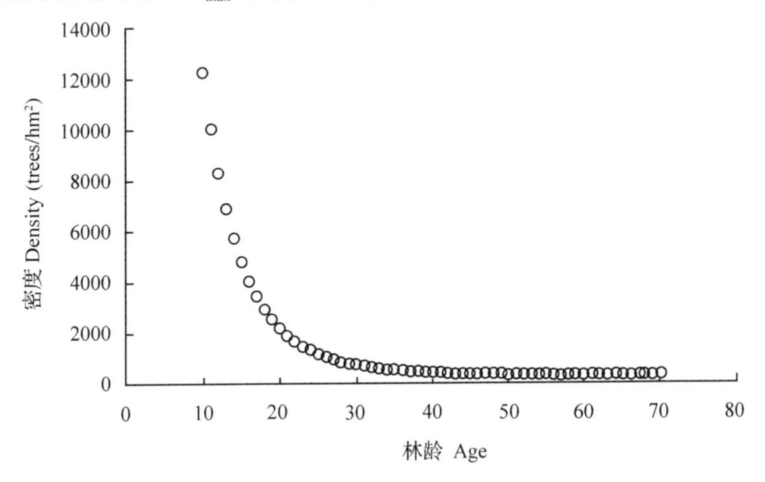


**图3-7　*LAI*c=3.5 条件下可承载的林分密度随林龄的变化**

能较好描述 *LAI* 与林龄和密度的关系。

$$LAI_{max} = 1.28 \times \frac{N^{0.19}}{(1 + 35.68 \cdot e^{-0.151t})^{0.448}} \qquad 3\text{-}1$$

利用此模型，进一步导出了能依据给定的 $LAI_c$ 简捷计算出不同林龄时的可承载林分密度的模型，从而为基于立地水分植被承载力的林分密度管理等提供技术支持(图 3-7)。假设土壤水分植被承载力 $LAI_c$ 为生长季内的最大 $LAI$($LAI_{max}$)，则从上式可导出由给定植被承载力指标 $LAI_c$ 计算不同林龄的对应林分密度的模型。

$$N = 0.2727\mathrm{LAI}_c^{5.26}(1 + 35.69e^{-0.151t})^{2.3579} \qquad 3\text{-}2$$

Chapter 4
# 第 4 章 森林景观水平可持续经营优化配置研究

目前，许多研究都惯用不同的自然、社会经济属性对景观进行分类和评价(Bastian，2000；Caratti and others，2004；Lioubimtseva and Defourny，1999)，而很少只关注景观的空间格局(Bailey and others，2007b；Van Eetvelde and Antrop，2009)。景观空间格局反映在每个景观单元上自然、社会经济因子的不同组合，常被用来指导景观管理活动(Bell，2001)。Duerksen and others(1997)在景观尺度和场地尺度分别提出了生境保护的生物学原理，其中的一些都与景观空间格局有密切联系，例如对未干扰的、大的自然植被斑块的保护，生境连续性保护，以及缓冲区保护等。用来定量刻画景观格局的一个最常用的方法就是计算景观指数。Harrington (2001) 选取林地平均斑块大小和斑块密度来划分流域景观。Bailey and others (2007b)以不同分辨率的专题图为数据源，采用因子分析法筛选一些重要的景观水平指数，并利用这些指数对中欧的农田景观进行分组。Van Eetvelde and Antrop (2009) 采用主成分分析方法筛选出四个景观水平的结构指数，结合景观类型百分比，通过聚类分析方法将 222 个景观单元划分为 54 类。Bailey and others (2007a) 在不同的主题分辨率考虑了类型水平上的景观指数，但对类型水平上景观指数的筛选与景观水平上指数筛选方法一样，运用因子分析法，而非数据简化分析。

目前还没有一种被广泛认可标准子集来进行景观分析，而且，随着空间尺度的变化，景观指数的相对重要性也在变化。在景观生态学，空间尺度包括粒度和幅度，粒度用来表示给定数据空间分辨率的精细程度；幅度是指研究区域的大小。因此，这种尺度的概念非常接近于等级理论。等级理论是构建尺度模型的重要理论依据。根据 O'Neill 等(1986)的等级理论，属于某一尺度的系统过程和性质即受约于该尺度，每一尺度都有其约束体系和临界值。外推所获得的结论将很难理解。

运用景观指数进行景观单元划分的大多数研究主要集中于景观水平上的指数运用，这些指数考虑研究区域内所有的土地利用/覆被类型。然而，在一些具有重要生态学意义的景观内，那些特定的土地利用/覆被类型，其景观空间格局如斑块大小、形状、森林结构等指标对指示景观生态功能更为关键，而非整个景观水平上。这些特征指数可以影响依赖于景观的物种(Forman and Godron，1986)。比较而言，用来支持空间格局与过程相互关系的景观指数，其应用越来越局限于那些很小涉及景观规划与管理的科研领域(Botequilha Leita'o and Ahern，2002)。

以天山北坡和阿尔泰山典型森林景观为研究对象，综合应用 GIS、遥感技术和统计学方法，以 DEM、长时间 NDVI、年平均降雨量、年平均温度、逐日积雪深度等为基础数据，收集典型林区森林资源二类调查图和研究区社会经济资料，基于全国生态功能区划和森林植被类型图，分析近 30 年北疆植被时空动态及其与气候因子的相关性；基于等级尺度理论，定量研究天山北坡、阿尔泰山典型森林景观等级特征，辨析对林区景观格局具有重要解译意义的关键指标，构建林区景观敏感度评价模型，通过评价分析北疆森林景观时空演变趋势及其与气候因子间的相关性，探讨气候变化背景下北疆植被变化机制；通过应用等级理论，分析森林景观等级特征，辨析不同等级水平上控制景观格局的关键指标，提出景观水平可持续策略。为准确把握该地区植被时空演变趋势，深入理解林区森林景观格局与功能，有效提高森林景观可持续利用水平提供的科学参考。应用景观格局分析方法，以流域为景观单元，研究天山北坡霍城林场森林景观等级体系特征，揭示景观水平上控制森林景观空间格局的主要因子，进一步探讨景观水平森林可持续经营策略。

## 4.1 森林景观斑块空间格局、森林植被群落特征和景观水平上森林经营类型划分

### 4.1.1 新疆天山北坡典型林区森林景观斑块空间格局特征

以天山北坡西段霍城林场为例，以森林资源清查数据为基础，选取代表性景观指数，以流域、子流域等自然地形学分区作为景观取样单位，以不同类型森林景观斑块为景观要素，分析林区森林景观斑块空间格局特征(表 4-1)。在林区用地类型划分上，从森林景观经营角度将林区土地划分为针叶林、阔叶林、混交林、疏林地、苗圃地、灌木林、宜林荒地、非林地等 8 种类型，为“较高等级水平”森林类型，也表征森林景观经营类型较为精细化。同时按照景观格局等级原理，通过类型归类并划分林地、非林地、宜林荒地等 3 种类型，将其称之为“较低等级水平”，表征森林景观经营类型处于粗略水平(图 4-1 和图 4-2)。

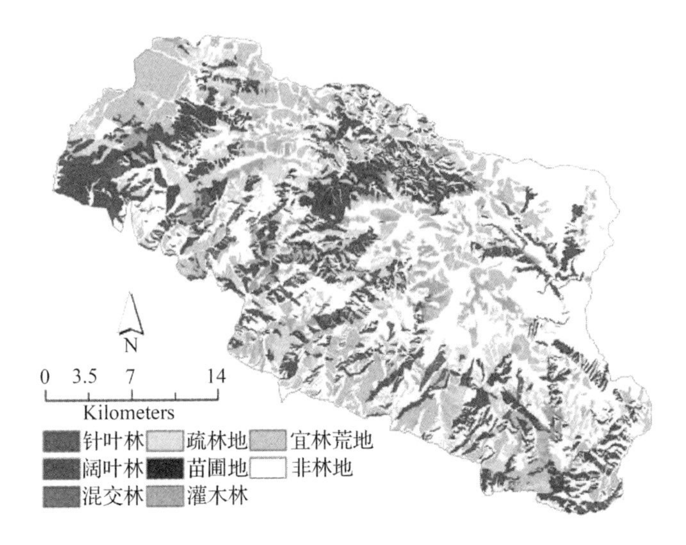


**图 4-1　霍城林区森林景观类型(8 种)**

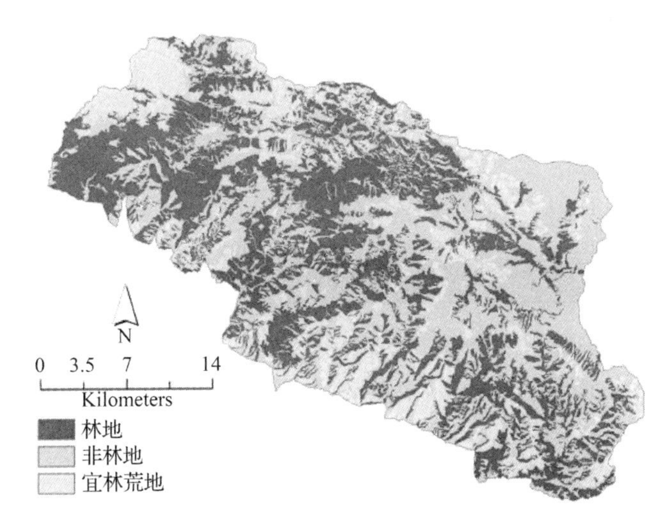


**图 4-2　霍城林区森林景观类型(3 种)**

**表 4-1　最终选择的 29 个景观类型水平上的景观指数**

| 分组 | 缩写 | 景观指数名称(单位) |
| --- | --- | --- |
| 面积/密度/边缘指数 | PD | Patch density (no. /100hm$^2$) |
| | LPI | Largest patch index (%) |
| | TE | Total edge(m) |
| | ED | Edge density (m/hm$^2$) |
| | LSI | Landscape shape Index |
| | AREA_ MN | Mean patch area (hm$^2$) |
| | GYRATE_ MN | Mean radius of gyration (m) |

（续）

| 分组 | 缩写 | 景观指数名称(单位) |
|---|---|---|
| 形状指数 | SHAPE_ MN | Mean shape index |
| | FRAC_ MN | Mean patch fractal dimension |
| | PARA_ MN | Mean ratio of patch perimeter |
| | CONTIG_ MN | Mean patch contiguity index |
| | PAFRAC | Perimeter-area fractal dimension |
| 核心面积指数 | TCA | Total core area ($hm^2$) |
| | DCAD | Number of disjunct core areas |
| | CORE_ MN | Mean patch core area ($hm^2$) |
| | DCORE_ MN | Mean patch disjunct core area ($hm^2$) |
| | CAI_ MN | Mean patch core area index(%) |
| 隔离/亲近指数 | PROX_ MN | Mean patch proximity index |
| | ENN_ MN | Mean patch Euclidean nearest neighbor distance (m) |
| 蔓延度/散步指数 | CONTAG | Contagion index(%) |
| | IJI | Interspersion and juxtaposition index (%) |
| | DIVISION | Landscape division index |
| | MESH | Effective mesh size ($hm^2$) |
| 邻接度指数 | CONNECT | Connectance index (%) |
| | COHESION | Patch cohesion index |
| | SPLIT | Splitting index |
| 多样性指数 | PRD | Patch richness density (no. /$100hm^2$) |
| | SHDI | Shannon's diversity Index |
| | SHEI | Shannon's evenness Index |

聚类分析表明，霍城林区森林景观格局呈现明显空间变异，同时景观指标差异较大。这可能与林区自然地理条件、人为经营管理等有关(图4-3、表4-2)。景观等级水平的增高对核心斑块面积、斑块破碎化、丰富度、空间邻接程度等影响较为明显。在较高等级水平上进行森林景观利用与规划更应该重视对森林斑块破碎化、景观丰富度、景观连接度等指标。

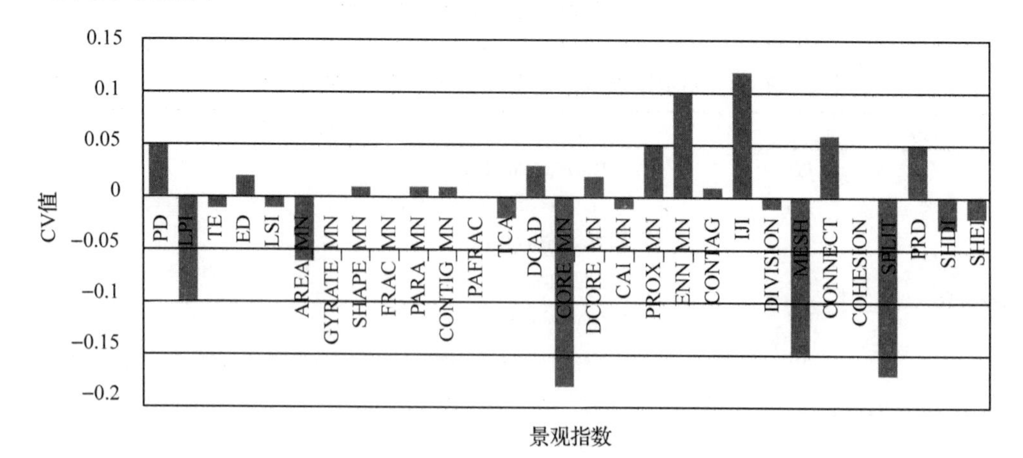


**图4-3 景观指数随景观等级水平升高空间变异特征**

**表 4-2　不同等级水平下森林景观水平景观格局特征分析**

| 景观指数（缩写） | 较高等级水平(8 种森林类型) | | | 较低等级水平(3 种森林类型) | | |
|---|---|---|---|---|---|---|
| | 平均值 | 标准差 | 变异系数 | 平均值 | 标准差 | 变异系数 |
| PD | 3.97 | 1.76 | 0.44 | 3.08 | 1.51 | 0.49 |
| LPI | 38.97 | 15.11 | 0.39 | 44.25 | 12.94 | 0.29 |
| TE | 113,625.53 | 78,183.95 | 0.69 | 102,593.83 | 69,730.55 | 0.68 |
| ED | 63.84 | 16.42 | 0.26 | 58.08 | 16.09 | 0.28 |
| LSI | 8.00 | 2.47 | 0.31 | 7.41 | 2.25 | 0.30 |
| AREA_MN | 30.65 | 15.52 | 0.51 | 39.66 | 17.81 | 0.45 |
| GYRATE_MN | 187.84 | 33.94 | 0.18 | 200.51 | 37.03 | 0.18 |
| SHAPE_MN | 2.00 | 0.12 | 0.06 | 2.06 | 0.15 | 0.07 |
| FRAC_MN | 1.12 | 0.01 | 0.01 | 1.12 | 0.01 | 0.01 |
| PARA_MN | 1,069.90 | 361.13 | 0.34 | 1,180.36 | 408.00 | 0.35 |
| CONTIG_MN | 0.85 | 0.05 | 0.06 | 0.83 | 0.06 | 0.07 |
| PAFRAC | 1.22 | 0.04 | 0.03 | 1.24 | 0.04 | 0.03 |
| TCA | 615.29 | 586.12 | 0.95 | 695.88 | 645.89 | 0.93 |
| DCAD | 2.91 | 0.92 | 0.32 | 2.51 | 0.87 | 0.35 |
| CORE_MN | 10.35 | 10.76 | 1.04 | 14.75 | 12.62 | 0.86 |
| DCORE_MN | 12.54 | 11.49 | 0.92 | 17.15 | 16.09 | 0.94 |
| CAI_MN | 5.81 | 2.17 | 0.37 | 6.00 | 2.15 | 0.36 |
| PROX_MN | 794.63 | 743.92 | 0.94 | 1,734.09 | 1,723.25 | 0.99 |
| ENN_MN | 191.83 | 66.12 | 0.34 | 126.19 | 55.26 | 0.44 |
| CONTAG | 58.77 | 6.18 | 0.11 | 53.41 | 6.26 | 0.12 |
| IJI | 66.81 | 11.76 | 0.18 | 65.16 | 19.37 | 0.30 |
| DIVISION | 0.79 | 0.12 | 0.16 | 0.73 | 0.11 | 0.15 |
| MESH | 419.21 | 454.43 | 1.08 | 522.75 | 483.56 | 0.93 |
| CONNECT | 9.52 | 4.07 | 0.43 | 9.17 | 4.48 | 0.49 |
| COHESION | 99.69 | 0.13 | 0.00 | 99.77 | 0.09 | 0.00 |
| SPLIT | 6.16 | 3.38 | 0.55 | 4.33 | 1.66 | 0.38 |
| PRD | 0.51 | 0.40 | 0.77 | 0.27 | 0.22 | 0.82 |
| SHDI | 1.35 | 0.23 | 0.17 | 0.93 | 0.13 | 0.14 |
| SHEI | 0.77 | 0.12 | 0.15 | 0.86 | 0.11 | 0.13 |

对比不同等级水平景观格局特征(表 4-3)，可以看出，两个水平上霍城林区景观格局具有很大的共性特征，但也存在单一尺度上的特殊性。总的来看，森林景观破碎化程度高，景观斑块的面积大小空间变异极高，这可能与霍城林区地形破碎化、零星分布野

果林种群破碎化有关。

**表 4-3 在不同等级水平上重要景观指数和指数组的比较**

| | 较高等级水平(8 种) | 较低等级水平(3 种) |
|---|---|---|
| 在两个等级水平上均为关键景观指数 | TE | TE |
| | LSI | LSI |
| | AREA_ MN | AREA_ MN |
| | SHAPE_ MN | SHAPE_ MN |
| | FRAC_ MN | FRAC_ MN |
| | CAI_ MN | CAI_ MN |
| | CORE_ MN | CORE_ MN |
| 在单一等级水平上为关键景观指数 | PAFRAC | TCA |
| | MESH | SHEI |
| | PD | ED |
| | ENN_ MN | COHESION |
| 景观指数组 | | |
| 面积/密度/边缘指数 | + + + + | + + + + |
| 形状指数 | + + + | + + |
| 核心面积指数 | + + | + + + |
| 隔离/亲近指数 | + | |
| 蔓延度/散步指数 | + | |
| 邻接度指数 | | + |
| 多样性指数 | | + |

以流域作为景观单元，通过等级类型划分及景观分析表明(表 4-4)，在霍城林区内大部分流域森林景观破碎化程度较高，核心斑块数量较少，斑块之间空间连结程度较低。在较低等级水平，大部分流域单元存在景观破碎化现象，核心斑块面积较小，大部分景观斑块呈散步密集状态，空间聚合程度较低，大部分流域斑块边缘密度较高。在高等级水平，这种丰富的边缘特征体现为较高的斑块密度和较低的有效网格尺寸。随着等级水平的提高，林区内趋于景观破碎化的流域数量开始增多。

**表 4-4 霍城林区景观单元(子流域)的 K-means 聚类分析**

| | 森林格局 | 流域分类 1 | 流域分类 2 | 流域分类 3 | 流域分类 4 |
|---|---|---|---|---|---|
| 较高等级水平 | PD | 1. 74 | 2. 28 | 2. 55 | 4. 73 |
| | AREA_ MN | 64. 11 | 47. 58 | 40. 89 | 23. 04 |
| | TCA | 1873. 60 | 1863. 55 | 995. 07 | 273. 48 |
| | CORE_ MN | 33. 82 | 22. 56 | 15. 64 | 5. 52 |
| | DCORE_ MN | 31. 59 | 29. 13 | 16. 62 | 8. 04 |
| | COHESION | 99. 89 | 99. 76 | 99. 80 | 99. 64 |
| | MESH | 1813. 41 | 694. 69 | 668. 90 | 192. 45 |
| | 子流域数量 | 3 | 3 | 9 | 32 |

（续）

| 森林格局 | | 流域分类 1 | 流域分类 2 | 流域分类 3 | 流域分类 4 |
|---|---|---|---|---|---|
| 较低等级水平 | ED | 38.81 | 40.10 | 48.15 | 65.44 |
| | AREA_ MN | 69.77 | 63.52 | 52.39 | 29.59 |
| | TCA | 1925.61 | 2195.16 | 1068.54 | 286.34 |
| | CORE_ MN | 36.80 | 33.99 | 21.56 | 8.13 |
| | CONTAG | 63.77 | 56.46 | 56.04 | 51.11 |
| | COHESION | 99.91 | 99.85 | 99.83 | 99.73 |
| | MESH | 1849.14 | 1167.97 | 750.70 | 242.00 |
| | 子流域数量 | 3 | 3 | 11 | 30 |

综合来看，高等级水平更能反映森林景观复杂性和嵌套性，受二类调查数据决定，霍城林区森林景观等级分类更加需要精细化；霍城林区的森林景观最大特点就是破碎化程度高，景观格局空间变异大，该地区景观水平森林可持续经营重点应关注林地斑块破碎化问题。

### 4.1.2　景观水平上森林经营类型划分方法

#### 4.1.2.1　林区小流域-景观等级类型的划分方法

流域作为由地貌、水系结构和水文动态过程共同组成的多层次综合体，对森林植被生态、水文等自然过程和人类活动具有重要影响，是区域管理、流域规划、科学研究的理想单元。研究表明(表 4-5)，林区小流域-景观等级类型的划分方法可用于森林经营类型划分，进而来研究森林景观格局特征和景观水平森林经营现状。通过改变主题尺度的大小，可有效揭示流域单元的景观空间格局的等级特征。

**表 4-5　霍城林区森林景观 PCA 分析结果**

| 等级水平 | | 较高等级水平(8 类) | 较低等级水平(3 类) |
|---|---|---|---|
| 对主分量高载荷值的解释 | PC1 | 斑块破碎化严重，且在一定程度呈现明显空间聚集态，斑块大小空间变异明显，核心斑块面积和数量优势明显。 | 斑块破碎化程度较高，平均斑块面积和边缘密度突出，森林景观中核心斑块的优势地位明显，斑块聚集度程度较高。 |
| | PC2 | 景观斑块形状和边缘特征突出，景观表现出一定程度的空间连接度。 | 景观斑块形状和边缘特征明显，拼块多度丰度相对突出。 |
| | PC3 | 斑块周长-面积分形特征明显，林区内森林斑块散布，且相互混杂。 | 等级水平较低后，有林地作为一个整体，平均核心斑块面积特征表现明显。 |
| | PC4 | 森林景观斑块形状复杂程度较高，分维特征明显。 | 森林景观斑块形状复杂程度较高，分维特征明显。 |

#### 4.1.2.2　森林经营小班－景观类型等级类型的划分方法

林班是林场内具有永久性经营管理的土地区划单位，为了方便经营管理和资源统计，林班下面划分若干个小班。本研究以林区林班为景观基本单元，将林班内的小班作为景观斑块，运用等级理论和景观格局分析法，探讨景观水平上森林可持续经营技术指标，研究发现，林班－森林经营小班－景观等级类型可更好地用于景观水平上森林经验类型划分(表4-6，图4-4～图4-9)。

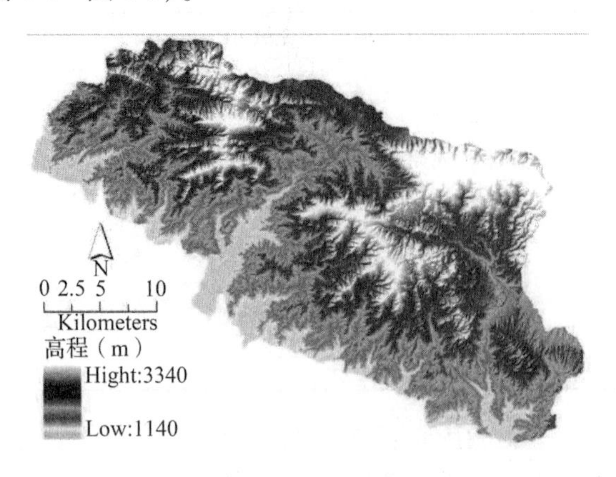


图4-4 霍城林区高程图

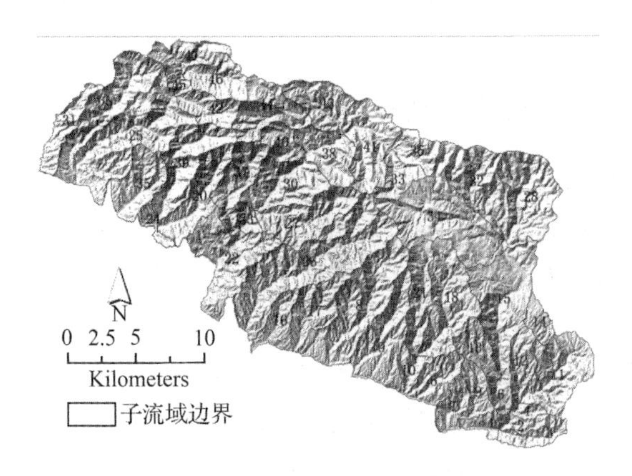


图4-5 基于子流域的景观单元图

表4-6 营林区森林景观等级体系划分

| 低等级水平 | 中等级水平 | 高等级水平 |
|---|---|---|
| 林业用地(1) | 有林地(21) | 针叶林(211) |
| | | 阔叶林(212) |
| | | 混交林(213) |
| | 疏林地(22) | 疏林地(221) |
| | 灌木林地(23) | 灌木林地(231) |
| | 未成林造林地(24) | 未成林造林地(241) |
| | 苗圃(25) | 苗圃(250) |
| | 宜林荒山荒地(27) | 宜林荒山荒地(271) |
| 非林业用地(2) | 非林的自然土地(30) | 永久冰川(274) |
| | | 草地(300) |
| | | 水域(500) |
| | 其他用地(46) | 交通用地(400) |
| | | 未利用地(600) |

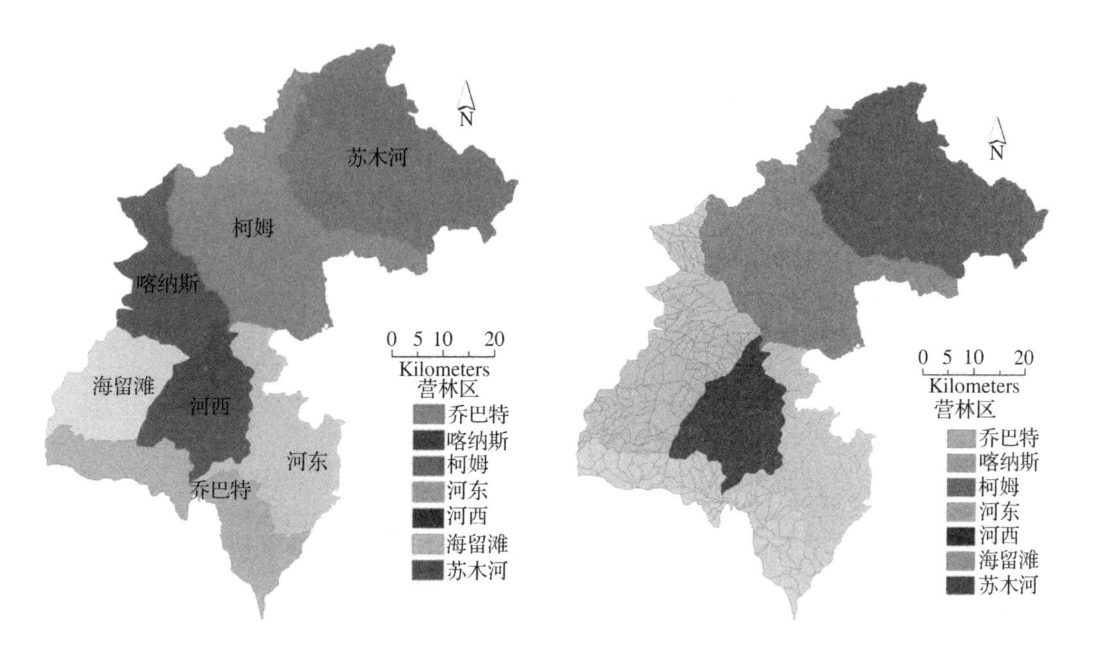


图 4-6　布尔津林场营林区　　图 4-7　布尔津林场营林区林班分布图

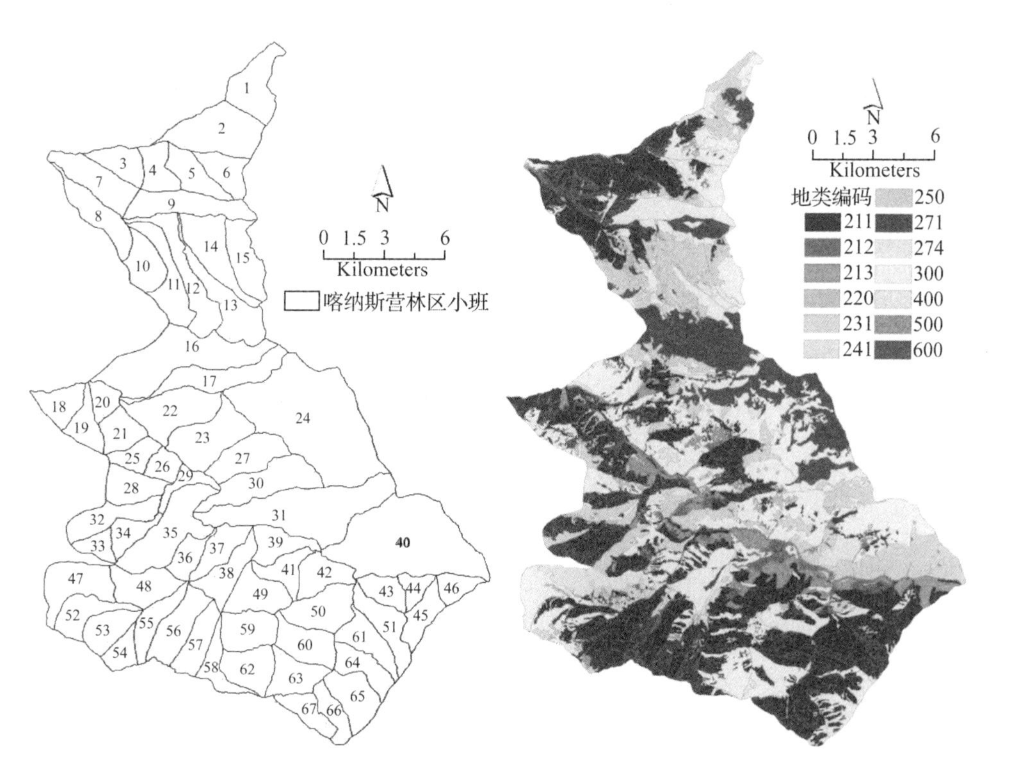


图 4-8　布尔津林场喀纳斯营林区林班图　　图 4-9　布尔津林场喀纳斯营林区小班图

# 4.2 控制和影响森林景观格局的主要因子辨析

## 4.2.1 不同等级水平上森林经营技术指标及共性因子确定

以新疆布尔津林场喀纳斯营林区为研究区，以林区内林班为景观单元，以等级理论为基础，通过森林景观等级体系建立，运用景观格局指数法、数量统计学等方法，分析林区内不同等级水平上森林景观格局特征，辨析能影响和控制林区景观格局与功能的关键指标，进一步探讨景观水平上森林资源经营与景观利用的最佳指标与途径。

### 4.2.1.1 高等级水平(13 类)

在高等级水平，影响和控制林班经营水平上的关键指数主要有景观分裂度(DIVISION)、最大斑块指数(LPI)、蔓延度(CONTAG)、分离度(DIVISION)、景观均匀度(SHEI)、有效网格尺寸(MESH)、平均形状指数(SHAPE_ MN)、平均斑块分维数(FRAC_ MN)等(表 4-7)。

表 4-7 高等级水平林班单元上景观指数成分分析主分量载荷表

| 景观指数 | 主成分 | | | | | |
|---|---|---|---|---|---|---|
| | 1 | 2 | 3 | 4 | 5 | 6 |
| PD | 0.22 | -0.74 | -0.37 | -0.23 | 0.03 | 0.07 |
| LPI | -0.96 | 0.04 | -0.03 | 0.05 | 0.03 | -0.03 |
| TE | 0.49 | -0.13 | 0.77 | 0.08 | 0.26 | 0.00 |
| ED | 0.56 | -0.58 | -0.19 | 0.20 | 0.46 | -0.06 |
| LSI | 0.68 | -0.34 | 0.42 | 0.13 | 0.42 | 0.03 |
| AREA_ MN | -0.17 | 0.85 | 0.21 | 0.30 | -0.07 | 0.12 |
| GYRATE_ AM | -0.29 | 0.18 | 0.89 | -0.07 | 0.13 | 0.10 |
| SHAPE_ MN | 0.14 | 0.27 | 0.03 | 0.90 | 0.17 | -0.02 |
| FRAC_ MN | 0.08 | 0.11 | -0.02 | 0.95 | 0.07 | -0.02 |
| CONTIG_ MN | 0.12 | 0.61 | -0.14 | 0.70 | 0.00 | 0.15 |
| PAFRAC | 0.12 | -0.19 | 0.17 | 0.23 | 0.76 | 0.01 |
| TCA | 0.01 | 0.20 | 0.91 | -0.07 | -0.16 | -0.02 |
| DCAD | 0.69 | -0.32 | -0.19 | 0.07 | 0.35 | -0.03 |
| CORE_ MN | -0.34 | 0.78 | 0.22 | 0.24 | -0.20 | 0.14 |
| DCORE_ MN | -0.69 | 0.21 | 0.17 | 0.08 | -0.32 | 0.18 |
| CAI_ MN | 0.02 | 0.85 | -0.17 | 0.23 | -0.25 | 0.11 |
| PROX_ MN | -0.11 | 0.09 | 0.33 | 0.26 | 0.24 | -0.66 |
| ENN_ MN | -0.17 | 0.28 | 0.22 | 0.10 | 0.05 | 0.77 |
| CONTAG | -0.91 | -0.03 | 0.19 | -0.07 | -0.02 | 0.12 |
| IJI | 0.30 | 0.01 | 0.03 | 0.28 | -0.57 | 0.22 |
| CONNECT | -0.28 | 0.10 | -0.20 | 0.69 | -0.40 | -0.18 |
| COHESION | -0.57 | 0.51 | 0.47 | -0.04 | 0.22 | -0.06 |

（续）

| 景观指数 | 主成分 | | | | | |
|---|---|---|---|---|---|---|
| | 1 | 2 | 3 | 4 | 5 | 6 |
| DIVISION | 0.97 | -0.10 | -0.01 | -0.01 | 0.00 | -0.01 |
| MESH | -0.33 | 0.16 | 0.90 | -0.06 | 0.01 | -0.01 |
| SPLIT | 0.85 | -0.12 | -0.05 | -0.05 | -0.02 | 0.06 |
| PRD | -0.09 | -0.64 | -0.55 | 0.15 | -0.16 | 0.14 |
| SHDI | 0.90 | -0.20 | 0.09 | 0.13 | -0.09 | 0.12 |
| SHEI | 0.92 | 0.16 | -0.12 | 0.05 | -0.13 | -0.07 |
| 总变异% | 28.66 | 16.78 | 15.77 | 11.69 | 7.49 | 4.66 |
| 累积变异% | 28.66 | 45.44 | 61.20 | 72.89 | 80.38 | 85.04 |

#### 4.2.1.2　中等级水平(8类)

在中等级水平上，景观分裂度(SPLIT)、分离度(DIVISION)、邻接度(CONTAG)、平均核心斑块面积(CAI_ MN)、平均斑块分维数(FRAC_ MN)是控制该尺度上森林景观格局的主要指标(表4-8)。

**表4-8　中等级水平林班单元上景观指数成分分析主分量载荷表**

| 景观指数 | 主分量 | | | | |
|---|---|---|---|---|---|
| | 1 | 2 | 3 | 4 | 5 |
| PD | 0.30 | -0.56 | -0.32 | -0.50 | -0.13 |
| TE | 0.49 | -0.20 | 0.07 | 0.78 | -0.05 |
| ED | 0.79 | -0.48 | 0.22 | -0.16 | -0.12 |
| LSI | 0.78 | -0.34 | 0.12 | 0.43 | -0.05 |
| AREA_ MN | -0.27 | 0.85 | 0.26 | 0.26 | 0.05 |
| GYRATE_ MN | 0.00 | 0.83 | 0.48 | 0.09 | 0.16 |
| SHAPE_ MN | 0.25 | 0.21 | 0.91 | 0.04 | 0.06 |
| FRAC_ MN | 0.17 | 0.07 | 0.93 | -0.05 | 0.04 |
| PARA_ MN | -0.16 | -0.58 | -0.74 | 0.06 | -0.12 |
| CONTIG_ MN | 0.16 | 0.62 | 0.72 | -0.07 | 0.12 |
| TCA | -0.13 | 0.09 | -0.11 | 0.87 | 0.02 |
| DCAD | 0.84 | -0.20 | 0.14 | -0.05 | -0.13 |
| CORE_ MN | -0.46 | 0.81 | 0.14 | 0.21 | 0.02 |
| DCORE_ MN | -0.81 | 0.21 | -0.10 | -0.01 | 0.19 |
| CAI_ MN | -0.12 | 0.94 | 0.14 | -0.04 | 0.09 |
| CAI_ AM | -0.85 | 0.36 | -0.19 | 0.22 | 0.10 |
| PROX_ MN | 0.04 | 0.07 | 0.27 | 0.39 | -0.64 |
| ENN_ MN | -0.25 | 0.10 | 0.22 | 0.13 | 0.67 |
| CONTAG | -0.92 | -0.09 | -0.12 | -0.11 | -0.09 |
| PLADJ | -0.75 | 0.48 | -0.20 | 0.30 | 0.14 |
| IJI | 0.17 | 0.21 | 0.13 | 0.06 | 0.71 |
| CONNECT | -0.27 | 0.45 | 0.51 | -0.21 | -0.37 |

（续）

| 景观指数 | 主分量 | | | | |
|---|---|---|---|---|---|
| | 1 | 2 | 3 | 4 | 5 |
| COHESION | -0.74 | 0.17 | 0.04 | 0.49 | -0.05 |
| DIVISION | 0.96 | 0.05 | 0.00 | 0.17 | 0.04 |
| SPLIT | 0.88 | 0.14 | -0.12 | 0.05 | 0.10 |
| PRD | -0.15 | -0.38 | 0.15 | -0.78 | -0.04 |
| SHDI | 0.88 | 0.00 | 0.11 | 0.21 | 0.20 |
| 总变异% | 32.28 | 19.68 | 14.26 | 12.07 | 6.49 |
| 累积变异% | 32.28 | 51.97 | 66.23 | 78.30 | 84.79 |

#### 4.2.1.3 低等级水平(2类)

在低等级水平上，平均斑块分维数、平均邻接度、平均欧几里得距离、分裂度和景观回旋半径等指标是影响和控制林班上森林景观格局的主要指标(表4-9)。

**表4-9 低等级水平林班单元上景观指数成分分析主分量载荷表**

| 景观指数 | 主成分 | | | | | |
|---|---|---|---|---|---|---|
| | 1 | 2 | 3 | 4 | 5 | 6 |
| NP | 0.48 | 0.52 | 0.47 | -0.07 | 0.37 | -0.19 |
| PD | 0.32 | -0.37 | 0.69 | 0.04 | 0.39 | -0.21 |
| TE | 0.68 | 0.58 | 0.13 | 0.16 | 0.24 | -0.17 |
| LSI | 0.84 | 0.33 | 0.20 | 0.21 | 0.25 | -0.05 |
| GYRATE_ AM | -0.12 | 0.93 | 0.09 | 0.05 | 0.14 | 0.13 |
| SHAPE_ MN | 0.15 | -0.01 | -0.28 | 0.90 | -0.14 | 0.02 |
| FRAC_ MN | 0.07 | -0.08 | -0.12 | 0.96 | -0.14 | -0.01 |
| PARA_ MN | 0.10 | 0.14 | 0.91 | -0.26 | 0.01 | 0.02 |
| CONTIG_ MN | -0.12 | -0.14 | -0.92 | 0.25 | -0.01 | -0.05 |
| TCA | -0.13 | 0.86 | 0.12 | -0.08 | -0.02 | -0.01 |
| NDCA | 0.72 | 0.55 | 0.05 | 0.11 | 0.17 | -0.20 |
| DCAD | 0.86 | -0.14 | 0.07 | 0.06 | 0.06 | -0.21 |
| CORE_ MN | -0.46 | 0.06 | -0.82 | -0.03 | 0.17 | -0.14 |
| DCORE_ MN | -0.81 | 0.12 | -0.20 | 0.00 | 0.21 | 0.13 |
| CAI_ AM | -0.88 | 0.23 | -0.19 | -0.21 | -0.18 | 0.05 |
| PROX_ MN | 0.51 | 0.49 | 0.06 | 0.20 | -0.32 | -0.26 |
| ENN_ MN | -0.04 | 0.03 | 0.06 | 0.01 | 0.04 | 0.93 |
| CONNECT | 0.09 | -0.16 | 0.01 | 0.30 | -0.86 | -0.07 |
| COHESION | -0.60 | 0.44 | -0.43 | -0.23 | 0.11 | 0.03 |
| SPLIT | 0.92 | 0.00 | 0.00 | -0.04 | -0.03 | 0.07 |
| PRD | -0.29 | -0.79 | 0.32 | 0.25 | -0.01 | -0.06 |
| SHDI | 0.89 | 0.14 | 0.21 | -0.03 | -0.16 | 0.15 |
| SHEI | 0.89 | 0.14 | 0.21 | -0.03 | -0.16 | 0.15 |
| 总变异% | 33.16 | 17.46 | 16.10 | 9.75 | 6.55 | 5.41 |
| 累积变异% | 33.16 | 50.62 | 66.72 | 76.47 | 83.02 | 88.43 |

#### 4.2.1.4　三个等级水平比较分析

研究表明，阿尔泰山喀纳斯森林景观类型较为丰富，景观等级体系明显。在林班层次，对不同景观等级水平关键景观指数进行比较发现，平均形状指数(SHAPE_ MN)、平均分维数(FRAC_ MN)、景观多样性(SHDI)、景观分裂度(SPLIT)是三个等级水平对森林景观格局均具有决定性的共同指标。在任意两个等级水平之间，对两个等级水平林班内景观格局变异均具有解释度的景观指数较多，特别是在中等级水平上，一部分景观指数为高级与中级所共用，而另一部分却为中级与低级所共用，这表明在不同等级水平之间景观格局存在一定的内在联系，在相邻等级水平之间，存在一些通用的指标。

从景观指数分组来看，景观形状指数组和核心面积指数组在不同等级水平上或不同主题尺度上均表现活跃，特别是在中等级水平上，核心面积指数组有6个关键指数表现出积极贡献。随着等级水平的提高，形状指数组、核心面积指数组的活跃程度降低，蔓延/散步指数组的则相反。这说明，景观形状指数、核心斑块面积指数变化表现活跃，意味着景观类型核心斑块面积大小、景观斑块形状复杂性程度对林区景观格局最具有指示作用(表4-10)。

**表4-10　在不同等级水平上林班层次重要景观指数和指数组的比较**

| 项　目 | 高等级水平<br>(13种) | 中等级水平<br>(8种) | 低等级水平<br>(2种) |
|---|---|---|---|
| 在三个等级水平上均为关键景观指数 | SPLIT<br>SHDI<br>SHAPE_ MN<br>FRAC_ MN | SPLIT<br>SHDI<br>SHAPE_ MN<br>FRAC_ MN | SPLIT<br>SHDI<br>SHAPE_ MN<br>FRAC_ MN |
| 在两个等级水平上均为关键景观指数 | AREA_ MN<br>TCA<br>CONTAG<br>DIVISION<br>CAI_ MN | AREA_ MN<br>TCA<br>CONTAG<br>DIVISION<br>CAI_ MN | |
| | | DCAD<br>CORE_ MN<br>DCORE_ MN<br>CAI_ AM | DCAD<br>CORE_ MN<br>DCORE_ MN<br>CAI_ AM |
| | GYRATE_ AM<br>SHEI | | GYRATE_ AM<br>SHEI |
| 在单一等级水平上为关键景观指数 | LPI | GYRATE_ MN | LSI<br>PARA_ MN<br>CONTIG_ MN<br>ENN_ MN<br>CONNECT |
| 景观指数组 | | | |
| 面积/密度/边缘指数 | + | + + | + |

（续）

| 项　目 | 高等级水平<br>（13 种） | 中等级水平<br>（8 种） | 低等级水平<br>（2 种） |
| --- | --- | --- | --- |
| 形状指数 | + + + | + + | + + + + |
| 核心面积指数 | + + | + + + + + + | + + + + |
| 隔离/亲近指数 | | | + |
| 蔓延度/散步指数 | + + + | + + | + |
| 邻接度指数 | | + | + + |
| 多样性指数 | + + | + | + + |

综合来看，等级水平变化对景观形状、核心斑块面积的影响最为明显。通过改变等级水平来改变景观斑块空间组合方式，进而来辨析不同等级尺度上的关键指数或一些重要景观指数的特征尺度。此外，可以发现林班的划分和经营管理对森林景观空间格局也有一定影响，如在林班层次上，景观相对均匀，空间分离度明显，斑块分维程度显著，这说明林班的划分会降低景观格局的空间联系，淡化景观内在的异质性。

### 4.2.2 基于共性因子的森林景观生态敏感性评价及经营策略

#### 4.2.2.1 构建景观生态敏感度模型

基于共性因子，构建景观敏感度评价模型：森林景观敏感度(FLS，Forest landscape Sensitivity) = 景观分割度 × a/(景观多样性 × b + 平均形状指数 × c + 平均分维数 × d) = SPLIT × a/(SHDI × b + SHAPE_ MN × c + FRAC_ MN × d)。式中，a、b、c、d 分别为对应指数的权重。本研究用 PCA 中各变量对应的载荷来刻画其权重大小。林班景观敏感性与景观分割度成正比，与景观多样性指数、平均形状指数、平均分维数成反比(表 4-11)。

**表 4-11　基于关键指数的林班单元森林景观敏感度评价等级与范围**

| 敏感度 | 微度敏感 | 低度敏感 | 中度敏感 | 高度敏感 | 强度敏感 |
| --- | --- | --- | --- | --- | --- |
| 范围 | 0≤FLS <0.4 | 0.4≤FLS <0.8 | 0.8≤FLS <1.2 | 1.2≤FLS <1.6 | 1.6≤FLS |

#### 4.2.2.2 林区林班景观敏感性评价

在高等级水平上(图 4-10)，编号为 40、41 的林班呈现出强度景观敏感性，这意味这些林班内可能受强烈的人为干扰或不合理的森林经营影响，林班内森林景观破碎化程度严重，景观形状呈现单一化，同时景观多样性水平较低，景观功能趋于不稳定状态；林班号 15、19、24、38、42、46、64 等林班森林景观表现为高度敏感性，从分布格局看，这些林班大多处于强度敏感区周边，表明受强度敏感区内一些干扰或不合理经营因素的影响，景观敏感区呈现扩张态势，同时在营林区边缘林班也是森林景观敏感度高发区，这可能受周边营林区森林经营或景观开发利用的影响。

**表 4-12　喀纳斯营林区森林景观敏感度林班面积及比例**

| 名称 | 单位 | 微度敏感 | 低度敏感 | 中度敏感 | 高度敏感 | 强度敏感 |
|---|---|---|---|---|---|---|
| 高等级水平 | 面积($hm^2$) | 2802.6 | 18178.02 | 6797.52 | 4911.03 | 2463.21 |
| | 百分比 | 7.97% | 51.71% | 19.34% | 13.97% | 7.01% |
| 中等级水平 | 面积($hm^2$) | 4342.41 | 17246.52 | 10268.37 | 1138.86 | 2156.22 |
| | 百分比 | 12.35% | 49.06% | 29.21% | 3.24% | 6.13% |
| 低等级水平 | 面积($hm^2$) | 6966.81 | 25037.91 | 3147.66 | 0 | 0 |
| | 百分比 | 19.82% | 71.23% | 8.95% | 0.00% | 0.00% |

从图 4-11 可以看出，处于中度敏感的林班达到 15 个，这些林班在分布格局上不仅自身具有一定连接性，同时也处于低度敏感和高度敏感单元的过渡带上，可能在景观格局与功能的联系上起到重要的承接作用；在喀纳斯营林区，处于低度敏感的林班单元较多，约占林班总数的一半以上，同时有 4 个林班(9、11、16、66)森林景观呈现纬度敏感。从面积及分配比例来看，低度敏感区占营林区总面积的 51.71%，中度敏感区次之，为 19.34%，高度敏感、微度敏感区面积比例紧随其后，分别为 13.97%、7.97%，强度敏感的区域面积最小，比例为 7.01%，这说明在高等级水平上，喀纳斯营林区有一半面积以上的区域为低度敏感区域，尽管强度敏感区面积较小，但从分布格局看，以强度敏感区为核心，高度敏感区为缓冲带，表现出明显扩张态势。

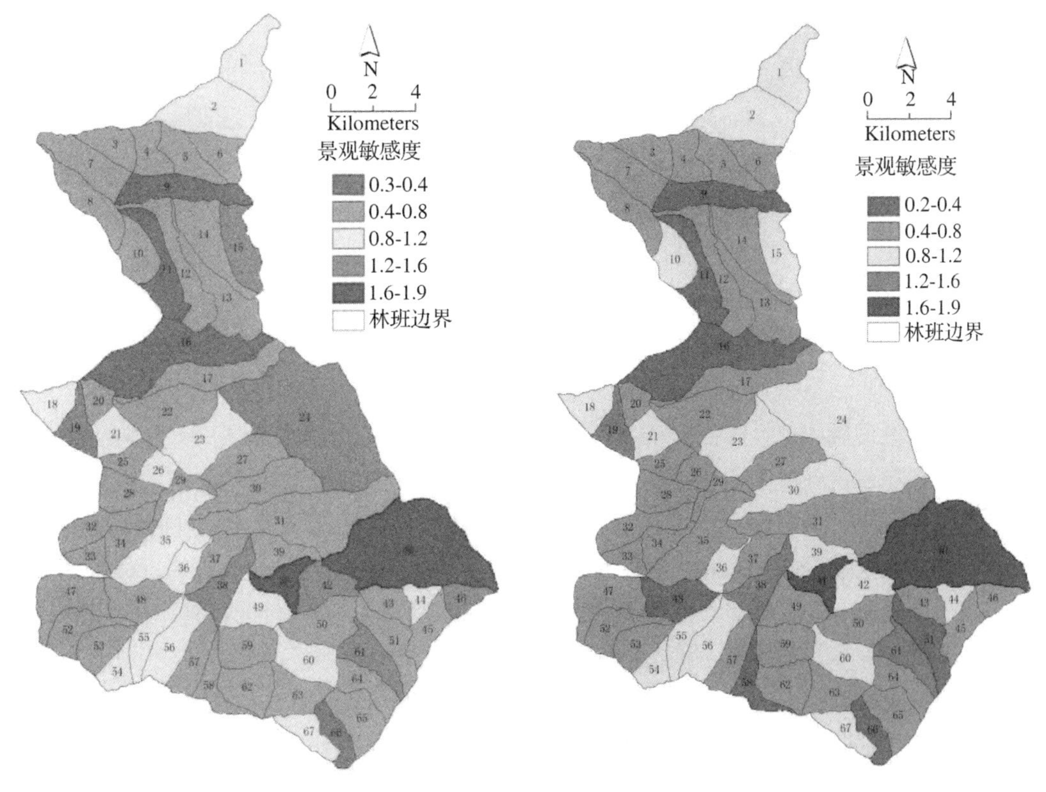


**图 4-10　高等级水平林班单元森林景观敏感度空间分布**

**图 4-11　中等级水平林班单元森林景观敏感度空间分布**

在中等级水平上，不同级别敏感区的空间分布格局与高等级水平上的分布格局与态势基本类同，但在数量和面积比例上有所差别(图 4-11，表 4-12)。可以看出，强度敏感区的林班在数量和权属上与高等级水平上的完全一致，这说明，尽管随着景观等级水平降低，景观利用格局与方式也有所变化，但林班单元上森林景观的敏感性并没有降低，这意味着应在今后的森林经营或景观规划中对这些区域内的景观极度敏感性予以重视；同样发现，高度、中度、低度、微度敏感区的林班数量都较高等级水平上的有所增加，这说明等级水平或主题尺度的降低会改变森林景观敏感性等级。

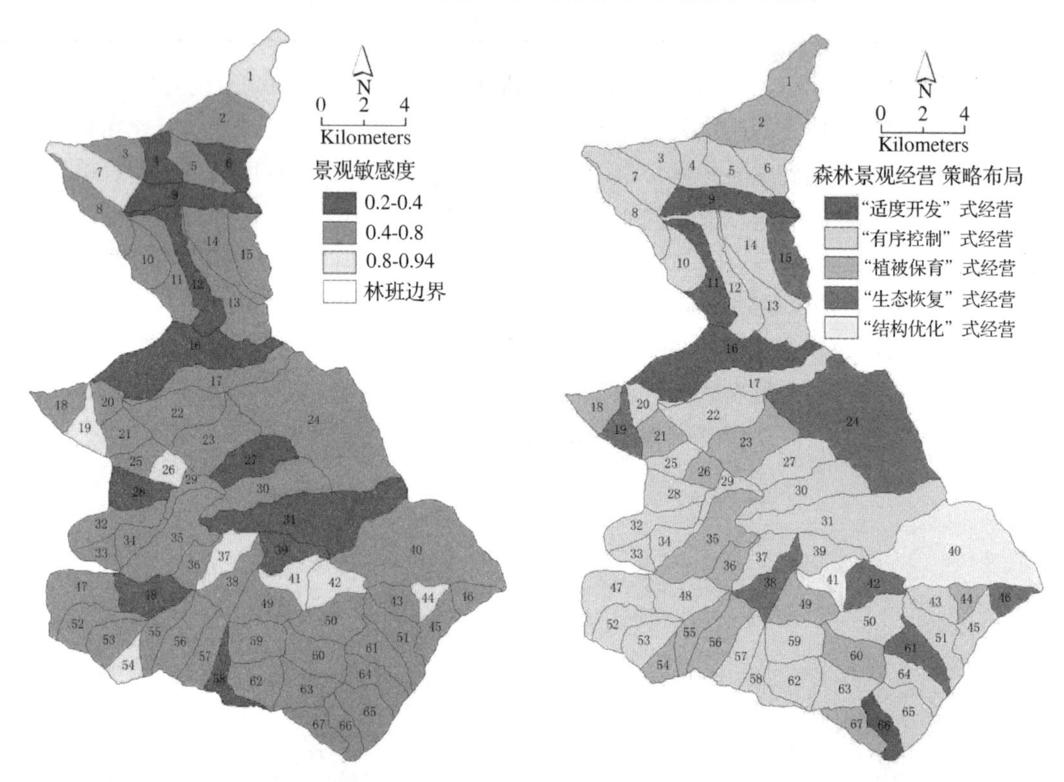


**图 4-12 低等级水平林班单元森林景观** **图 4-13 布尔津林场喀纳斯营林区林班分布图**

这种规律可以从低等级水平上的敏感度分布图得到验证，随着等级水平的进一步降低，林班的景观敏感也在降低，从面积比例看，在低等级水上，低度敏感的林班面积急剧增大，面积比例占到整个营林区的 71.23%。这说明粗放式的土地利用或者景观利用对景观敏感性的要求较低，因此，森林景观规划或森林经营首先需要确定是在什么尺度上进行，不同主题尺度上景观敏感性程度和格局截然不同。随着主题尺度的提高，林班的景观敏感度也会提高，这样将更有助于森林管理者对景观利用和资源管理作出精细的调整。

#### 4.2.2.3 景观水平森林可持续经营对策

以最高等级水平(13 类)为例，对喀纳斯营林区 67 个林班进行景观敏感度评价。根据各类林班景观格局特征和评价结果，我们提出 5 种景观水平森林可持续经营对策(图 4-13)。具体为：

(1)“结构优化”式经营

适应于林区中景观强度敏感区内森林可持续经营。由于一些林班单元上景观受强烈的自然(火烧)或人为干扰(放牧、旅游、景观资源的不合理开发等)而出现景观高度破碎、景观斑块形状单一、景观多样性水平急剧下降等问题，通过景观生态问题诊断和情景模式，维护或巩固林班内现有绿色景观，构建一些有利于增强景观格局空间连续的生态组分，来优化林班内现实景观。

(2)"生态恢复"式经营

该策略适应于林区中森林景观高度敏感的林班。这些林班单元往往毗邻强度敏感区或林区边缘，单元内景观破碎化程度较高，景观斑块形状趋于简单化，景观多样性水平较低。针对这类景观应通过植被恢复活动阻止来自强度敏感区内各种不利干扰，同时加强同中度敏感区内的优势森林景观类型的空间联系。植被恢复过程中应注重物种多样性保育和景观多样性维护，构建有利于森林健康发展的生态恢复格局。

(3)"植被保育"式经营

该策略主要针对林区中森林景观处于中度敏感的林班。这些林班内森林景观格局受外界干扰的程度较低，景观在格局和功能上具备了一定程度的连续性，景观多样性相对丰富。为了巩固林班单元内的生态基底，保持森林景观的完整性，建议通过自然封育等森林保护措施对林区植被特别是天然林、次生林的林种实施保护，提高这些林班单元森林景观的抗干扰能力。

(4)"有序控制"式经营

该策略主要针对林区中森林景观处于低度敏感的林班单元而确立。这些林班单元内各景组分空间相对优化，森林更新能力和森林生命力相对健康稳定，森林生物多样较为丰富，并且具有一定的森林生产力。针对这些特点，建议在森林经营时首先合理评价森林利用潜力，根据森林经营目标和需求，严格控制开发利用规模和程度，使得森林资源结构、产业结构与林区经济发展相适应。

(5)"适度开发"式经营

该策略主要针对林区中森林景观处于微度敏感的林班单元而设立。这些林班单元在森林生态系统功能、森林资源结构、林地生产力等方面均是最佳的。为了保障森林景观可持续发展，建议在森林经营与管理时制定科学的森林经营方案，合理分区，科学经营，持续利用。经营时应以提高森林资源质量和林地生产力，有利于保护生物多样性，增强森林生态系统整体功能为目的进行适度开发。

## 4.3　森林景观可持续经营——景观水平上不同经营系统的空间配置与优化技术

### 4.3.1　阿尔泰山小克兰营林区植被干扰动态模拟

基于植被干扰动态模拟技术(VDDT，Vegetation Dynamics Development Tool)和景观情景分析探索技术(TELSA，Tool for Exploratory Landscape Scenario Analyses)，对阿尔泰地

区小东沟景观进行模拟和优化。利用植被干扰动态模拟技术，结合林相图，森林资源二类调查资料和所搜集的经营措施、气象、地形、土壤、社会经济等相关统计资料和历史数据，在了解研究区域的主要植被类型，群落结构组成，更新演替趋势，各种干扰类型及其强弱和频度的基础上，对新疆阿尔泰山小克兰营林区进行了植被干扰动态模拟，反应了在现有的干扰类型和经营措施下景观动态变化的趋势及规律。

研究中根据该区域实际情况，将整个区域细分为18种景观类型，并对乔木物种景观类型按其优势树种进行龄组划分。由于实验区地处欧亚大陆中部，是典型的内陆干旱区，且纬度较高，林区内草原、灌木较多，是地表火、雷击火等森林火灾的高危高发地区。新疆是有名的多风区，春夏多风且风大，加之成过熟林比例偏高，风灾危害也不可忽略。阿尔泰林区属寒温带针叶林，由于林分中昆虫微生物种类繁多，致使森林病虫害的发生也较为严重。

畜牧业是当地支柱产业，林区内有大量的牧业用地，是当地牧民重要的打草场和放牧场所，打草和放牧都会对林地内更新幼苗和幼树造成严重破坏。近年来，随着当地旅游业的兴起，到林区内小东沟森林公园的游客有呈逐渐上升的趋势，游客游憩践踏对地表植被和更新幼苗幼树的影响也不忽视。

在综合分析实验区自然、社会现状的基础上，建立情景时选取火灾、风灾、病虫害作为自然干扰的三个主要因子，放牧打草和游憩践踏作为主要人为干扰因子。当前，林区正处于天然林保护工程二期建设阶段(2004至2010年)，根据新疆阿尔泰山国有林管理局国有林区天然林资源保护工程实施方案中所确定的二期建设目标，并针对所选取的自然干扰和人为干扰因子，选取护林防火、枯倒木清理、病虫害防治措施和人工促进天然更新、人工造林、退牧还林、封山育林等七种经营管理措施作为有利干扰模拟因子(图4-14)。然后选取所需模拟因子，生成演替路径图(TPD，Transition Pathway Diagram)(图4-15)，设置模拟时长，模拟出从现在起至生长后期若干年的潜在植被类型(PVT，Potential Vegetation Type)，得出各景观类型和景观结构随时间逐年变化的动态趋势。其中由VDDT生成的演替路径图可导进TELSA中进行进一步的景观情景分析(图4-16)。

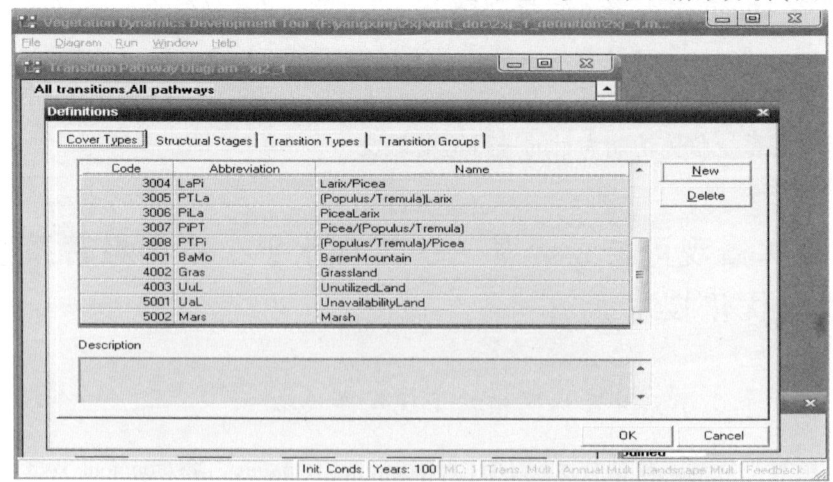


**图4-14　在VDDT中定义景观类型、演替趋势和干扰因子等**

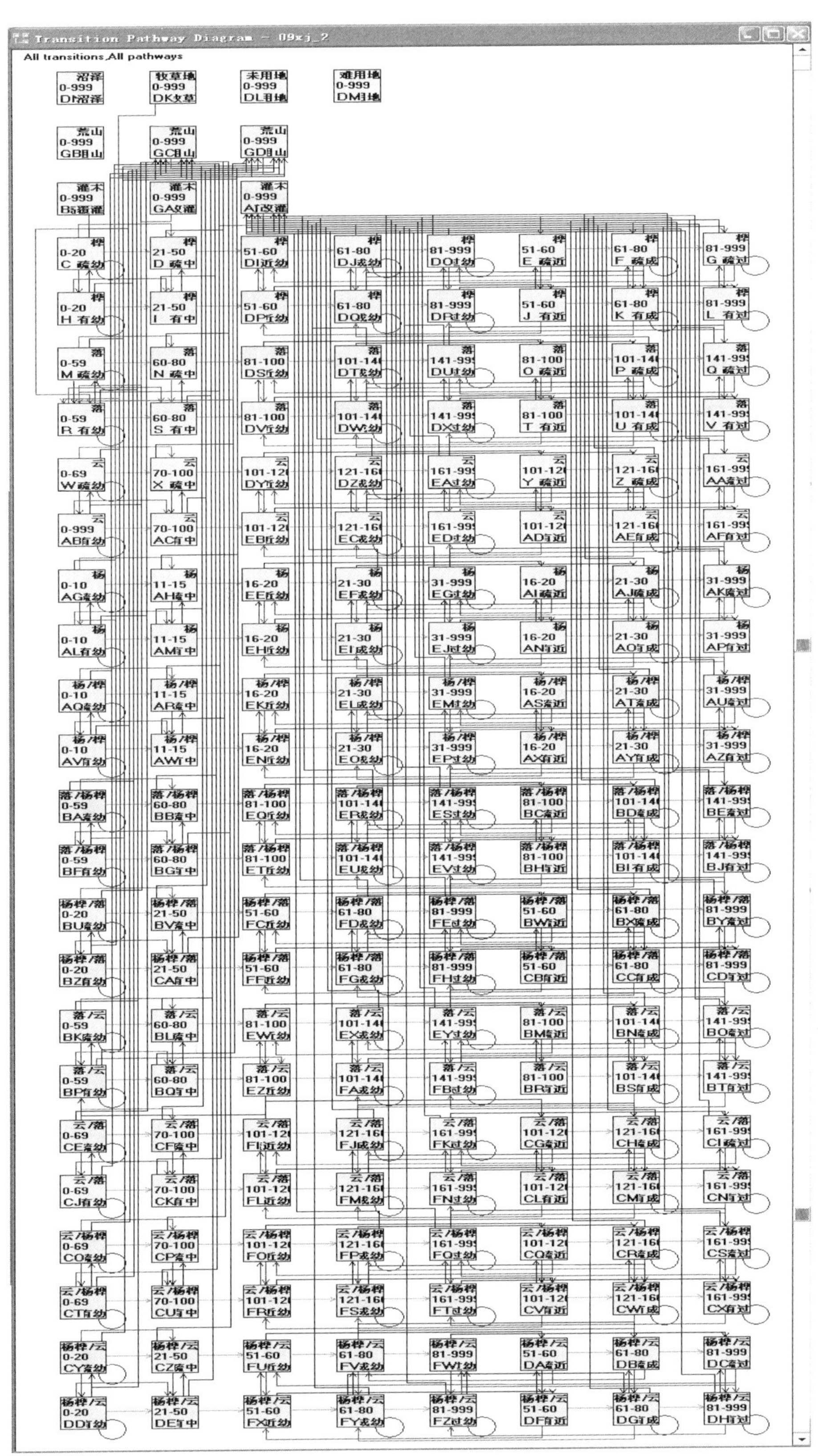


图 4-15　利用 **VDDT** 生成的演替路径图

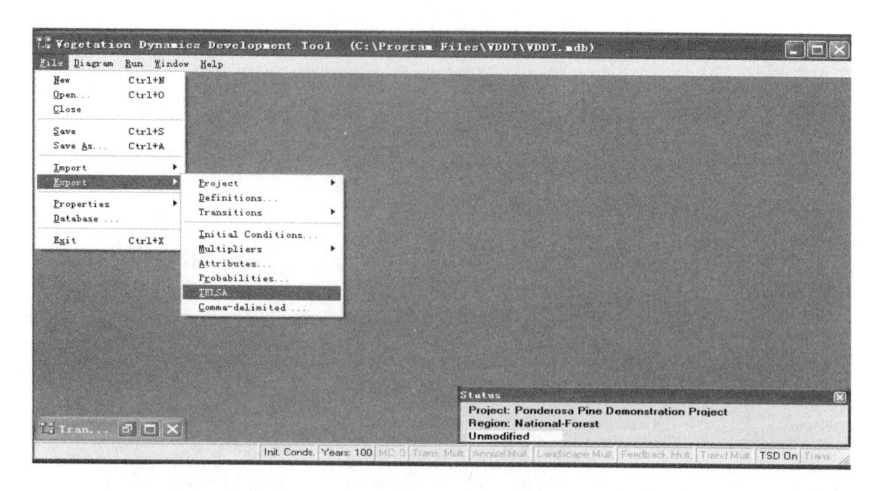


图 4-16 从 VDDT 中导出 TELSA 所需的定义文件

图 4-17 至图 4-19 分别反映了在现有经营管理水平下，不同模拟时段各景观类型所占面积百分比变化情况、18 种景观类型中主要三种景观类型逐年动态变化趋势和乔木类景观龄组组成动态变化情况。

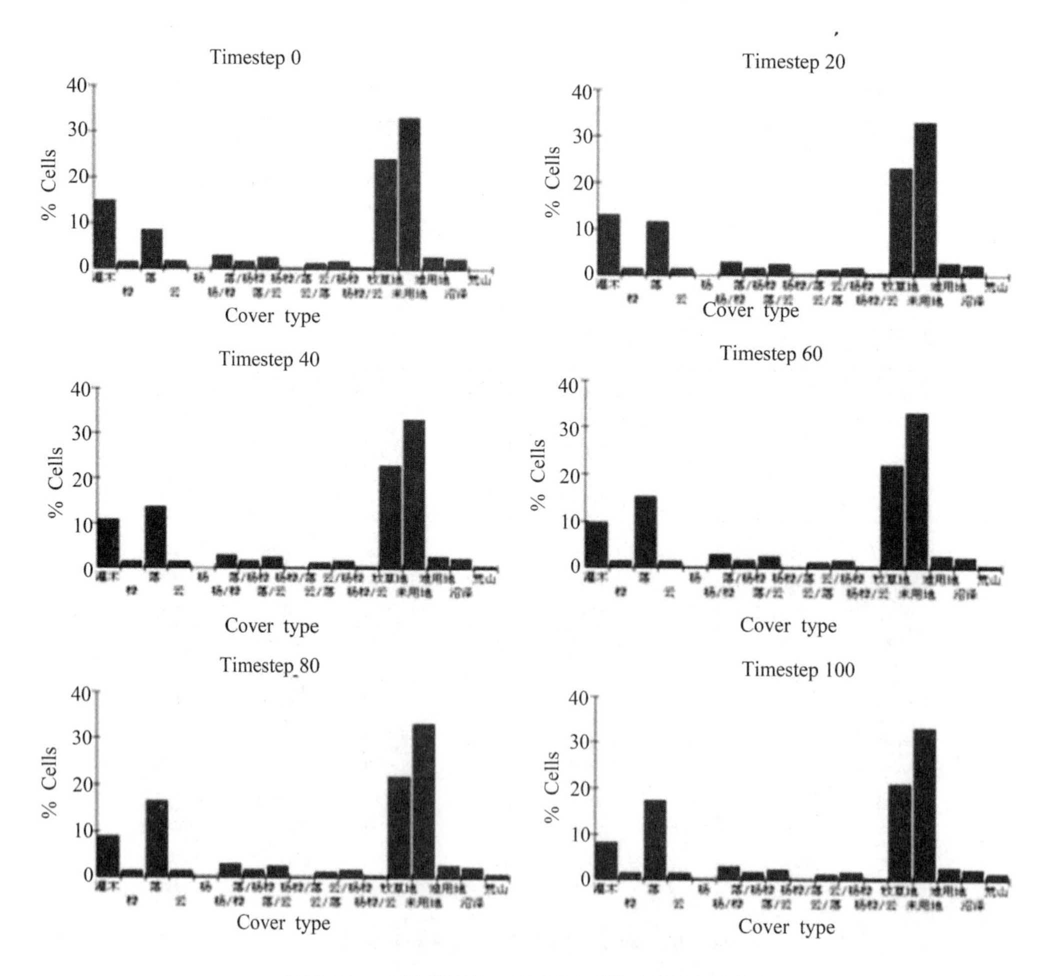


图 4-17 不同模拟年各景观类型所占面积百分比

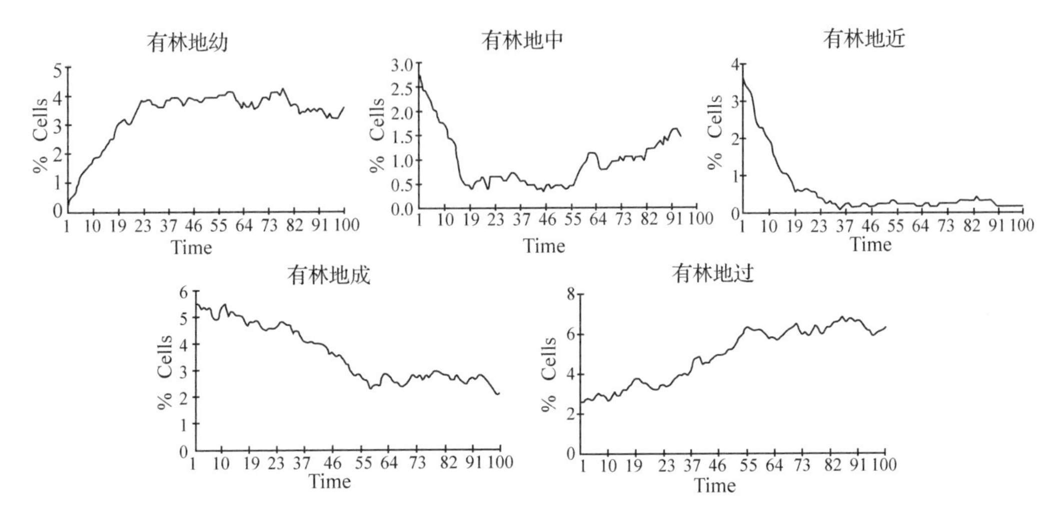


图 4-18　乔木类景观龄组组成动态变化

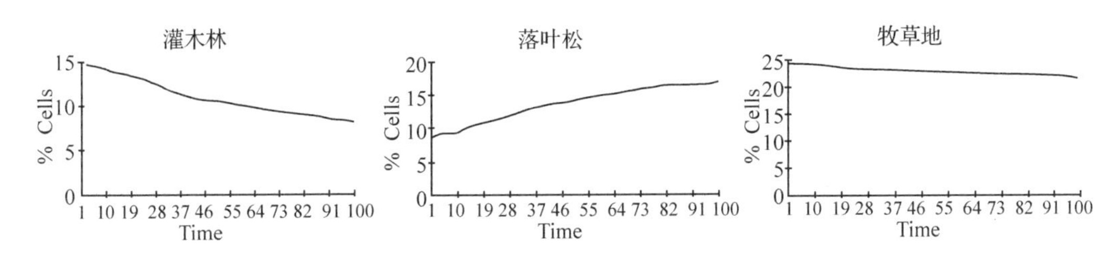


图 4-19　三种景观类型逐年动态变化趋势图

### 4.3.2　景观情景分析探索技术应用

在进行景观情景分析之前，首先结合林相图和二类调查资料，借助地理信息系统，在 R2V 中，将扫描进入计算机后的林相图进行分层矢量化工作，通过矢量化检查后，在 Arcgis 中进行坐标系及投影转换；同时将二调小班调查卡片信息录入计算机，质量检查后，通过统一空间数据和属性数据的公共字段，进行图形属性结合，形成一套完整的、无缝连接的、具有空间坐标信息的、以小班为单位的小克兰营林区森林资源空间数据库。然后按照既定的景观类型划分方法，生成反映林分空间分布格局的数字化景观分类图(图 4-20)。研究表明，以荒漠半荒漠地段为主的未利用地和不可利用地占了研究区域的大部分面积，达 32.62%，牧草地次之，有林地、疏林地、灌木林地分别占到总面积的 15.32%、6.76%、15.08%，以落叶松为优势树种的有林地和疏林地的分布面积占绝对优势，为该区域的主要成林树种。各景观类型的面积比也与该区域山地植被垂直分带的植被特征相吻合。

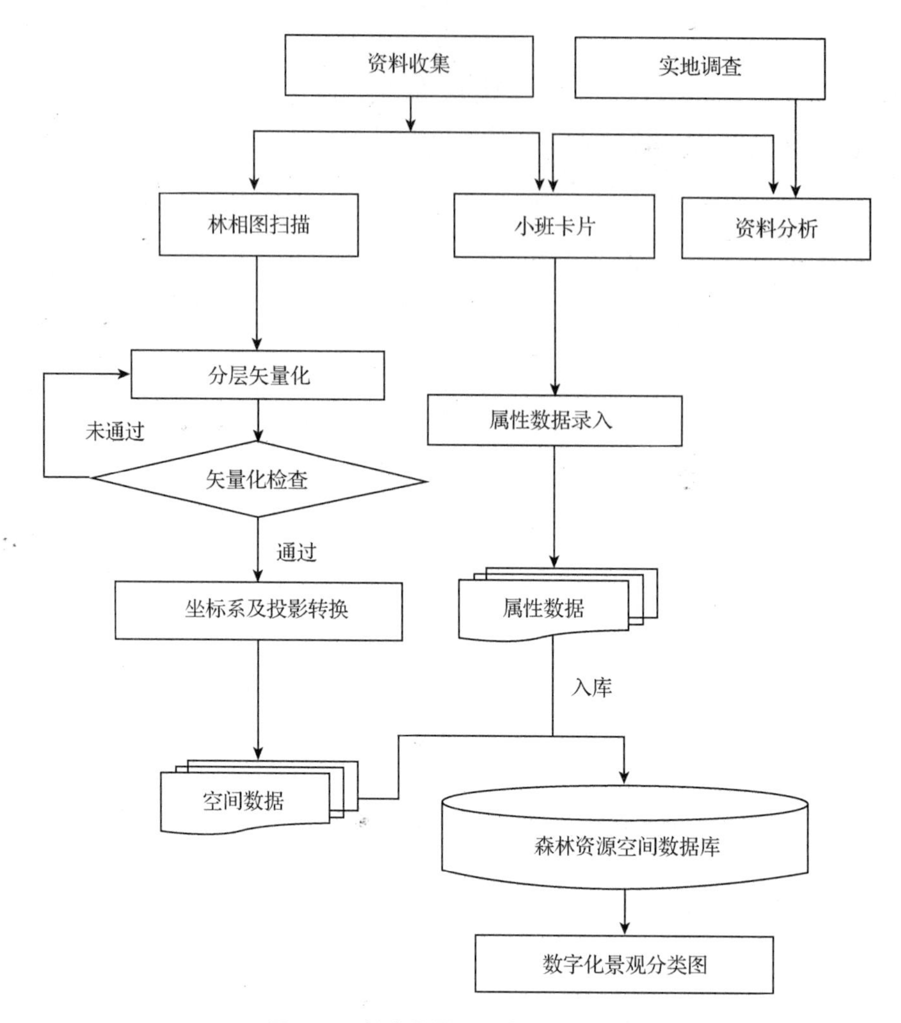


**图 4-20 数字化景观分类图制作流程**

景观情景分析主要由以下几大部分构成：初始定义，情景设置，模型运行，结果分析(图 4-21)。

VDDT 其本身是一种非空间(non-spatial model)的景观尺度上的植被动态模拟工具，可单独使用，但其模拟结果只有表格，图表等，不反映空间信息。TELSA 是一种空间显示模型(spatially explicit model)，是对 VDDT 空间分析功能的扩展和延伸，更加突出空间格局和生态学过程之间的相互作用。使用 TELSA 时，需要首先在 VDDT 中定义演替趋势和干扰强度等生态学过程，生成反映景观变化趋势的演替路径图(TPD)，然后再导入至 TELSA 中进行下一步的设置(图 4-22)。

根据研究区景观格局现状特征，结合林区正在实施的天然林保护工程和自然保护区建设工程实际情况，在 Telsa 中设定以下 5 种模拟情景(图 4-23)，即 5 种不同的经营管理预案，分别代表 5 种不同的经营管理水平(表 4-13)。

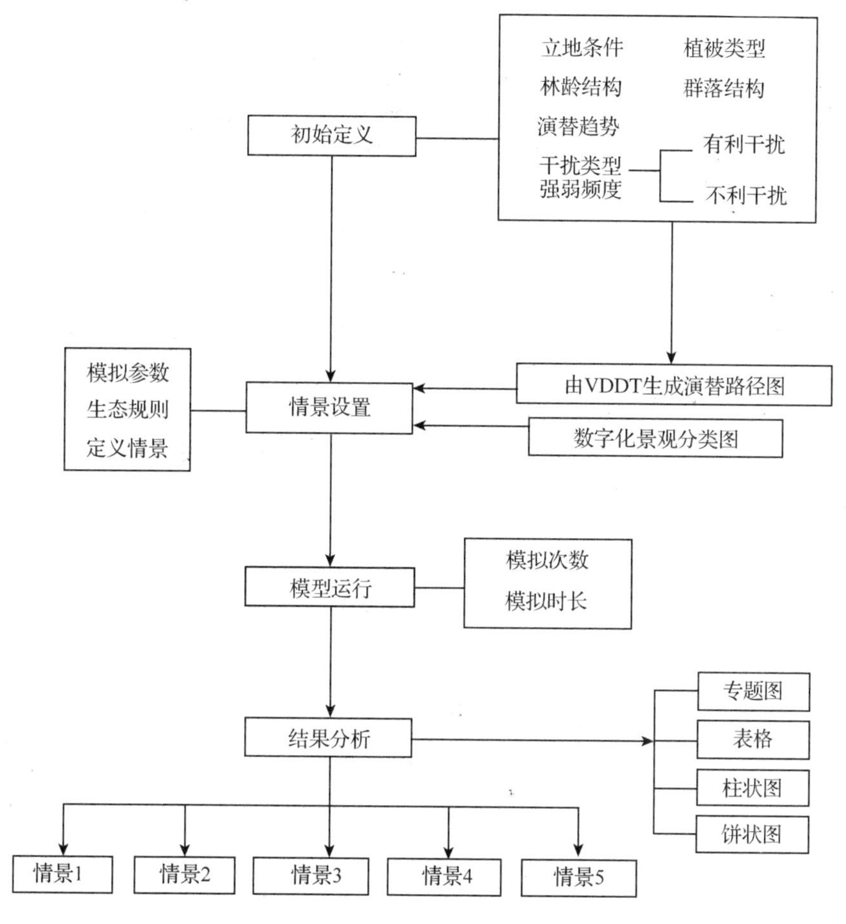


图 4-21　景观情景分析流程图

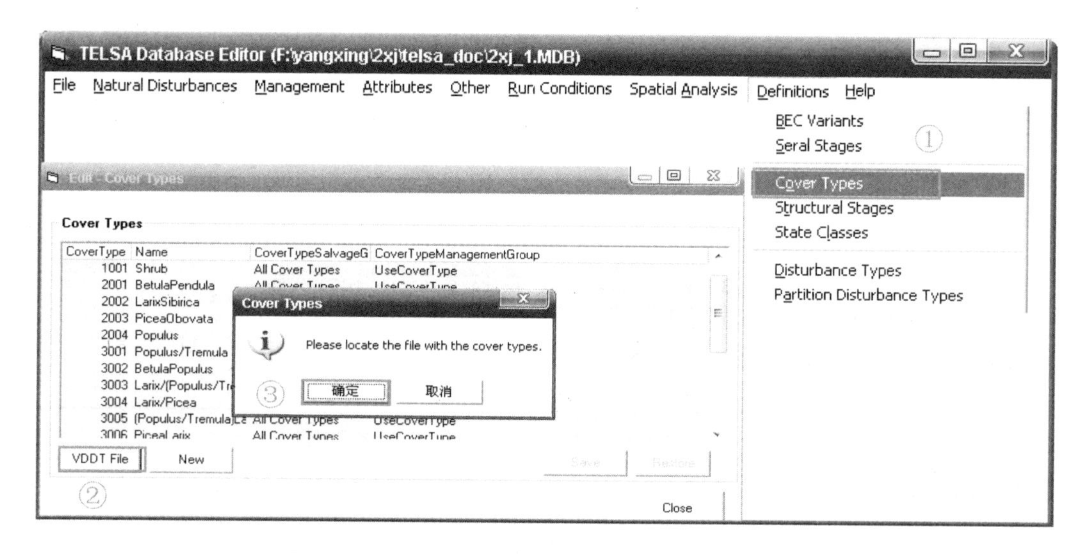


图 4-22　在 TELSA 中导入由 VDDT 中定义的文件

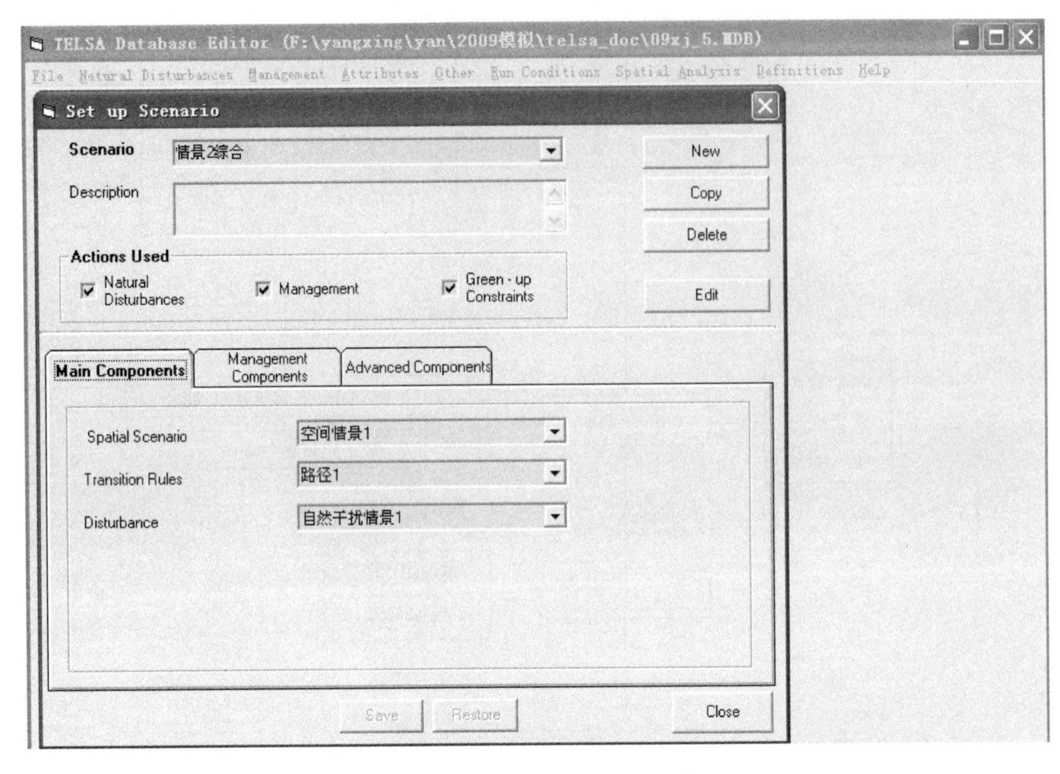


图 4-23 在 TELSA 中定义模拟情景

表 4-13 模拟情景

| 情景 | 说明 |
|---|---|
| 情景 1(S1) | 遭受自然干扰和人为干扰 |
| 情景 2(S2) | 仅遭受自然干扰、禁牧、禁止打草、禁止游人践踏 |
| 情景 3(S3) | 病虫害防治、防火、枯倒木清理 |
| 情景 4(S4) | 封山育林、人工促进天然更新 |
| 情景 5(S5) | 针对宜林荒山、灌丛，退牧地进行退牧还林、人工造林 |

以下着重对 5 种经营模拟情景在不同模拟时段的年龄结构、更新状况、景观类型动态作一比较分析(图 4-24)。

通过模拟，可获得不同林地类型不同龄组在各模拟情景下的面积分布图(图 4-25)，从而能够以图形和图例比较直观地反映不同经营预案下景观的年龄结构动态变化情况。随着演替的进行，50 年后 S1、S2、S3 三种情景都显示成过熟林的面积与现状相比有明显的增加。S1 情景中，由于人为干扰，有林地成过熟林面积增长的同时，有林地面积逐步减少，导致疏林地成过熟林面积也随之增加。仅有自然干扰的 S2 情景中，随着演替的进行，有林地成过熟林的面积增长很快。S3 情景中，由于模拟病虫害防治、森林防火和枯倒木清理，林木健康状况逐渐改善，大面积的火灾也被防治，因此在此预案下，成过熟林的面积也呈增长的趋势。在第 50 年，S1、S2、S3 情景有林地成过熟林面积分别占到总面积的 8.71%、13.25% 和 17.23%。

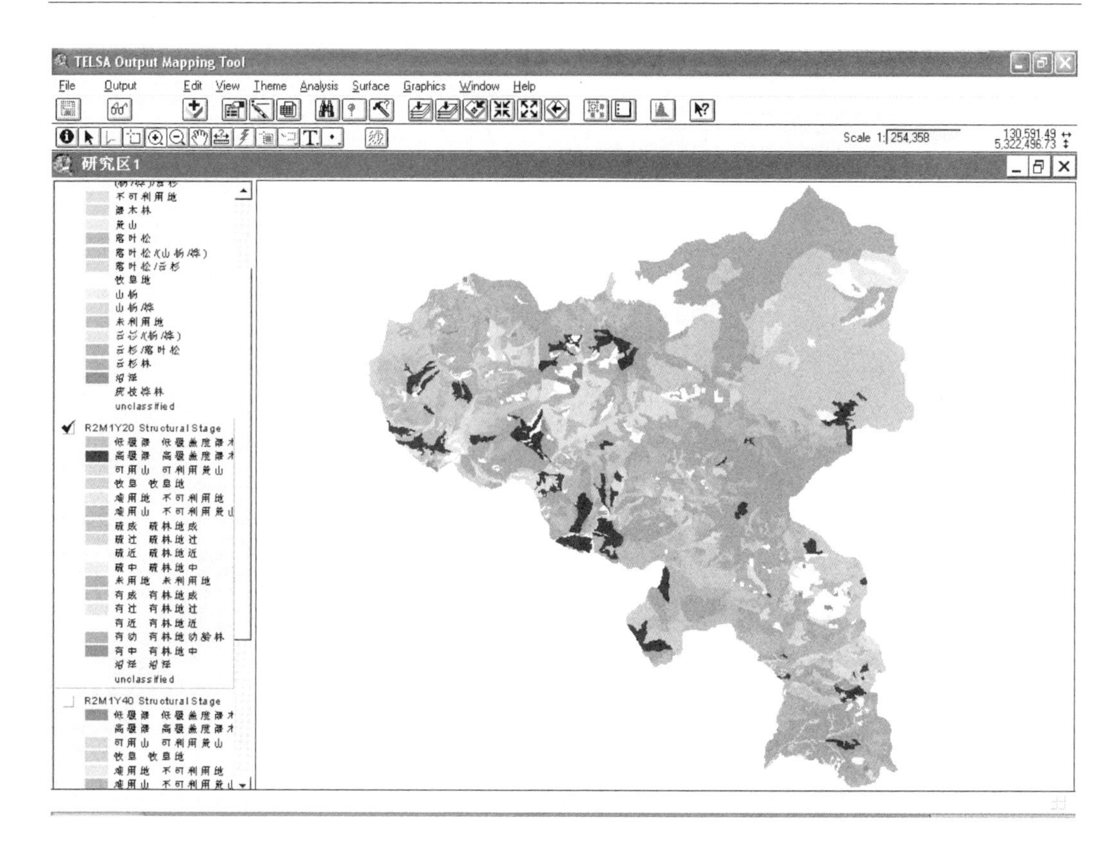


**图 4-24　以专题图的方式进行结果分析**

分析不同经营管理预案下的更新状况时，选取情景 S3 和 S4 进行比较，以分析含有幼树幼苗、更新等级较高的林地与其他类型林地面积的分布情况，结果表明，随着模拟进行，S3 中更新等级较高的林地面积所占比例较小，S4 比例相对较大。S3 情景中，暴发大面积森林火灾和病虫害的几率降低，幼树幼苗遭受干扰和破坏的因素减少，能够较好地生长和发育，天然更新成为林地更新的主要方式，S4 情景由于模拟了人工促进天然更新和降低了人为干扰因素的强度，幼树幼苗能得到合适的保护和培育，封山育林也提高了天然更新的成功率，更新状况较好的林地面积呈显著增加的趋势。第 80 年时，S3、S4 中含幼树幼苗更新等级较高的林地面积分别占林地总面积的 56.66% 和 85.95%（图 4-26）。

选取情景 5 对景观类型动态进行分析，设计对坡度≥25 度的过牧地带进行退牧还林，对宜林荒山荒地进行人工造林，设计营造树种为新疆落叶松。图 4-27 给出了 S5 在不同模拟时段的景观类型分布图。并用 TELSA 的图表显示工具（Graph Display Tool）计算出各景观类型在相对应时段的面积分布柱状图（图 4-28）。可以看出，随着模拟的进行，落叶松和以落叶松为优势树种的混交林的景观类型面积逐渐增加，荒山、灌丛、牧草地面积随之逐年降低。在第 30 年、第 50 年、第 80 年落叶松的面积百分比分别占到总面积的 16.23%、20.69% 和 26.30%。

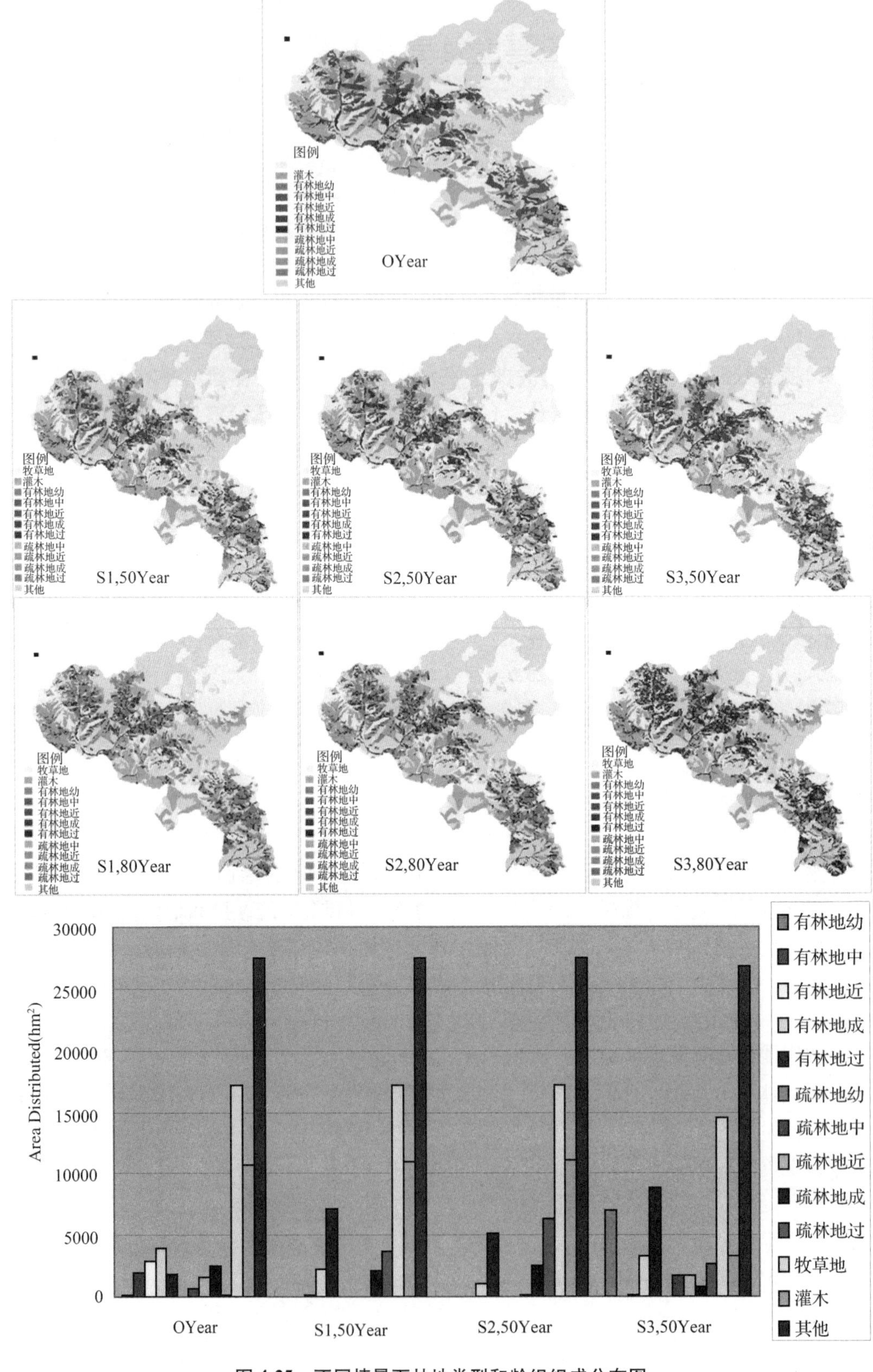


**图 4-25 不同情景下林地类型和龄组组成分布图**

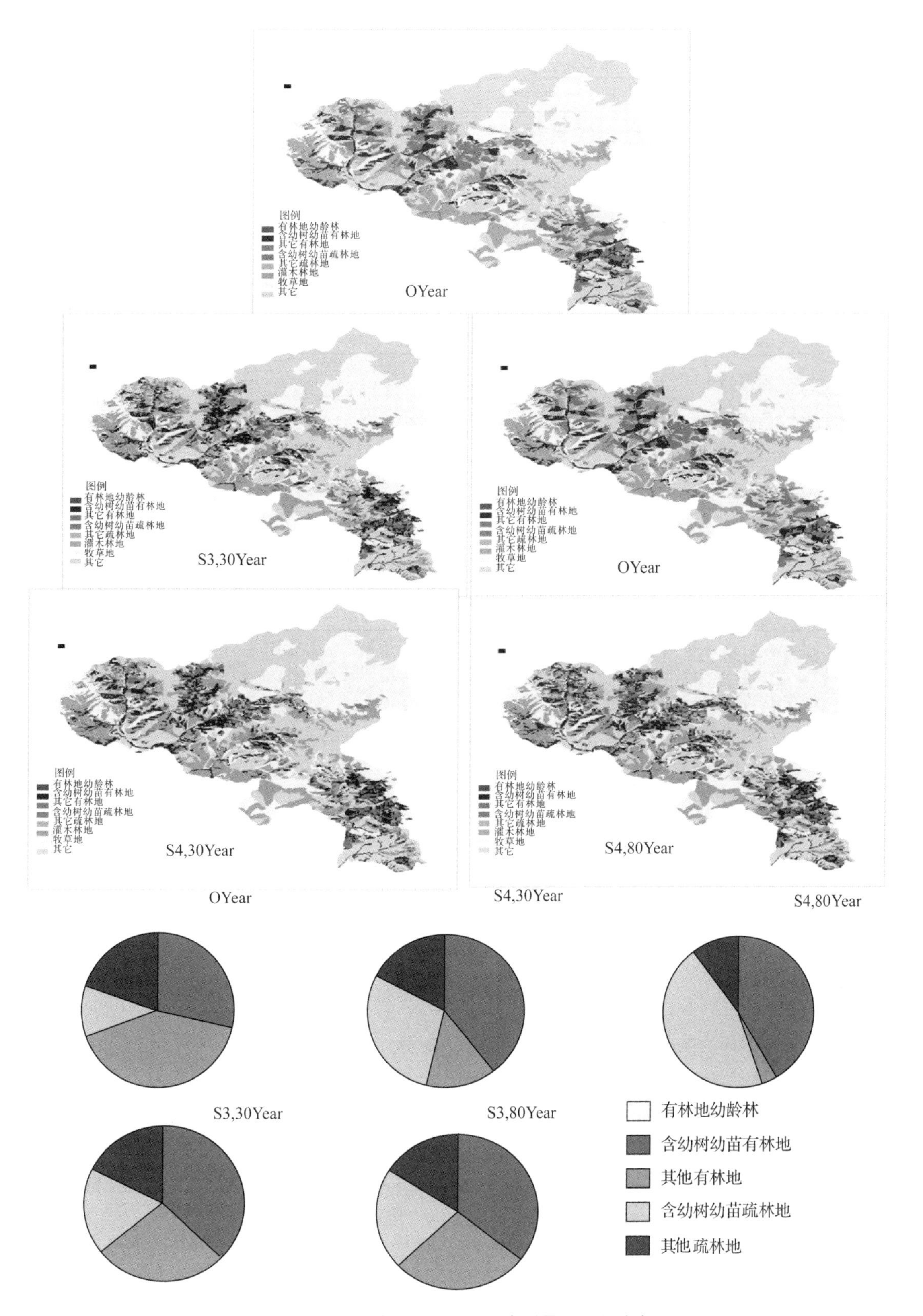


**图 4-26**　不同情景下不同更新类型景观面积分布

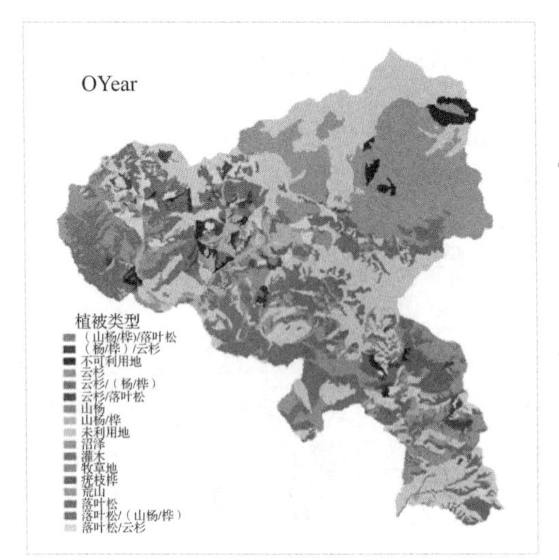


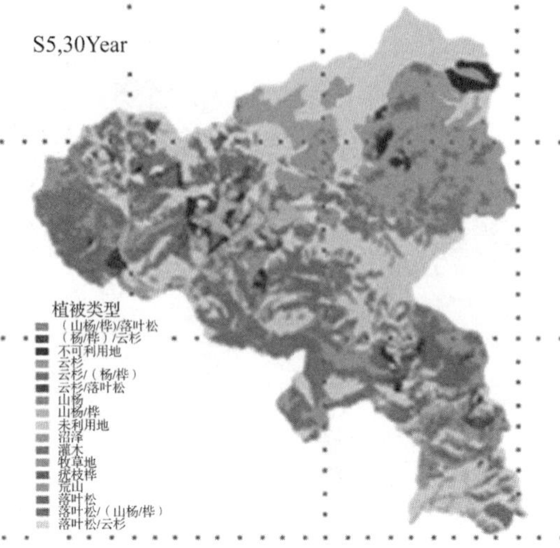


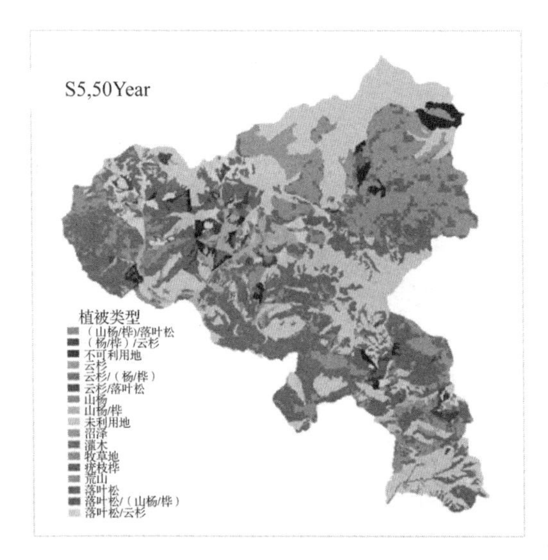


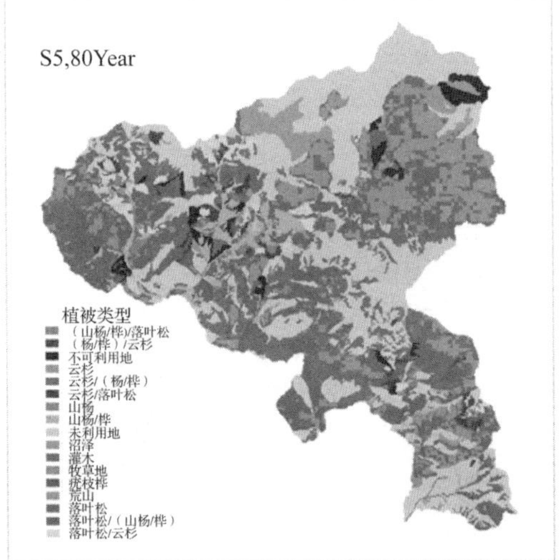


**图 4-27　小克兰营林区不同时间段景观类型分布图**

根据图 4-29 和图 4-30 所对应的数据分析表明，森林景观变化是一个长期的渐变的过程，放牧打草是影响森林景观的主要不利干扰因子，权重为 36. 50%，其次是火干扰(28. 76%)>病虫害(23. 68%)>风干扰(6. 48%)>游憩践踏(4. 58%)。模拟显示，封山育林是最为高效的改善景观结构的措施，权重达 28. 91%，其次为人工促进天然更新(23. 94%)>退牧还林(17. 81%)>防火(14. 04%)>病虫害防治(11. 00%)>枯倒木清理(4. 29%)。

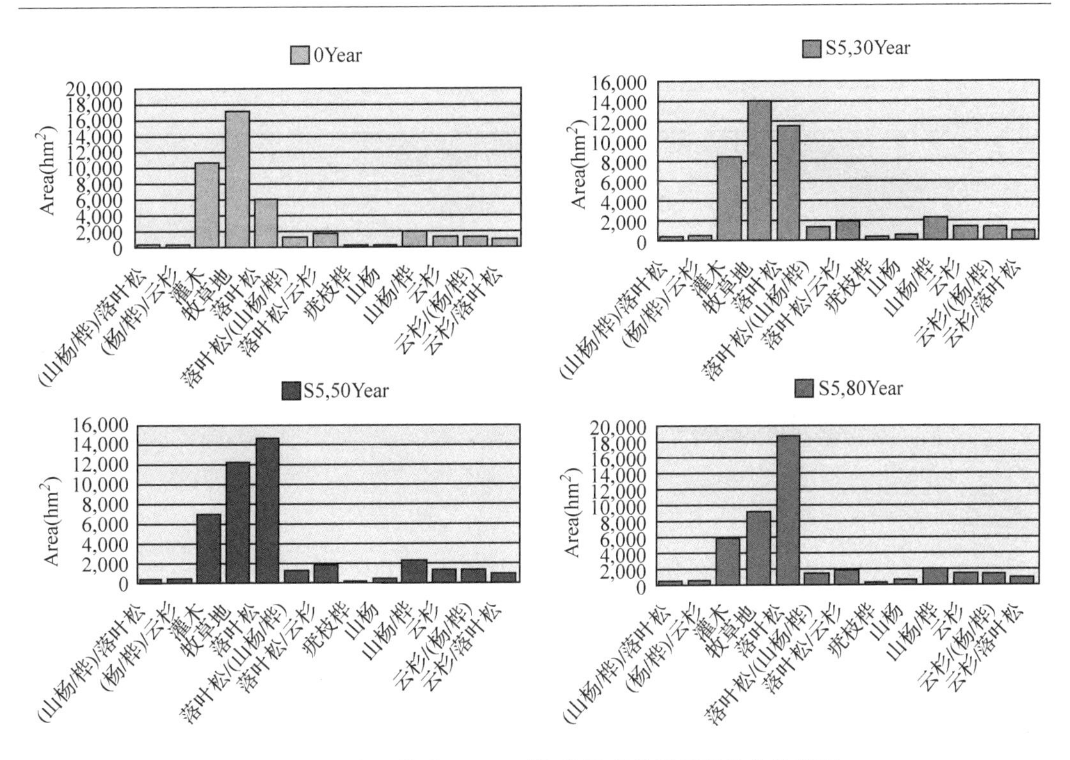


图 4-28　小克兰营林区不同时间段景观类型面积分布柱状图

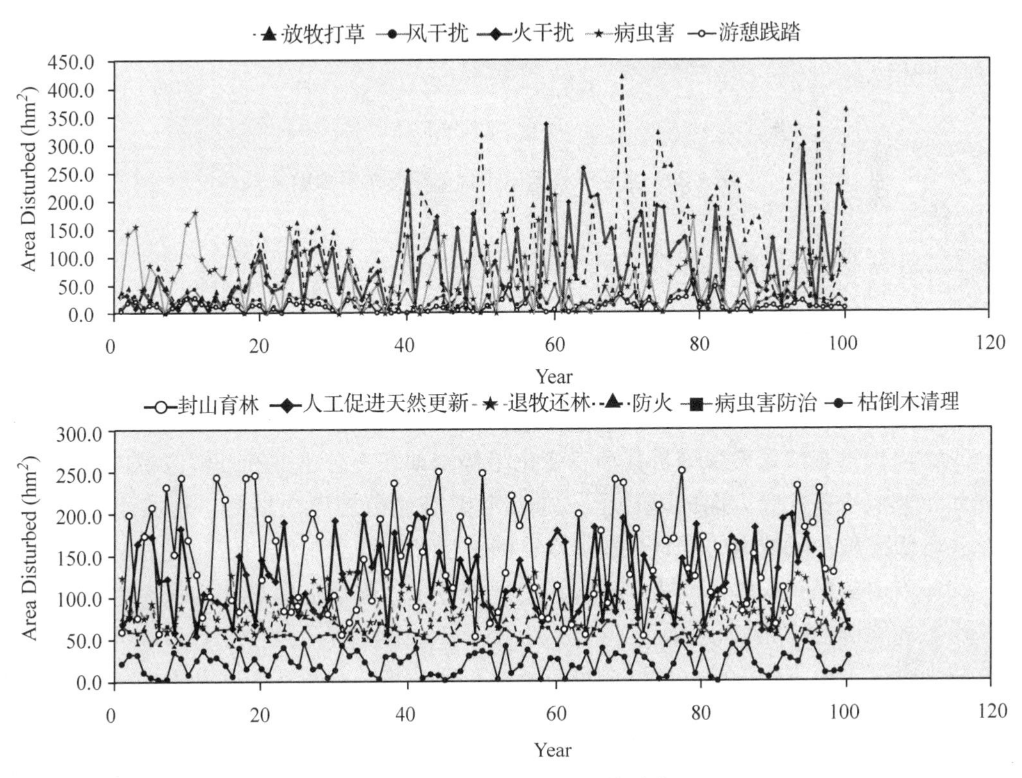


图 4-29　主要干扰因子干扰动态

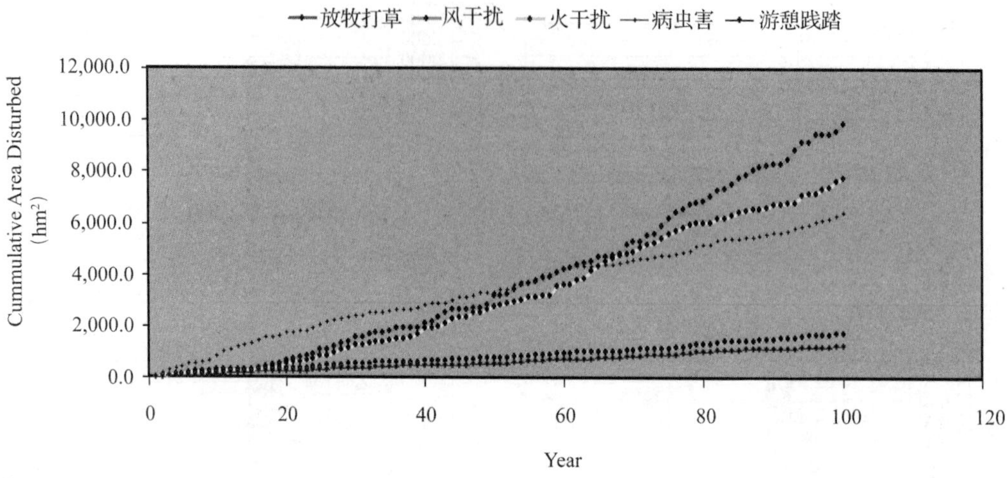


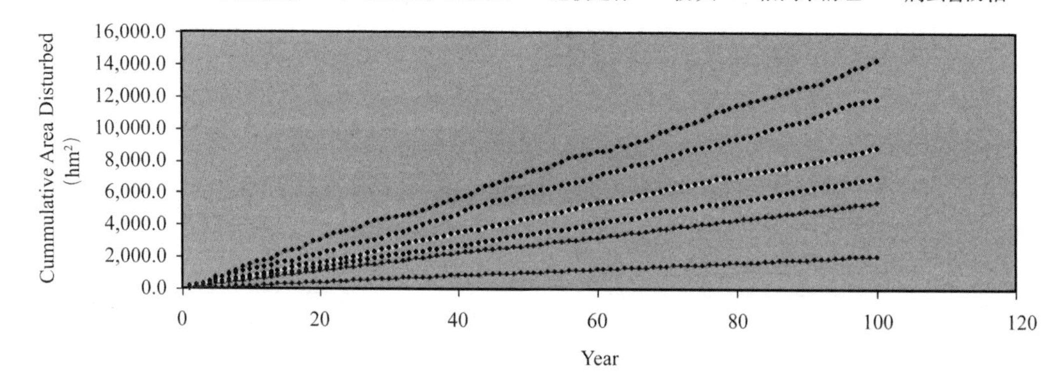


**图4-30 主要干扰因子干扰面积逐年累加图**

### 4.3.3 基于集聚间有离析模式的景观生态规划

研究区域内林区和牧区相互交错，林草相互依存，虽然存在着一定的矛盾，但对于景观多样性的保育与管理，森林和草原的根本目标是一致的。在对研究区的景观格局现状和植被特征作详尽分析后，并由VDDT生成演替路径图和潜在植被类型，然后导入至TELSA中进行景观情景模拟分析其动态变化趋势。即在充分掌握和理解区域内景观格局的现状和未来动态发展方向的基础上，综合考虑潜在植被斑块格局、现实土地利用格局，各珍稀物种在区域内的分布和迁徙规律河流道路分布状况等，依托现有的小东沟森林公园，采用集聚间有离析模式的景观生态规划技术，将研究区域作为一个整体，进行景观生态规划(图4-31)。

规划时，对项目建设的必要性和可行性进行了分析，分析认为阿勒泰地区额河流域旅游资源丰富，优美的自然风光和丰厚的历史民族文化以及边境口岸优势构成了地区旅游资源的主题，它们的保护与合理开发利用是地区旅游业持续发展的基础和保证。并分析了区域内自然旅游资源现状、区位优势和民族特色，分析认为区域内旅游资源涵盖了

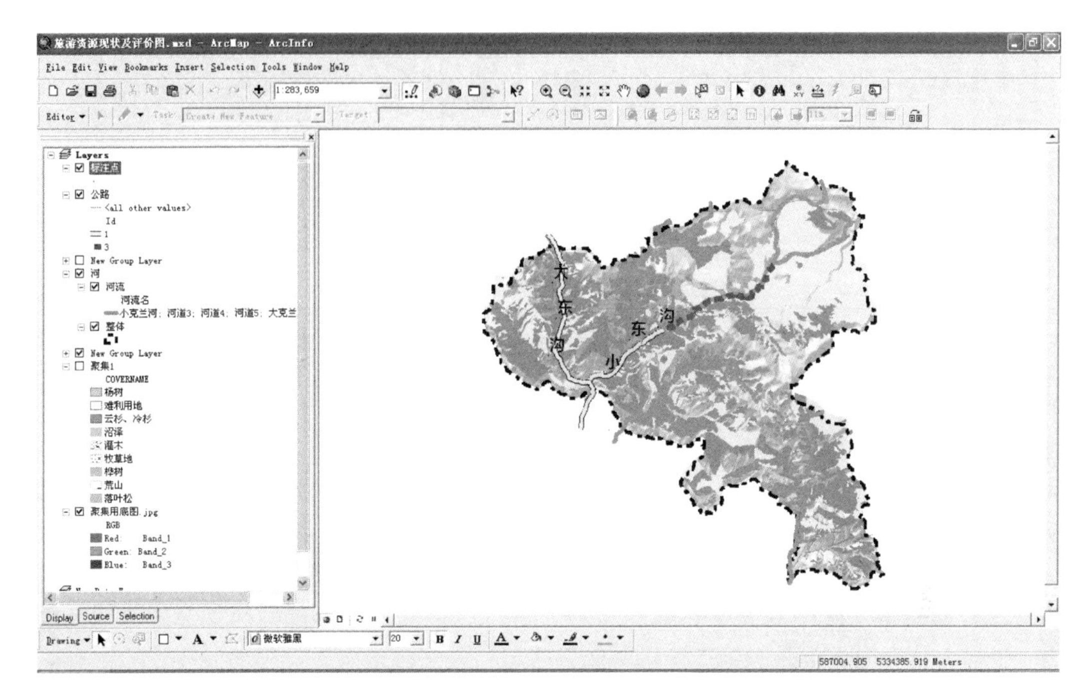


图4-31 在ARCGIS中依托情景模拟分析进行景观生态规划

地文景观、水域风光、生物景观以及多数人文旅游资源，类型较为全面。

在生态优先、保护为主、适度开发的规划指导思想下，基于区域现状及集聚间有离析模式规划技术等原则，围绕阿勒泰草原文化，哈萨克民俗文化，考虑区位因素、当地经济发展现状、已有旅游资源分布格局、交通通讯、公路运输等基础设施状况。将土地利用分类集聚，按其地理位置分布状况，规划形成一个旅游集散中心，一个草甸草原景观区，一个山地森林景观区和两个野生动植物保护区。在人为活动密集的区域保留小的自然斑块，并维护其自然植被廊道，保持各自然斑块间的联通性。同时沿主要的自然边界地带分布一些人类活动的“飞地”，在优化景观格局的同时，也能满足人类活动的需要。在确定总体布局及功能区划后，规划和设计出详细的旅游景点分布和游览线路图，并进行了与之配套的交通运输、给排水、供电、通讯和医疗保健等基础设施的规划和餐饮、休闲娱乐、购物等服务设施规划以及植物景观规划。而且着重对野生动植物资源保护、生态环境和生物多样性保护做了详细规划，并对生活垃圾、生活污水等污染物的处理做了详细说明。最后对规划实施所能产生的经济效益、生态效益和社会效益做出了科学的评估(图4-32)。

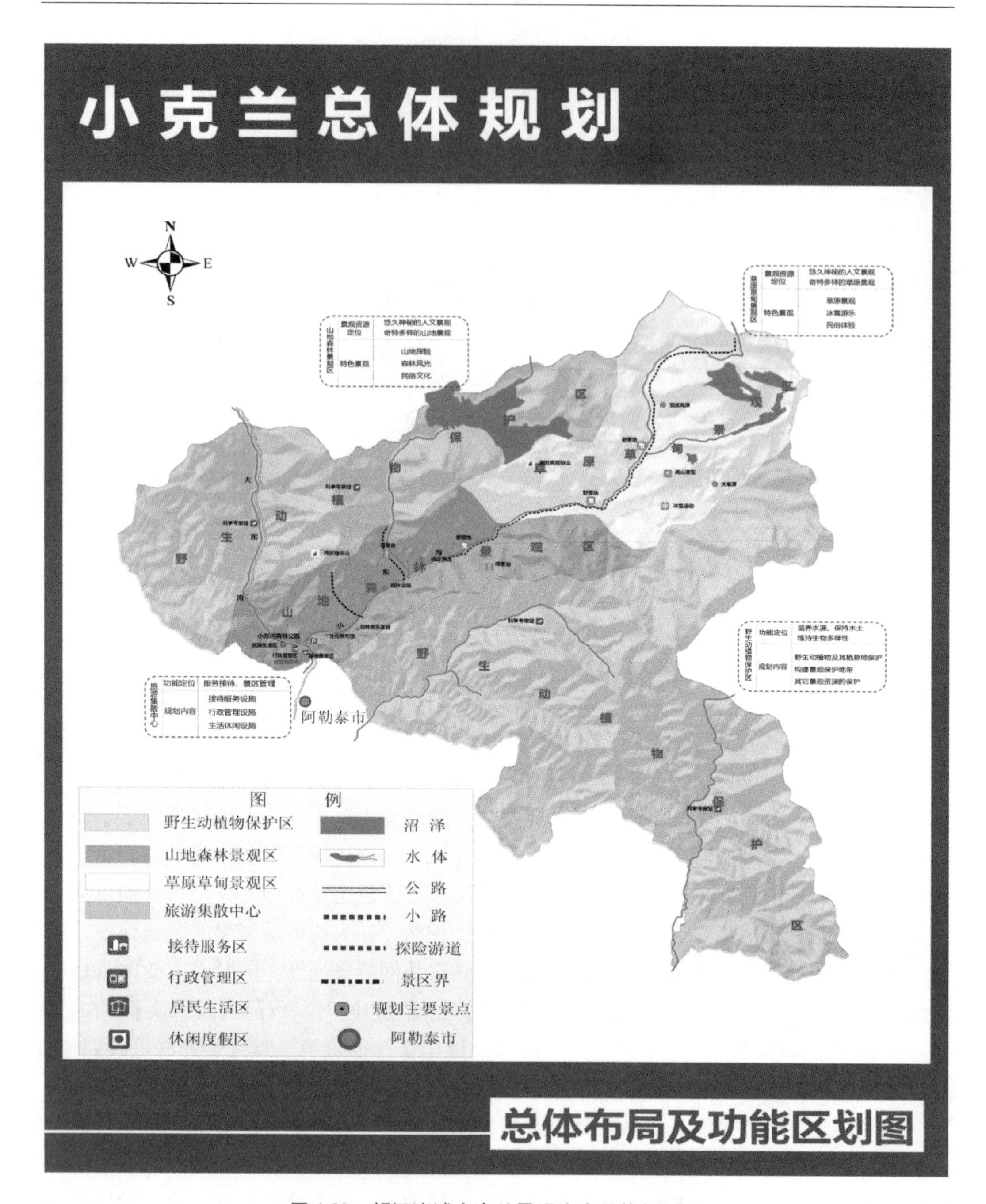


图 4-32 额河流域小克兰景观生态总体规划图

Chapter 5
第5章

# 黄土高原人工林可持续经营技术研究

新中国成立60多年来，黄土高原营建了大面积的人工林，目前大多数人工林已郁闭，但“重营林轻管护”的现象在各级林业部门及农民中普遍存在，大部分未及时采取有效的抚育经营措施，限制了人工林生态系统生态功能的有效发挥。森林可持续经营是实现林业可持续发展的有效途径。森林可持续经营监测与评价主要是通过确定区域森林可持续经营监测与评价指标体系和选择森林可持续经营监测与评价方法及模型，对森林的可持续经营水平进行评价。其中，建立合理的森林可持续经营监测与评价指标体系是基础。目前的森林可持续经营监测与评价标准和指标有不同的层次(国际层次、国家层次、经营区域层次)。其中，以国家层次居多，但更具有实践意义和研究迫切性的是区域层次。黄土高原林业生态工程实施以来，除了林区面积扩大，全面停止砍伐、禁牧和封山育林外，森林经营水平是否提高，经营方向是否转向可持续，是否兼顾了林区群众和林业职工的发展要求，这些与森林可持续经营评价有关的问题都不清楚。可见，建立黄土高原森林可持续经营评估体系，科学评估该地区森林可持续经营水平是当前我国现代林业领域内森林可持续经营方向迫切需要解决的核心问题之一。本研究以黄土高原人工林生态系统为对象，以种群生态学、群落生态学、景观生态学为基础，应用多种数学模型及“3S”技术对黄土高原典型森林群落进行稳定性、景观及碳汇功能评价研究；以近自然经营的技术理论为指导，研究黄土高原主要造林树种的天然更新能力，从而揭示不同树种的最佳适生区，构建人工林健康评价体系，开展黄土高原人工林健康经营技术研究。

## 5.1 黄土高原人工林健康评价与经营技术研究

### 5.1.1 人工林健康评价体系

森林健康评价体系构建是森林可持续经营的基础，主要包括评价指标体系的构建和评价模型的建立。迄今，国内外众多学者虽对此进行了大量研究，一些成果也已在森林经营中应用，但由于对森林健康的认识存在许多分歧，且不同研究者的理解和研究尺度不同，因此在评价指标遴选和评价方法方面仍存在很大差异，即使对同一对象，评价结果也会不同。评价指标的代表性和评价模型的实用性是目前森林健康评价体系构建中存在的主要问题。森林的健康评价可从不同的角度和层面去展开。从森林不仅要能够长期可持续发展又能发挥其生态和经济功能的角度出发，评价指标体系应包括两部分，即森林维持其可持续发展的度量指标和提供生态及社会服务功能的度量指标。如果排除经营者对森林的功利化需求，仅从森林自身持续发展的角度考虑，森林的健康则应从其自身结构(O)、活力(V)和稳定性(R)等方面去评价。

#### 5.1.1.1 人工林健康评价指标的遴选原则

从维持人工林持续发展目标出发，评价指标体系的构建应遵循以下3个原则。

①系统性。从林分结构、活力和稳定性等方面系统构建评价体系。

②灵敏性。评价指标能够深刻和实时地反映林分的生长发育状况及存在的风险。

③实用性。评价因子不宜过于复杂和繁多，且在野外使用常规计测工具或仪器即可进行测定或测量，以便于指导经营或在生产实践中应用。

#### 5.1.1.2 评价因子内涵的界定

依据Costanza等(1992)提出的森林健康评价模型(包括森林结构、森林活力和森林稳定性等因子)，在系统分析和整合国内外现有研究成果的基础上，对评价因子的内涵进行界定。森林的结构因子主要包含两个方面：空间结构和非空间结构。空间结构包括林木空间分布格局、混交、大小分化等3个方面，涉及的林分指标有冠层厚度、冠幅大小、冠高比、林龄结构、郁闭度、密度、群落层次、灌草盖度、凋落物厚度等。非空间结构包括林木个体结构、物种多样性和物种丰富度，涉及的林分指标有平均胸径、径级、平均树高、优势木高、物种多样性指数、枝下高、灌木高度、草本高度、干形、灌木地径、林分起源、灌草丰富度、更新层丰富度。森林的活力因子是指森林活立木生长与更新的能力，涉及的评价指标有生物量、生长量和自然更新能力等，常用的指标有林分蓄积量、林分生物量、叶面积指数、树高年生长量、胸径年生长量、林分蓄积生长量、年凋落物量、植株结实状况、枯立木数量、幼苗幼树更新状况等。森林的稳定性是指林分抵抗外界干扰的能力，包括林分抗病虫害的能力和抗气象灾害的能力两个方面。评价中常使用的稳定性指标有病虫害状况、火险等级、有害昆虫与天敌数量、自然灾害发生程度、林分易燃指数、风倒木数量、雷击木数量、病虫害发生面积、污染程度等。

#### 5.1.1.3 评价指标的选择

本着系统性、灵敏性和实用性的原则，以评价人工林健康状况及持续发展能力为目标，从林分结构(O)、林分活力(V)和林分抗逆(R)3个方面，选择出容易野外测定并且能够反映出林分健康状况的9个指标来构建形成评价指标体系(张建军，2007；郭秋菊，2013；李杰，2013；刘康，1989；耿兵，2013；康博文，2006；刘金良，2014)，包括活力指标、结构指标和抗逆性指标。活力指标包括立地质量、枯梢比和林分更新状况；结构指标包括郁闭度、林分密度、平均树高和平均胸径；抗逆指标包括森林火险等级、病虫害程度，结果如图5-1。

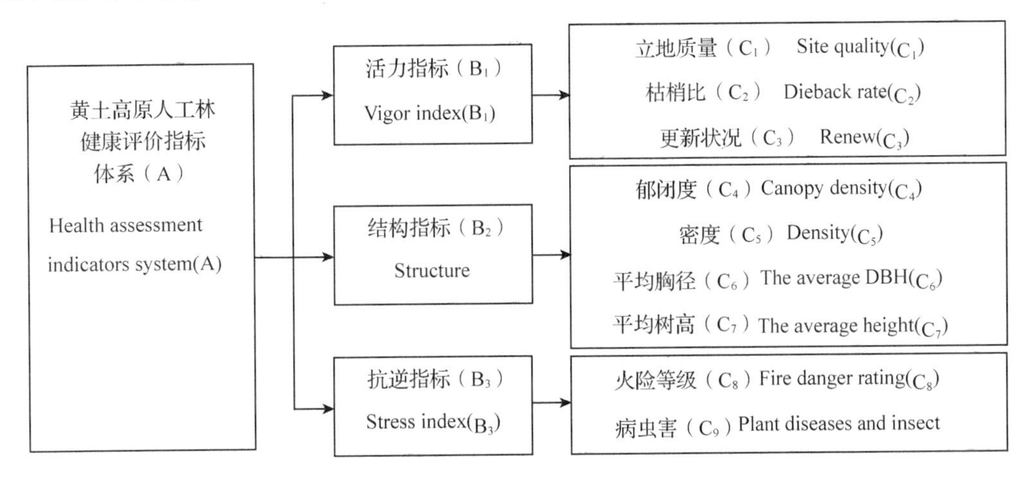


**图5-1　黄土高原人工林健康评价指标体系**

#### 5.1.1.4　评价模型的构建

依据层次分析的原理，将人工林健康评价指标体系分为3层(目标层、准则层和指标层)，按两级综合评价的思路构建评价模型。

(1)数据的标准化

对野外调查数据进行归纳处理，对指标数据进行标准化处理。标准化公式为 $Y_i = X_i/X_{max}$。式中：$Y_i$为标准化后值，$X_i$为指标的实测值，$X_{max}$为该指标的最大值。

标准化后发现，评价指标可分为3类：①正相关指标。指标健康得分值越高，该指标健康程度越高，如立地质量、平均树高、平均胸径。②负相关指标。指标健康得分值越高，该指标健康程度反而越低，如病虫害、枯梢比等。③双向指标。指标健康得分在某一区间时，该指标健康程度为最佳，随着指标的升高或降低，该指标的健康程度降低，如郁闭度。由于双向指标在本试验中影响不大，故仍然使用上式的处理方式进行处理。负相关指标使用公式 $X' = 1 - X$ 进行转换。

(2)权重及变异系数的计算

层次分析、方差以及Delphi-AHP法是目前研究比较常用的权重计算方法。层次分析和Delphi-AHP法是人主观意识对自然状况的客观评价，具有主观判断性。方差法则是通过数据统计按照各个指标的方差大小进行权重的分配，完全客观表现，没有人为因素的干扰。采用3种方法相结合的方式计算权重，取三者权重的加权平均值，作为各评价指标的权重(刘金良，2014)。通过计算不同龄级指标权重的变异系数，对指标进行再次筛选，变异系数计算公式为：

$$CV = \sigma/\mu \times 100\% \qquad 5\text{-}1$$

式中：$CV$为变异系数，$\sigma$为标准差，$\mu$为平均值。

数据的统计分析使用SPASS20.0、OriginLab、OriginPro8.5和Excel 2007等软件进行处理。

(3)人工林健康评价模型

参考 Costanza 提出的健康度指标($HI$)构建评价模型:

$$HI = \sum_{B_i=1}^{3} W_{B_i} \sum_{C_i=1}^{n} W_{C_i} Y_{C_i} \quad 5\text{-}2$$

式中:$HI$ 为生态系统健康指数,$W_{B_i}$ 为准则层各层权重,$W_{C_i}$ 为指标层各层权重,$Y_{C_i}$ 为指标层各指标标准化值。

指标层单个指标健康指数的计算公式为:

$$H_i = W_i \times X_i \quad 5\text{-}3$$

式中:$H_i$ 为单个指标健康指数,$W_i$ 为指标权重,$X_i$ 为指标标准化值。

#### 5.1.1.5　人工林健康评价技术应用

以地处黄土高原南部的陕西省永寿县刺槐人工林为研究对象,采用层次分析和聚类分析的方法构建的黄土高原人工林的健康评价体系,对不同林龄刺槐人工林健康状况评价。

(1)不同年龄刺槐人工林各项指标权重的变异系数

据"陕西省森林资源二类调查实施办法"将陕西省永寿县槐坪林场 36 块刺槐人工林分为幼龄林(11a)、中龄林(18a)、近熟林(25a)。运用黄土高原人工林健康评价方法计算不同年龄刺槐人工林各项指标权重的变异系数,结果如表 5-1。

**表 5-1　渭北黄土高原刺槐人工林健康评价体系及其权重**

| 目标层 A | 准则层 B | 指标层 C | 幼龄林 | 中龄林 | 成熟林 | 变异系数(%) |
|---|---|---|---|---|---|---|
| 刺槐林健康评价指标体系(A) | 活力指标($B_1$) | 立地质量($C_1$) | 0.15 | 0.15 | 0.10 | 21.65 |
| | | 枯梢比($C_2$) | 0.15 | 0.16 | 0.22 | 21.43 |
| | | 更新状况($C_3$) | 0.13 | 0.10 | 0.09 | 19.52 |
| | 结构指标($B_2$) | 郁闭度($C_4$) | 0.13 | 0.07 | 0.02 | 75.1 |
| | | 密度($C_5$) | 0.15 | 0.13 | 0.14 | 7.14 |
| | | 平均胸径($C_6$) | 0.03 | 0.05 | 0.09 | 53.91 |
| | | 平均树高($C_7$) | 0.05 | 0.06 | 0.08 | 24.12 |
| | 抗逆指标($B_3$) | 火险等级($C_8$) | 0.06 | 0.06 | 0.07 | 9.12 |
| | | 病虫害($C_9$) | 0.15 | 0.22 | 0.19 | 18.81 |

(2)不同年龄刺槐人工林健康等级的划分

运用 SPSS20.0 软件中的聚类分析功能,对刺槐人工林的健康得分进行分析,用聚类中心划分出健康指数与不健康指数的临界值。根据聚类结果将试验样地的健康程度进行划分(表 5-2)。大于等于健康指数值的林分为健康状态,小于等于不健康指数值的为不健康状态,位于两数值之间的为亚健康。当林分处于健康值之上时说明该林分具有稳定良好的发展空间;处在健康与不健康临界值区间里的属于亚健康状态,这样的林分在生长发展中存在阻碍生长的不良因子存在,应及时通过合理的经营管理手段解除这些不良因子,使林分恢复健康状态;而低于不健康临界值的林分则属于不健康状况,有多项障碍林分健康生长的因子存在,即使进行抚育措施短期内无法达到健康水平,还需要持续性的进行抚育。

**表 5-2　渭北黄土高原刺槐人工林健康等级的划分**

| 龄级 | 不健康 | 亚健康 | 健康 |
| --- | --- | --- | --- |
| 幼龄林 | $HI \leqslant 0.49$ | $0.49 < HI < 0.81$ | $HI \geqslant 0.81$ |
| 中龄林 | $HI \leqslant 0.51$ | $0.51 < HI < 0.76$ | $HI \geqslant 0.76$ |
| 近熟林 | $HI \leqslant 0.55$ | $0.55 < HI < 0.74$ | $HI \geqslant 0.74$ |

(3)不同年龄刺槐人工林健康评价结果

表 5-3 为永寿县槐坪林场设置的 12 块幼龄林(7a)刺槐人工林样地评价结果。12 块幼龄林(7a)刺槐人工林进行 0%、5%、15% 和 25% 的间伐，由表 5-3 可以看出，进行过 25% 间伐强度的刺槐人工林样地都是健康的，进行过 0%、5%、15% 间伐强度的刺槐人工林样地都是处于亚健康状态。

幼龄林处于林分发育的初级阶段，在幼龄林中内部环境，如光照、水分养分等条件比较好，种间竞争程度弱，因此幼龄林整体处于健康和亚健康状态。随着林分的发育，林地内空间压缩、竞争激烈，个体在胸径、树高等出现差异，林分郁闭度增加、个体抗逆能力提高，林分趋近成熟时，个体间竞争压力提高到一定程度后趋于平和，对光照、土壤条件的要求进一步提高，林分密度减小、林分自然稀疏，郁闭度减小，单株立木材积增大，林分整体处于较为稳定的状态。

**表 5-3　渭北黄土高原(7 年生)刺槐人工林健康评价结果**

| 样地号 | 间伐强度(%) | 林龄 | 健康指数 $HI$ | 评价结果 |
| --- | --- | --- | --- | --- |
| YS1 | 25 | 7 | 0.82 | 健康 |
| YS2 | 25 | 7 | 0.81 | 健康 |
| YS3 | 25 | 7 | 0.83 | 健康 |
| YS4 | 15 | 7 | 0.73 | 亚健康 |
| YS5 | 15 | 7 | 0.75 | 亚健康 |
| YS6 | 15 | 7 | 0.78 | 亚健康 |
| YS7 | 5 | 7 | 0.65 | 亚健康 |
| YS8 | 5 | 7 | 0.64 | 亚健康 |
| YS9 | 5 | 7 | 0.61 | 亚健康 |
| YS10 | 0 | 7 | 0.6 | 亚健康 |
| YS11 | 0 | 7 | 0.63 | 亚健康 |
| YS12 | 0 | 7 | 0.62 | 亚健康 |

表 5-4 为永寿县槐坪林场设置的 12 块中龄林(18a)刺槐人工林样地评价结果。12 块中龄林(18a)刺槐人工林样地中进行 0%、5%、15% 和 25% 的间伐，由表 5-4 可以看出，进行过 25% 间伐强度的刺槐人工林样地都是健康的，进行过 5%、15% 间伐强度的刺槐人工林样地大多是处于亚健康状态，只有一块样地是处于不健康状态，而没有进行间伐的样地都处于不健康状况。

表 5-4　渭北黄土高原(18 年生)刺槐人工林健康评价结果

| 样地号 | 间伐强度(%) | 林龄 | 健康指数 *HI* | 评价结果 |
|---|---|---|---|---|
| YS13 | 25 | 18 | 0.78 | 健康 |
| YS14 | 25 | 18 | 0.76 | 健康 |
| YS15 | 25 | 18 | 0.79 | 健康 |
| YS16 | 15 | 18 | 0.68 | 亚健康 |
| YS17 | 15 | 18 | 0.6 | 亚健康 |
| YS18 | 15 | 18 | 0.65 | 亚健康 |
| YS19 | 5 | 18 | 0.53 | 亚健康 |
| YS20 | 5 | 18 | 0.51 | 不健康 |
| YS21 | 5 | 18 | 0.52 | 亚健康 |
| YS22 | 0 | 18 | 0.5 | 不健康 |
| YS23 | 0 | 18 | 0.45 | 不健康 |
| YS24 | 0 | 18 | 0.49 | 不健康 |

表 5-5 为永寿县槐坪林场设置的 12 块近熟林(25a)刺槐人工林样地评价结果。刺槐人工林样地中进行 0%、5%、15% 和 25% 的间伐，由表 5-5 可以看出，进行过 25% 间伐强度的刺槐人工林样地都是健康的，进行过 5%、15% 间伐强度的刺槐人工林样地都是处于亚健康状态，而 0% 间伐处理的样地均是不健康状态。

表 5-5　渭北黄土高原(25 年生)刺槐人工林健康评价结果

| 样地号 | 间伐强度(%) | 林龄 | 健康指数 *HI* | 评价结果 |
|---|---|---|---|---|
| YS25 | 25 | 25 | 0.74 | 健康 |
| YS26 | 25 | 25 | 0.75 | 健康 |
| YS27 | 25 | 25 | 0.77 | 健康 |
| YS28 | 15 | 25 | 0.67 | 亚健康 |
| YS29 | 15 | 25 | 0.63 | 亚健康 |
| YS30 | 15 | 25 | 0.7 | 亚健康 |
| YS31 | 5 | 25 | 0.58 | 亚健康 |
| YS32 | 5 | 25 | 0.56 | 亚健康 |
| YS33 | 5 | 25 | 0.62 | 亚健康 |
| YS34 | 0 | 25 | 0.47 | 不健康 |
| YS35 | 0 | 25 | 0.51 | 不健康 |
| YS36 | 0 | 25 | 0.52 | 不健康 |

总体看来，在永寿县槐坪林场的刺槐人工林总体处于亚健康状态，健康林分占其中的 25%，亚健康林分占 55.6%，不健康林分占 19.4%。进行过 25% 间伐强度的刺槐人工林健康程度最好，都是健康的林分，未经过间伐的林分状态最差，幼龄林要比中龄林和成熟林的健康状况要好。

通过对亚健康和不健康刺槐林的研究发现，林地内植株个体间差异极大，病虫害和枯梢化严重，人为破坏严重(放牧和盗伐)。因此，对个体间差异大的林分进行主伐，调整林分结构，提高对光照、水分和养分的利用率；对于病弱植株和枯梢化严重的植株进行卫生伐；对病虫害发生程度严重的地区，使用化学药剂或生物方法进行防治；加强宣传力度，禁止放牧，设立防护围栏，降低人为活动对环境的影响。本研究构建的森林健康评价体系选择的具体度量指标简单易测，具有较高的可操作性，通过对不同地区和不同龄级刺槐林健康程度的比较分析表明，该指标体系及评价方法能客观评估刺槐林的健康状态，具有一定的科学性和灵敏性。该健康评价指标体系对黄土高原地区刺槐林的健康评价具有一定的参考价值，可为该地区刺槐林的健康经营管理提供科学依据。

### 5.1.2　人工林健康经营技术

#### 5.1.2.1　黄土高原区不同密度侧柏人工林树冠二维特征

在陕西省永寿县马莲滩林场22年生侧柏人工林内设置10块25m×25m的样地。10块样地的海拔相近，坡向、坡度相同，并按密度分为2组(表5-6)。对两组不同密度的侧柏人工林的胸径和树高结构进行分析，在此基础上从两种林分中分别选取相同径阶和相同树高组的林木，分别比较两种林分中相同径阶和相同树高组林木的树冠特征。

**表5-6　侧柏样地概况**

| 组号 | 密度(株/$hm^2$) | 样地块数 | 海拔(m) | 坡向 | 坡度(°) |
|---|---|---|---|---|---|
| Ⅰ | 2080～2120 | 5 | 1286 | S | <5 |
| Ⅱ | 3560～3760 | 5 | 1269 | S | <5 |

(1)两组密度的侧柏人工林的树冠结构存在差异，组Ⅰ侧柏人工林的平均活枝下高和平均冠幅分别较组Ⅱ的大0.4m和0.04m，组Ⅰ侧柏人工林的平均冠长和平均冠长率分别较组Ⅱ的小0.5m和0.09。方差分析结果显示，组Ⅰ和组Ⅱ的活枝下高($P=2.72\times10-49$)、平均冠幅($P=0.0019$)、冠长($P=2.46\times10-12$)和冠长率($P=3.64\times10-31$)的平均值间差异均极显著(表5-7)。

**表5-7　不同密度侧柏人工林的树冠结构**

| 组号 | 活枝下高 | | 平均冠幅 | | 冠长 | | 冠长率 | |
|---|---|---|---|---|---|---|---|---|
| | 平均值(m) | 标准差 | 平均值(m) | 标准差 | 平均值(m) | 标准差 | 平均值(m) | 标准差 |
| Ⅰ | 1.2 | 0.33 | 0.59 | 0.19 | 2.9 | 0.90 | 0.70 | 0.10 |
| Ⅱ | 0.8 | 0.61 | 0.55 | 0.25 | 3.4 | 1.27 | 0.79 | 0.18 |

(2)相同径阶树木树冠特征的差异

根据林分胸径结构分析结果，从组Ⅰ和组Ⅱ林分中分别选取分布都较集中的4cm和6cm径阶林木，计算其活枝下高、平均冠幅、冠长和冠长率的平均值(表5-8)并进行方差分析。

结果表明：在4cm和6cm径阶，组Ⅰ的活枝下高均较组Ⅱ的大0.3cm，组Ⅰ的平均冠幅较组Ⅱ的分别小0.02m和0.01m，组Ⅰ的冠长较组Ⅱ的分别小0.9m和0.4m，组Ⅰ

的冠长率较组Ⅱ的分别小0.12和0.06；方差分析显示两组林分的活枝下高（$P_{4cm}=3.82\times10^{-9}$，$P_{6cm}=8.9\times10^{-11}$）、冠长（$P_{4cm}=1.31\times10^{-25}$，$P_{6cm}=2.79\times10^{-5}$）和冠长率（$P_{4cm}=3.87\times10^{-15}$，$P_{6cm}=4.56\times10^{-7}$）都分别存在极显著差异，平均冠幅差异均不显著（$P_{4cm}=0.19$，$P_{6cm}=0.41$）。

**表5-8　不同密度侧柏人工林4cm和6cm径阶林木的树冠特征**

| 组号 | 活枝下高 | | 平均冠幅 | | 冠长 | | 冠长率 | |
|---|---|---|---|---|---|---|---|---|
| | 4cm | 6cm | 4cm | 6cm | 4cm | 6cm | 4cm | 6cm |
| Ⅰ | 1.1a | 1.2a | 0.48a | 0.62a | 2.4a | 3.1a | 0.67a | 0.72a |
| Ⅱ | 0.8b | 0.9b | 0.50a | 0.63a | 3.3b | 3.5b | 0.79b | 0.78b |

注：同列不同字母表示组Ⅰ和组Ⅱ间差异显著，$P<0.05$。

3）相同树高组林木树冠特征的差异

根据侧柏人工林树高结构分析结果，从组Ⅰ和组Ⅱ林分中分别选取分布都较集中的3m和5m树高组，计算林木的活枝下高、平均冠幅、冠长和冠长率的平均值（表5-9）并进行方差分析。结果表明：在3m和5m树高组，组Ⅰ的活枝下高均较组Ⅱ的分别大0.3cm和0.4cm，组Ⅰ的平均冠幅较组Ⅱ的分别大0.08m和0.01m，组Ⅰ的冠长较组Ⅱ的分别小0.3m和0.5m，组Ⅰ的冠长率较组Ⅱ的均小0.09；方差分析结果显示两组林分的活枝下高（$P_{3m}=5.01\times10^{-16}$，$P_{5m}=6.66\times10^{-31}$）、冠长（$P_{3m}=8.12\times10^{-6}$，$P_{5m}=1.35\times10^{-23}$）和冠长率（$P_{3m}=1.36\times10^{-10}$，$P_{5m}=2.52\times10^{-33}$）都分别存在极显著差异。在3m树高组下，两组林分的平均冠幅差异极显著（$P_{3m}=2.53\times10^{-6}$）；而在5m树高组下，两组林分的平均冠幅无显著差异（$P_{5m}=0.53$）。

**表5-9　不同密度侧柏人工林3m和5m树高组林木树冠特征**

| 组号 | 活枝下高 | | 平均冠幅 | | 冠长 | | 冠长率 | |
|---|---|---|---|---|---|---|---|---|
| | 3cm | 5cm | 3cm | 5cm | 3cm | 5cm | 3cm | 5cm |
| Ⅰ | 1.1a | 1.2a | 0.50a | 0.63a | 2.1a | 3.4a | 0.65a | 0.73a |
| Ⅱ | 0.8b | 0.8b | 0.42b | 0.62a | 2.4b | 3.9b | 0.74b | 0.82b |

注：同列不同字母表示组Ⅰ和组Ⅱ间差异显著，$P<0.05$。

以上结果表明，林分密度对林木冠幅、活枝下高、冠长和冠长率均具有显著影响，对于不同密度的侧柏人工林应采取不同的修枝强度进行人工抚育。

#### 5.1.2.2　黄土高原侧柏人工林修枝抚育技术

以提高侧柏人工林的林分生长量、水土保持和水源涵养能力为经营目标，以陕西省永寿县马莲滩林场侧柏人工林为研究对象，开展侧柏人工林修枝效果研究。从修枝林分的生长、生物多样性、土壤理化特性等方面，对林分修枝抚育效果进行系统研究，以期为试验区侧柏人工林的健康经营提供理论依据和技术支持。

侧柏人工林修枝处理于2013年6月中旬，在马莲滩林场选择位于梁顶的侧柏人工林，将该侧柏人工林分为4个小区，做不同强度修枝处理：PⅠ（只修去全部干枯枝），PⅡ（修去全部干枯枝和1轮活枝），PⅢ（修去全部干枯枝和2轮活枝），PⅣ（保持原状，作为对照)。

(1)修枝后侧柏人工林的胸径和树高

**表 5-10　不同强度修枝处理侧柏人工林的胸径和树高**

| 组号 | 胸径(cm) | | | | 树高(m) | | | |
|---|---|---|---|---|---|---|---|---|
| | 最大值 | 最小值 | 平均值 | 标准差 | 最大值 | 最小值 | 平均值 | 标准差 |
| PⅠ | 13.1 | 1.7 | 6.03 | 1.80 | 7.3 | 2.3 | 4.54 | 1.04 |
| PⅡ | 11.6 | 1.4 | 5.38 | 1.69 | 7.6 | 2.2 | 4.44 | 1.04 |
| PⅢ | 11.9 | 1.1 | 5.35 | 1.80 | 7.9 | 2.2 | 4.50 | 0.99 |
| PⅣ | 10.3 | 0.8 | 5.03 | 1.76 | 7.6 | 1.7 | 4.20 | 1.06 |

由表 5-10 可以看出，经过不同强度修枝处理的侧柏人工林的平均胸径和平均树高分别表现出差异。在四种处理中，只修去全部枯枝的侧柏人工林(PⅠ)的平均胸径和平均树高都是最大的，未经过修枝的侧柏人工林(PⅣ)的平均胸径和平均树高都最小的，平均胸径、平均树高分别在最大值与最小值之间相差 1.00cm、0.34m。

四种处理的平均胸径由大到小依次为：PⅠ>PⅡ>PⅢ>PⅣ。方差分析结果显示四种处理的平均胸径差异不显著，$P=0.097$。

四种处理的平均树高由大到小依次为：PⅠ>PⅢ>PⅡ>PⅣ。方差分析结果显示四种处理的平均树高差异不显著，$P=0.163$。

从以上结果可以明显的看出，修枝处理促进了侧柏人工林胸径和树高的生长，并且以 PⅠ最好。此结果与前人以其他树种为研究对象在这方面开展的研究的大多数结果是一致的。修枝能够促进福建柏(*Fokienia hodginsii*)、火炬松(*Pinus taeda*)、日本落叶松(*Larix kaempferi*)、毛白杨(*Populus tomentosa*)树高、胸径的生长(肖祥希，2005；吴际友等，2006；董金伟等，2008；尚富华等，2010)，而宋占邦对粗枝云杉(*Picea aspirate* Mast)的研究结果显示修枝抚育后 3 年内生长量明显下降。刘球等(2010)对 3 年生托里桉(*Corymbia torelliana*)进行不同强度修枝处理 7 个月后，不同强度间树高和胸径增长量差异均显著，而 Schmidt 等(2002)对东部红杉(*Juniperus virginiana*)和杨飞等(2012)对华北落叶松(*Larix princicpis-rupprechtii*)的研究结果显示不同修枝强度处理的树高和胸径均无显著差异。

(2)侧柏人工林直径结构

将各标准地的林木胸径进行径阶分组，以 2cm 为一个径阶，最小径阶 2cm，最大径阶为 12cm，作径阶分布情况统计(表 5-11，图 5-2)。

**表 5-11　不同强度修枝处理侧柏人工林胸径的径阶分布状况(%)**

| 径阶(cm) | PⅠ | PⅡ | PⅢ | PⅣ |
|---|---|---|---|---|
| 2 | 2.69 | 5.96 | 9.54 | 11.33 |
| 4 | 24.48 | 36.65 | 30.92 | 32.69 |
| 6 | 42.09 | 40.91 | 43.51 | 42.72 |
| 8 | 24.78 | 13.35 | 13.36 | 11.00 |
| 10 | 4.78 | 2.84 | 2.29 | 1.62 |
| 12 | 0.90 | 0.28 | 0.38 | 0.00 |

从表 5-11 可以看出，PⅠ、PⅡ和 PⅢ的林木胸径分布在 2~12cm 的 6 个径阶，PⅣ的胸径在 12cm 径阶没有分布，且有林木的胸径未达到起测径阶(即 2cm 径阶)。

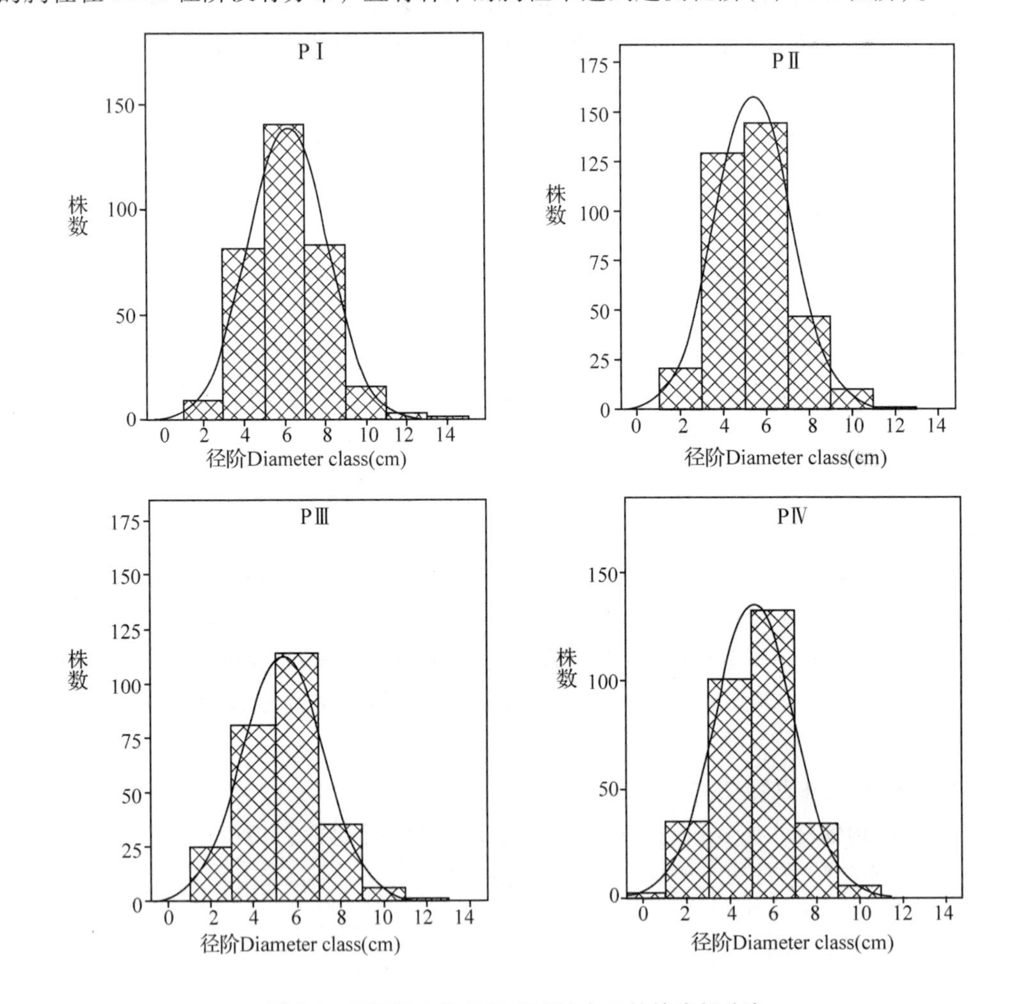


**图 5-2　不同强度修枝处理侧柏人工林的胸径分布**

从图 5-2 可以看出，四种处理均分布在 6cm 径阶的株数最多，PⅠ的林木胸径主要分布在 4cm、6cm 和 8cm 径阶，而经过其他三种处理后，林木的胸径主要分布在 4cm 和

6cm径阶，且PⅢ与PⅣ的胸径分布状况非常相似。四种修枝处理的侧柏人工林的胸径分布曲线的变化规律相同，均呈现以林分平均胸径为峰点，中等胸径的林木株数占多数、两端径阶的林木株数逐渐减少的单峰、左右近乎对称的山状曲线，即在同一生境条件下林木个体间存在分化。PⅠ的平均胸径6cm为曲线的中线，中线左右两边几乎完全对称；而其他三个以5cm为中线，且分化严重。

由以上结果可以看出，修枝处理可以促使胸径向大径级分布，PⅢ、PⅡ、PⅠ使胸径向大径级分布的能力依次增强。在促进了侧柏人工林胸径生长方面，PⅠ的效果最好，并且经PⅠ处理后的径阶分布曲线左右两侧几乎完全对称，林分胸径结构最为稳定。

(3)侧柏人工林树高结构

将各标准地的林木树高进行树高分组，以2m为一个树高组，最小树高组2m，最大树高组为8m，作树高分布情况统计(图5-3)。

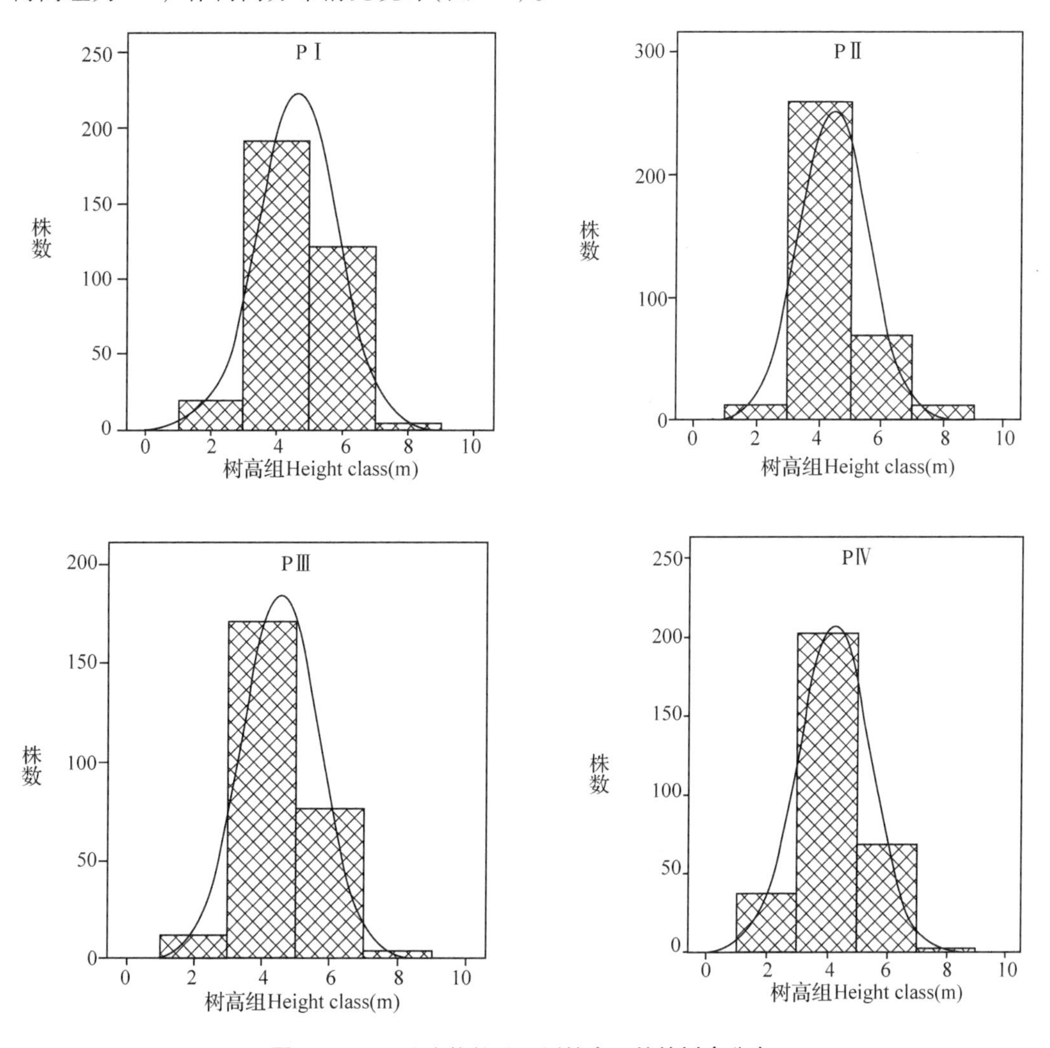


**图5-3　不同强度修枝处理侧柏人工林的树高分布**

从图5-3可以看出，四种处理均是在4m树高组的林木株数最多，分布在6m树高组的林木株数次多，且PⅢ与PⅠ的胸径分布状况非常相似。四种修枝处理的侧柏人工林的树高分布曲线的变化规律相同，均呈现以林分平均树高为峰点，中等树高的林木株数占多数、两端树高的林木株数逐渐减少的单峰、左右近乎对称的山状曲线，即在同一生境条件下林木个体间存在分化。PⅠ、PⅢ以5m为曲线的中线，PⅡ、PⅣ以4.5m为曲线的中线。

由以上结果可以看出，修枝林分较未修枝林分表现为2m树高组的林木株数明显减少，8m树高组林木株数明显增加，修枝处理可以促进林木树高的生长。四种处理，以PⅠ处理为最好。

(4)侧柏人工林树冠结构

生产者通过光合作用固定的太阳能是输入生态系统的总能量，生态系统能量流动的起点便是从生产者固定太阳能开始的。森林作为生态系统最大的生产者，树冠是生态系统能量流动的重要组成部分。树冠结构主要是指树冠层中的枝条数量、分枝特性、叶面积及其分布，以及冠长、冠表面积、冠体积等(刘兆刚等，2005)。树冠结构可以直接决定树木个体的形态、生产力和生长活力(章志都等，2009)，能够影响林下动植物群落的组成和变化，调节林分的太阳能分配、养分循环、降雨量分配。树冠与林木生长活力的关系表现为，树冠越大林木生长越旺盛，而树冠越小或树叶稀少则林木生长越缓慢，开始落叶甚至停止生长(刘平等，2008)。

经过不同的修枝处理后，侧柏人工林的树冠结构存在一定差异(表5-12)。四种处理的平均活枝下高为PⅡ>PⅠ>PⅢ>PⅣ；平均枝下高为PⅢ>PⅠ>PⅡ>PⅣ；平均冠幅为PⅠ>PⅣ>PⅢ>PⅡ；平均冠长和平均冠长率大小变化顺序一致，均为PⅣ>PⅠ>PⅢ>PⅡ；叶面积指数为PⅠ>PⅢ>PⅡ>PⅣ。修枝处理的林分的平均活枝下高和平均枝下高均明显高于未修枝林分。PⅠ的平均冠幅和叶面积指数均最大。

**表5-12 不同强度修枝处理侧柏人工林的树冠结构**

| 指标 | PⅠ | PⅡ | PⅢ | PⅣ |
|---|---|---|---|---|
| 活枝下高(m) | 0.79±0.62B | 1.07±0.62A | 0.57±0.68C | 0.44±0.54D |
| 枝下高(m) | 1.49±0.26AB | 1.48±0.27B | 1.51±0.23A | 0.98±0.41C |
| 平均冠幅(m) | 0.77±0.20A | 0.61±0.18D | 0.66±0.19C | 0.70±0.18B |
| 冠长(m) | 3.06±0.99B | 2.96±1.00C | 2.99±0.91BC | 3.23±0.96A |
| 冠长率 | 0.66±0.09B | 0.65±0.08C | 0.65±0.08BC | 0.77±0.11A |
| 叶面积指数 | 1.510±0.187a | 1.107±0.057c | 1.132±0.205b | 0.957±0.117c |

注：表中数据为"平均值±标准差"；数据后标不同大写字母表示不同处理间差异极显著($P<0.01$)，标不同小写字母表示不同处理间差异显著($P<0.05$)。

活枝下高、枝下高、平均冠幅、冠长、冠长率和叶面积指数的方差分析结果分别为：$P=9.98\times10^{-40}$、$P=2.36\times10^{-117}$、$P=2.06\times10^{-24}$、$P=2.59\times10^{-3}$、$P=5.84\times10^{-68}$、$P=0.012$，即这6个指标在4种处理间均存在显著差异。经多重比较可知，4种处理的第一活枝高和平均冠幅彼此之间均存在极显著差异；枝下高在PⅢ与PⅠ之间存在显著差异，在PⅠ与PⅡ之间无显著差异，在PⅡ与PⅣ之间存在极显著差异；冠长和冠长率在 PⅣ与 PⅠ之间存在极显著差异，在 PⅠ与 PⅢ之间存在显著差异，在 PⅢ与 PⅡ之间无显著差异；叶面积指数在 PⅠ与 PⅢ、PⅢ与 PⅡ之间均存在显著差异。

从 PⅠ到 PⅢ修枝强度依次增大，但活枝下高并未表现为依次增大，这是由于侧柏耐修剪、易萌蘖，在修枝口处萌发了新枝，从而使得修枝强度最大的林分的活枝下高反而较修枝强度小的林分低。PⅠ的平均冠幅和叶面积指数均是 4 种处理中最大的，并且与其他处理间差异显著，由此，可以认为 PⅠ是 4 种处理中最好的。

在 4 种处理中，PⅣ的平均冠长和平均冠长率是 4 种处理中最大的，因为 PⅣ没有经过修枝处理其冠长必然是最大的，冠长率是冠长与树高的比值，4 种处理间的平均树高相近，所以 PⅣ的平均冠长率也是最大的；PⅠ的平均胸径、平均树高、平均冠幅和叶面积指数在 4 种处理中是最大的，因为 PⅠ只修剪全部枯枝所以其冠幅和叶面积指数不会比 PⅡ和 PⅢ的小；PⅡ的平均冠幅、平均冠长和平均冠长率以及 PⅣ的平均胸径、平均树高、平均活枝下高和平均枝下高都是最小的。

修枝处理可以促进林木胸径和树高的生长，并且以 PⅠ的作用最为明显，而且 PⅠ的平均冠幅和叶面积指数也是 4 种处理中最大的，平均活枝下高和平均枝下高都是次之，即 PⅠ处理在提高枝下高的高度，改善林下空间方面的表现也是比较好的。

(5)不同修枝处理侧柏人工林更新状况

采用 M. E. 特卡钦柯法对乔木层更新等级评价结果显示(表 5-13)：4 种处理的侧柏人工林林下刺槐、油松均属于无更新等级，侧柏的更新状况为 PⅠ、PⅡ、PⅢ均属于更新不足等级，PⅣ属于更新中等等级，即未修枝林分的侧柏幼苗更新较修枝林分好。这可能与侧柏自身的生长习性有关，侧柏的幼苗、幼树稍耐庇荫，因此，在光照较弱的林下更有利于侧柏形成幼苗。修枝林分中更新苗数量为 PⅡ >PⅢ >PⅠ。

**表 5-13　不同修枝强度处理侧柏人工林林下物种更新状况**

| 组名 | 指标 | 侧柏 | 刺槐 | 油松 |
|---|---|---|---|---|
| PⅠ | 更新苗数(株/$hm^2$) | 2300 | 150 | 0 |
|  | 频度(%) | 55 | 3.3 | 0 |
| PⅡ | 更新苗数(株/$hm^2$) | 3625 | 75 | 25 |
|  | 频度(%) | 73.3 | 5 | 0 |
| PⅢ | 更新苗数(株/$hm^2$) | 3350 | 25 | 25 |
|  | 频度(%) | 70 | 1.7 | 0 |
| PⅣ | 更新苗数(株/$hm^2$) | 6825 | 0 | 0 |
|  | 频度(%) | 86.7 | 0 | 0 |

(6)不同修枝处理侧柏人工林林下物种组成

对样地调查统计结果进行汇总得到表 5-14，从中可以看出，侧柏人工林林下植物涉及 18 科，51 属，63 种，其中包括菊科 18 种，蔷薇科和豆科均 9 种，禾本科 8 种，莎草科 3 种，毛茛科、伞形科和紫草科均 2 种，柏科、石竹科、百合科、堇菜科、蓝雪科、木犀科、唇形科、茜草科、鸢尾科和鼠李科各 1 种。

**表 5-14 植物种类统计**

| 科 | 属 | 种 |
| --- | --- | --- |
| 菊科 Asteraceae | 蒿属 *Artemisia* | 艾蒿 *Artemisia argyi* |
| | | 黄花蒿 *Artemisia annua* |
| | | 青蒿 *Artemisia apiacea* |
| | | 扫帚艾 *Artemisia scoparia* |
| | | 牡蒿 *Artemisia japonic* |
| | | 苦蒿 *Acroptilon repens* |
| | | 铁杆蒿 *Artemisia gmelinii* |
| | | 茵陈蒿 *Artemisia capillaries* |
| | 狗娃花属 *Heteropappus* | 阿尔泰狗娃花 *Heteropappus altaicus* |
| | 紫菀属 *Aster* | 紫菀 *Aster tataricus* |
| | 天名精属 *Carpesium* | 天名精 *Carpesium abrotanoides* |
| | 千里光属 *Senecio* | 千里光 *Senecio scandens* |
| | 刺儿菜属 *Cephalanoplos* | 刺儿菜 *Cirsium segetum* |
| | 蓟属 *Cirsium* | 大蓟 *Cirsium japonicum* |
| | 风毛菊属 *Saussurea* | 风毛菊 *Saussurea japonica* |
| | 蒲公英属 *Taraxacum* | 蒲公英 *Taraxacum mongolicum* |
| | 苦苣菜属 *Sonchus* | 苦苣菜 *Sonchus oleraceus* |
| | 苦荬菜属 *Ixeris* | 苦荬菜 *Ixaris denticulata* |
| 莎草科 Cyperaceae | 莎草属 *Cyperus* | 莎草 *Cyperus rotundus* |
| | 苔草属 *Carex* | 书带草 *Ophiopogon japonicus* |
| | | 大披针苔草 *Carex lanceolata* |
| 木犀科 Oleaceae | 女贞属 *Ligustrum* | 小叶女贞 *Ligustrum quihoui* |
| 唇形科 Labiatae | 糙苏属 *Phlomis* | 糙苏 *Phlomis umbrosa* |
| 茜草科 Rubiaceae | 茜草属 *Rubia* | 茜草 *Rubia cordifolia* |
| 蔷薇科 Rosaceae | 蔷薇属 *Rosa* | 山刺玫 *Rosa davurica* |
| | | 黄蔷薇 *Rosa hugonis* |
| | 悬钩子属 *Rubus* | 陕西悬钩子 *Rubus piluliferus* |
| | | 山莓 *Rubus corchorifolius* |
| | 委陵菜属 *Potentilla* | 委陵菜 *Potentilla chinensis* |
| | | 蕨麻 *Potentilla anserina* |
| | 绣线菊属 *Spiraea* | 陕西绣线菊 *Spiraea wilsonii* |
| | 龙芽草属 *Agrimonia* | 龙芽草 *Agrimonia pilosa* |
| | 蛇莓属 *Duchesnea* | 蛇莓 *Duchesnea indica* |
| 柏科 Cupressaceae | 侧柏属 *Platycladus Spach* | 侧柏 *Platycladus orientalis* |
| 石竹科 Caryophyllaceae | 石竹属 *Dianthus* | 石竹 *Dianthus chinensis* |
| 毛茛科 Ranunculaceae | 乌头属 *Aconitum* | 乌头 *Aconitum carmichaeli* |
| | 银莲花属 *Anemone* | 大火草 *Anemone tomentosa* |
| 豆科 Leguminosae | 苜蓿属 *Medicago* | 苜蓿 *Medicago sativa* |
| | 草木樨属 *Melilotus* | 草木樨 *Melilotus suaveolens* |
| | 紫穗槐属 *Amorpha* | 紫穗槐 *Amorpha fruticosa* |

（续）

| 科 | 属 | 种 |
|---|---|---|
| | 刺槐属 *Robinia* | 刺槐 *Robinia pseudoacacia* |
| | 甘草属 *Glycyrrhiza* | 甘草 *Glycyrrhiza uralensis* |
| | 棘豆属 *Oxytropis* | 紫花棘豆 *Oxytropis subfalcata* |
| | 米口袋属 *Gueldenstaedtia* | 米口袋 *Gueldenstaedtia verna* |
| | 胡枝子属 *Lespedeza* | 胡枝子 *Lespedeza bicolor* |
| | | 多花胡枝子 *Lespedeza floribunda* |
| 禾本科 *Gramineae* | 黑麦草属 *Lolium* | 黑麦草 *Lolium perenne* |
| | 披碱草属 *Elymus* | 披碱草 *Elymus dahuricus* |
| | 赖草属 *Aneurolepidium* | 赖草 *Aneurolepidium dasystachys* |
| | 燕麦属 *Avena* | 野燕麦 *Avena fatua* |
| | 三芒草属 *Aristida* | 三芒草 *Aristida adscensionis* |
| | 白茅属 *Imperata* | 白茅 *Imperata cylindrica* |
| | 狗尾草属 *Setaria* | 狗尾草 *Setaria viridis* |
| | 荩草属 *Arthraxon* | 荩草 *Arthraxon hispidus* |
| 百合科 *Liliaceae* | 黄精属 *Polygonatum* | 黄精 *Polygonatum sibiricum* |
| 伞形科 *Umbelliferae* | 防风属 *Saposhnikovia* | 防风 *Saposhnikovia divaricata* |
| | 柴胡属 *Bupleurum* | 北柴胡 *Bupleurum chinense* |
| 堇菜科 *Violaceae* | 堇菜属 *Viola* | 紫花地丁 *Viola philippica* |
| 紫草科 *Boraginaceae* | 斑种草属 *Bothriospermum* | 斑种草 *Bothriospermum chinense* |
| | 附地菜属 *Trigonotis* | 附地菜 *Trigonotis peduncularis* |
| 蓝雪科 *Plumbaginaceae* | 补血草属 *Limonium* | 二色补血草 *Limonium bicolor* |
| 鸢尾科 *Iridaceae* | 鸢尾属 *Iris* | 马蔺 *Iris lactea* |
| 鼠李科 *Rhamnaceae* | 枣属 *Ziziphus* | 酸枣 *Ziziphus jujuba* |
| 总数　18 | 51 | 63 |

由表5-15的统计结果可以看出，不同修枝处理侧柏人工林中，PⅠ处理林下植物有15科44属53种，PⅡ处理林下植物有11科30属35种，PⅢ处理林下植物有12科29属34种，PⅣ处理林下植物有13科29属34种。四种不同修枝处理林分中，PⅠ处理所包含的林下植物科、属、种均是最多的；四种林分林下植物总种数为PⅠ>PⅡ>PⅢ>PⅣ。四种不同修枝处理林分的林下植物群落中均是菊科植物最多，分别为16种、9种、9种、9种；其次是豆科植物，分别为8种、7种、6种、6种；PⅠ的林下植物群落中禾本科植物(8种)同样是次多的。

(7)不同修枝处理侧柏人工林林下物种重要值

处理Ⅰ林下植物群落内灌木层有7种，草本层有31种；处理Ⅱ林下植物群落内灌木层有4种，草本层有24种；处理Ⅲ林下植物群落内灌木层有4种，草本层有22种；处理Ⅳ林下植物群落内灌木层有4种，草本层有28种。不同修枝处理林分的林下植物群落内的灌木层、草本层植物种类均是处理Ⅰ林分最多。

**表 5-15　不同修枝强度处理侧柏人工林林下物种组成**

| 科名 | PⅠ | | PⅡ | | PⅢ | | PⅣ | |
|---|---|---|---|---|---|---|---|---|
| | 属 | 种 | 属 | 种 | 属 | 种 | 属 | 种 |
| 柏科 Cupressaceae | 1 | 1 | 1 | 1 | 1 | 1 | 1 | 1 |
| 石竹科 Caryophyllaceae | 1 | 1 | 0 | 0 | 1 | 1 | 1 | 1 |
| 毛茛科 Ranunculaceae | 0 | 0 | 1 | 1 | 2 | 2 | 1 | 1 |
| 蔷薇科 Rosaceae | 6 | 7 | 4 | 5 | 3 | 3 | 2 | 2 |
| 豆科 Leguminosae | 7 | 8 | 6 | 7 | 5 | 6 | 6 | 7 |
| 禾本科 Gramineae | 8 | 8 | 5 | 5 | 5 | 5 | 5 | 5 |
| 莎草科 Cyperaceae | 2 | 3 | 2 | 3 | 2 | 3 | 2 | 3 |
| 百合科 Liliaceae | 0 | 0 | 0 | 0 | 0 | 0 | 1 | 1 |
| 伞形科 Umbelliferae | 1 | 1 | 0 | 0 | 1 | 1 | 1 | 1 |
| 堇菜科 Violaceae | 1 | 1 | 1 | 1 | 1 | 1 | 1 | 1 |
| 紫草科 Boraginaceae | 2 | 2 | 0 | 0 | 0 | 0 | 0 | 0 |
| 蓝雪科 Plumbaginaceae | 1 | 1 | 1 | 1 | 0 | 0 | 0 | 0 |
| 木犀科 Oleaceae | 0 | 0 | 0 | 0 | 1 | 1 | 0 | 0 |
| 唇形科 Labiatae | 1 | 1 | 0 | 0 | 0 | 0 | 0 | 0 |
| 茜草科 Rubiaceae | 1 | 1 | 1 | 1 | 1 | 1 | 1 | 1 |
| 菊科 Compositae | 10 | 16 | 7 | 9 | 6 | 9 | 6 | 9 |
| 鸢尾科 Iridaceae | 1 | 1 | 1 | 1 | 0 | 0 | 1 | 1 |
| 鼠李科 Rhamnaceae | 1 | 1 | 0 | 0 | 0 | 0 | 0 | 0 |

重要值是表示植物在群落中相对重要性的指标。由表 5-16 和表 5-17 可以看出，四种修枝处理侧柏人工林中，灌木层重要值最大的物种均为胡枝子，其重要值依次为 46.56%、66.315%、66.97%、65.73%；草本层物种重要值最大的物种依次为米口袋(8.03%)、大披针苔草(10.98%)、大披针苔草(22.09%)、大披针苔草(23.16%)。草本层中重要值较大的，PⅠ有米口袋、荩草、苜蓿和龙牙草等；PⅡ有大披针苔草、紫菀、千里光和米口袋等；PⅢ有大披针苔草、米口袋、艾蒿和荩草等；PⅣ有大披针苔草、紫菀、龙芽草和米口袋等。不同修枝处理侧柏人工林的林下灌木层物种都是以胡枝子为主；而草本层的优势种在不同处理间不尽相同，四种修枝处理侧柏人工林林下草本层共有的优势植物是米口袋。

**表 5-16　不同修枝强度处理侧柏人工林林下灌木层物种重要值**

| 种名 | 重要值 | | | |
|---|---|---|---|---|
| | PⅠ | PⅡ | PⅢ | PⅣ |
| 胡枝子 *Lespedeza bicolor* | 46.56 | 66.31 | 66.97 | 65.73 |
| 多花胡枝子 *Lespedeza floribunda* | 22.26 | 2.40 | 0.01 | 1.25 |
| 紫穗槐 *Amorpha fruticosa* | | | | 0.01 |
| 小叶女贞 *Ligustrum quihoui* | | | 0.01 | |
| 黄蔷薇 *Rosa hugonis* | 0.02 | | | |
| 紫穗槐 *Amorpha fruticosa* | 0.01 | 3.07 | 0.01 | 0.01 |
| 陕西绣线菊 *Spiraea wilsonii* | 0.01 | 0.25 | | |
| 陕西悬钩子 *Rubus piluliferus* | 0.02 | | | |
| 酸枣 *Ziziphus jujuba* | 0.79 | | | |

**表5-17　不同修枝强度处理侧柏人工林林下草本层物种重要值**

| 种名 | 重要值 | | | |
|---|---|---|---|---|
| | PⅠ | PⅡ | PⅢ | PⅣ |
| 草木樨 | 1.13 | 2.30 | 2.38 | 3.77 |
| 甘草 | 3.43 | 4.68 | 3.40 | 0.82 |
| 紫花棘豆 | 0.13 | | | 0.09 |
| 苜蓿 | 6.58 | | | |
| 米口袋 | 8.03 | 6.50 | 6.01 | 4.46 |
| 白茅 | 0.45 | 0.33 | 0.98 | 1.32 |
| 狗尾草 | 3.32 | 1.28 | 0.34 | 0.01 |
| 荩草 | 7.21 | 2.29 | 5.06 | 4.07 |
| 披碱草 | 1.53 | 0.76 | 1.67 | 1.17 |
| 三芒草 | 0.80 | 0.66 | 0.16 | 0.30 |
| 紫花地丁 | 0.20 | 0.07 | 0.07 | 0.79 |
| 风毛菊 | 0.26 | 0.89 | 0.07 | 0.71 |
| 阿尔泰狗娃花 | 0.33 | 0.18 | | 0.19 |
| 黄花蒿 | 3.38 | 4.83 | 2.43 | 2.46 |
| 艾蒿 | 0.84 | 0.27 | 5.46 | 0.96 |
| 苦蒿 | | | 0.68 | 0.27 |
| 青蒿 | 0.62 | | | |
| 扫帚艾 | 2.49 | 5.50 | 3.40 | 4.20 |
| 铁杆蒿 | 0.01 | | | |
| 大蓟 | 0.11 | 1.69 | 0.36 | 1.36 |
| 苦荬菜 | 0.04 | | | |
| 蒲公英 | 0.04 | | | |
| 千里光 | 2.54 | 6.51 | 0.50 | 1.89 |
| 天名精 | 0.32 | 0.01 | | |
| 紫菀 | 2.44 | 7.37 | 4.07 | 6.70 |
| 二色补血草 | | 0.27 | | |
| 大火草 | | | | 0.12 |
| 茜草 | 0.65 | 0.40 | 0.05 | 0.18 |
| 龙芽草 | 6.24 | 5.46 | 3.83 | 5.37 |
| 北柴胡 | | | | 0.05 |
| 大披针苔草 | 4.40 | 10.98 | 22.09 | 23.16 |
| 莎草 | 5.75 | 3.29 | 2.80 | 1.69 |
| 书带草 | 0.50 | 0.47 | 1.18 | 0.53 |
| 石竹 | 0.27 | | | 0.29 |
| 马蔺 | 0.04 | | | 0.07 |

(8)不同修枝处理侧柏人工林林下物种多样性的差异(表5-18)。

**表5-18 不同修枝强度处理侧柏人工林林下物种多样性差异分析**

| 组号 | 丰富度指数 | Shannon-Wiener 指数 | Simpson 指数 | 均匀度指数 |
|---|---|---|---|---|
| PⅠ | 4.535 ±0.624 | 2.875 ±0.119 | 0.924 ±0.011 | 0.818 ±0.036 |
| PⅡ | 3.461 ±0.191 | 2.703 ±0.026 | 0.914 ±0.005 | 0.821 ±0.011 |
| PⅢ | 3.581 ±0.327 | 2.751 ±0.198 | 0.915 ±0.027 | 0.829 ±0.041 |
| PⅣ | 3.955 ±0.126 | 2.785 ±0.040 | 0.922 ±0.006 | 0.814 ±0.003 |

不同修枝处理侧柏人工林林下植被的丰富度指数、Shannon-Wiener 指数和 Simpson 指数的变化规律一致，均表现为PⅠ>PⅣ>PⅢ>PⅡ；而均匀度指数的变化规律为PⅢ>PⅡ>PⅠ>PⅣ，即随着修枝强度的增大，均匀度也相应地增大。原因是，随着修枝强度的增大，侧柏人工林透光度增加，林下植被的分布趋向于更加均匀。对上述4个指标分别进行方差分析，物种丰富度在4个处理间存在显著差异 $P=0.029$，Shannon-Wiener 指数、Simpson 指数和物种均匀度指数在4个处理间均无显著差异，$P=0.39$、$P=0.81$、$P=0.93$。多样性指数(Shannon-Wiener 指数和 Simpson 指数)是反映丰富度和均匀度的综合指标，以此为依据可以判定不同修枝处理的侧柏人工林的林下物种多样性无显著差异，但PⅠ的物种多样性指数是4种处理中最高的，所以PⅠ林分的整体生物多样性水平较高。

受侧柏自身生长习性的影响，侧柏在未修枝林分的更新情况最好，但是修枝林分中同时会有极少量的刺槐和油松幼苗更新情况，所以修枝更有利于林分朝混交林的方向发展。修枝林分与未修枝林分的林下生物多样性无显著差异，但是PⅠ林分的物种丰富度和PⅢ林分的均匀度较未修枝林分高，这两种林分的生物多样性未来很有可能超越未修枝林分，并且PⅠ林分的可能性较高。高度多样性是稳定生态系统的特征之一，较高的多样性可以增加植物群落的生产力和生态系统的稳定性(李俊清，2006)。林下灌木、草本生长对光照、水分、营养等的需求较乔木树种少，林窗、荒地、迹地等往往首先被草本、灌木所覆盖，修枝在一定程度上增加了林隙空间，有利于喜光植物的入驻生长，从而引起物种种类和林下空间覆盖度增加，使得喜阴植物入驻生长，最终形成复层结构。

(9)林分枯落物生物量

由表5-18a可知，4种处理林下枯落物的已分解层厚度和总厚度为：PⅡ>PⅠ>PⅣ>PⅢ，PⅠ和PⅣ的未分解层厚度相等。随着修枝强度的增大，林下枯落物的生物量逐渐减小，而未修枝林分的林下枯落物最少。方差分析结果显示，枯落物生物量在4种不同处理间达到极显著水平($P<0.01$)，但两两之间多重比较差异不显著。

**表 5-18a 不同强度修枝处理侧柏人工林林下枯落物生物量（g/kg）**

| 指标 | PⅠ | PⅡ | PⅢ | PⅣ | P值 |
|---|---|---|---|---|---|
| 未分解层厚度(mm) | 13 | 15 | 12 | 13 | — |
| 已分解层厚度(mm) | 9 | 10 | 7 | 8 | — |
| 总厚度(mm) | 22 | 25 | 19 | 21 | — |
| 自然状态储量($t/hm^2$) | 14.62 | 11.86 | 7.80 | 6.41 | 0.004** |
| 蓄积量($t/hm^2$) | 12.00 | 9.78 | 6.66 | 5.51 | 0.009** |

(10)枯落物持水能力

由表5-19可以看出，不同强度修枝处理后侧柏人工林林下枯落物的自然含水量、自然含水率、最大持水量、最大拦蓄量和有效拦蓄量的变化规律均为：PⅠ＞PⅡ＞PⅢ＞PⅣ，并且方差分析结果均显示4种处理间的差异极显著；而最大持水率、最大拦蓄率和有效持水率的变化规律均为：PⅣ＞PⅢ＞PⅡ＞PⅠ，并且方差分析结果显示4种处理间无显著差异。

**表 5-19 不同强度修枝处理对侧柏人工林枯落物持水能力指标**

| 指标 | PⅠ | PⅡ | PⅢ | PⅣ | P值 |
|---|---|---|---|---|---|
| 自然含水量($t/hm^2$) | 2.61 | 2.08 | 1.14 | 0.90 | $1.37\times10^{-4}$ |
| 自然含水率(%) | 22.58 | 21.47 | 18.27 | 16.46 | $6.09\times10^{-5}$ |
| 最大持水量($t/hm^2$) | 43.19 | 37.10 | 26.62 | 22.84 | $3.17\times10^{-3}$ |
| 最大持水率(%) | 403.65 | 440.21 | 451.97 | 455.90 | 0.55 |
| 最大拦蓄量($t/hm^2$) | 40.57 | 35.01 | 25.48 | 21.95 | $4.18\times10^{-3}$ |
| 最大拦蓄率(%) | 3.81 | 4.19 | 4.34 | 4.39 | 0.46 |
| 有效拦蓄量($t/hm^2$) | 34.10 | 29.45 | 21.49 | 18.52 | $4.41\times10^{-3}$ |
| 有效拦蓄率(%) | 320.52 | 352.71 | 365.90 | 371.06 | 0.44 |

含水量反映的是单位干物质在相应状态下的持水能力(逯军峰等，2007)。由以上结果可以看出，总体而言修枝林分较未修枝林分的持水能力和拦蓄能力强，4种处理中只修剪全部枯枝的侧柏人工林的林下枯落物的保水、持水和蓄水能力是最好的。

只修剪全部枯枝的侧柏人工林的林下枯落物生物量、自然含水量、自然含水率、最大持水量、最大拦蓄量和有效拦蓄量都是最大的；而其最大持水率、最大拦蓄率和有效持水率虽然是最小的，但与其他处理间无显著差异。因此，只做全部枯枝修剪更有利于改良侧柏人工林地表覆盖状况，更有利于侧柏人工林发挥保水、持水和拦蓄功能。

#### 5.1.2.3 不同林龄刺槐人工林间伐抚育技术

以陕西省永寿县马莲滩试区5年、17年和22年生刺槐二代萌生林为研究对象，分别将各试验林分为4个小区，进行抚育间伐效果对比试验。各小区的抚育间伐强度以间伐株数表示分别为B1(5%)，B2(15%)，B3(25%)和B4(0%，作为对照)。主要研究内容是：①运用3种方法计算永寿县黄土区刺槐人工林抚育间伐量；②间伐抚育对刺槐人工林空间结构的影响；③间伐抚育对刺槐人工林健康的影响。

(1)刺槐人工林抚育间伐量计算方法比较

在陕西省永寿县林相整齐，生长良好的幼龄（11a），中龄（22a），成熟（34a）刺槐人工林中分别设置3个20m×20m的样地(表5-20)，进行样地调查。对乔木进行每木检尺，调查乔木的树高、胸径、冠幅、林分密度等，同时记载样地的海拔、坡向、坡度等环境因子。在研究分析林分结构特征的基础上，分别以树高和胸径为基础，计算定量间伐强度。

**表5-20 样地概况**

| 林龄 | 平均树高(m) | 平均胸径(cm) | 坡向 | 土壤类型 | 密度(株/$hm^2$) | 海拔(m) |
|---|---|---|---|---|---|---|
| 11 | 8.24 | 5.59 | 阳坡 | 黄壤土 | 3000 | 1267 |
| 11 | 7.96 | 5.94 | 阳坡 | 黄壤土 | 1700 | 1189 |
| 11 | 9.20 | 6.70 | 阳坡 | 黄壤土 | 2300 | 1205 |
| 22 | 10.28 | 10.30 | 阳坡 | 黄壤土 | 2600 | 1384 |
| 22 | 11.35 | 11.35 | 阳坡 | 黄壤土 | 2000 | 1296 |
| 22 | 11.23 | 10.69 | 阳坡 | 黄壤土 | 1800 | 1234 |
| 34 | 12.52 | 10.37 | 阳坡 | 黄壤土 | 1800 | 1372 |
| 34 | 12.38 | 10.98 | 阳坡 | 黄壤土 | 1900 | 1287 |
| 34 | 12.29 | 9.50 | 阳坡 | 黄壤土 | 1100 | 1143 |

(2)树高与冠幅比值为基础的定量间伐

根据研究区域刺槐人工林树高实测值(表5-21)，计算得出其平均树高H为9.43m，按公式计算得出单位面积最佳立木株数为1289株。我们以22年生刺槐人工林的林分密度为例(表5-20)，即现在每公顷立木株数2133株，因此按照此方法计算，间伐强度$P$为39.6%。

**表5-21 刺槐人工林树高与冠幅实测值**

| 树高阶 | 树高合计(m) | 冠幅合计(m) | 株数 | 平均树高(m) | 平均冠幅(m) |
|---|---|---|---|---|---|
| 5 | 17 | 6.95 | 3 | 5.67 | 2.32 |
| 6 | 132.26 | 46.95 | 20 | 6.61 | 2.35 |
| 7 | 65.96 | 26.15 | 9 | 7.33 | 2.91 |
| 8 | 41.82 | 15.1 | 5 | 8.36 | 3.02 |
| 9 | 85.34 | 22 | 9 | 9.48 | 2.44 |
| 10 | 167.96 | 41.25 | 16 | 10.5 | 2.58 |
| 11 | 195.84 | 55.45 | 17 | 11.52 | 3.26 |
| 12 | 61.2 | 14.6 | 5 | 12.24 | 2.92 |
| 13 | 81.43 | 22.5 | 6 | 13.57 | 3.75 |

(3)树高与冠幅相关为基础的定量间伐

根据调查资料(表5-21)的计算，得出刺槐人工林树高与冠幅相关式为：CW =

$3.1721 - 0.2226H + 0.0185H^2$，其回归判定系数为0.6048（图5-4）。经计算得出每公顷最佳立木株数为1463株。然后，同样以22年生刺槐人工林的林分密度为例，得出间伐强度$P$为31.4%。

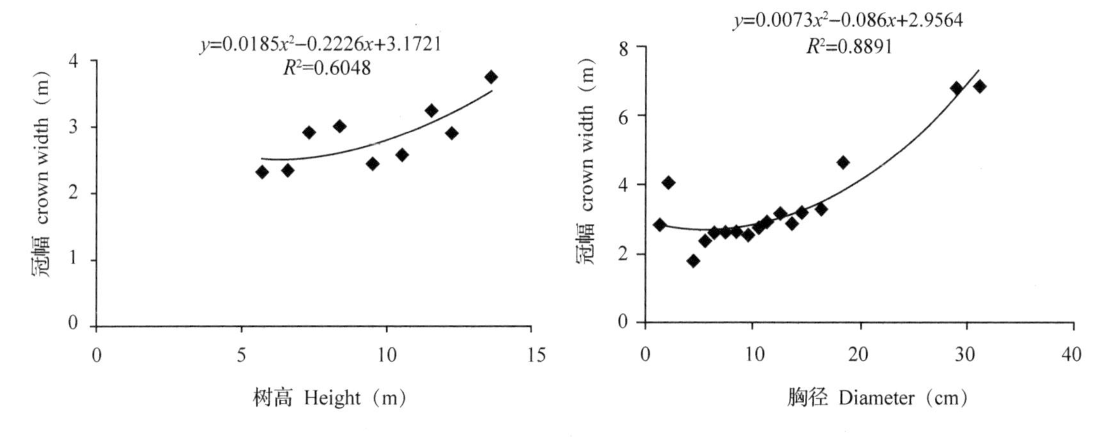


**图5-4 刺槐人工林树高与冠幅的关系**

**图5-5 刺槐人工林胸径与冠幅关系图**

(4)胸径与冠幅相关为基础的定量间伐

根据表5-22中刺槐人工林胸径与冠幅的实测值，拟合出胸径与冠幅的相关式为：

$$CW = 2.9564 - 0.086D + 0.0073D^2 \tag{5-4}$$

回归判定系数$R_1$为0.8891(图5-5所示)。采用回归方程(5-4)式求得各胸径相应的冠幅理论值进而算出冠幅面积，参照(5-4)式同样求出每公顷最佳立木株数为1535株。然后，以22年生刺槐人工林的林分密度为例，得出间伐强度$P$为28.0%。

**表5-22 刺槐人工林胸径与冠幅实测值**

| 径阶 | 胸径合计（cm） | 冠幅合计（m） | 株数 | 平均胸径（cm） | 平均冠幅（m） |
|---|---|---|---|---|---|
| 1 | 1.3 | 2.8 | 1 | 1.3 | 2.8 |
| 2 | 2.1 | 4.05 | 1 | 2.1 | 4.05 |
| 4 | 26.4 | 10.9 | 6 | 4.4 | 1.82 |
| 5 | 66 | 28.85 | 12 | 5.5 | 2.4 |
| 6 | 95.2 | 39.15 | 15 | 6.35 | 2.61 |
| 7 | 59.4 | 21.2 | 8 | 7.43 | 2.65 |
| 8 | 67.2 | 21.3 | 8 | 8.4 | 2.66 |
| 9 | 94.8 | 25.75 | 10 | 9.48 | 2.58 |
| 10 | 84.2 | 22.2 | 8 | 10.53 | 2.78 |
| 11 | 33.7 | 8.8 | 3 | 11.23 | 2.93 |
| 12 | 37.3 | 9.6 | 3 | 12.43 | 3.2 |
| 13 | 94.3 | 20.4 | 7 | 13.47 | 2.91 |
| 14 | 43 | 9.7 | 3 | 14.33 | 3.23 |
| 16 | 16.2 | 3.3 | 1 | 16.2 | 3.3 |
| 18 | 36.4 | 9.3 | 2 | 18.2 | 4.65 |
| 28 | 28.8 | 6.8 | 1 | 28.8 | 6.8 |
| 31 | 31 | 6.85 | 1 | 31 | 6.85 |

(5)刺槐人工林抚育间伐量计算结果比较

表 5-23 几种定量间伐强度比较表

| 间伐方式 | 理论单株冠幅值($m^2$/株) | 最佳保留株数(株/$hm^2$) | 间伐强度(%) |
|---|---|---|---|
| 树高与冠幅比值法 | 3.14 | 1289 | 39.6 |
| 树高与冠幅相关性 | 2.89 | 1463 | 31.4 |
| 胸径与冠幅相关性 | 2.78 | 1535 | 28.0 |

以永寿县22年生刺槐人工林的实测资料为例，这些实测因子中各种定量间伐方式中应用的因子有林分平均胸径，优势木平均高和平均林分密度，计算结果如表5-23所示。以树高与冠幅比值为基础的定量间伐得出间伐强度最大(39.6%)，以树高与冠幅相关性为基础的定量间伐得出间伐强度为31.4%，以胸径与冠幅相关为基础的定量间伐得出间伐强度最小(28.0%)。三种间伐方式的间伐强度变动范围为11.6%，最大与最小差异明显。

以树高与冠幅比值为基础确定的间伐强度，是依靠于所测林木冠幅大致相当于树高的比例，由于立地条件不同，刺槐人工林分中各林木树高与冠幅的最佳比值差异较大，运用此方法计算的结果可能不符合实际情况。

冠幅与胸径、树高的关系不同直接影响了计算结果，林木直径受密度影响较为明显，两者拟合良度较好，而树高受林分密度影响较弱，两者拟合良度仅为0.6048，因此分别用树高与冠幅关系、胸径与冠幅关系预测的理论单株冠幅值存在一定差异，进而得到的最佳保留株数存在不同。

确定依据及经营目标是影响采伐强度的重要影响因素，Kohler模型是根据经验判断，以固定值作为冠幅确定依据；以树高与冠幅相关性计算的方法，主要依据及培育目标倾向于树高生长；以胸径与冠幅相关性为计算的方法，主要依据及培育目标倾向于胸径生长。三种方法确定的单株冠幅值存在差异，也表现了经营目标的不同。

三种方法的技术难度也存在差异。相比之下，Kohler模型计算相对简单，只需要实测树高即可，而另外两种方法需要实测冠幅，需要较多的外业工作。

由于永寿县森林经营的实际情况，当地林业局不允许对水土保持林进行较大强度的间伐，所以本试验选择胸径与冠幅相关性的计算方法，计算出理论间伐强度28%，间伐时优先伐去枯立木，病虫害严重或者单株材积过小的立木。最终确定为0%、5%、15%、25%四个梯度间伐强度进行对比实验。

(6)间伐抚育对刺槐人工林空间结构的影响

在永寿县槐坪林场选择林相整齐，生长良好的幼龄（7a），中龄（18a），近熟(25a)三个龄级的刺槐人工林中分别设置12个20m×20m固定样地，总面积14400$m^2$，在3个林龄样地中，按4种间伐强度(25%、15%、5%、0%)分别设置3个重复样地，共36块固定样地。以各个样地的西南角为原点，建立坐标系，用皮尺对样地内每株活立木进行坐标距离测量，并记录胸径>3cm的活立木的胸径，树高等(表5-24，表5-25)。

**表 5-24　样地概况**

| 林龄 | 海拔（m） | 坡向 | 坡位 | 坡度（°） | 株数（株/hm²） | 土壤类型 | 平均树高（m） | 平均胸径（cm） |
|---|---|---|---|---|---|---|---|---|
| 25 | 1384 | 东南 | 下 | 3.4 | 2163 | 黄壤土 | 11.3 | 11.09 |
| 18 | 1360 | 西南 | 下 | 5.3 | 2366 | 黄壤土 | 10.08 | 9.73 |
| 7 | 1288 | 西南 | 下 | 2.2 | 2235 | 黄壤土 | 7.12 | 6.66 |

**表 5-25　刺槐人工林不同林龄不同间伐强度的平均大小比数和平均角尺度**

| 林龄 | 间伐强度（%） | 平均大小比数（$\bar{U}$） | 平均角尺度（$\bar{W}$） |
|---|---|---|---|
| 25 | 0 | 0.544 | 0.542 |
| 25 | 5 | 0.523 | 0.527 |
| 25 | 15 | 0.514 | 0.498 |
| 25 | 25 | 0.493 | 0.463 |
| 18 | 0 | 0.543 | 0.578 |
| 18 | 5 | 0.513 | 0.537 |
| 18 | 15 | 0.508 | 0.516 |
| 18 | 25 | 0.481 | 0.492 |
| 7 | 0 | 0.536 | 0.519 |
| 7 | 5 | 0.522 | 0.508 |
| 7 | 15 | 0.503 | 0.497 |
| 7 | 25 | 0.487 | 0.48 |

（7）刺槐人工林间伐前后大小比数的差异

由图5-6可知，在25年刺槐人工林样地的大小比数研究表明，各种间伐强度下大小比数在Ui＝0.50分布最多，个体植株之间胸径大小的差异显著。25%的间伐强度下，林分中处于绝对优势和亚优势的林木分布频率分别为19%、21%，而处于劣势和绝对劣势的林木比例分别为19%、13%，而15%强度下处于劣势和绝对劣势的林木略多，5%和0%间伐强度下各优劣等级林木相差不大，林分生长条件没有得到明显改善，由此可见，25%的间伐强度下林木优势度提高明显，原来处于挤压或生长处于劣势的林木得到明显释放，林分生长空间充裕；其次，相邻木林木间竞争减弱，有利于保留木的快速生长。

由图5-7可知，在18年生刺槐人工林中，0%、5%、15%、25%间伐强度下，林分整体分布形成以中庸状态木为对称轴的单峰状分布，在未间伐林分中劣势和绝对劣势的林木分布频率分别为25%和21%，明显高于其他间伐强度，且随着间伐强度的增加递减，在25%间伐强度下劣势和绝对劣势林木的分布频率分别为16%和10%，可见，25%间伐强度下林分中的绝对劣势木和劣势木明显减少，其次，25%间伐强度下林分中的绝对优势和亚优势林木比例分别为15%、25%，明显高于其他间伐强度下的林木比例，由此可见，25%间伐强度下明显提高了林木的优势程度，使得林木在林分竞争中占有较大的竞争势。由此可见，25%的间伐强度对林木生长空间释放，促进保留木竞争态势更为有效。

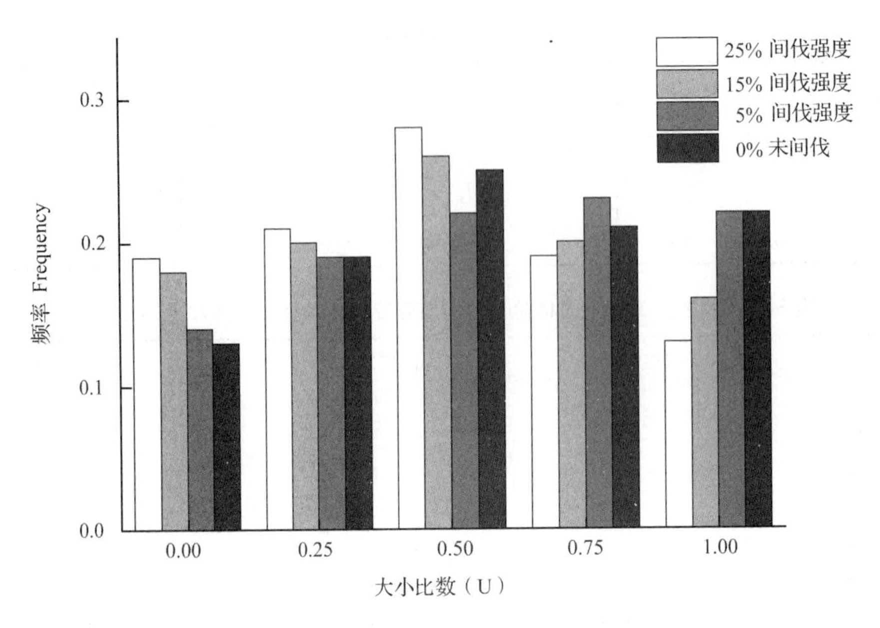


**图 5-6　25 年生刺槐人工林胸径大小比数频率分布**

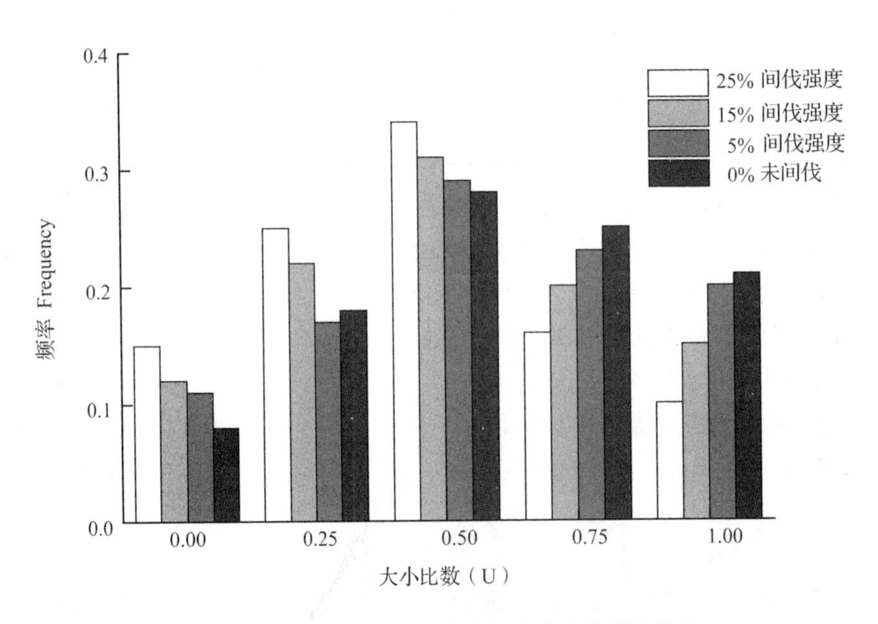


**图 5-7　18 年生刺槐人工林胸径大小比数频率分布**

由 7 年生刺槐人工林大小比数一元分布频率图可知(图 5-8)，整体而言，各间伐强度下林木分布频率均先增大后下降，且在 $W_i = 0.50$ 时取得最大值，介于 26%～30%，其中 25% 间伐强度下林分中绝对优势和亚优势林木分布频率分别为 19%、20%，略多于其他间伐强度，而绝对劣势和劣势林分比例分别为 15%、16%，明显少于其他间伐强度下的林木株数，相比对照组而言，25% 采伐强度明显降低了林分竞争中不占优势的林木比例，提高了林木整体的优势程度，因此，25% 的间伐强度对于 7 年生刺槐人工林优劣程度调整来说较为合理。

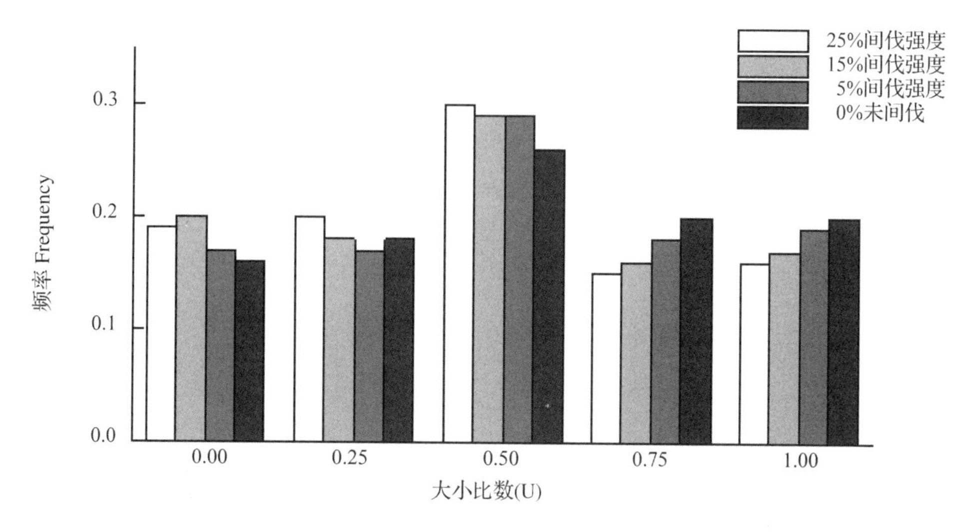


**图 5-8　7 年生刺槐人工林胸径大小比数频率分布**

(8)刺槐人工林间伐前后角尺度的差异

角尺度是反映立木在林分中空间位置分布情况的具体描述，对于参照木与四周相邻木在水平面上的格局分布是否合理有很强的解析能力。通过 $W_i$ 值的计算结果能直观反应目标树与相邻木之间的分布情况，$W_i$ 的取值越小，说明目标树四周的相邻木分布情况越均匀。

通过图 5-9 分析可知，在 25 年生刺槐人工林中不同间伐强度下的绝对均匀的频率分布比例都很低甚至没有，符合刺槐人工林野外自然生长的情况。绝对不均匀的分布频率在未间伐情况下达到 6%，经过 25% 间伐强度后，绝对不均匀分布频率降低到 1%，适当间伐对减少刺槐人工林中的易萌发成团状的“小老头”树有抑制作用。通过不同间伐强度的实施，对不均匀和随机分布频率的改变状况明显，在不均匀频率分布中，未间伐、5%、15%、25% 间伐强度下，频率分布依次是 32%、25%、22%、19%，可以发现随着间伐强度的增加，林分中不均匀分布的频率随之降低。而随机分布中随着间伐强度的增加，分布频率在增加。在均匀分布中可以发现，虽然相对于未间伐，5% 和 15% 间伐强度下的均匀分布频率的提高不是很明显，但是在 25% 间伐强度下增加明显，说明需要达到一定的间伐量后，在均匀分布中的林分结构改变才会明显的显现。在 25 年生刺槐人工林样地中，在各间伐强度下角尺度在 0. 50 的分布频率都是最高，说明立木处于随机分布占主要部分。从各间伐强度总平均角尺度来看，随着间伐强度的增加，总平均角尺度依次是 0. 542、0. 527、0. 498、0. 463，在 25% 间伐强度下平均角尺度为 0. 463 小于 0. 475，25% 间伐的样地总体处于均匀分布，而 15% 间伐强度下样地属于随机分布，其他 2 种间伐强度下的样地总体处于团状分布，因此可以发现通过间伐可以降低平均角尺度，达到一定间伐量后可以有效地优化林分中立木的空间格局的分布，为植株提高生长的空间，减少植株之间的空间挤压。

由 18 年生刺槐人工林角尺度一元分布频率分布图可知(图 5-10)，在 0%、5%、15%、25% 间伐强度下，林分平均角尺度分别是 0. 578、0. 537、0. 516、0. 492，说明未

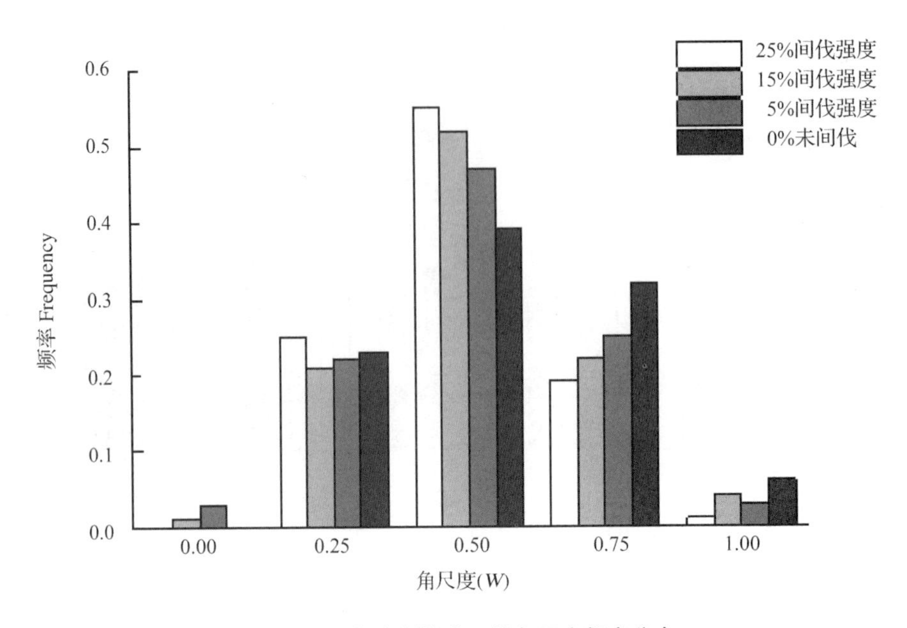


**图 5-9　25 年生刺槐人工林角尺度频率分布**

间伐和 5% 间伐强度下林分分布格局处于团状分布，15% 和 25% 间伐强度下林分平均角尺度处于[0. 475，0. 517]之间，属于随机分布。二者均呈现左偏单峰分布，但 25% 间伐强度下林分中很均匀和均匀分布的林木比例总计为 33%，不均匀分布和很不均匀分布林木比例仅为 15%，而 15% 间伐强度下林分中分布较为均匀的林木比例较少，而聚集分布的林木比例较多，由此说明，25% 和 15% 采伐强度均能使得林分分布格局由团状分布变为随机分布，但相比 15% 间伐强度，25% 间伐强度更能有效改善 18 年生刺槐人工林中林木的空间分布格局，明显优化林分林木间的空间布局。

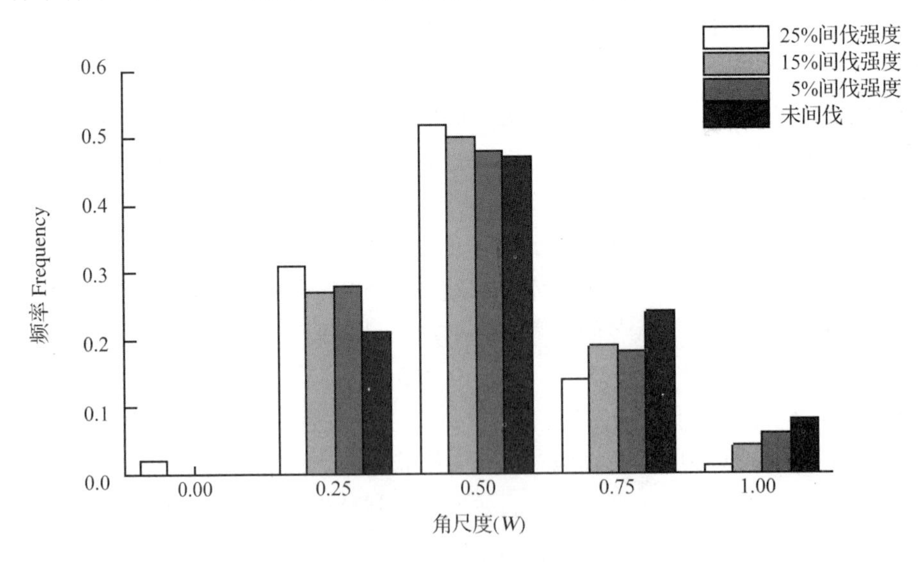


**图 5-10　18 年生刺槐人工林角尺度频率分布**

在 7 年生刺槐人工林中(图 5-11)，0%、5%、15%、25%采伐强度下 50%以上林木处于随机分布状态，林分平均角尺度分别为 0.519、0.508、0.497、0.480，说明 7 年生林分未采伐下林分呈轻微团状分布，经采伐后林分分布格局均为随机分布。5%、15%、25%采伐强度下林分中很均匀分布和均匀分布的林木比例累计分别为 24%、25%，33%，不均匀分布和很不均匀分布林木分布比例累计分别为 22%、18%、16%，由此可见，25%采伐强度下中庸轴左侧分布频率明显高于右侧，即 25%采伐强度下林分中均匀分布和很均匀分布的林木比例较大，这一采伐强度使得林分由团状分布变为随机分布，且林分中林分分布格局趋于均匀分布比例增大，调整效果更为理想。

在永寿县槐坪林场刺槐人工林 3 个不同林龄的林分中，25%间伐强度相比 15%、5%、0%三个间伐强度能更好地提高林分中绝对优势和亚优势林木株数分布比例，降低劣势和绝对劣势林木分布比重，同时将林分整体从右偏单峰分布调整为左偏单峰分布，伐除部分劣质被压林木，提高了林分整体的竞争优势。

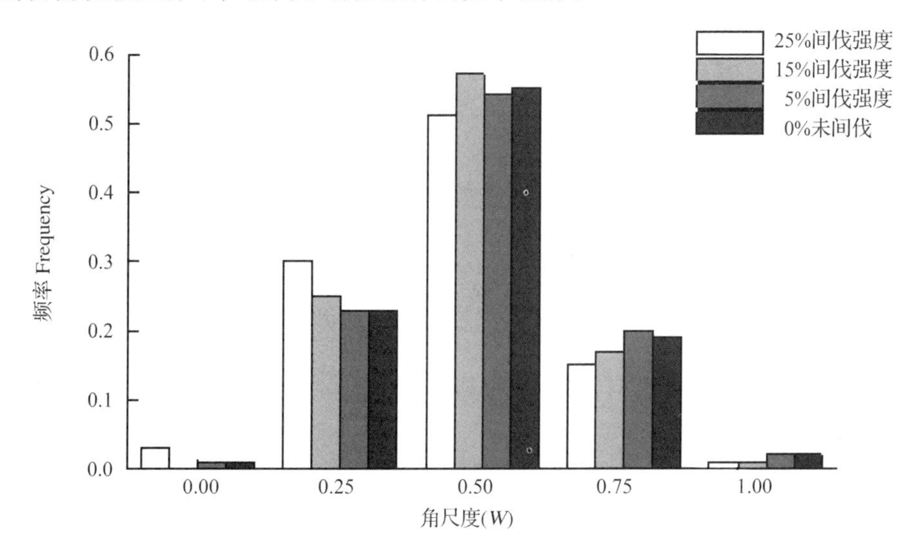


**图 5-11　7 年生刺槐人工林角尺度频率分布**

在未间伐林分中，3 个不同林龄林分总体分布格局呈团状分布，林木聚集生长严重，导致林木之间空间竞争关系加剧，林木生长拥挤，同时激烈竞争光照、营养、水分等生长资源和生长空间，严重限制了林木的快速生长，也使得林木质量较低，森林生态效益不能充分发挥。通过间伐对比试验，说明一定间伐强度能有效调整林木分布格局，减少立木间的竞争压力。其中 25%和 15%间伐强度能有效将林分从团状分布调整为随机分布，在 25 年生刺槐人工林林分中，25%间伐强度使林分从未间伐时的团状分布调整为均匀分布。林分中聚集生长的林木分布比例的明显减少，分布格局更趋合理，增强了林分的稳定性和适应能力，促使林分较大程度的趋于健康稳定。而 25%间伐强度相对 15%间伐强度对林木分布格局的调节作用更加显著，林分平均角尺度更接近于自然演替和发展状态下顶级群落的随机分布格局，林分整体空间结构趋近于原始林分或未经人为干扰的天然林分。

## 5.2 黄土高原人工林多功能可持续利用评价体系

森林作为陆地生态系统的主体，从人类最初认识的木材生产功能到如今发挥着涵养水源和保持水土、固碳放氧以及生物多样性保护等多种与人类生活密不可分的功能，提高着人们的生活质量。森林本身潜在的生态、社会和经济价值极大，且无法被取代，将这些潜在价值开发出来，建设集多种功能于一体的多功能林业成为林业发展的主流。近年来，我国在森林功能评价指标、评价方法及森林功能同被选取的指标间关系等方面开展了大量的研究，但大多都集中在生态系统尺度上，而林分尺度的研究结果相对较少，对指导林班、小班的森林经营管理意义不大；在评价方法的选择上，多数为定性评价方法，但定性评价缺点显而易见，不够精确、极易产生定型判读误差；通过定性的评价给出评价对象的优劣好坏，并没有清晰的界定标准，无法应用于实际森林经营。本研究针对黄土高原人工林，从林分尺度上开展森林多功能可持续利用评价方法构建，以期指导人工林可持续经营。

### 5.2.1 人工林多功能可持续利用评价体系构建

#### 5.2.1.1 评价指标确定的原则和依据

(1)原则

选取的指标要遵循科学性、规范化和实用性原则。所谓科学性原则指评价指标和功能之间要有密切的内在联系，评价标准客观，评价方法科学，评价结果符合自然客观规律，能准确地反映林分结构和森林功能。规范化原则是评价要遵循森林资源经济学的基本要求，指评价指标要符合国家相关专业技术规范和标准要求，评价指标体系采用被大众认可，评价方法符合决策科学的基本要求，已在多个领域和学科有广泛应用。实用性原则是指评价指标能够被林业和相关专业技术人员所熟悉和了解，用常用的仪器可以取得数据，评价方法便于应用和推广。

(2)依据

①《生态气象监测指标体系(试行)—森林生态系统》(中国气象局，2006)

②《森林生态系统服务功能评估规范(LY/T 1721—2008)》(国家林业局，2008)

③《森林生态系统长期定位观测方法(LY/T 1952—2011)》(国家林业局，2011)

④《森林生态系统野外系统观测方法(水文)》

#### 5.2.1.2 森林多功能评价指标体系

森林多功能评价运用美国运筹学家 Satty 于 20 世纪 70 年代中期提出的层次分析法。森林多功能为总体目标，其约束指标包括生态功能指标、经济功能指标、社会功能指标；指标层包括郁闭度、树种组成、土壤有机质含量、土壤含水量、物种丰富度、枯落物厚度、幼苗数量、蓄积量、生物量、非木质资源价值、距居民点距离、提供的就业人数、景观和游憩价值等 13 个评价指标(图 5-12)。

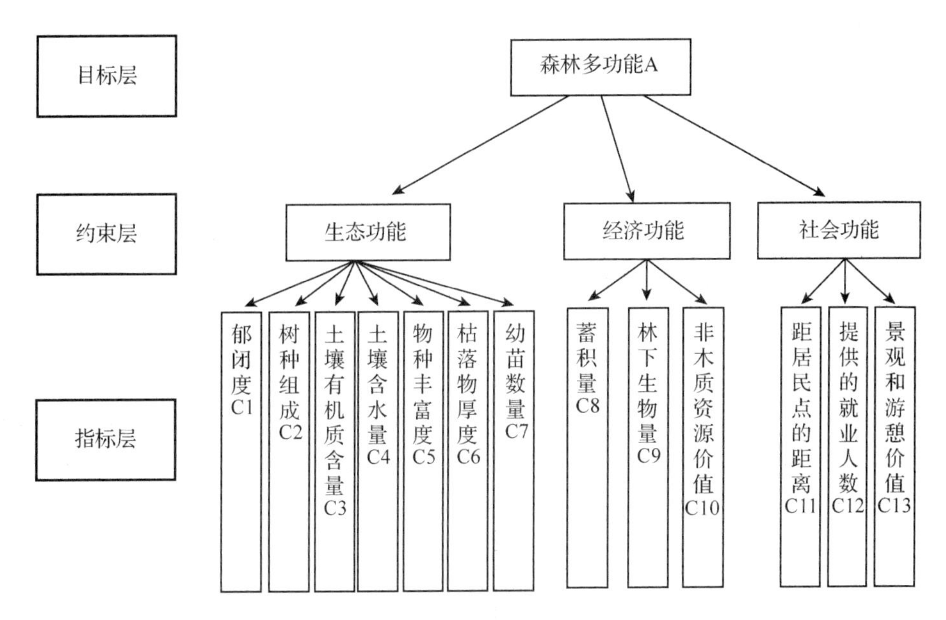


**图5-12 黄土高原森林多功能评价层次结构图**

### 5.2.1.3 森林多功能评价指标值调查与计算

(1)森林多功能评价指标值调查

选择具有代表性林分类型设置调查样地，在每个样地的四周和中心分别设置5m×5m的灌木样方和1m×m的草木样方各5个。对样地中胸径大于等于5cm或树高大于等于2m的优势树种进行每木检尺，胸径小于5cm或树高小于2m的优势树种按幼苗、幼树对待，记录优势树种幼苗的种类、数量和林分郁闭度。在灌木和草本样方中，调查灌木和草本的种类、盖度、多度和频度。在样地对角线的两端和中间点用直径4.3，高4.0的土壤环刀，取20cm处的土样三次，充分混合后装入铝盒带回实验室，自然风干后测定土壤有机质和养分。有机质含量测定采用重铬酸钾氧化法，速效磷用凯氏法测定，速效磷用0.05mol/L盐酸－0.023mol/L硫酸浸提法测定。同时，在灌木样方中，对每个灌木树种，选取生长势和大小处于平均水平的个体作为标准灌木，分别将不同树种的标准灌木连根挖出，用修枝剪将完整的植株分成根、主干、侧枝和叶子四个部分，分别称取各部分的鲜重。同时，从各部分中取样若干，迅速称鲜重后装入信封，带回实验室。在80℃条件下，烘干至恒重，称重。另外，在灌木样方中，将全部草本连根挖出，称取地上和地下部分的鲜重。然后按草本的种类分别取样、称鲜重，在实验室烘干、称干重。

在室内，测定每个灌木根、主干、侧枝和叶各部分的含水量，计算出相应的干重。灌木根、主干、侧枝和叶子四个部分干重之和为标准灌木的生物量，标准灌木生物量乘以样方中该树种的丰富度指数就是该灌木树种在调查样方中的生物量，样方中所有灌木树种生物量之和就是样方中灌木生物量。另外，计算出各个草本种类地上和地下部分的含水量，再计算出对应的干重，所有草本地上和地下部分干重之和就是样方中草本生物量。经过单位换算并求和，便得到样地中草本和灌木生物量。

(2)非木质资源价值的计算

非木质资源是指在森林中，除木材、木材加工剩余物和木材提取物外的其他动植物资源的总称，如野果资源、油脂资源、药用植物资源及山野菜资源等(管正学，2013)。主要是以每年培育业可取得的纯收入指标来表示，其计算公式为：

$$Z_{非} = \sum_{i=1}^{n} P_i Q_i - \sum_{i=1}^{n} P_i C_i \quad 5\text{-}5$$

式中：$Z_{非}$ 为非木质资源的经济评价值；$Q_i$ 为 $i$ 种培育业年总产量；$P_i$ 为 $i$ 种培育产品单位成本；$n$ 为培育产品种数。

(3)景观和游憩价值计算

森林的景观和游憩功能可以看成是森林为全社会提供的一种服务，可以用享乐价格法来评估。其价值可以体现在消费者愿意承受的最大支出额度，先调查不同层次游客权重，在按照最大支出额度划分，最后推算到该地区所有人。计算公式如下：

$$Z_{景观} = \left( C_1 \frac{n_1}{n} + C_2 \frac{n_2}{n} + \cdots + C_k \frac{n_k}{n} \right) \times N \quad 5\text{-}6$$

式中：$Z_{景观}$为景观和生态价值；$N$ 为该地区总人数；$n$ 为受调查总人数；$n_1$ 为第一梯度愿意的最大支付额度人数；$n_2$ 为第二梯度愿意的最大支付额度人数；$n_k$ 为第 $k$ 梯度愿意的最大支付额度人数；$C_1$ 为第一梯度愿意的最大支付额度；$C_2$ 为第二梯度愿意的最大支付额度；$C_k$ 为第 $k$ 梯度愿意的最大支付额度。

### 5.2.1.4 森林多功能评价指标得分值计算

(1)森林多功能评价模型

首先确定森林评价单元，为评价单元中各个评价要素进行区间划分并赋值。各评价指标的数值范围(极值)主要根据评价单元的现实水平和调查数据来确定。然后根据评价单元的样地调查数据和各因子所在区间的赋值，确定各评价单元中每个评价指标的得分值 $X_i$。然后，计算各个评价单元的综合评分值(synthesis evaluating value，SEV)。

$$SEV = \sum X_i W_i \quad 5\text{-}7$$

式中：$X_i$为评价指标得分值，$W_i$为各指标的权重值。

以综合评分值(*SEV*)的大小作为衡量森林功能发挥的标准，评分值越大，森林功能就越好；相反，评分值越小，森林功能就越差。

(2)各指标权重计算方法

应用层次分析法的基本理论，构建森林多功能评价的层次结构模型和评价指标体系，建立各层次间的两两比较判断矩阵，计算判断矩阵的特征根和特征向量。通过构造判断矩阵、层次单排序、层次总排序和一致性检验等步骤，计算出各个评价指标的权重为 $W_i$。

(3) 判断矩阵构建及特征向量

通过分析每 2 个评价因子之间的相对重要性，得到各评价因子判断矩阵，并求解矩阵最大特征根及其对应向量。经多次一致性检验，使之满足要求。黄土高原森林质量评价 A 层和 B 层判断矩阵见表 5-26；生态功能指标 B1 层和 C 层的判断矩阵见表 5-27；经济功能指标 B2、社会功能指标 B3 和对应 C 层的判断矩阵分别见表 5-28、5-29。

**表 5-26　森林多功能评价判断矩阵**

| A | B1 | B2 | B3 | 贡献率 |
|---|---|---|---|---|
| B1 | 1 | 5 | 8 | 0. 740 |
| B2 | 1/5 | 1 | 3 | 0. 194 |
| B3 | 1/8 | 1/3 | 1 | 0. 066 |

最大特征根 $\lambda$ 为 3. 06，CR = 0. 0322，RI = 0. 58，CR = 0. 0556 < 0. 1。

**表 5-27　森林生态功能判断矩阵**

| B1 | C1 | C2 | C3 | C4 | C5 | C6 | C7 | 贡献率 |
|---|---|---|---|---|---|---|---|---|
| C1 | 1 | 2 | 3 | 2 | 5 | 2 | 4 | 0. 268 |
| C2 | 1/2 | 1 | 3 | 2 | 6 | 2 | 5 | 0. 228 |
| C3 | 1/3 | 1/3 | 1 | 1/3 | 5 | 1/5 | 3 | 0. 092 |
| C4 | 1/2 | 1/2 | 3 | 1 | 5 | 1/2 | 3 | 0. 141 |
| C5 | 1/5 | 1/6 | 1/5 | 1/5 | 1 | 1/5 | 1/3 | 0. 031 |
| C6 | 1/2 | 1/2 | 5 | 2 | 5 | 1 | 2 | 0. 181 |
| C7 | 1/4 | 1/5 | 1/3 | 1/3 | 3 | 1/2 | 1 | 0. 059 |

$\lambda_{max}$ = 7. 56，CI = 0. 093，RI = 1. 39，CR = 0. 067 < 0. 1。

**表 5-28　森林经济功能判断矩阵**

| B2 | C8 | C9 | C10 | 贡献率 |
|---|---|---|---|---|
| C8 | 1 | 3 | 5 | 0. 633 |
| C9 | 1/3 | 1 | 3 | 0. 260 |
| C10 | 1/5 | 1/3 | 1 | 0. 106 |

$\lambda_{max}$ = 3. 04，CI = 0. 019，RI = 0. 52，CR = 0. 037 < 0. 1。

**表 5-29　森林社会功能判断矩阵**

| B3 | C11 | C12 | C13 | 贡献率 |
|---|---|---|---|---|
| C11 | 1 | 1/3 | 1/5 | 0. 106 |
| C12 | 3 | 1 | 1/3 | 0. 260 |
| C13 | 5 | 3 | 1 | 0. 633 |

$\lambda_{max}$ = 3. 04，CI = 0. 019，RI = 0. 52，CR = 0. 037 < 0. 1。

目标层和准则层评价因子的判断矩阵 A - B 总体随机一致性比率 CR = 0. 0556 < 0. 1；生态功能和 C 层评价因子的判断矩阵 B1 - C 总体随机一致性比率为 CRB1 = 0. 067 < 0. 1。可以看出它们都满足层次分析法的一致性检验要求，具有较为满意的一致性，可以用于权重的计算。经济功能和社会功能在 C 层评价因子的判断矩阵 B2 - C 和 B3 - C 均为 2 阶矩阵，RI 完全一致，因此可以不做一致性检验。

(4) 评价指标总权重

用高斯迭代法求解各层次上的评价因子判断矩阵的最大特征根以及对应的特征向量得到的森林质量评价因子权重结果见表 5-30。

表 5-30 森林质量各个评价因子权重计算结果

| 评价因子 | 准则层权重 B | 生态功能指标 B1 | 经济功能指标 B2 | 社会功能指标 B3 | 贡献率 | 排序 |
| --- | --- | --- | --- | --- | --- | --- |
| C1 | | 0.268 | | | 0.198 | 1 |
| C2 | | 0.228 | | | 0.169 | 2 |
| C3 | | 0.092 | | | 0.068 | 6 |
| C4 | 0.740 | 0.141 | | | 0.104 | 5 |
| C5 | | 0.031 | | | 0.023 | 10 |
| C6 | | 0.181 | | | 0.134 | 3 |
| C7 | | 0.059 | | | 0.044 | 8 |
| C8 | | | 0.633 | | 0.123 | 4 |
| C9 | 0.194 | | 0.260 | | 0.051 | 7 |
| C10 | | | 0.106 | | 0.021 | 11 |
| C11 | | | | 0.106 | 0.007 | 13 |
| C12 | 0.066 | | | 0.260 | 0.017 | 12 |
| C13 | | | | 0.633 | 0.042 | 9 |

(5)评价指标分级

在森林功能评价指标体系中，为了更准确地分析和便于数量化地对森林各项功能的发挥进行表述，可将评价指标划分为子类型或区间，按照其表达的生物学意义，把森林多功能评价指标划分成 5 个质量等级，按 100 分制赋值，依次用好、较好、中等、较差、差来表示，分别按 100、80、60、40、20 来赋值(表 5-31)。

表 5-31 森林质量评价指标等级及评分标准

| 要素类型 | 评价指标 | 子类型或区间划分 | 质量状况 | 得分值 |
| --- | --- | --- | --- | --- |
| 生态功能 | 郁闭度 C1 | ≥85% | 较好 | 80 |
| | | 70%~84% | 好 | 100 |
| | | 50%~69% | 中等 | 60 |
| | | 30%~49% | 较差 | 40 |
| | | <30% | 差 | 20 |
| | 树种组成 C2 | 三个树种以上 | 好 | 100 |
| | | 两个乡土树种 | 较好 | 80 |
| | | 一个乡土种和一个外来种 | 中等 | 60 |
| | | 一个乡土树种 | 较差 | 40 |
| | | 一个外来树种 | 差 | 20 |
| | 土壤有机质含量 C3 | ≥35 | 好 | 100 |
| | | 27~34 | 较好 | 80 |
| | | 19~26 | 中等 | 60 |
| | | 11~18 | 较差 | 40 |
| | | <11 | 差 | 20 |

（续）

| 要素类型 | 评价指标 | 子类型或区间划分 | 质量状况 | 得分值 |
| --- | --- | --- | --- | --- |
| 生态功能 | 土壤含水量 C4 | ≥8 | 好 | 100 |
| | | 6.6～8 | 较好 | 80 |
| | | 5～6.5 | 中等 | 60 |
| | | 2.6～5 | 较差 | 40 |
| | | <2.5 | 差 | 20 |
| | 物种丰富度 C5 | ≥39 | 中等 | 60 |
| | | 30～39 | 较好 | 75 |
| | | 20～29 | 好 | 90 |
| | | 10～19 | 较差 | 50 |
| | | <9 | 差 | 40 |
| | 枯落物厚度 C6 | ≥5.5 | 好 | 100 |
| | | 4.2～5.5 | 较好 | 80 |
| | | 2.8～4.1 | 中等 | 60 |
| | | 1.4～2.7 | 较差 | 40 |
| | | <1.3 | 差 | 20 |
| | 幼苗数量 C7 | ≥7000 | 好 | 100 |
| | | 5000～7000 | 较好 | 80 |
| | | 3000～5000 | 中等 | 60 |
| | | 1000～3000 | 较差 | 40 |
| | | <1000 | 差 | 20 |
| 经济功能 | 蓄积量 C8 | ≥251 | 好 | 100 |
| | | 201～250 | 较好 | 80 |
| | | 101～200 | 中等 | 60 |
| | | 51～100 | 较差 | 40 |
| | | <50 | 差 | 20 |
| | 生物量 C9 | ≥24000 | 好 | 100 |
| | | 18001～24000 | 较好 | 80 |
| | | 12001～18000 | 中等 | 60 |
| | | 6000～12000 | 较差 | 40 |
| | | <6000 | 差 | 20 |
| | 非木质资源价值 C10 | ≥55 | 好 | 100 |
| | | 46～55 | 较好 | 80 |
| | | 36～45 | 中等 | 60 |
| | | 25～35 | 较差 | 40 |
| | | <25 | 差 | 20 |
| 社会功能 | 距居民点距离 C11 | ≥55 | 差 | 20 |
| | | 46～55 | 较差 | 40 |
| | | 36～45 | 中等 | 60 |
| | | 25～35 | 较好 | 80 |
| | | <25 | 好 | 100 |

（续）

| 要素类型 | 评价指标 | 子类型或区间划分 | 质量状况 | 得分值 |
|---|---|---|---|---|
| 社会功能 | 提供的就业人数 C12 | ≥2.5 | 好 | 100 |
| | | 2.1~2.5 | 较好 | 80 |
| | | 1.6~2.0 | 中等 | 60 |
| | | 1.1~1.5 | 较差 | 40 |
| | | <1.1 | 差 | 20 |
| | 景观和游憩价值 C13 | ≥0.9 | 好 | 100 |
| | | 0.7~0.9 | 较好 | 80 |
| | | 0.5~0.7 | 中等 | 60 |
| | | 0.3~0.5 | 较差 | 40 |
| | | <0.3 | 差 | 20 |

(6)森林质量评价的等级划分

根据各个指标的质量等级和权重，给质量等级加权得到结果见表5-32。

由黄土高原人工林多功能评价等级表看出，可将森林多功能发挥效果划分为好、较好、中等、较差和差五个等级(表5-32)：综合得分值>82.8，判定森林多功能发挥效果好；66.2~82.7森林多功能发挥效果较好；50.0~66.1森林多功能发挥效果中等；33.8~49.9森林多功能发挥效果较差；≤33.7判定该森林多功能发挥效果差。

**表5-32 黄土高原森林多功能质量等级表**

| 评价指标 | 质量等级 | | | | | 权重 |
|---|---|---|---|---|---|---|
| | 好 | 较好 | 中等 | 较差 | 差 | |
| C1 | 100 | 80 | 60 | 40 | 20 | 0.19832 |
| C2 | 100 | 80 | 60 | 40 | 20 | 0.16872 |
| C3 | 100 | 80 | 60 | 40 | 20 | 0.06808 |
| C4 | 100 | 80 | 60 | 40 | 20 | 0.10434 |
| C5 | 90 | 75 | 60 | 50 | 40 | 0.02294 |
| C6 | 100 | 80 | 60 | 40 | 20 | 0.13394 |
| C7 | 100 | 80 | 60 | 40 | 20 | 0.04366 |
| C8 | 100 | 80 | 60 | 40 | 20 | 0.122802 |
| C9 | 100 | 80 | 60 | 40 | 20 | 0.05044 |
| C10 | 100 | 80 | 60 | 40 | 20 | 0.020758 |
| C11 | 100 | 80 | 60 | 40 | 20 | 0.006996 |
| C12 | 100 | 80 | 60 | 40 | 20 | 0.01716 |
| C13 | 100 | 80 | 60 | 40 | 20 | 0.041844 |
| 加权求和 | 99.77 | 79.89 | 60 | 40.23 | 20.46 | — |
| 分值区间 | >82.8 | 66.2~82.7 | 50.0~66.1 | 33.8~49.9 | ≤33.7 | — |

## 5.2.2 黄土高原主要森林类型多功能评价

选择具有代表性的油松林、刺槐林、侧柏林、杨树林和油松侧柏混交林5个森林类型作为调查样地，林分年龄18~24年，样地面积20m×20m，共设样地58个，样地基本情况见表5-33。

表 5-33　不同森林类型的林分特征

| 样地号 | 林分类型 | 评价指标 | | | | | | | | | | | | |
|---|---|---|---|---|---|---|---|---|---|---|---|---|---|---|
| | | 郁闭度（%） | 树种组成 | 土壤有机质含量（mg/kg） | 土壤含水量（mg/kg） | 物种丰富度 | 枯落物厚度（cm） | 幼苗数量（个/hm²） | 蓄积量（m³/hm²） | 生物量（kg/hm²） | 非木质资源价值（万元/hm²） | 距居民点距离（km） | 提供的就业人数（人） | 景观和游憩价值（万元/年） |
| 1 | 油松 | 93 | 纯林 | 31.77 | 3.77 | 33 | 2.27 | 9200 | 79.9 | 33531.9 | 30 | 1 | 2.0 | 0.60 |
| 2 | 油松 | 92 | 纯林 | 27.67 | 4.22 | 41 | 1.10 | 4200 | 187.9 | 8560.4 | 60 | 1 | 2.0 | 0.60 |
| 3 | 油松 | 90 | 纯林 | 29.26 | 4.23 | 29 | 4.88 | 1800 | 209.2 | 30991.3 | 70 | 15 | 2.0 | 0.60 |
| 4 | 油松 | 95 | 纯林 | 23.84 | 3.92 | 37 | 3.72 | 1200 | 145.6 | 13498.9 | 50 | 8 | 2.0 | 0.60 |
| 5 | 油松 | 98 | 纯林 | 13.95 | 4.12 | 25 | 4.03 | 1200 | 6.1 | 13483.8 | 10 | 5 | 2.0 | 0.60 |
| 6 | 油松 | 82 | 纯林 | 6.94 | 3.10 | 20 | 2.30 | 11600 | 16.5 | 21325.2 | 15 | 10 | 1.2 | 0.20 |
| 7 | 油松 | 83 | 纯林 | 17.18 | 2.74 | 27 | 2.80 | 1600 | 119.9 | 26321.0 | 40 | 33 | 1.5 | 0.30 |
| 8 | 油松 | 88 | 纯林 | 24.79 | 3.75 | 35 | 3.83 | 475 | 138.0 | 20501.6 | 50 | 33 | 1.5 | 0.30 |
| 9 | 油松 | 91 | 纯林 | 36.54 | 2.30 | 28 | 6.70 | 375 | 298.6 | 17201.0 | 80 | 33 | 1.5 | 0.30 |
| 10 | 油松 | 83 | 纯林 | 19.02 | 3.28 | 30 | 4.13 | 1200 | 125.8 | 4601.6 | 45 | 33 | 1.5 | 0.30 |
| 11 | 油松 | 94 | 纯林 | 15.73 | 3.16 | 27 | 2.37 | 4000 | 37.0 | 3888.6 | 20 | 57 | 1.0 | 0.18 |
| 12 | 油松 | 78 | 纯林 | 12.97 | 3.55 | 19 | 2.13 | 1200 | 89.4 | 6108.1 | 30 | 80 | 1.5 | 0.20 |
| 13 | 油松 | 94 | 纯林 | 44.41 | 5.77 | 23 | 6.63 | 6800 | 186.2 | 2282.0 | 60 | 7 | 0.8 | 0.17 |
| 14 | 油松 | 82 | 纯林 | 13.27 | 3.94 | 22 | 3.00 | 13200 | 170.1 | 28784.9 | 60 | 17 | 1.0 | 0.20 |
| 15 | 油松 | 96 | 纯林 | 8.32 | 3.92 | 32 | 0.30 | 1500 | 12.4 | 2900.8 | 10 | 37 | 3.0 | 1.20 |
| 16 | 油松 | 92 | 纯林 | 22.33 | 4.09 | 31 | 4.23 | 1000 | 58.0 | 10.8 | 20 | 31 | 3.0 | 1.20 |
| 17 | 油松 | 93 | 纯林 | 33.42 | 3.73 | 31 | 4.21 | 525 | 288.9 | 21091.1 | 65 | 32 | 3.0 | 1.20 |
| 18 | 油松 | 93 | 纯林 | 29.23 | 4.28 | 28 | 5.73 | 1500 | 248.3 | 6796.2 | 70 | 40 | 3.0 | 1.20 |
| 19 | 油松 | 91 | 纯林 | 24.21 | 2.70 | 30 | 4.10 | 675 | 247.8 | 33656.9 | 70 | 36 | 3.0 | 1.20 |
| 20 | 刺槐 | 80 | 纯林 | 13.74 | 3.99 | 7 | 2.50 | 200 | 58.0 | 28996.4 | 20 | 13 | 1.0 | 0.30 |
| 21 | 刺槐 | 65 | 纯林 | 6.78 | 2.16 | 9 | 2.60 | 125 | 34.2 | 17084.6 | 45 | 13 | 1.0 | 0.30 |
| 22 | 刺槐 | 70 | 纯林 | 17.19 | 6.63 | 16 | 2.23 | 400 | 17.6 | 8804.3 | 55 | 25 | 1.0 | 0.30 |
| 23 | 刺槐 | 90 | 纯林 | 19.54 | 2.76 | 16 | 1.96 | 2600 | 26.6 | 13278.6 | 40 | 25 | 1.0 | 0.30 |
| 24 | 刺槐 | 60 | 纯林 | 16.63 | 3.03 | 21 | 3.13 | 200 | 3.2 | 3159.5 | 10 | 24 | 1.0 | 0.30 |
| 25 | 刺槐 | 80 | 纯林 | 12.47 | 3.52 | 13 | 2.56 | 300 | 19.8 | 6796.2 | 15 | 23 | 1.0 | 0.30 |
| 26 | 刺槐 | 95 | 纯林 | 8.47 | 3.29 | 22 | 2.34 | 75 | 11.3 | 9.7 | 30 | 20 | 1.0 | 0.30 |
| 27 | 刺槐 | 85 | 纯林 | 22.35 | 2.78 | 9 | 2.54 | 75 | 48.3 | 2941.7 | 35 | 30 | 1.0 | 0.30 |
| 28 | 刺槐 | 82 | 纯林 | 9.87 | 2.91 | 17 | 1.77 | 475 | 15.9 | 1442.1 | 60 | 6 | 1.0 | 0.30 |

（续）

| 样地号 | 林分类型 | 评价指标 | | | | | | | | | | | | |
|---|---|---|---|---|---|---|---|---|---|---|---|---|---|---|
| | | 郁闭度（%） | 树种组成 | 土壤有机质含量（mg/kg） | 土壤含水量（mg/kg） | 物种丰富度 | 枯落物厚度（cm） | 幼苗数量（个/$hm^2$） | 蓄积量（$m^3/hm^2$） | 生物量（$kg/hm^2$） | 非木质资源价值（万元/$hm^2$） | 距居民点距离（km） | 提供的就业人数（人） | 景观和游憩价值（万元/年） |
| 29 | 刺槐 | 97 | 纯林 | 16.47 | 3.33 | 16 | 3.28 | 500 | 2.1 | 2816.6 | 50 | 15 | 1.0 | 0.30 |
| 30 | 刺槐 | 91 | 纯林 | 17.19 | 5.41 | 5 | 2.69 | 350 | 6.0 | 3101.6 | 20 | 17 | 1.0 | 0.30 |
| 31 | 刺槐 | 96 | 纯林 | 24.79 | 4.14 | 6 | 3.58 | 575 | 3.1 | 5275.6 | 30 | 47 | 1.0 | 0.30 |
| 32 | 刺槐 | 99 | 纯林 | 26.44 | 3.26 | 12 | 3.33 | 475 | 51.2 | 12244.2 | 40 | 32 | 1.0 | 0.30 |
| 33 | 刺槐 | 99 | 纯林 | 19.38 | 4.76 | 14 | 2.97 | 500 | 28.7 | 5770.3 | 45 | 25 | 1.0 | 0.30 |
| 34 | 侧柏 | 82 | 纯林 | 4.29 | 2.31 | 18 | 1.03 | 1000 | 19.3 | 15424.8 | 10 | 1 | 1.0 | 0.20 |
| 35 | 侧柏 | 50 | 纯林 | 8.84 | 2.50 | 16 | 1.30 | 100 | 1.7 | 5658.4 | 20 | 1 | 1.0 | 0.20 |
| 36 | 侧柏 | 67 | 纯林 | 12.95 | 2.48 | 18 | 1.46 | 1600 | 3.0 | 9173.6 | 55 | 1.5 | 1.0 | 0.20 |
| 37 | 侧柏 | 85 | 纯林 | 8.33 | 3.11 | 9 | 1.79 | 1500 | 12.7 | 132.6 | 50 | 15 | 1.0 | 0.20 |
| 38 | 侧柏 | 61 | 纯林 | 12.33 | 2.92 | 17 | 1.10 | 1500 | 1.0 | 361.6 | 50 | 2 | 1.0 | 0.20 |
| 39 | 侧柏 | 80 | 纯林 | 13.95 | 2.30 | 18 | 0.80 | 200 | 7.3 | 3851.5 | 30 | 5 | 1.0 | 0.20 |
| 40 | 侧柏 | 59 | 纯林 | 6.94 | 2.63 | 25 | 2.10 | 1500 | 2.2 | 2846.8 | 40 | 3 | 1.0 | 0.20 |
| 41 | 杨树 | 96 | 纯林 | 7.18 | 2.60 | 15 | 1.30 | 200 | 78.2 | 1586.6 | 45 | 12 | 1.5 | 0.15 |
| 42 | 杨树 | 97 | 纯林 | 6.79 | 3.33 | 18 | 1.65 | 100 | 50.7 | 1230.7 | 10 | 15 | 1.5 | 0.15 |
| 43 | 杨树 | 89 | 纯林 | 10.13 | 3.70 | 14 | 2.21 | 100 | 35.3 | 298.5 | 20 | 16 | 1.5 | 0.15 |
| 44 | 杨树 | 91 | 纯林 | 15.66 | 3.93 | 19 | 1.00 | 200 | 84.5 | 565.4 | 40 | 20 | 1.5 | 0.15 |
| 45 | 杨树 | 91 | 纯林 | 7.75 | 10.23 | 9 | 1.40 | 400 | 3.6 | 816.4 | 35 | 30 | 1.5 | 0.15 |
| 46 | 杨树 | 91 | 纯林 | 12.13 | 6.54 | 20 | 0.80 | 100 | 490.5 | 716.5 | 50 | 25 | 1.5 | 0.15 |
| 47 | 杨树 | 55 | 纯林 | 6.94 | 0.47 | 16 | 0.80 | 100 | 27.6 | 642.0 | 30 | 22 | 1.5 | 0.15 |
| 48 | 杨树 | 90 | 纯林 | 12.17 | 2.62 | 27 | 1.30 | 900 | 194.1 | 66.5 | 35 | 28 | 1.5 | 0.15 |
| 49 | 油松×刺槐 | 80 | 混交林 | 28.64 | 4.56 | 23 | 5.88 | 5600 | 186.4 | 33531.9 | 60 | 12 | 3.0 | 1.00 |
| 50 | 油松×刺槐 | 75 | 混交林 | 29.23 | 5.01 | 21 | 4.72 | 7200 | 200.2 | 34006.7 | 70 | 3 | 3.0 | 1.00 |
| 51 | 油松×刺槐 | 77 | 混交林 | 21.88 | 4.77 | 17 | 4.03 | 6800 | 211.4 | 24541.3 | 50 | 15 | 3.0 | 1.00 |
| 52 | 油松×刺槐 | 81 | 混交林 | 25.89 | 3.79 | 19 | 5.36 | 4875 | 279.8 | 27726.9 | 50 | 4 | 3.0 | 1.00 |
| 53 | 油松×刺槐 | 64 | 混交林 | 18.12 | 4.42 | 25 | 3.94 | 4750 | 260.2 | 19541.7 | 70 | 7 | 3.0 | 1.00 |
| 54 | 油松×杨树 | 69 | 混交林 | 36.54 | 4.52 | 22 | 3.51 | 4200 | 165.8 | 27531.8 | 75 | 7 | 3.0 | 1.00 |
| 55 | 油松×杨树 | 72 | 混交林 | 34.41 | 5.00 | 24 | 5.09 | 4000 | 199.7 | 29815.8 | 60 | 9 | 3.0 | 1.00 |
| 56 | 油松×杨树 | 71 | 混交林 | 22.37 | 4.39 | 19 | 5.66 | 5875 | 253.4 | 25031.7 | 65 | 6 | 3.0 | 1.00 |
| 57 | 油松×杨树 | 75 | 混交林 | 29.54 | 3.97 | 18 | 5.24 | 5450 | 206.4 | 21181.9 | 70 | 13 | 3.0 | 1.00 |
| 58 | 油松×杨树 | 79 | 混交林 | 33.62 | 4.31 | 19 | 5.81 | 6400 | 277.8 | 24315.7 | 55 | 10 | 3.0 | 1.00 |

根据油松、刺槐为代表的五个主要森林类型的林分结构特征，结合功能评价结果和森林多功能等级表，黄土高原主要森林类型的数量化评价结果如图5-13与表5-34所示，油松刺槐混交林是森林功能发挥最好的森林。总体看来，五种主要森林类型的评分值由大到小依次为：油松刺槐混交林73.05，油松纯林59.26，刺槐纯林44.24，杨树43.82，侧柏37.67。

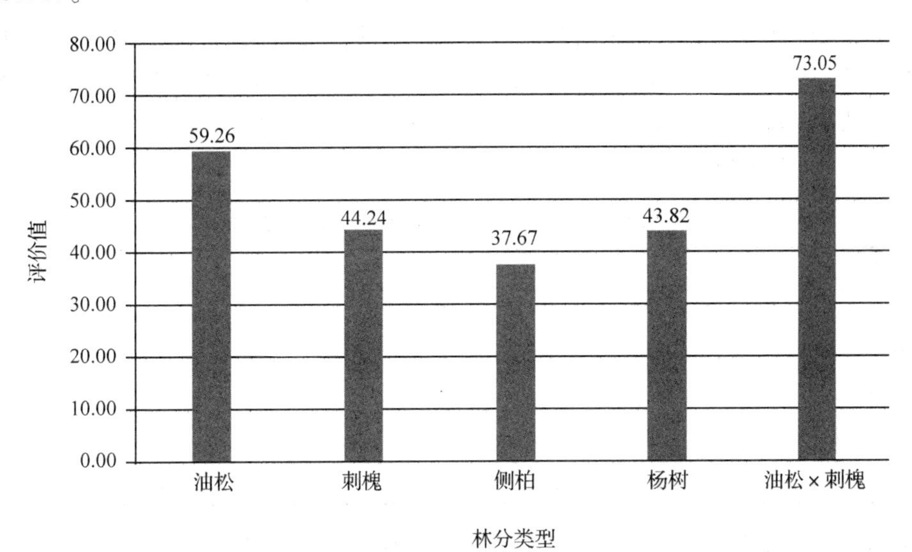


**图5-13　五种林分类型多功能评价得分值**

**表5-34　样地多功能评价评分值**

| 样地号 | 林分类型 | 评分值 | 样地号 | 林分类型 | 评分值 | 样地号 | 林分类型 | 评分值 |
|---|---|---|---|---|---|---|---|---|
| 1 | 油松 | 56.96 | 21 | 刺槐 | 32.22 | 41 | 杨树 | 43.11 |
| 2 | 油松 | 55.92 | 22 | 刺槐 | 43.72 | 42 | 杨树 | 42.50 |
| 3 | 油松 | 68.38 | 23 | 刺槐 | 45.63 | 43 | 杨树 | 46.47 |
| 4 | 油松 | 59.11 | 24 | 刺槐 | 39.67 | 44 | 杨树 | 44.47 |
| 5 | 油松 | 51.93 | 25 | 刺槐 | 45.96 | 45 | 杨树 | 48.81 |
| 6 | 油松 | 51.29 | 26 | 刺槐 | 40.96 | 46 | 杨树 | 55.12 |
| 7 | 油松 | 62.34 | 27 | 刺槐 | 46.36 | 47 | 杨树 | 26.25 |
| 8 | 油松 | 62.33 | 28 | 刺槐 | 45.25 | 48 | 杨树 | 47.29 |
| 9 | 油松 | 69.02 | 29 | 刺槐 | 44.91 | 49 | 油松×刺槐 | 79.40 |
| 10 | 油松 | 59.32 | 30 | 刺槐 | 42.84 | 50 | 油松×刺槐 | 70.22 |
| 11 | 油松 | 46.06 | 31 | 刺槐 | 44.79 | 51 | 油松×刺槐 | 65.87 |
| 12 | 油松 | 43.66 | 32 | 刺槐 | 50.19 | 52 | 油松×刺槐 | 79.59 |
| 13 | 油松 | 66.75 | 33 | 刺槐 | 45.72 | 53 | 油松×刺槐 | 63.97 |
| 14 | 油松 | 62.57 | 34 | 侧柏 | 43.82 | 54 | 油松×刺槐 | 67.53 |
| 15 | 油松 | 44.93 | 35 | 侧柏 | 25.50 | 55 | 油松×刺槐 | 74.90 |
| 16 | 油松 | 58.29 | 36 | 侧柏 | 36.61 | 56 | 油松×刺槐 | 77.47 |
| 17 | 油松 | 71.27 | 37 | 侧柏 | 47.58 | 57 | 油松×刺槐 | 72.69 |
| 18 | 油松 | 70.11 | 38 | 侧柏 | 34.59 | 58 | 油松×刺槐 | 78.83 |
| 19 | 油松 | 65.64 | 39 | 侧柏 | 43.14 | — | — | — |
| 20 | 刺槐 | 51.21 | 40 | 侧柏 | 32.45 | — | — | — |

根据油松刺槐混交林多功能状态图来看，80%的样地功能处在良好的状态，其余的20%是中等水平，说明油松刺槐混交林多功能的发挥是比较好的；在油松人工林中，57.89%样地的功能水平都是处于中等，其次26.32%样地的森林多功能发挥情况是良好的，剩余的15.79%则比较差，总体来看，油松人工林森林多功能水平是中等偏上的；刺槐人工林中有78.57%的样地其功能都是处在比较差的水平，功能中等水平的样地只占14.29%，还有7.14%的样地功能非常差；杨树林多功能状态和刺槐林相差无几，功能较差的林分占的比重达到75%，功能一般和功能很差的林分各占到12.5%；侧柏人工林的多功能状况最差，71.43%的侧柏样地多功能状态比较差，28.57%的侧柏样地多功能状态很差(表5-35)。

**表5-35 五种林分类型不同评价等级统计结果**

| 等级 | 油松 | 侧柏 | 刺槐 | 杨树 | 油松×刺槐 |
|---|---|---|---|---|---|
| 好 | — | — | — | — | — |
| 较好 | 26.32% | — | — | — | 80.00% |
| 中等 | 57.89% | — | 14.29% | 12.50% | 20.00% |
| 较差 | 15.79% | 71.43% | 78.57% | 75.00% | — |
| 差 | — | 28.57% | 7.14% | 12.50% | — |

利用该评价技术体系对示范林的经营效果进行了综合评判，验证了甘肃镇原示范基地的人工林多功能可持续经营的示范效果。研究认为，在以降低林分密度和调整林分结构为示范内容的马渠示范林试验基地油松人工林多功能指数由作业前的40.30提高到60.96，多功能质量等级由较差提高到中等水平。在以发展林下经济为示范内容的南沟示范基地刺槐人工林多功能指数由作业前的39.18提高到47.74，虽然森林多功能质量等级没有发生变化，仍然维持在中等水平，但是林分的多功能效益有了一定的提高。

森林多功能评价指标体系提取方便，评价方法简单，评价结果客观明了，便于推广，具有一定的应用价值。只要掌握林业专业知识的技术人员可以独立完成评价工作。

## 5.3 黄土高原油松中龄林抚育间伐效益研究

为了了解油松人工林抚育间伐效果，分析不同间伐强度对油松林木个体生长、林分蓄积及林木形质，对油松细根生长、形态及空间分布格局以及对油松林下枯落物的储量、蓄积和持水特性的影响，以黄龙山林区界头庙林场28年的油松人工中龄林为对象，通过样地调查法对四种不同间伐强度，CK(保留郁闭度0.9)、Ⅰ(保留郁闭度0.8)、Ⅱ(保留郁闭度0.7)和Ⅲ(保留郁闭度0.6)下的油松林分进行了比较分析，以期为油松人工林经营提供参考。

### 5.3.1　试验设置与样地调查

#### 5.3.1.1　试验设置

调查样地设置在1988年营造的油松人工纯林内，造林地原为撂荒地，造林时进行鱼鳞坑整地，选用3年生容器苗，初值密度为3900株/hm²。造林后初期的经营措施主要以除草、割灌、扩穴、补植幼苗为主。1998年进行了强度基本一致的定株抚育，2008年进行了不同强度(保留郁闭度)的间伐试验，在对试验区全面踏查的基础上，选择远离居民区、立地条件相似的林分，调查林地保留郁闭度，并按照间伐Ⅰ(保留郁闭度0.8)、间伐Ⅱ(保留郁闭度0.7)、间伐Ⅲ(保留郁闭度0.6)以及CK(郁闭度0.9)在内的四种间伐强度分别设置了3块大小为20m×20m的固定监测样地，共设置12块样地。此后林地处于自然恢复和保护状态，未经受过较大的外界干扰。样地基本情况见表5-36。

**表5-36　样地基本林分特征**

| 间伐类型 | 样地编号 | 海拔(m) | 坡向 | 坡度(°) | 坡位 | 初植密度(株/hm²) | 保留郁闭度(%) |
|---|---|---|---|---|---|---|---|
| 类型1 | 1 | 1482.05 | 半阴坡 | 16 | 上部 | 3900 | 0.88 |
| | 2 | 1486.05 | 阴坡 | 12 | 上部 | 3900 | 0.87 |
| | 3 | 1480.88 | 阴坡 | 10 | 上部 | 3900 | 0.90 |
| 类型2 | 1 | 1466.50 | 半阴坡 | 15 | 中上部 | 3900 | 0.82 |
| | 2 | 1474.38 | 阴坡 | 11 | 上部 | 3900 | 0.79 |
| | 3 | 1470.21 | 阴坡 | 13 | 上部 | 3900 | 0.81 |
| 类型3 | 1 | 1466.30 | 阴坡 | 11 | 上部 | 3900 | 0.71 |
| | 2 | 1450.45 | 阴坡 | 14 | 中上部 | 3900 | 0.68 |
| | 3 | 1452.85 | 阴坡 | 17 | 中上部 | 3900 | 0.71 |
| 类型4 | 1 | 1481.56 | 阴坡 | 15 | 中上部 | 3900 | 0.60 |
| | 2 | 1483.76 | 阴坡 | 12 | 上部 | 3900 | 0.61 |
| | 3 | 1475.63 | 半阴坡 | 14 | 上部 | 3900 | 0.61 |

#### 5.3.1.2　样地调查

调查林分郁闭度采用样点统计法(李永宁等，2008)，在每块样地内随机设置50个样点，判断样点是否被树冠遮盖，统计被遮盖样点数，计算出郁闭度：

郁闭度=被树冠遮盖的样点数/50

对样地林木进行每木检尺，调查项目包括胸径(DBH)、树高和冠幅。根据每木检尺结果，结合油松的二元材积表查得林木单株材积，乘以相应径阶株数得到各径阶材积，加和各径阶材积即得到林分总蓄积量。

### 5.3.2　油松中龄林抚育间伐效益

#### 5.3.2.1　间伐保留密度对林木生长的影响

不同间伐保留密度对油松林木个体生长、材积及林分蓄积的影响情况见表5-37。方差分析结果表明，不同保留密度林分其林木胸径差异明显，且随着保留密度的减小，油松林木胸径不断增大，且对照样地的林木胸径与其他三类间伐样地林木胸径呈现显著差异。树高随着保留密度的减小呈现增大趋势，但各类样地林木的树高均无显著差异，这表明间伐对林木树高影响不大。

**表 5-37　不同保留密度的林木生长方差分析结果**

| 林木生长 | 间伐类型 | | | |
|---|---|---|---|---|
| | CK | Ⅰ | Ⅱ | Ⅲ |
| 胸径 | 10.18 ±0.33a | 11.00 ±0.66b | 11.56 ±0.53b | 13.25 ±0.50b |
| 树高 | 6.71 ±0.15a | 6.89 ±0.12a | 6.93 ±0.20a | 7.01 ±0.23a |
| 单株材积 | 0.0343 ±0.0030a | 0.0362 ±0.0037a | 0.0393 ±0.0037ab | 0.0471 ±0.0043b |
| 林分蓄积 | 133.58 ±11.82a | 108.71 ±11.00a | 88.52 ±8.30a | 84.76 ±7.69a |

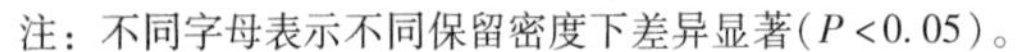

注：不同字母表示不同保留密度下差异显著（$P<0.05$）。

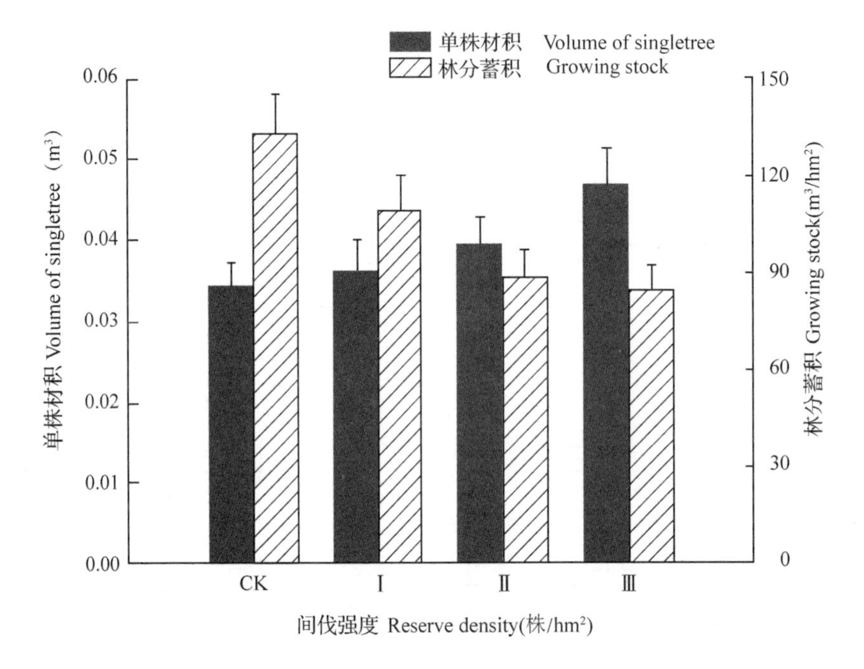



**图 5-14　林木单株材积、林分蓄积随保留密度的变化**

图 5-14 可以看出，不同保留密度下油松林木单株材积差异明显，且间伐Ⅲ与 CK、间伐Ⅱ呈现显著性差异。相对于对照样地，间伐Ⅰ、间伐Ⅱ、间伐Ⅲ的单株材积分别提高了 5.5%、14.6% 和 37.3%。四类样地中林分蓄积随保留密度的减小而减小，且相邻处理间的差异不断减小并趋于平稳，方差分析结果显示各类样地的林分蓄积无显著性差异。

### 5.3.2.2　间伐保留密度对树干形质的影响

由表 5-38 可知，随着间伐保留密度的减小，油松林木径高比不断增大。林木尖削度与径高比的变化规律相似，并从 1.15 增大到 2.62，增幅较大。方差分析结果表明，间伐Ⅲ的径高比与 CK、间伐Ⅰ、间伐Ⅱ之间有显著性差异，CK、间伐Ⅰ、间伐Ⅱ的尖削度两两呈现显著性差异，间伐Ⅱ与间伐Ⅲ之间林木尖削度无显著性差异。通直度的方差分析结果表明，CK 与间伐Ⅰ、间伐Ⅱ、间伐Ⅲ间皆有显著性差异，间伐Ⅰ、间伐Ⅱ、间伐Ⅲ两两之间差异不显著。本研究中，随着林分保留密度的减小，油松林木活枝下高变化明显并呈逐渐降低的趋势，且 CK、间伐Ⅰ、间伐Ⅱ间两两呈现显著性差异，间伐Ⅱ、间伐Ⅲ间差异不显著。活枝下高的方差分析结果表明，低的间伐保留密度会削弱林木的自然整枝能力，使得活枝下高降低，从而不利于形成优良的树干形质。

**表 5-38　不同保留密度的林木干形方差分析表**

| 树干形质 | 间伐类型 | | | |
|---|---|---|---|---|
| | CK | Ⅰ | Ⅱ | Ⅲ |
| 径高比 | 1.52 ±0.03b | 1.60 ±0.08b | 1.67 ±0.05b | 1.89 ±0.02a |
| 尖削度 | 1.15 ±0.06a | 1.76 ±0.21b | 2.31 ±0.05c | 2.62 ±0.08c |
| 通直度 | 4.75 ±0.12a | 4.90 ±0.05ab | 5.00 ±0.00b | 5.00 ±0.00b |
| 分叉干率 | 3.62 ±1.37a | 0.00 ±0.00b | 0.00 ±0.00b | 2.00 ±0.51ab |
| 活枝下高 | 4.67 ±0.06a | 3.93 ±0.23b | 3.48 ±0.21bc | 3.10 ±0.34c |
| 一级侧枝数 | 33.00 ±0.82a | 34.00 ±1.08a | 36.75 ±1.65ab | 40.00 ±2.68b |
| 一级侧枝平均基径 | 1.20 ±0.11c | 1.43 ±0.13c | 1.78 ±0.05a | 2.15 ±0.05b |
| 基径≥2cm 侧枝数 | 4.26 ±0.63a | 6.25 ±0.63ab | 7.25 ±0.85b | 9.75 ±0.75c |

注：不同字母表示不同保留密度下差异显著（$P<0.05$）。

由表 5-39 可以看出，在进行油松林木形质等级划分时，综合评分≥90 分的为优等形质，记为Ⅰ级；综合得分在 80～90 的形质水平为良好，记为Ⅱ级；综合得分在 70～80 的为中等形质水平，记为Ⅲ级，综合得分在 60～70 的形质水平较差，记为Ⅳ级；综合得分 <60 分的形质水平差，记为Ⅴ级。间伐保留郁闭度 0.7 时林分林木形质最优，综合评分达 90.28，间伐保留郁闭度 0.8 时林分林木形质综合评分稍低于前者，林木形质水平良好，间伐保留郁闭度 0.6 和对照条件下样地林木形质水平均处于中等水平。总体看来，油松林木形质水平随林分保留郁闭度的降低而升高，但当郁闭度降低至 0.6 时，林木形质水平反而会降低。

**表 5-39　样地林木形质综合得分及形质分级**

| 郁闭度 | 综合评分 | 形质等级 |
|---|---|---|
| 0.9 | 75.32 | Ⅲ |
| 0.8 | 88.80 | Ⅱ |
| 0.7 | 90.28 | Ⅰ |
| 0.6 | 77.51 | Ⅲ |

#### 5.3.2.3　油松细根生物量随间伐强度的变化

对各间伐类型各土层油松细根生物量进行方差分析，结果见表 5-40。由表 5-40 可以看出不同间伐强度下油松中龄林细根各层总生物量差异显著($P<0.05$)。随着间伐强度的增大，0～60cm 的细根总生物量呈现先升高后降低的趋势，间伐强度为Ⅱ时细根总生物量最大，达到 1022.43g/m$^2$。四种间伐强度下林分的细根生物量在不同土层间差异显著($P<0.05$)，20～40cm 土层和 40～60cm 土层的细根生物量随间伐强度的增大而增大，而 0～20cm 土层细根生物量在间伐强度达到Ⅲ时却有显著下降，且低于对照样地水平。

**表 5-40　间伐强度对细根生物量的影响**

| 间伐类型 | 土层 | | | 总生物量 (g/m$^2$) |
|---|---|---|---|---|
| | 0～20cm | 20～40cm | 40～60cm | |
| CK | 601.55±50.19Aa | 130.47±23.84Bb | 44.35±7.88Bb | 776.37±98.92C |
| Ⅰ | 613.78±88.83Aa | 154.22±23.84Bb | 61.84±11.19 Bb | 829.84±81.56BC |
| Ⅱ | 706.91±64.57Aa | 230.48±33.21ABb | 85.04±6.06Bc | 1022.43±102.33AB |
| Ⅲ | 544.63±61.04Aa | 264.09±28.97Ab | 161.99±25.2Ab | 970.71±54.91B |

由图 5-15 和图 5-16 可以看出，油松中龄林细根的根长密度和根表面积密度随土层和间伐强度的变化规律相似。在同一间伐强度、不同土层和同一土层不同间伐强度下根长密度和根表面积密度均存在显著性差异($P<0.05$)，在各间伐强度下，根长密度和根表面积密度均表现为 0～20cm 土层 > 20～40cm 土层 > 40～60cm 土层。不同间伐强度下细根根长密度和根表面积密度在 0～20cm 土层均表现为间伐Ⅱ > 间伐Ⅰ > 对照 > 间伐Ⅲ；在 20～40cm 土层根长密度表现为间伐Ⅲ > 间伐Ⅱ > 对照 > 间伐Ⅰ，根表面积密度表现为间伐Ⅲ > 间伐Ⅱ > 间伐Ⅰ > 对照；在 40～60cm 土层根长密度表现为间伐Ⅲ > 间伐Ⅱ > 间伐Ⅰ > 对照，而根表面积密度表现为间伐Ⅲ > 间伐Ⅱ > 对照 > 间伐Ⅰ。

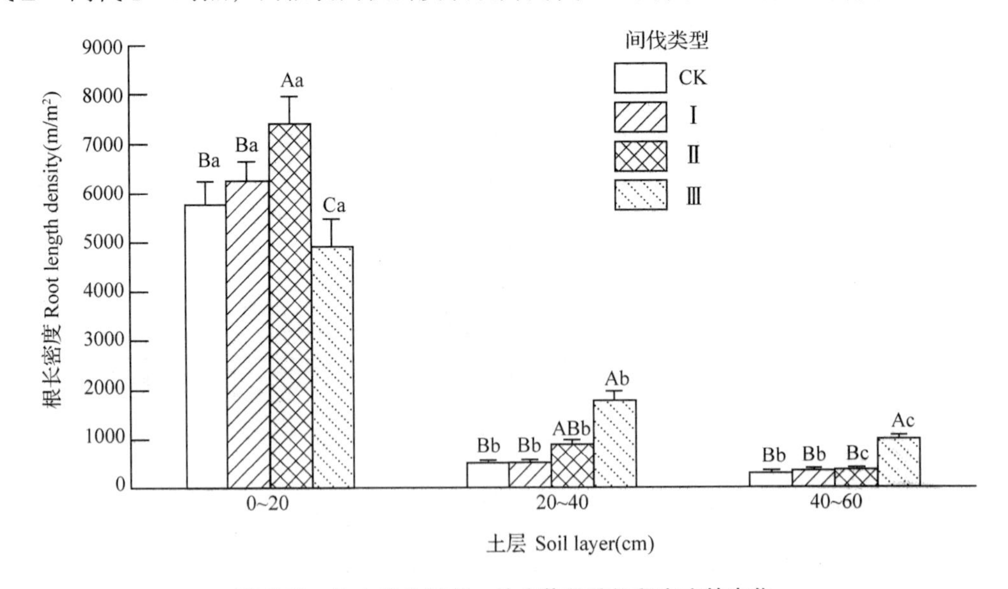


**图 5-15　林木单株材积、林分蓄积随保留密度的变化**

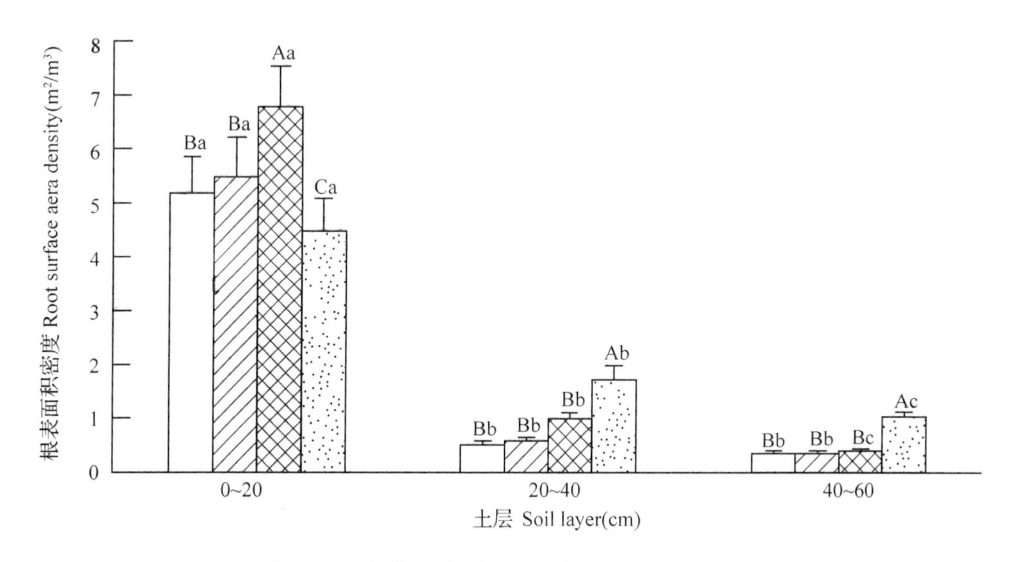


图 5-16 间伐强度对细根根表面积密度的影响

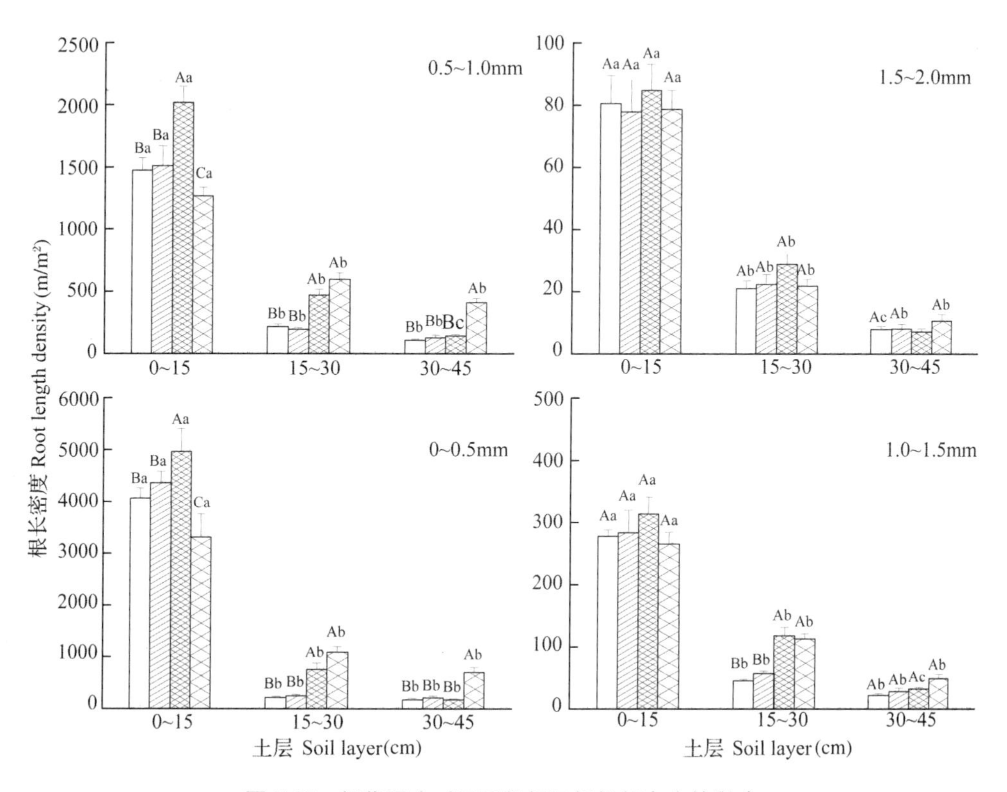


图 5-17 间伐强度对不同径级细根根长密度的影响

由图 5-17 可以看出，各间伐强度下各径级细根根长密度在不同土层间均有显著性差异，且均以 0～20cm 土层的分布最大。0～0.5mm 和 0.5～1.0mm 径级的细根根长密度在同一土层不同间伐强度下均呈现显著性差异。在间伐Ⅲ下小径级细根(0～1.0mm)在 0～20cm 土层的根长密度显著小于其余三种间伐强度，而在 20～40cm 土层和 40～

60cm 土层则显著大于其余三种间伐强度。不同间伐强度下 1.0～1.5mm 径级的细根根长密度在 20～40cm 土层有显著性差异，而在 0～20cm 土层和 40～60cm 土层则无显著性差异。不同间伐强度下 1.5-2.0mm 径级的细根根长密度在各土层均无显著性差异。不同径级细根的根表面积密度随间伐强度和土层的变化规律与根长密度基本一致，但在间伐Ⅲ条件下，1.0～2.0mm 径级细根的根表面积密度在 40～60mm 土层也开始呈现出显著性差异。

### 5.3.2.4 不同间伐类型油松林下枯落物蓄积量的比较

枯落物储量与林分间伐强度有显著的相关性，即随着间伐强度的增大，林下枯落物蓄积量不断减小。从图 5-18 可以看出，不同间伐类型下，油松枯落物的分解程度也有明显差异，分解层储量占枯落物总储量的比例变化范围为 47.96%～65.85%，表现为间伐Ⅲ(65.85%)＞间伐Ⅱ(60.44%)＞间伐Ⅰ(53.33%)＞CK(47.96%)，即随着间伐强度的增大，枯落物分解层的比例不断增大。间伐促进了林下枯落物的分解，这是由于间伐形成的林窗增加了林内光照强度，改善了地表温度条件，微生物活动增加，从而促进了枯落物的分解。而未间伐的林地由于林内温度低，微生物活动缓慢，因此枯落物的分解表现出一定的滞后性。

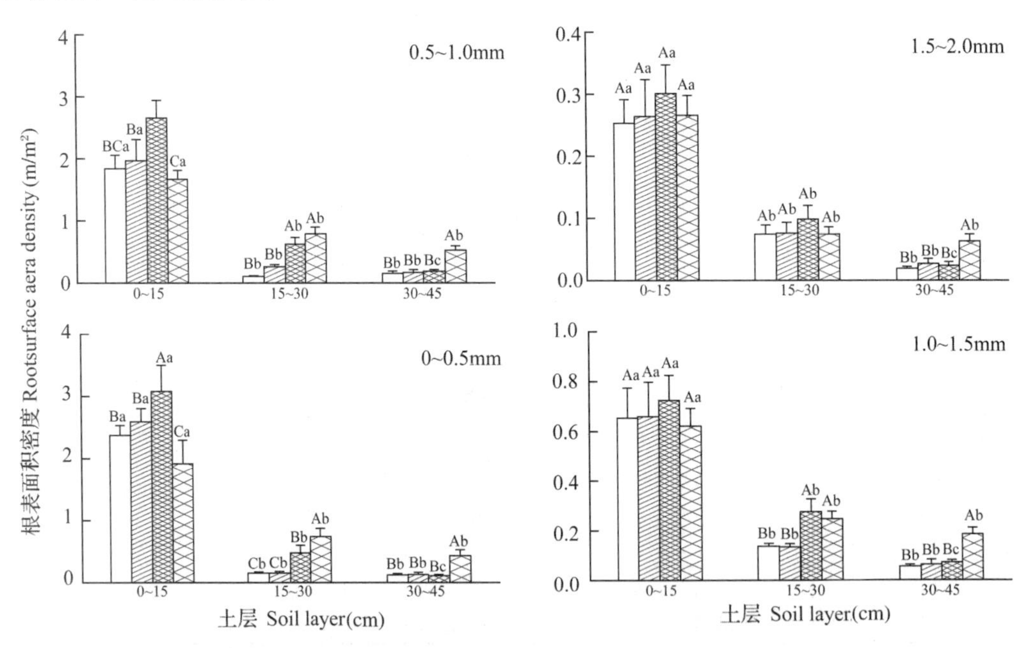


**图 5-18 间伐强度对不同径级细根根表面积密度的影响**

由图 5-19 可以看出，林下枯落物的平均自然含水量随间伐强度的增大而减小，未间伐林地枯落物含水率处于较高水平。不同间伐类型油松林下枯落物最大持水率的大小顺序为：间伐Ⅱ＞间伐Ⅲ＞CK＞间伐Ⅰ，而不同间伐类型枯落物的最大持水量却表现为：间伐Ⅱ＞CK＞间伐Ⅰ＞间伐Ⅲ，最大持水量除了与持水率密切相关外，还与枯落物蓄积量有直接关系，未间伐样地枯落物的最大持水率虽然较低，但由于枯落物蓄积量大，因此仍能保持较大的持水能力。强度间伐样地枯落物的最大持水率较高，但因其枯落物蓄积过小，所以持水能力相对较低。不同间伐类型林下枯落物的最大拦蓄率与最大持水率变化规律一致，最大拦蓄量与最大持水量的变化规律一致。不同间伐强度林下枯落物的有效拦蓄率由大到小依次为间伐Ⅱ(199.76%)>间伐Ⅲ(165.25%)>间伐Ⅰ(142.17%)>CK(141.92%)。中度间伐样地枯落物的有效拦蓄量最大，达到了31.96t/hm$^2$(3.2mm)，强度间伐样地枯落物的有效拦蓄量最小，为22.58t/hm$^2$(2.26mm)。说明4种间伐类型中，以中度间伐(保留郁闭度0.7)样地林下枯落物的拦蓄能力最强。

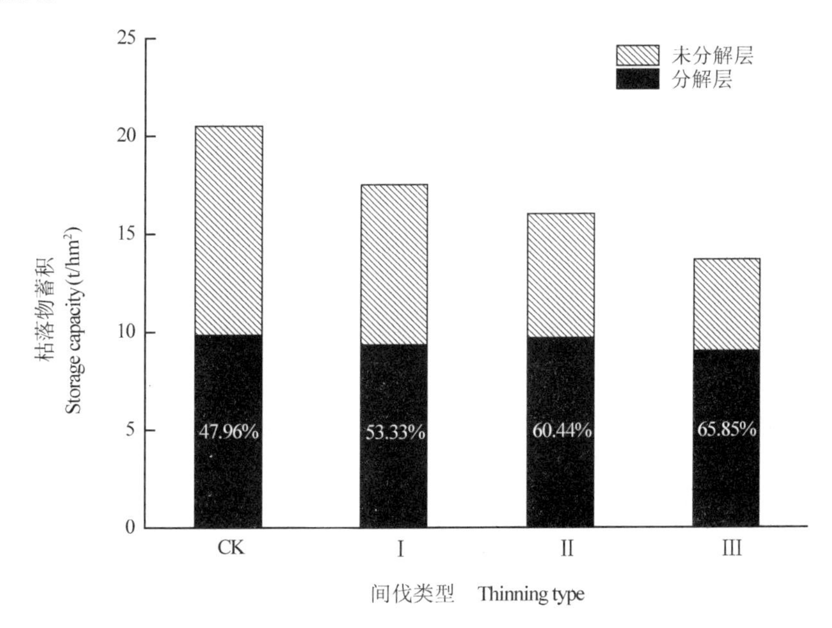


**图 5-19　不同间伐类型林下枯落物蓄积量**

# 5.4　黄土高原油松林地被物对油松幼苗早期更新的影响研究

## 5.4.1　研究方法

### 5.4.1.1　试验设置

试验地设在陕西省黄龙山林区西北农林科技大学林学院油松人工林试验基地。该区属于黄土高原沟壑区与丘陵沟壑区交错地带。森林植被属暖温带落叶阔叶林地带北部的落叶阔叶林亚地带植被。主要建群树种为油松、辽东栎、山杨、白桦，灌木主要有虎榛子、胡枝子、黄刺玫、麻叶绣线菊。试验林为1962年营造的油松人工林，穴状整地，株行距2.5m×2.5m。1975年进行定株抚育；1985年进行株数强度20%的间伐，主要伐除病虫木、劣质木。2004年在前2次抚育基础上进行株数强度30%的间伐，林地密度为(610±22)株/hm$^2$，林木平均高度和胸径分别为(14.25±1.22)m和(23.04±1.77)cm。凋落物厚度对油松种子萌发影响试验地设在陕西杨凌西北农林科技大学南校区校园内。该区地处渭河平原，海拔480m，属暖温带大陆性季风气候。年均气温12.9℃，年降水量660mm，土壤为褐土。

试验用油松种子千粒质量(45.02 ±1.34)g，种子长(0.78 ±0.07)cm，种子宽(0.42 ±0.03)cm。播种前用浓度3%的高锰酸钾溶液浸种30min，再布盖30min。用水冲洗干净后再播种。

5.4.1.2　播种方式对油松种子萌发和幼苗生长的影响试验

在阴坡立地条件较好、林相一致的油松人工林内，进行5种播种方式的试验：未清除灌木草本和凋落物(对照)、清除草本和凋落物、清除灌木和凋落物、清除灌木和草本、清除灌木草本及凋落物。每种播种方式设置4个样方(1m×1 m)，共布设20个样方。于2012年4月播种，人工播种密度100粒/m。2012年8月调查记录种子萌发数量，测量幼苗的高度、基径和针叶长。每种播种方式根据平均值选取3株标准株挖出，做好标记清洗干净，在80℃下连续烘48 h至恒质量，分根、茎、叶称取干质量。

5.4.1.3　枯落物厚度对油松种子萌发的影响试验

2011年冬季在校园内油松林下采集凋落物，实验室内自然风干备用。2012年4月开始试验，试验设置6个梯度，其中4个梯度种子与蛭石直接接触，分别覆盖0，1，2，3cm的凋落物；2个梯度先铺1和2cm凋落物再播种。每个梯度3次重复，共用花盆18个，每个花盆播种50粒，共播油松种子900粒。萌发标准为油松幼苗突破枯落物层。试验过程中及时浇水，每日观察记录油松种子的萌发个数，持续到没有新种子萌发为止。随机挑选5株幼苗，测量根长和茎长。萌发率(%)=萌发种子数/试验所用种子数×100；萌发抑制率(%)=(对照萌发数—各处理萌发数)/对照萌发数×100。

5.4.1.4　枯落物浸提液对油松种子萌发的影响试验

2012年4月开始试验，在常温下用蒸馏水浸提自然风干的凋落物48 h。试验设置4个梯度(0，5，15，30mg/mL)，每个梯度4次重复，每次重复50粒种子。培养皿(直径9cm)垫2层滤纸(用4mL水浸液润湿，对照用蒸馏水)，在人工气候箱中进行培养。每隔24h计已经萌发的种子数量。萌发标准为胚根长度达到种子等长或胚芽长度达到种子长度一半。20天后结束试验，统计种子萌发率并测量萌发种子的根长和茎长。

### 5.4.2　播种方式对油松种子萌发的影响

通过清灌清枯、清草清枯、清灌清草和清灌清草清枯及对照5种野外播种方式下对油松种子萌发进行研究调查，结果未进行清灌清草清枯处理播种的种子萌发率最低，仅为1%，清灌清草清枯播种种子萌发率最高，是对照播种下的4.25倍；其次，清草清枯播种，种子萌发率为3.5%，与清灌清草清枯播种没有明显差异；清灌清枯播种种子萌发率(2.25%)高于清灌清草播种(1.75%)，但没有显著差异(图5-20)。结果表明，灌木、草本和枯落物均影响油松种子的萌发。

### 5.4.3　播种方式对油松幼苗早期生长的影响

幼苗高度在清除灌、草和清除灌、草、枯(落物)两种播种方式明显高于其他播种

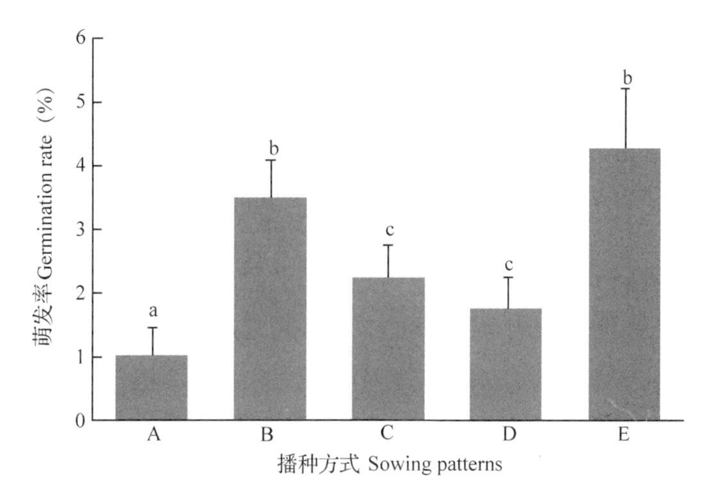


**图5-20　不同播种方式对油松种子萌发的影响**

注：A对照；B清除草本和凋落物；C清除灌木和凋落物；D清除灌木和草本；E清除灌木草本和掉落物。字母不同表示显著性差异($P<0.05$)。

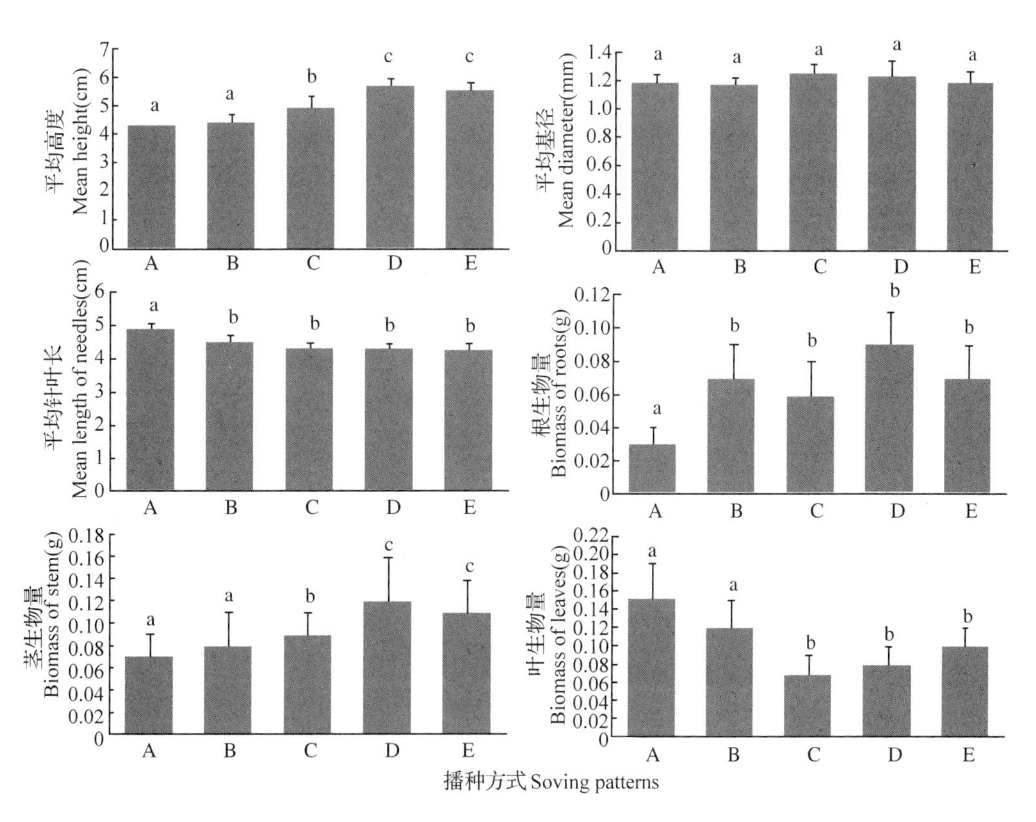


**图5-21　不同播种方式对油松幼苗早期生长的影响**

方式，分别比对照播种的幼苗高增长了33%和30%；清枯清草播种和对照播种没有明显差异(图5-21)。幼苗基径不同播种方式下没有明显差异。说明灌木的存在限制了幼苗高度的增长，但地被物对幼苗基径生长的影响不大。清灌、清草播种幼苗根生物量最大(0.09 g)，为对照的3倍；茎生物量对照播种最小但与清草清枯没有显著差异，清灌清草清枯和清灌清草播种明显高于其他播种方式；叶生物量对照播种最大为0.15g，与清草清枯没有显著差异，但略为清灌清枯(0.07 g)和清灌清草(0.08 g)的2倍。表明地被物影响了幼苗生长的微生境及可利用性资源，诱导幼苗改变了根、茎、叶生物量以更好地适应环境。

### 5.4.4 枯落物厚度对油松种子萌发的影响

不同厚度枯落物覆盖影响油松种子萌发(图5-22，表5-41)。先播种再覆枯落物的处理比先铺枯落物后播种的先萌发。未铺枯落物(对照)处理油松种子先萌发，始萌发天数为播种后第6天，其次为1cm，2cm，3cm枯落物覆盖处理分别在第7天、第8天、第9天开始萌发，先铺1cm和2cm枯落物后播种处理种子萌发较晚，分别在第11天和第12天开始萌发。未铺枯落物处理的种子从播种第8天到第17天种子萌发率迅速上升，其后速度减慢，第21天停止萌发。覆盖1cm和2cm枯落物种子萌发趋势相近，播种后第13天到18天种子萌发率迅速上升，均从10.33%上升到43%，第20天时停止萌发。覆盖3cm枯落物对油松种子萌发趋势影响较大，种子萌发从第13天(10.00%)到18天(37.33%)迅速增长后，速度减慢。先铺1cm枯落物再播种处理下，种子萌发从第14天到18天增长迅速，到第19天时已超过覆盖3cm枯落物处理下种子萌发率。先铺2cm枯落物再播种处理下，种子萌发速度一直比较缓慢，播种后第22天停止萌发。

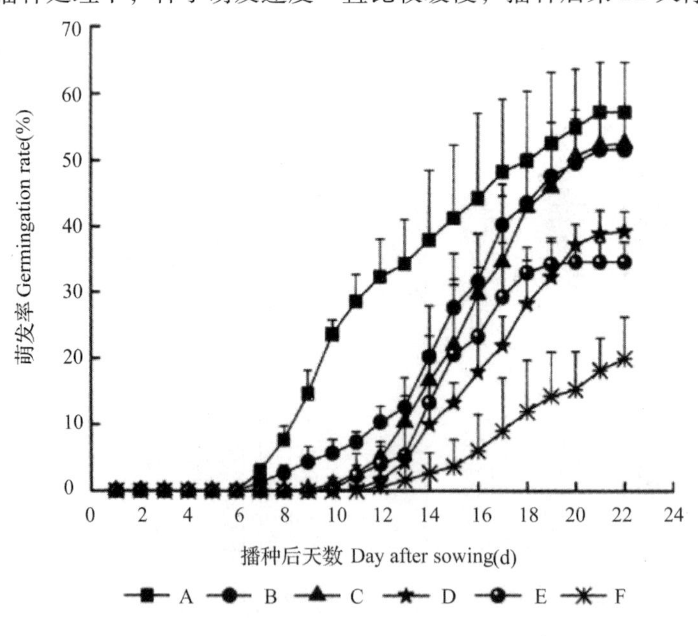


**图5-22 枯落物厚度对油松种子萌发的影响**

(A对照；B凋落物厚度1cm；C凋落物厚度2cm；D凋落物厚度3cm；E先铺1cm凋落物再播种；F先铺2cm凋落物再播种)

### 5.4.5　枯落物厚度对油松幼苗早期生长的影响

对照与先播种后覆盖1cm和2cm枯落物处理间种子最终萌发率没有显著差异，最终萌发率分别为57.33%、47%和50.67%，但与另三种处理间有显著差异。覆盖3cm枯落物显著降低油松种子的萌发，最终萌发率仅为41.33%。先铺枯落物再播种明显降低种子萌发率。先铺1cm枯落物再播种处理下种子最终萌发率(34.67%)与后覆盖3cm枯落物没有显著差异，但先铺2cm枯落物再播种处理明显降低种子萌发率，最终萌发率只有20%。但各处理下萌发形成的幼苗的根长和茎长没有显著差异，说明枯落物厚度对幼苗生长没有显著影响(表5-41)。

**表5-41　凋落物厚度对油松种子萌发和幼苗生长的影响**

| 处理方式 Treatment | 最终萌发率 Final germination rate(%) | 萌发抑制率 Inhibition in germination(%) | 根长 Root length (cm) | 茎长 Shoot length (cm) |
|---|---|---|---|---|
| A | 57.33 ±5.57a | — | 3.12 ±0.39a | 3.79 ±0.23a |
| B | 51.67 ±6.11abc | 9.87 | 3.27 ±0.41a | 3.64 ±0.28a |
| C | 52.67 ±5.03ab | 8.13 | 3.09 ±0.36a | 4.05 ±0.24a |
| D | 39.33 ±3.06bc | 31.40 | 3.52 ±0.48a | 4.17 ±0.35a |
| E | 34.67 ±3.06c | 39.53 | 2.94 ±0.27a | 3.82 ±0.16a |
| F | 20.00 ±6.25d | 65.11 | 3.16 ±0.34a | 3.96 ±0.19a |

### 5.4.6　枯落物浸提液对种子萌发的影响

不同浓度枯落物浸提液对油松种子萌发率变化趋势基本相同(图5-23)。对照种子第6天开始萌发，其他浓度处理下的油松种子第7天开始萌发，从第9天到第13天种子萌发率迅速增加，第13天时除15mg/ml枯落物浸提液处理下萌发率为39.5%，其他处理下萌发率均为53%。其后萌发率增长缓慢，15mg/ml枯落物浸提液处理下虽然前期种子萌发率一直低于其他处理，但第18天时萌发率与其他处理相当，为57.5%，到第20天时几乎都没有新萌发的种子，萌发率70%左右。

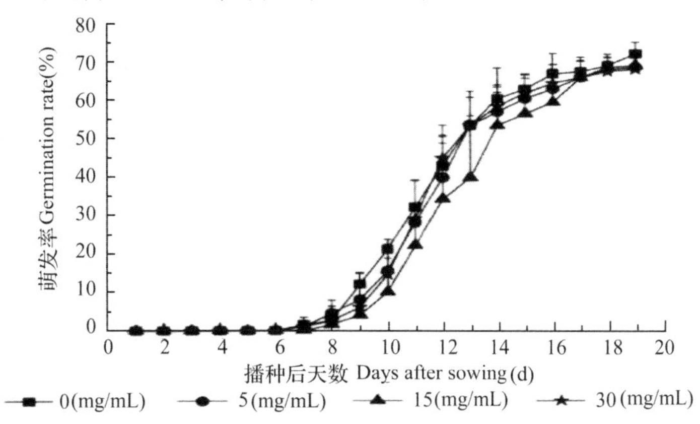


**图5-23　落物水浸液对油松种子萌发的影响**

不同浓度枯落物水浸液处理下种子的最终萌发率没有显著性差异，茎长和根长表现明显差异(表 5-42)，四种处理下最终萌发率分别为 71.5%，68%，68.5% 和 67.5%。5mg/ml 枯落物水浸液处理幼苗根长和茎长最大，但与对照没有显著差异。15mg/ml 和 30mg/ml 枯落物水浸液处理幼苗根长和茎长明显低于对照，根长抑制率分别为 14% 和 28%，茎长抑制率分别为 28% 和 35%。表明枯落物浸提液对油松种子萌发影响不大，但显著影响幼苗的早期生长。

**表 5-42　凋落物水浸液对油松种子萌发和幼苗生长的影响**

| 浸提液浓度 Concentration of litter aqueous extracts(mg/ml) | 最终萌发率 Final germination rate(%) | 根长 Root length (cm) | 茎长 Shoot length (cm) |
|---|---|---|---|
| 0 | 71.50 ±3.00a | 2.63 ±0.33a | 3.41 ±0.28a |
| 5 | 68.00 ±2.83a | 2.94 ±0.46a | 3.68 ±0.32a |
| 15 | 68.50 ±1.91a | 2.26 ±0.34b | 2.47 ±0.37b |
| 30 | 67.50 ±3.00a | 1.89 ±0.28b | 2.23 ±0.29b |

Chapter 6
第6章

# 华北土石山区森林可持续经营技术研究

华北燕山山地是我国生态环境脆弱、水土流失严重、自然灾害多发的地区，同时也是我国经济发展水平相对较低的区域。长期以来，由于森林经营工作始终没有得到应有的重视，并且在森林经营工作中，人为割裂了森林多种功能的持续协调发挥，使得现有森林以人工林为主导，树种组成单一，林分结构简单，林地利用率低，生产力低下，病虫害与森林火灾时有发生，森林生态系统功能低下。与之相对应，森林经营者难以从森林经营中获得足够的经济收益，森林经营积极性受到严重影响。从现有技术与研究成果来看，尽管在森林经营方面做了大量的工作，但受学科发展水平和国家政策导向制约，已有的研究主要集中于森林水源涵养和水土保持为主导的森林经营技术体系的研究，缺乏对森林多种功能持续发挥的技术、机理和效果研究，使得森林的整体功能潜力远未发挥，并且成为限制森林科学经营的最大技术瓶颈。同时也体现在现有森林经营技术规程不仅数量少，并且可操作性不强，特别是有关燕山山地典型森林类型持续发挥的相关技术规程难以满足实际需要。研究针对华北燕山山地典型森林类型结构不合理、生产力低、生态功能弱，干旱缺水、立地条件较差，以及森林经营目标单一的客观实际，以培育健康稳定、生产力高、生态功能持续发挥的森林为目标取向，按照林木发育规律和生长状况，开展林分结构调整、人工林近自然采伐、人工促进天然更新技术，以及适宜混交树种引进和林冠下混交等技术研究，以期为华北土石山区森林可持续经营提供理论与技术参考。

## 6.1 华北落叶松人工林经营技术研究

华北落叶松是我国暖温带亚高山森林类型的主要构成树种，也是华北亚高山地区重要的造林树种，其中以燕山地区分布最广、蓄积量最大。目前，对于华北落叶松人工林的研究多集中在不同林分起源、立地条件和经营措施下的生长模型、生长规律、生物量、生产力、营养元素循环以及碳贮量等方面。本研究从种群更新、成过熟林生长发育规律、地位指数模型等方面系统地研究华北落叶松人工林经营技术，为指导该地区华北落叶松可持续经营提供参考。

### 6.1.1 种群天然更新

在塞罕坝机械林场的北曼甸和千层板两个林场进行。以20~30a，30~40a两个年龄段选取设置了华北落叶松人工林标准地，为避免立地条件及人为干扰等因素对实验结果产生影响，在全面踏查的基础上，遵循立地条件一致、林地经营历史相近的原则，分别在两个年龄段(A-1：30~40a 、A-2：20~30a)的华北落叶松人工林中选择三块具有代表性的林分，每块林分内设置50m×50m标准地3块。并用相邻网格法将其划分为25个10m×10m的样方单元。标准地基本概况见表6-1。

**表6-1 标准地基本概况表**

| 林场 | 小地名 | 样地大小(m×m) | 林龄 | 海拔(m) |
|---|---|---|---|---|
| 北曼甸 | 冰郎沟-1 | 50×50 | 30~40a | 1683.84 |
| 北曼甸 | 冰郎沟-2 | 50×50 | 30~40a | 1701.44 |
| 北曼甸 | 冰郎沟-3 | 50×50 | 30~40a | 1860 |
| 北曼甸 | 二台子-1 | 50×50 | 30~40a | 1677.5 |
| 北曼甸 | 二台子-2 | 50×50 | 30~40a | 1666.74 |
| 北曼甸 | 二台子-3 | 50×50 | 30~40a | 1671.88 |
| 千层板 | 头道沟-1 | 50×50 | 30~40a | 1523.0 |
| 千层板 | 头道沟-2 | 50×50 | 30~40a | 1518.1 |
| 千层板 | 头道沟-3 | 50×50 | 30~40a | 1510.9 |
| 北曼甸 | 马达窝铺-1 | 50×50 | 20~30a | 1629.22 |
| 北曼甸 | 马达窝铺-2 | 50×50 | 20~30a | 1635.42 |
| 北曼甸 | 马达窝铺-3 | 50×50 | 20~30a | 1635.24 |
| 千层板 | 头道沟-1 | 50×50 | 20~30a | 1519 |
| 千层板 | 头道沟-2 | 50×50 | 20~30a | 1507 |
| 千层板 | 头道沟-3 | 50×50 | 20~30a | 1512 |
| 千层板 | 裤裆沟-1 | 50×50 | 20~30a | 1634 |
| 千层板 | 裤裆沟-2 | 50×50 | 20~30a | 1662 |
| 千层板 | 裤裆沟-3 | 50×50 | 20~30a | 1580 |

调查记录每块标准地内华北落叶松的胸径、树高、冠幅、枝下高，并进行定柱定位，上层木的起测胸径为5cm。

将高度低于120cm的华北落叶松幼苗定为更新幼苗，在标准地内以每个10m×10m的样方为单位进行调查，将更新苗统一编号挂牌，记录其高度、基径及其在样方内的相对坐标，并通过查轮生枝法确定其年龄。更新苗按高度划分为五个等级：第Ⅰ级（*H*1）：苗高＜5cm；第Ⅱ级（*H*2）：5cm≤苗高＜20cm；第Ⅲ级（*H*3）：20cm≤苗高＜40cm；第Ⅳ级（*H*4）：40cm≤苗高＜80cm；第Ⅴ级（*H*5）：80cm≤苗高＜120cm。

利用剖面法和土钻法分别测定土壤容重和土壤有机质含量。首先在标准地的四角及中心位置各设置1个1m×1m的小样方，按照0～10cm，10～20cm，20～30cm 3个层次，利用土钻随机取样3次，然后将各样方内同一层次的土壤分别进行混合，形成一个混合样，以带回实验室测定土壤理化性质。在标准地内选择1个未受人为干扰、植被结构及土壤具有代表性的地段，挖掘1个1m×1m大小的土壤剖面，沿剖面按0～10cm，10～20cm，20～30cm，用环刀和铝盒采集各层土壤，带回实验室测定土壤容重。

在标准地的四角与其中心分别设置1个1m×1m的小样方（可用PVC管进行圈定），用钢尺测定枯落物厚度，然后将样方内所有枯落物收集，并带回实验室测定其鲜重、干重，计算枯落物含水量。

由于当地华北落叶松人工林林下灌木只呈零星分布，数量很少，故本研究仅对草本进行了调查。沿标准地对角线方向做16个1m×1m大小的草本样方，记录样方内草本主要种类、株数及盖度，并估算整个样地草本总覆盖度。

### 6.1.2　种群更新特征

#### 6.1.2.1　分析方法

更新幼苗更新密度特征分析：以A－1：30～40a；A－2：20～30a两个年龄段的华北落叶松人工林为研究对象，分别计算两个年龄段林分的平均更新株数，计算更新密度；利用单因素方差分析方法，比对两个年龄段林分幼苗更新密度的差异性，分析更新密度和林分年龄的关系。

更新幼苗生长结构特征：利用幼苗株高的大小级结构分析不同生长阶段幼苗生长结构特征。结合以往相关研究经验，对更新幼苗高度进行分级，本书将幼苗高度分为*H*1：*H*≤5cm；*H*2：5cm≤*H*≤20cm；*H*3：20cm≤*H*≤40cm；*H*4：40cm≤*H*≤80cm；*H*5：80cm≤*H*≤120cm5个等级，其中*H*1幼苗多为1、2年生不稳期幼苗。结合外业调查数据，统计两个年龄段林分内5个幼苗高度等级对应的幼苗数据，对比分析不同高度级两个年龄级华北落叶松种群更新幼苗密度，并探讨同一年龄段林分内更新幼苗数量随高度增长的变化趋势。

幼苗基径与苗高关系：将幼苗按0～0.19，0.2～0.29，0.3～0.39，0.4～0.49，0.5～0.59，0.6～0.75，0.76～1.0，1.1～1.25，1.26～1.5，1.51～1.75，1.76～2，2～2.25十个基径级，统计不同基径级幼苗的数量，以幼苗基径为自变量，利用线性回归方法，对幼苗平均苗高与平均基径关系进行研究；结合单因素方差分析法，观察幼苗基径与苗高的相关性。

年龄结构：将幼苗按1a进行统计分析，共统计15个龄级，由于所调查标准地内更新苗中大于等于15a的很少，故将大于等于15a所有更新苗归并与第15龄级，统计各个龄级幼苗数量，利用Sigmaplot软件绘制年龄与更新密度的相关曲线。探讨两者之间存在的关系。

天然更新幼苗年龄与生长动态分析：本研究从幼苗年龄与苗高的关系和幼苗基径与年龄的关系两个方面，针对两个年龄段的华北落叶松人工林，利用单因素方差分析两年龄段的更新幼苗生长动态的差异性，并通过非线性回归分析幼苗生长动态与其年龄之间的关系。

#### 6.1.2.2 更新密度

利用单因素方差分析法对比分析了两个年龄段的华北落叶松人工林平均天然更新苗密度，分析结果见表6-2(A－1：30～40年；A－2：20～30年)。由表6-2可知，30～40年生林分林下更新苗的密度的变化幅度为172～4012株/$hm^2$，平均密度为3304株/$hm^2$，其中33%的标准地更新密度<2000株/$hm^2$，67%的标准地更新苗密度介于2200～4020株/$hm^2$之间，其中>3000株/$hm^2$的标准地占总数的44%；对于20～30年生林分，其更新苗密度介于676～8244株/$hm^2$之间，平均更新密度为2308株/$hm^2$，其中33%标准地的更新苗密度>4131株/$hm^2$。44%的标准地更新密度介于2060～2684株/$hm^2$之间，有两块标准地的更新密度低于1244株/$hm^2$。20～30年生林分更新苗密度取值范围要大于30～40年生，但是30～40年生的华北落叶松人工林的平均幼苗更新密度要大于20～30年生林分。但是根据单因素方差分析结果($F=1.17$，$P=0.29$)，发现两个年龄段林分更新密度差异不显著。

**表6-2 不同林龄下更新密度差异显著性**

| 林龄 | 最小值 | 最大值 | 平均值 | F值 | P值 |
| --- | --- | --- | --- | --- | --- |
| A－1 | 172 | 4012 | 3304.00±796.752 | 1.168583 | 0.295718 |
| A－2 | 676 | 8244 | 2308.89±461.061 | | |

#### 6.1.2.3 更新苗生长结构特征

(1)天然更新幼苗高度结构分析

图6-1是两个年龄段华北落叶松人工林不同高度级更新苗密度情况。由图可知两个年龄段林分天然更新幼苗都表现出随着高度增加密度呈明显下降趋势，并且30～40a年龄段的更新苗随高度的增加数量下降得更快；两个年龄段的华北落叶松人工林内苗高<5cm的幼苗占绝大部分，分别占到总密度的85.28%、96.48%。利用单因素方差分析发现：不同高度级中，除了$H1$、$H2$两个高度等级外，其余高度级幼苗密度对比都达到了显著水平($p<0.05$)，即在$H3$：$20cm \leqslant H \leqslant 40cm$；$H4$：$40cm \leqslant H \leqslant 80cm$；$H5$：$80cm \leqslant H \leqslant 120cm$ 3个高度级，两个年龄段的华北落叶松人工林更新密度存在显著性差异。

由图6-1也可以看出，20～30年生的林分内高度<5cm的幼苗数量多于30～40年生林下的更新幼苗数量；但随着幼苗高度的增长，30～40年生林分内幼苗数量逐渐多于20～30年生林分。

(2)天然更新幼苗基径与苗高的关系

采用线性回归分析了两个年龄段林分更新幼苗苗高与基径的关系，结果如图6-2所示，研究区两个年龄段华北落叶松人工林天然更新幼苗苗高与基径呈直线回归函数关

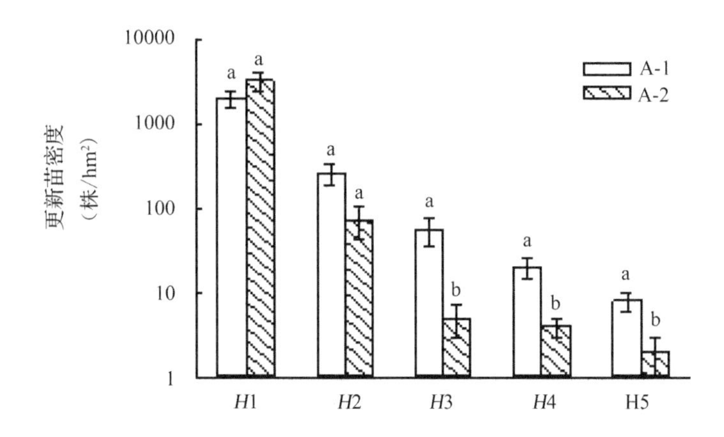


**图6-1　两个年龄段林分不同高度级更新幼苗密度对比分析**

系，表现为：

A－1：$y=0.4887x+0.0113$　$R^2=0.97$　$P<0.0001$

A－2：$y=0.5086x-0.0026$　$R^2=0.98$　$P<0.0001$

式中：$y$ 为苗高(m)，$x$ 为基径(cm)。

由两个回归方程，发现20～30a的苗高随基径变化斜率要大于30～40a林分，即20～30a华北落叶松人工林林下更新幼苗随基径增长苗高增长的要快。两个回归方程在基径为0.7cm处相交，即在30～40a内，基径<0.7cm的更新苗苗高要高于20～30a相应基径的苗高，随着基径的增长，对于基径>0.7cm的更新苗，20～30a林分内对应基径的平均苗高均大于30～40a林分。

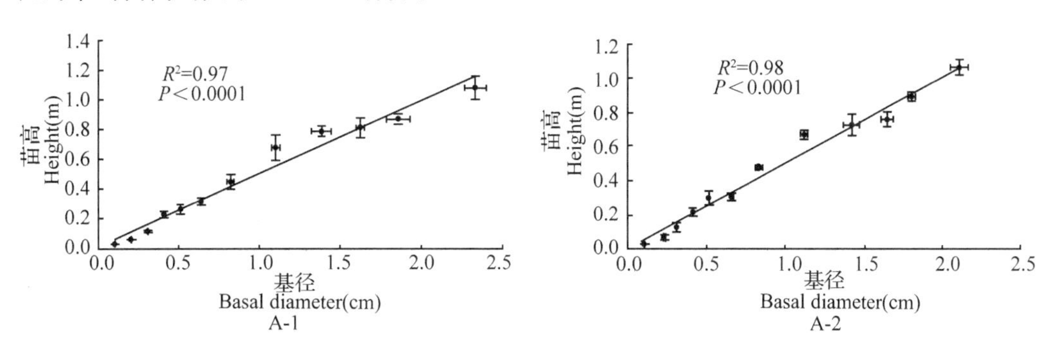


**图6-2　更新幼苗基径与苗高的关系**

(3)更新幼苗年龄结构

通过非线性回归分析表明，两个年龄段林分华北落叶松幼苗年龄与密度之间呈指数函数关系(图6-3)，分别为：

A－1：$y=14257.5e^{-2.0826x}$　$R^2=0.99$　$P<0.0001$

A－2：$y=26853.3e^{-2.2525x}$　$R^2=0.99$　$P<0.0001$

式中：$y$ 为更新苗密度(株/hm²)，$x$ 为年龄(a)。

两个年龄段林分内 1 - 3 年生的幼苗占绝大部分，分别占幼苗总数的 97.20%、91.16%，其中 1 年生幼苗数量分别为幼苗总数的 76.75%、85.22%。从 4 年生以后幼苗只有少量存活，更新密度为 3 ~ 37 株/$hm^2$ 且随着年龄的增长幼苗平均密度呈稳定状态，说明两个年龄段林分幼苗都存在着高繁殖量、低成活率的现象。

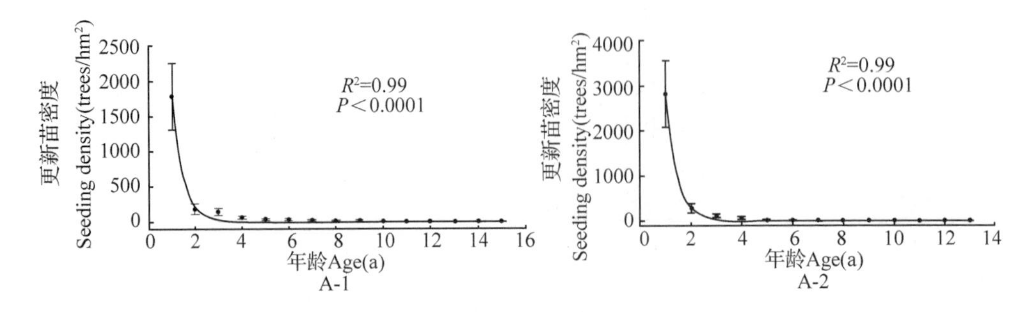


图 6-3 更新幼苗年龄密度结构

6.1.2.4 更新幼苗年龄密度结构

(1)幼苗苗高与年龄的关系

由图 6-4 可知幼苗年龄与平均苗高呈指数函数关系，其中对于 30 ~ 40a 林分，幼苗苗高的增长速度位于 0.0102 ~ 0.1417m/a 之间，平均年增长率为 0.0959m/a。在前 6 年的幼苗高生长速度比较缓慢，其年增长速度一直小于 0.0472m/a，在 6 年生时其苗高为 0.1494m；从 7 年生开始，幼苗高生长年增长速度逐渐增大，在 0.508 ~ 0.174m/a，在 15 年生时，幼苗平均苗高达 1.0353m。在 20a ~ 30a 华北落叶松人工林内，前五年生的幼苗苗高增长速率在 0.005 ~ 0.022m/a，从 6 年生开始幼苗高生长加快，其苗高年增长率在 0.0611 ~ 0.4023m/a，平均年增长速率为 0.0721m/a。

非线性回归分析表明两个年龄段林分华北落叶松幼苗苗高与年龄呈指数函数关系(图 6-4)：

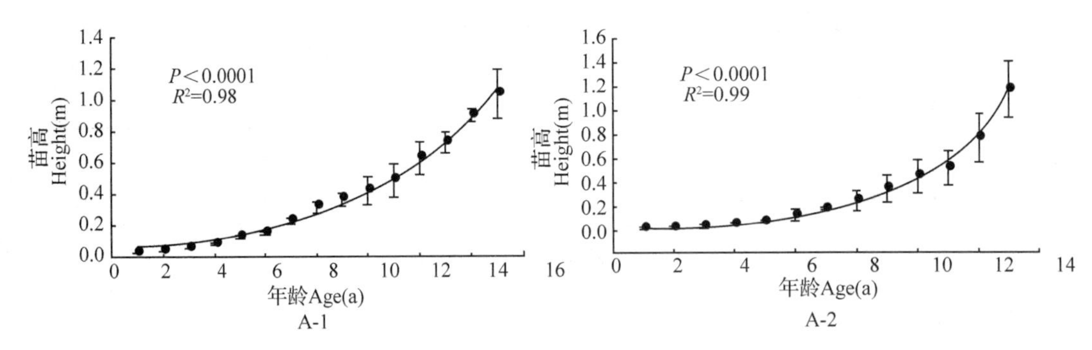


图 6-4 更新幼苗苗高与年龄的关系

A - 1：$y = 0.0557e^{0.1973x}$ $R^2 = 0.98$ $P < 0.0001$

A - 2：$y = 0.0164e^{0.3259x}$ $R^2 = 0.99$ $P < 0.0001$

式中：$y$ 为苗高(m)，$x$ 为年龄(a)。

通过 Pearson 相关性分析显示，两个年龄段林分更新幼苗苗高与年龄均呈极显著的正相关关系(A1：r=0.961，$P<0.001$；A-2：r=0.893，$P<0.001$)。

(2)幼苗基径与年龄的关系

回归分析表明两个年龄段林分华北落叶松幼苗基径与年龄呈指数函数关系(图6-5)：

A-1：$y=0.0881e^{0.2178x}$　$R^2=0.97$　$P<0.0001$

A-2：$y=0.06e^{0.271x}$　$R^2=0.97$　$P<0.0001$

式中：$y$ 为基径(cm)，$x$ 为年龄(a)。

30~40a华北落叶松人工林更新苗基径变化范围为0.0993~2.3093cm，其中基径的年增长率差异不大，在0.0324~0.7818cm/a之间波动，平均基径年增长速率为0.1579cm/a。其中13到14年生的幼苗基径增长速率最大，为0.78cm/a。20~30a林分内更新苗基径随年龄的增长取值范围为0.0733~2.100cm/a，基径年增长速率最小值为0.016cm/a，最大年增长速率为0.7130cm/a，平均年增长率为0.1686cm/a。

从两图中发现，10~13年生的幼苗，其平均基径值均位于趋势线下方，造成这种现象的因素可能其中该年龄段的幼苗由于自身因素生长缓慢。

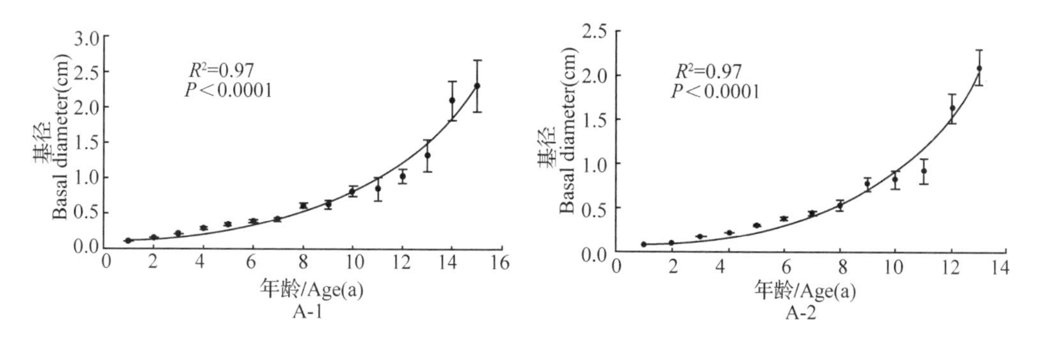


**图6-5　更新幼苗基径与年龄的关系**

### 6.1.3　种群更新空间分布格局

#### 6.1.3.1　分析方法

运用非线性回归方法分析两个年龄段华北落叶松人工林天然更新幼苗距最近立木的空间分布模型。采用方差均值比率法($V/m$)；负二项参数($K$)；丛生指数($I$)；聚块性指数($m^*/m$)；Cassie指标($C_A$)五个指标对两个年龄段华北落叶松人工林分进行更新幼苗分布格局分析，具体如下：

(1)方差均值比率法($V/m$)

此方法是建立在Poisson分布的预期假设之上的。一个Poisson分布的总体有方差$V$和均值m相等的性质，即如果$V/m=1$，则种群呈随机分布；如果$V/m>1$，则偏离Poisson分布，呈聚集分布；反之$V/m<1$时，则呈均匀分布。方差和均值表达式如下式：

$$V=\sum_{i=1}^{N}(x_i-m)^2/(N-1) \qquad 6\text{-}1$$

$$m = \sum_{x=1}^{N} x_i / N \quad 6\text{-}2$$

式中：$V$ 为方差，$x_i$ 为第 $i$ 样方内的个体数，$N$ 为小样方数。

为检验数据是否接受预期假设，对其进行 $t$ 检验。当 $|t| \leqslant t_{n-1,0.05}$ 时，为随机分布，反之为聚集或均匀分布。$t$ 公式如下：

$$t = (V/M - 1)\sqrt{2/(N-1)} \quad 6\text{-}3$$

(2)负二项参数($K$)

每样方的植物个体数有负二项分布时，可以用分布的参数 $K$ 值作为聚集的强度量。$K$ 值的计算公式为：

$$K = m^2/(V - m) \quad 6\text{-}4$$

式中：$V$ 为样本方差，$m$ 为样本均值。$K$ 值越小，聚集强度越大。如果 $K$ 值趋于无穷大(一般为 8 以上)，则逼近随机分布。

(3)丛生指数($I$)：

丛生指数是由 David 和 Moore 首次提出的，计算公式如下：

$$I = (V/m) - 1 \quad 6\text{-}5$$

当 $I=0$，即方差和均值相等时，为随机分布；$I>0$ 时；为聚集分布；$I<0$ 时，为均匀分布。

(4)聚块性指数($m^*/m$)：

$m^*$ 为平均拥挤度指标，计算公式为：

$$m^* = m(V/m - 1) \quad 6\text{-}6$$

当聚块性指数 $m^*/m=1$ 时，为随机分布；$m^*/m>1$ 时，为聚集分布；$m^*/m<1$ 时，为均匀分布。

(5)Cassie 指标($C_A$)：

Cassie 指标是由 R. M. Cassie 于 1962 年提出的，用 $CA$ 作为判断指标更为方便，计算公式如下：

$$C_A = 1/K \quad 6\text{-}7$$

其中 $K$ 为负二项参数。

当 $C_A=0$，为随机分布；$C_A>0$，为聚集分布；$C_A<0$，为均匀分布。

#### 6.1.3.2 两个年龄段华北落叶松林分幼苗更新格局分析

利用方差均值比率法、负二项参数(K)、丛生指数法(C)、聚块指数和 Cassie 指标($C_A$)5 种空间分布格局方法对比分析两个年龄段华北落叶松人工林林下更新苗的空间分布格局。由表 6-3 可以看出，经方差均值比率法和 4 种聚集度指标共同检验，两个年龄段林分更新苗的空间分布格局均呈聚集分布，即 $V/m>1$、$m^*/m>1$、$I>0$、$C_A>0$、$K$ 值均较小(分别为 0.87，1.15)。采用 t 检验对方差均值比进行差异显著性检验，结果显示，两个年龄段林分华北落叶松更新苗聚集度均呈现差异极显著。负二项参数($K$)只考虑空间格局本身的性质，不受种群密度的影响，只能定性描述种群的聚集程度，30~40a 林分的 $K$ 值小于 20~30a 说明 30~40a 的聚集强度要稍强于 20~30a。$m^*/m$ 与 $C_A$反

映的聚集强度与 $K$ 值相似，而 $I$ 值反映的聚集强度与方差均值比率法相似。

**表 6-3　林分更新幼苗空间分布格局**

| 项目 | 方差均值比率法 | | $m^*/m$ | $I$ | $K$ | $C_A$ | 格局 |
|---|---|---|---|---|---|---|---|
| | $V/m$ | $t$ | | | | | |
| A－1 | 27.43 | 279.70** | 2.15 | 26.43 | 0.87 | 1.15 | 聚集 |
| A－2 | 29.63 | 302.97** | 1.87 | 28.63 | 1.15 | 0.87 | 聚集 |

### 6.1.3.3　不同高度等级更新苗空间分布格局分析

表 6-4 是利用以上 5 个空间分布格局方法对不同高度等级更新苗空间格局分布的分析结果。由表可知，30～40a 华北落叶松人工林林下 5 个高度等级的更新苗空间分布格局都呈聚集分布。方差均值比率法检验结果显示：随着更新苗高度的增加聚集强度越来越小，经 t 检验结果显示五个高度等级更新苗聚集度均为差异极显著($P<0.01$)。另外四个聚集度指标检验五个高度等级更新苗也都为聚集分布。

对于 20～30a 林分，$H1$～$H4$ 四个高度等级更新苗分布格局对应的 5 个指标，方差均值比均大于 1，$m^*/m$ 均大于 1，且比较接近 0，从生指数 $I>0$、$C_A>0$、$K$ 比较小，说明 $H1$～$H4$ 高度等级的更新苗空间分布格局为聚集分布，并且 $H1$～$H3$ 为极显著相关，$H4$ 为显著相关，而 $H5$ 更趋向于随机分布。

**表 6-4　林分不同高度等级更新幼苗空间分布格局**

| 项目 | 高度级 | 方差均值比率法 | | $m^*/m$ | $I$ | $K$ | $C_A$ | 格局 |
|---|---|---|---|---|---|---|---|---|
| | | $V/m$ | $\|t\|$ | | | | | |
| A－1 | H1 | 28.51 | 291.18** | 2.40 | 27.51 | 0.72 | 1.40 | 聚集 |
| | H2 | 7.94 | 73.41** | 3.72 | 6.94 | 0.37 | 2.72 | 聚集 |
| | H3 | 2.63 | 17.29** | 4.09 | 1.63 | 0.32 | 3.09 | 聚集 |
| | H4 | 2.05 | 11.15** | 5.16 | 1.05 | 0.24 | 4.16 | 聚集 |
| | H5 | 1.42 | 4.42** | 5.70 | 0.42 | 0.21 | 4.70 | 聚集 |
| A－2 | H1 | 30.21 | 309.08** | 1.91 | 29.21 | 1.10 | 0.91 | 聚集 |
| | H2 | 3.22 | 23.52** | 4.07 | 2.22 | 0.33 | 3.07 | 聚集 |
| | H3 | 1.32 | 3.39** | 7.56 | 0.32 | 0.15 | 6.56 | 聚集 |
| | H4 | 1.19 | 1.98* | 5.69 | 0.19 | 0.21 | 4.69 | 聚集 |
| | H5 | 0.98 | 0.24 | 0.16 | －0.02 | －1.19 | －0.84 | 随机 |

### 6.1.3.4　立木距离与更新苗分布

两个年龄段林分更新苗距最近立木的距离都表现出两端低、中间高的“山峰型”分布曲线(图 6-6)。通过回归分析发现其分布格局均呈高斯分布：

A－1：$y=439.6e^{\left[-0.5\left(\frac{x-5.9}{2.4}\right)^2\right]}$，$R^2=0.94$，$P<0.001$

A－2：$y=685.3e^{\left[-0.5\left(\frac{x-3.9}{2.1}\right)^2\right]}$，$R^2=0.96$，$P<0.0001$

式中：$y$ 为幼苗密度(株/hm$^2$)，$x$ 为与最近立木的距离(m)。

由图6-6可以看出，在30~40a林分中，华北落叶松幼苗呈逐渐上升然后下降的趋势，在1.5~1.8m范围内达到顶峰，在1.2~2.1m范围内的更新幼苗占到了总更新苗的54.38%，距最近立木<0.3m范围内的幼苗只占2.28%；对于20~30a，更新幼苗主要分布在0.3~1.5m范围内，占到了总更新苗的71.56%，其中在0.9~1.2m范围内的更新苗最多。

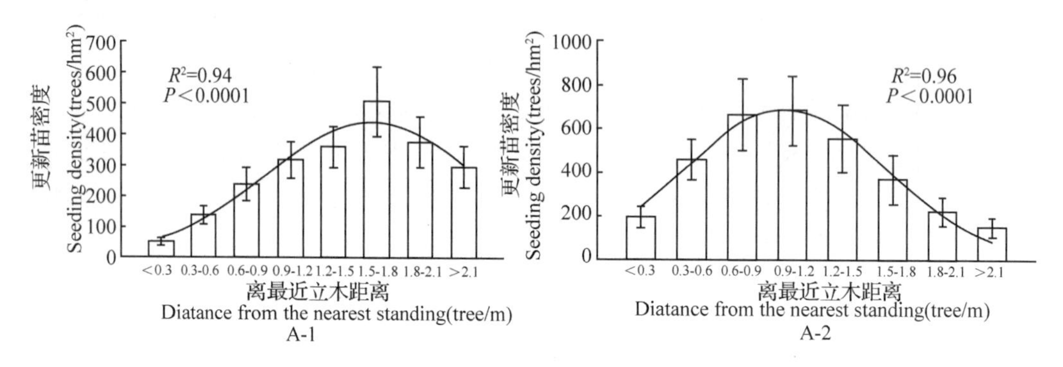


**图6-6 更新幼苗与最近立木的距离**

## 6.1.4 种群更新限制性因子

### 6.1.4.1 分析方法

(1)林分密度因子对更新的影响

以10m×10m样方为单位，幼苗个数以单位样方(100m$^2$)的个体数表示，采用散点图结合非线性回归模型分析幼苗个数与基面积、郁闭度的关系，拟合优势度检验采用决定系数($R^2$)来反映，用Pearson相关性反映之间的相关关系。运用逐步多重线性回归分析基面积与郁闭度两个变量对林分天然更新的影响，为满足线性和正态性的要求，在进行多重线性回归之前，变量进行了对数转换。经Kolmogorov Smirnov检验，证明转后的变量符合正态分布。

(2)微环境因子对更新的影响

运用冗余度分析(RDA)和偏冗余度分析(partial RDA)探讨微环境因子对华北落叶松种群更新的影响，RDA是一种多变量直接梯度分析方法，是多元线性回归的扩展，采用2个变量集的线性关系模型，得到数值矩阵并对特征值进行分解，能将环境因子及不同高度级更新苗密度之间的关系反映在坐标轴上。采用两个年龄段的五个等级的更新苗密度为控制因子，共选取了15个环境因子，其中将土壤因子与枯落物因子划为一类，定义为土壤-枯落物因子，林分密度、基面积、草本盖度、郁闭度定义为林分结构因子(表6-5)。

**表 6-5　环境变量的选择与定义**

| 环境变量 Environmental variables | | 定义 Definition |
|---|---|---|
| 土壤 - 枯落物因子 | 土壤 pH 值 | S - pH |
| | 土壤有机质(g/kg) | S - OM |
| | 全磷含量(g/kg) | S - TP |
| | 土壤速效磷含量(mg/kg) | S - RAP |
| | 全氮(g/kg) | S - TN |
| | 碱解氮(mg/kg) | S - HN |
| | 土壤速效钾(mg/kg) | S - RAK |
| | 土壤全钾量(k/kg) | S - TK |
| | 土壤容重 | S - BD |
| | 枯落物厚度(cm) | LT |
| | 枯落物持水量(%) | LNW |
| 林分结构因子 | 林分密度(trees/$hm^2$) | STDE |
| | 基面积($m^2$/$hm^2$) | BA |
| | 草本盖度(%) | HC |
| | 郁闭度($m^2$/$hm^2$) | CACO |

用去趋势对应分析(DCA)估计排序轴梯度长度(Lengths of gradient，LGA)，从理论上讲：LGA <3 适合采用线性模型，LGA >4 适合单峰模型，介于 3 ~ 4 之间，两种模型均适合。通过对 A - 1、A - 2 两个数据文件进行 DCA 分析，结果表明排序轴最大梯度长度分别为 0.390、0.329，表明两个数据文件均具有较好的线性反应，对此 2 个数据矩阵利用线性响应模型分析(如 RDA 和 partial RDA 等)比较适宜。

为了满足解释变量的正态要求，对环境因子数据进行了标准化处理，对 A - 1、A - 2 两个数据集用公式 $Y = \log(10 \times Y + 1)$ 进行了对数转换，并进行中心化和标准化处理。

为检验环境因子对不同高度级更新苗密度的影响程度，利用 CANOCO 软件的自动向前选择程序对环境因子进行逐一筛选，并利用 Monte Carlo 检验(置换次数为 999)判断其重要性是否显著，当候选变量 $P \geqslant 0.05$ 时，予以排除。鉴于环境因子具有高的变异膨胀因子(Variance inflation factors，VIF)意味着它与其他因子具有高的多重共线性，对模型的贡献很少，对变量进行筛选，当 VIF >20 时予以排除。

为了更好反映环境因子对种群更新影响的解释效果，充分考虑土壤 - 枯落物因子、林分结构因子的综合作用，将解释变异分解为以下几个部分：①总解释变异(Rt)15 个变量全部参加分析；②部分变异：纯土壤 - 枯落物解释部分(Rsl)、纯林分结构解释部分(Rst)、混合的土壤 - 枯落物 - 林分结构解释部分(Rslst)。各部分计算过程为：Rsl 是在各功能型矩阵中以土壤 - 枯落物变量为解释变量林分结构变量为协变量，得出土壤 - 枯落物因子独立解释部分。类似的以林分结构变量为解释变量，土壤枯落物变量为协变量可以得出 Rst，Rslst 是用 Rt - Rsl - Rst 计算所得。

#### 6.1.4.2　基面积对更新的影响

由图 6-7 可知：在 30 ~ 40a 林分内，随着基面积的增加，更新苗个数呈增加趋势，在基面积为23.48m$^2$/hm$^2$时更新苗个数最大，而后逐渐下降，在基面积超过33.8m$^2$/hm$^2$后更新苗个数下降趋势明显($R^2$ =0.03)。20~30a林分的拟合效果要好于30~40a，其$R^2$ =0.14。20~30a同样出现更新苗个数随着基面积的增加先上升后下降的趋势，在基面积为21.34m$^2$/hm$^2$时更新苗个数最大，基面积超过35.35m$^2$/hm$^2$后更新苗个数开始下降，且趋势明显。

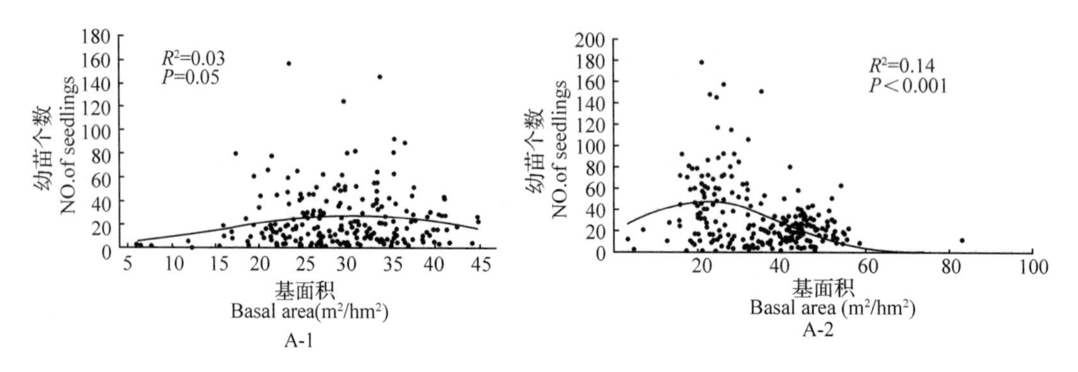


**图6-7　基面积与幼苗个数关系**

Pearson相关性分析表明(表6-6)30~40a基面积与更新苗个数存在弱的正相关关系，随着基面积的增加，更新苗个数小幅增加。这与Donoso和Nyland在智利常绿林探讨基面积与更新苗密度的关系时所得的结果较为一致。而20~30a则表现为极显著($P<0.01$)的负相关关系，表明两者之间存在抑制效应。对比分析更新苗个数与基面积关系发现，两个年龄段林分内出现更新苗个数最大的样方基面积相差不大，并且更新苗个数出现明显下降的基面积也大致相同，由此我们可以得出，在这两个年龄段的华北落叶松人工林林分中基面积在20~35m$^2$/hm$^2$时最适合更新苗的定居。

**表6-6　基面积与幼苗个数的相关性分析**

| 项目<br>Items | 相关系数<br>Correlation coefficient | 显著性概率<br>$P$ |
|---|---|---|
| A-1 | 0.073 | 0.296 |
| A-2 | -0.323** | <0.001 |

## 6.1.4.3　郁闭度对更新的影响

表6-7是郁闭度与更新苗个数的相关性分析结果，从表中可知30~40a林分郁闭度与更新苗个数呈极显著正相关($P<0.001$)，20~30a林分则表现为弱正相关，没有达到显著水平($P=0.136$)。

**表6-7　郁闭度与幼苗个数的相关性分析**

| 项目<br>Items | 相关系数<br>Correlation coefficient | 显著性概率<br>$P$ |
|---|---|---|
| A-1 | 0.212** | <0.001 |
| A-2 | -0.099 | 0.136 |

结合散点图可以看出(图6-8)，两个年龄段林分内更新苗数量随样地郁闭度的增加先增多后减少，30～40a，20～30a林分最高的更新苗个数出现的样地郁闭度分别为9273.98m²/hm²、7890.82m²/hm²，都为郁闭度为中等的样方，而且相差不大。回归分析表明20～30a林分的解释效果更好($R^2=0.10$)，在更新苗个数达到最大后，两个年龄段林分都出现了随着郁闭度的增加更新苗个数逐渐减少的现象，且20～30a林分的下降趋势更为明显。

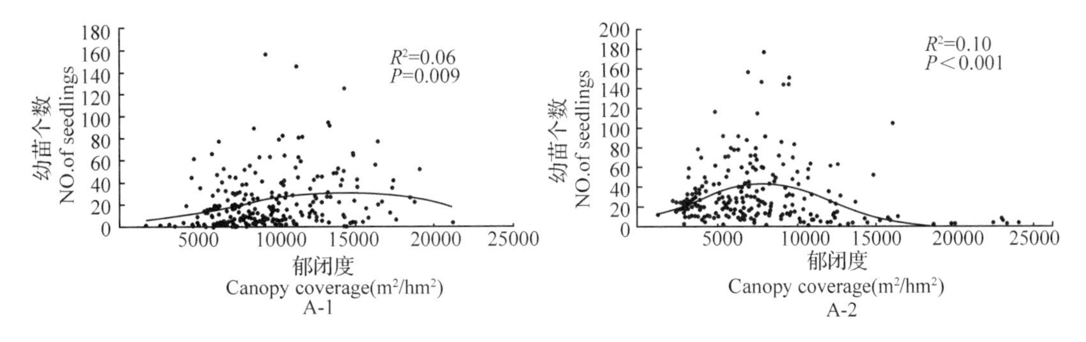


**图6-8　郁闭度与幼苗个数关系**

#### 6.1.4.4　基面积与郁闭度对更新的共同作用分析

**表6-8　华北落叶松更新苗个数多重回归模型**

| 项目 | | | B | β | t | P |
|---|---|---|---|---|---|---|
| A－1 | 幼苗个数 NO. of seedlings | $R^2=0.09$　$P=0.00003$ | | | | |
| | 常数项 Constant | | －5.976 | | －3.141 | 0.002 |
| | 基面积 Basal area | | 0.099 | 0.025 | 0.302 | 0.763 |
| | 郁闭度 Canopy coverage | | 0.905 | 0.289 | 3.493 | 0.001 |
| A－2 | 幼苗个数 NO. of seedlings | $R^2=0.09$　$P=0.00003$ | | | | |
| | 常数项 Constant | | 7.157 | | 6.459 | 0.000 |
| | 基面积 Basal area | | －0.018 | －0.219 | －3.421 | 0.001 |
| | 郁闭度 Canopy coverage | | －0.392 | －0.202 | －3.161 | 0.002 |

利用多重回归模型对基面积和郁闭度对更新的共同作用进行了分析(表6-8)。由表可以看出两个林龄林分由郁闭度和基面积共同组成的模型对更新苗个数的拟合效果一般($R^2=0.09$，$P=0.00003$)。对于30～40a林分郁闭度对更新苗个数表现出极显著的影响($\beta=0.289$，$P<0.001$)，而基面积对更新苗个数的影响不显著($\beta=0.025$，$P=0.763$)。说明在30～40a林分中郁闭度解释能力要远强于基面积；对于20～30a林分，基面积与郁闭度对更新苗个数的影响都达到了显著水平，其中基面积的解释效果为极显著($\beta=-0.219$，$P<0.001$)，说明在20～30a林分中基面积的解释能力要高于郁闭度。

#### 6.1.4.5　微环境因子对更新的影响

(1)两个林龄种群环境因子对比分析

通过对两个年龄段华北落叶松人工林林分环境因子进行单因素方差分析(ANOVA)，结果表明(表6-9)，所选15个环境因子中，土壤全钾、枯落物厚度、林分密度、草本盖度达到显著水平($P<0.05$)，其余各因子差异不显著。

**表 6-9 环境变量**

| 环境 | A-1 | A-2 | F | $P$ |
|---|---|---|---|---|
| S-pH | 5.52 ±0.10 | 5.61 ±0.37 | 0.51 | 0.4875 |
| S-OM | 37.69 ±9.58 | 39.02 ±11.5 | 0.07 | 0.7932 |
| S-TP | 0.37 ±0.08 | 0.31 ±0.07 | 3.23 | 0.0910 |
| S-RAP | 4.67 ±2.48 | 6.52 ±2.58 | 2.40 | 0.1411 |
| S-TN | 2.29 ±0.41 | 2.23 ±0.34 | 0.02 | 0.8843 |
| S-HN | 223.29 ±19.62 | 219.93 ±45.12 | 0.04 | 0.8401 |
| S-RAK | 114.16 ±34.89 | 130.56 ±36.92 | 0.94 | 0.3473 |
| S-TK | 13.88 ±3.66 | 17.6 ±2.3 | 6.64 | 0.0202 |
| S-BD | 1.09 ±0.10 | 1.11 ±0.03 | 0.27 | 0.6110 |
| LT | 4.39 ±1.06 | 3.11 ±.91 | 7.55 | 0.0143 |
| LNW | 99.39 ±31.33 | 80.68 ±18.98 | 2.35 | 0.1448 |
| STDE | 694.22 ±140.70 | 1650.67 ±374.98 | 51.33 | <0.001 |
| BA | 29.49 ±1.08 | 34.76 ±9.20 | 2.61 | 0.1254 |
| HC | 90.30 ±11.60 | 58.77 ±22.29 | 14.16 | 0.0017 |
| CACO | 9663.83 ±2592.68 | 7691.94 ±3219.67 | 2.05 | 0.1717 |

(2)微环境因子对更新苗高度结构的影响

由表6-10 可以知，环境因子组合对 A-1 变异有 60.3% 的解释率，解释效果极显著($P<0.01$)，对 A-2 可解释能力，达到总变异的 58.4%，效果显著($P<0.05$)。由前四个排序轴所占的总信息量看，前3 个数据轴均占了总信息量的90%以上，可见两个年龄段华北落叶松种群更新状况完全可由前三个排序轴进行解释。

**表 6-10 影响种群更新的解释变量线性冗余度分析结果**

| 数据集 Dataset | $p$ | 典范特征值总和 Sum of canonical eigenvalues | 前四轴累积贡献百分比 Cumulative percentage of canonical variance accounted for by axes 1-4 | | | |
|---|---|---|---|---|---|---|
| | | | I | II | III | IV |
| A-1 | 0.001 | 0.603 | 55.9 | 80.9 | 92.0 | 98.5 |
| A-2 | 0.02 | 0.584 | 42.9 | 74.2 | 95.2 | 98.9 |

由表6-11 可知，对于 A-1 来说，第一轴更多地反映了以枯落物厚度、土壤 pH 值、土壤全氮、碱解氮含量、土壤全钾含量、林分郁闭度、林分密度的影响。第二轴更多反映了土壤全钾、土壤碱解氮含量、枯落物厚度、林分密度的影响。第三轴反映了土壤全磷、土壤全钾、土壤全氮及土壤有机质的变化；对于 A-2，第一轴更多地反映了土壤 pH 值、土壤磷含量、林分密度、草本盖度、郁闭度、枯落物持水量的影响。第二轴则主要反映了土壤有机质、土壤碱解氮、土壤速效钾、土壤容重的影响。第三轴反映了土壤全钾、枯落物厚度、土壤速效磷与基面积的影响。对比分析 A-1、A-2 的前三轴所

反映的信息，发现土壤pH值、枯落物厚度、土壤碱解氮含量、林分密度、郁闭度都是其主要的限制性因子。

**表6-11　解释变量与排序轴的相关关系**

| 变量 | A－1 | | | A－2 | | |
|---|---|---|---|---|---|---|
| | 轴一 | 轴二 | 轴三 | 轴一 | 轴二 | 轴三 |
| S－pH | 0.7802 | 0.273 | 0.0357 | －0.8208 | －0.0747 | 0.1129 |
| S－OM | 0.3998 | 0.0738 | 0.3338 | 0.3034 | 0.6649 | 0.4699 |
| S－TP | －0.2284 | 0.0626 | 0.5632 | －0.5801 | 0.0303 | 0.4931 |
| S－RAP | －0.4303 | 0.066 | －0.193 | 0.5738 | 0.1612 | 0.6480 |
| S－TN | －0.7413 | －0.2255 | 0.3055 | 0.1960 | 0.0936 | 0.1205 |
| S－HN | 0.5141 | －0.6438 | 0.0626 | 0.2974 | 0.5728 | 0.1893 |
| S－RAK | 0.0891 | －0.0149 | －0.1365 | 0.3364 | 0.5314 | 0.4375 |
| S－TK | 0.6463 | 0.4765 | －0.3443 | －0.0317 | －0.1866 | －0.5354 |
| S－BD | 0.0159 | 0.0223 | －0.0182 | －0.0748 | －0.6420 | 0.2764 |
| LT | 0.8273 | －0.3548 | －0.2641 | －0.2676 | －0.2489 | －0.6647 |
| LNW | －0.0375 | 0.0491 | 0.1499 | －0.5596 | 0.3887 | 0.0758 |
| STDE | －0.7778 | 0.3516 | －0.2953 | 0.7788 | －0.3047 | －0.4775 |
| BA | 0.1527 | －0.1436 | 0.1037 | 0.4636 | －0.4112 | －0.6998 |
| HC | －0.2044 | －0.2309 | 0.0239 | 0.6532 | －0.2599 | 0.0933 |
| CACO | －0.6888 | 0.2362 | －0.1377 | －0.5398 | －0.0535 | －0.2848 |

由图6-9可知，与A－1的五个高度等级华北落叶松更新苗密度表现为正相关的环境变量差异不大，表现为与林分密度、郁闭度、土壤全氮、土壤速效磷的正相关关系。与*H*1、*H*2呈负相关的环境变量主要为枯落物厚度、土壤碱解氮，*H*3、*H*4、*H*5与土壤全钾、pH值、枯落物厚度、土壤有机质呈负相关。相对于A－1，A－2表现了较大的不同，H1的落叶松更新苗主要受到有机质及土壤养分变化的影响，表现为正相关，与枯落物厚度、草本盖度、土壤容重、基面积呈负相关关系；*H*2、*H*3两个高度等级的华北落叶松幼苗密度表现为与枯落物持水量、土壤pH值、郁闭度、枯落物厚度、土壤全磷含量的正相关性；对于影响*H*4、*H*5两个等级更新苗密度的因子主要表现为土壤容重、林分密度、基面积以及草本盖度表现为正相关。对于两个年龄段的华北落叶松人工林，枯落物厚度都与苗高<5cm的更新苗密度呈较强的负相关的关系。

利用Canoco的自动向前选择程序，对两个年龄段华北落叶松人工林林下更新苗密度的主要影响因子进行筛选，结果显示，对于30～40a林分，主要影响因子有枯落物厚度、土壤全钾、林分密度、土壤pH值、基面积；对于20～30a林分，主要影响的变量有林分密度、土壤有机质含量、土壤速效磷、土壤碱解氮含量、枯落物厚度。

由表6-12可知，对于两个年龄段华北落叶松人公林更新特征，纯土壤－枯落物因

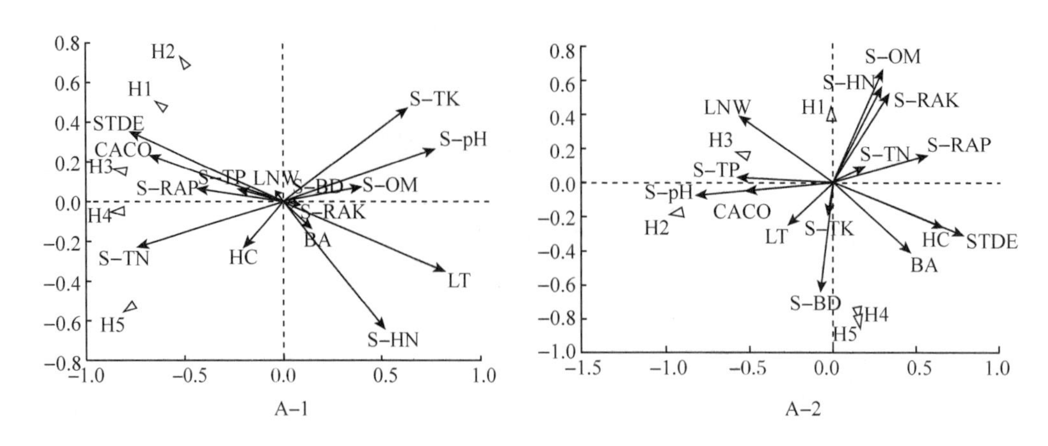


→：环境因子；△：不同高度等级幼苗密度

**图 6-9　不同高度等级更新幼苗密度－环境因子 RDA 排序图**

子都占到了总解释变异的 55% 以上，纯林分结构因子的解释效果相对较弱，分别只占到了 25.3%、35.5%，混合的土壤－枯落物与结构因子对两个林龄更新苗矩阵的贡献最小，只占了总变异的 7%。对两个年龄段林分林下更新苗密度的变异不可解释部分分别为 39.7%、41.6%。由此可见，影响两个龄级段落叶松种群更新的主要因子除了所选的环境因子外，还有其他因素起到一定作用。

**表 6-12　利用冗余度分析（RDA）进行因子分解结果**

| 变异解释构成 | A－1 | | A－2 | |
|---|---|---|---|---|
| | 总变异 | 总变异的解释部分 | 总变异 | 总变异的解释部分 |
| 纯土壤－枯落物因子 | 0.401 | 65.42 | 0.336 | 57.534 |
| 纯林分结构因子 | 0.155 | 25.29 | 0.207 | 35.445 |
| 混合的土壤－枯落物－林分结构 | 0.047 | 7.67 | 0.041 | 7.021 |
| 残差 | 0.397 | | 0.416 | |

## 6.2　华北落叶松成过熟林生长发育规律

### 6.2.1　标准地设置与调查

调查了隆化林业局茅荆坝林场、张三营林场、碱房林场、孙家营林场 4 个分场，木兰林管局的龙头山林场、八营庄林场、克勒沟林场、五道沟林场、山湾子林场 5 个分场，塞罕坝机械林场的第三乡林场、阴河林场、大唤起林场以及北曼甸林场 4 个分场。本次调查在隆化林业局以及木兰管局境内山地类型有 16 个，共 106 块临时标准地。塞罕坝林场山地类型有 14 个类型，设置 32 块临时标准地；高原类型共 6 个，设置临时标准地 17 块。标准地基本情况如表 6-13。

**表6-13　华北落叶松人工林标准地基本情况表**

| 样地区域 | 树龄(a) | 郁闭度 | 林分密度(株/hm²) | 海拔(m) | 平均胸径(cm) | 平均高(m) | 立地条件 | 样地数量 |
|---|---|---|---|---|---|---|---|---|
| 隆化县林管局 | 30~50 | 0.5~0.8 | 417~745 | 953~1237 | 12.05~21.10 | 11.8~18.6 | 中 | 40 |
| 木兰林管局 | 30~50 | 0.5~0.8 | 510~720 | 1130~1528 | 10.70~25.59 | 11.2~20.7 | 中 | 66 |
| 塞罕坝机械林场 | 30~50 | 0.5~0.8 | 500~768 | 1424~1884 | 12.85~22.95 | 14.1~21.6 | 中 | 49 |

对调查区内的华北落叶松人工林进行全面踏查，在环境条件、林分密度以及经营措施基本一致的华北落叶松人工林中设置标准地。每种立地类型设置3个重复；标准地规格为：长方形，20m×30m。然后调查林分的立地因子，对标准地内林木进行每木检尺。

对标准地内所有立木进行每木检尺，起测胸径不小于5cm，测定精度0.01m；标准地内的每一株树用测高仪测其树高，测定精度为0.10m。利用垂直投影的原理，测定每株树东、西、南、北四个方向的冠幅，测定精度0.10m。每块样地中选取1株优势木、1株平均木作为解析木，并按2cm一个径阶，2m一个区分段对标准木进行树干解析。记载标准地的坡位、坡向、坡度、土壤厚度和海拔。

## 6.2.2　华北落叶松人工林立地类型划分

### 6.2.2.1　分析方法

(1)立地分类的依据

立地分类的目的就是对不同立地条件和生产潜力的林地分别进行科学的分类，选择适宜的树种来达到理想的造林效果。影响林木生长的因子有光、水、气、热、养分等要素，这些要素的差异，取决于气候、地形、地势、地貌、土壤等众多环境因子。对人工林来讲，非生物环境因子是划分立地类型的主要依据。在非生物环境因子中气候与林木生长关系密切，常作为区域划分的依据。在同一区域范围内，大气候条件趋于一致，小气候差异可通过地形和土壤因子反映，因此地形和土壤因子成为划分燕山山地华北落叶松人工林立地类型的主要依据。

(2)立地因子的分级标准确定

在立地因子的分级中，不同研究人员、不同的研究区域所采用的划分标准是不同的，例如在土壤分级标准确定中陈启元(2009)将土层厚度分三级：薄土层(<40cm)、中土层(40~79cm)、厚土层(≥80cm)；宫伟光(1992)将土层厚度分为三级：薄层(<15cm)、中层(15~20cm)、厚层(>20cm)；刘建军(1996)土层厚度分级标准为：薄层<35cm、中层(35~50cm)、厚层(>50cm)。其他立地因子的分级情况与土层厚度因子分级情况类似，各文献中所提出的分级标准有所差异。

2003年国家林业局发布的《国家森林资源连续清查技术规定》中有关立地因子的分级标准如下：坡位：从脊部以下至山谷范围内的山坡三等分后的最上等分部位为上坡，三等分的中坡位为中坡，三等分的下坡位为下坡；坡度：Ⅰ级为平坡：<5°；Ⅱ级为缓坡：5~14°；Ⅲ级为斜坡：15~24°；Ⅳ级为陡坡：25~34°；Ⅴ级为急坡：35~44°；

Ⅵ级为险坡：≥45°；土层厚度(亚热带高山、暖温带、温带、寒温带)：厚土层(≥60cm等)，中土层(30~59cm)，薄层土(<30cm)。

因此，根据承德地区地形特点，本研究制定的立地因子分级标准如下：

a. 海拔分类：小于等于1300m为低海拔，1300~1500m为中海拔，大于1500m为高海拔。

b. 坡向分类：阳坡(南、西南、西、西北)，阴坡(东南、东、东北、北)。

c. 坡度分类：≤15°为缓坡，16~25°为斜坡，≥26°为陡坡。

d. 坡位分类：山坡三等分后的最上等分部位为上坡，三等分的中坡位为中坡，三等分的下坡位为下坡。

e. 土层厚度分类：样地内土壤的A+B层厚度，当有BC过渡层时，应为A+B+BC/2的厚度。厚土层(>60cm)，薄层土(≤60cm)。具体分级标准见表6-14。

**表6-14　立地因子分类划级标准**

| 立地因子<br>Site factor | 分级标准 Classification criteria | | |
|---|---|---|---|
| | 1 | 2 | 3 |
| 海　拔 Altitude | ≤1300m | 1300~1600m | >1600m |
| 坡　度 Slope degree | ≤15° | 16~25° | 26~35° |
| 坡　向 Slope direction | 阳坡 | 阴坡 | |
| 坡　位 Slope position | 上坡 | 中坡 | 下坡 |
| 土层厚度 Soil thickness | ≤60cm | >60cm | |

(3)主导立地因子的筛选

本研究的各立地因子均为定性数据或分级数据，因此应用数量化理论Ⅰ建立各立地因子与各主要造林树种地位指数之间的多元线性回归，根据回归结果筛选主导立地因子。数量化理论Ⅰ的模型为：

$$Y = b_0 + \sum_{i=1}^{n} \sum_{j=1}^{m_i} b_{ij} \times X_{ij} \qquad 6\text{-}8$$

式中：$Y$为某树种的地位指数，$b_0$为常数项，$b_{ij}$为第1个因子第$j$个等级的得分值(即偏回归系数)，$X_{ij}$为第1个因子第$j$个等级的反应(0或1)，$n$个因子个数，$m_i$为第$i$个因子的等级数。

(4)原始数据反应表的编制

根据表6-14中确定的分类划级标准，将影响林木生长的定量因子转化为定性因子，然后将各样地的立地因子带入公式6-8，将定性因子(0，1)化展开，再将其函数值列入原始数据分类表。

$$\sigma_i(j,k) = \begin{cases} 1 & \text{当第 } i \text{ 个样本第 } j \text{ 个项目的定性数据为 } k \text{ 类目时} \\ 0 & \text{否则} \end{cases} \qquad 6\text{-}9$$

### 6.2.2.2　主导立地因子的筛选

采用数量化理论Ⅰ，对数量化原始反应表进行运算，结果如表6-15。各立地因子对优势木高影响由大到小的顺序为：海拔 > 坡向 > 土层厚度 > 坡位 > 坡度，其中，海拔和坡向对优势木高的影响达到极显著水平，土层厚度对其影响达到显著水平。由此可见，海拔高度、坡向和土层厚度是影响华北落叶松立地质量的主导因子，而坡度和坡位的影响相对较小。

**表 6-15　数量化理论 I 分析结果**

| 因子组 | 平方和 | 自由度 | 均方 | F 值 | Pr > F |
|---|---|---|---|---|---|
| 海拔 | 430. 947488 | 2. | 215. 473744 | 43. 216827 | 0** |
| 坡向 | 74. 118651 | 1. | 74. 118651 | 14. 865723 | 0. 000173** |
| 土层厚度 | 31. 76098 | 1. | 31. 76098 | 6. 37019 | 0. 012675* |
| 坡位 | 3. 392824 | 2. | 1. 696412 | 0. 340243 | 0. 71216 |
| 坡度 | 1. 476115 | 2. | 0. 738057 | 0. 14803 | 0. 862535 |

#### 6. 2. 2. 3　立地类型的划分

张万儒(1997)指出，土壤性质与局部地形相关密切，常用来划分立地类型组，立地类型的划分常以土壤特性为主要依据。根据分析结果，综合多因子与主导因子相结合的原则，确定采用海拔划分立地类型区，坡向划分立地类型组，土层厚度划分立地类型。对所调查的燕山山地华北落叶松人工林立地总计划分 12 个立地类型，具体结果见表 6-16。

**表 6-16　立地类型分类及等级**

| 立地类型区 | 立地类型组 | 立地类型 | 立地类型编号 |
|---|---|---|---|
| 低海拔( <1300m) | 阳坡 | 薄层土 | Ⅰ |
| | | 厚层土 | Ⅱ |
| | 阴坡 | 薄层土 | Ⅲ |
| | | 厚层土 | Ⅳ |
| 中海拔(1300 ~ 1600m) | 阳坡 | 薄层土 | Ⅴ |
| | | 厚层土 | Ⅵ |
| | 阴坡 | 薄层土 | Ⅶ |
| | | 厚层土 | Ⅷ |
| 高海拔( >1600m) | 阳坡 | 薄层土 | Ⅸ |
| | | 厚层土 | Ⅹ |
| | 阴坡 | 薄层土 | Ⅺ |
| | | 厚层土 | Ⅻ |

### 6. 2. 3　华北落叶松人工林立地质量的评价

#### 6. 2. 3. 1　分析方法

收集好的资料以标准地为样本单元，以 5 年为一个龄阶，用 Excel 归类统计出各龄阶优势木平均高，计算出各龄阶树高标准差。在标准地调查过程中，可能会因调查记载错误及其他人为因素造成个别原始观测值失真。对于混入超过一般正常数据的可疑值，应予以正确识别和处理，否则会导致对客观规律的歪曲、对预测模型产生很大偏差。本次在华北落叶松人工林以三倍树高标准差范围(表6-17)龄组内数据异常的标准地或者优势木，之后，以龄组为单位，重新整理、统计、计算平均年龄、平均优势木高及优势木株数，同时舍弃55这个样本中标准地少的龄阶，结果见表6-18，作为拟合地位指数曲线的数据。

以下式计算各龄阶树高标准差：

$$S_i = \sqrt{[\sum H_{ij}^2 - (\sum H_{ij})^2/n_i]/(n_i - 1)} \qquad 6\text{-}10$$

式中：$S_i$为第$i$龄阶树高标准差；$H_{ij}$为第$i$龄阶中第$j$株优势木树高($j=1, 2, 3, \cdots, n_i$)；$n_i$为第$i$龄阶中优势木株数。

**表6-17 树高标准差**

| 龄级 | 25 | 30 | 35 | 40 | 45 | 50 |
|---|---|---|---|---|---|---|
| $S_i$ | 1.48 | 2.14 | 2.40 | 2.18 | 2.00 | 2.67 |

**表6-18 各指数级各龄阶优势高**

| 龄阶 | 年龄范围(a) | 平均年龄(a) | 优势木平均高(m) | 标准地块数(块) |
|---|---|---|---|---|
| 25 | 23~27 | 25.4 | 12.69 | 13 |
| 30 | 28~32 | 31.1 | 14.92 | 31 |
| 35 | 33~37 | 34.5 | 15.91 | 40 |
| 40 | 38~42 | 39.7 | 16.87 | 47 |
| 45 | 43~47 | 44.3 | 19.57 | 18 |
| 50 | 48~52 | 49.3 | 19.93 | 4 |

(1)基准年龄及地位指数级距的确定

确定标准年龄应以能准确反映立地质量为标准，基准年龄的确定，目前尚无统一的方法。一般考虑如下几方面：①树高生长趋于稳定后的一个龄阶；②采伐年龄；③自然成熟龄的一半年龄；④材积或树高生长最大时的年龄(孟宪宇，2006)。克拉特(Clutter J. L.，1983)指出，对于多数树种，在实际工作中选择什么年龄作为基准年龄，对于评定立地质量的优劣并没有什么差异。朗奎健教授于1999年撰文将中国主要树种的标准年龄定为20年。许多学者研究认为，落叶松人工林数量成熟龄一般为40年左右，一般将其成熟龄的一半20年作为指数年龄。结合燕山华北落叶松人工林生长状况，树高生长基本在20年左右趋于稳定，并且能充分反映立地条件差异。所以基准年龄定为20年。

地位指数级距的确定，既要保证地位指数表准确反映立地质量及树高生长的精度，又要考虑便于应用。级距太大，精度达不到经营要求；级距太小，地位指数表又过于繁琐，现有的经营水平无法与之相适应。一般根据研究地区内标准年龄时优势树高的变动幅度来确定。根据华北落叶松标准年龄所处龄阶内优势木高的变化范围，考虑到当地林业经营水平及应用准确程度，原则上在保证精度的前提下，应尽量与国内常用级距保持一致，本次指数级距确定为2m，地位指数级为6~16共6个指数级。

(2)导向曲线模型的选择

用Forstat软件对以下8种导向曲线模型进行拟合，①$H=a+b/(c+A)$；②$H=a+b\text{Exp}(-cA)$；③$h=a/(1+b\times\text{Exp}(-c\times A))$；④$h=a/(1+b/A\hat{}c)$；⑤$H=a\times\text{Exp}(-b/A\hat{}c)$；⑥$h=a\times(A\hat{}2/(c+A\hat{}2))\hat{}b$；⑦$H=a\times(A/(c+A))\hat{}b$；⑧$H=a\times\text{Exp}(-b\text{Exp}(-c\times A))$。拟合结果见表6-19。

**表6-19　模型拟合结果**

| 曲线种类 | A | b | C | 相关系数r | 残差平方和 |
|---|---|---|---|---|---|
| ① | 28.2080 | -435.7206 | 1.9994 | -0.9773 | 1.7272 |
| ② | 36.8854 | -35.7559 | 1.5431 | -0.9865 | 2495.7881 |
| ③ | 23.3715 | 4.6117 | 6.6733 | 0.9757 | 209.7611 |
| ④ | 25.5628 | 482.3642 | 1.8981 | 0.9616 | 1.4311 |
| ⑤ | 319.6842 | 6.8428 | 0.2327 | -0.9892 | 1.0375 |
| ⑥ | 22.8815 | 199.0432 | 1.9994 | 0.9743 | 2.2595 |
| ⑦ | 33.1043 | 12.7639 | 1.9994 | 0.9867 | 1.2532 |
| ⑧ | 28.8793 | 1.9631 | 3.4435 | -0.9892 | 936.1346 |

由模型拟合结果可知⑤式的相关系数最大、残差平方和最小，所以选⑤式即Korf式作为拟合曲线模型，公式为$H=319.6842\times\text{Exp}(-6.8428/A\hat{}0.2327)$。

### 6.2.3.2　立地指数表的生成

由Forstat数据处理结果得到立地指数曲线图(图6-10及地位指数表(表6-20))

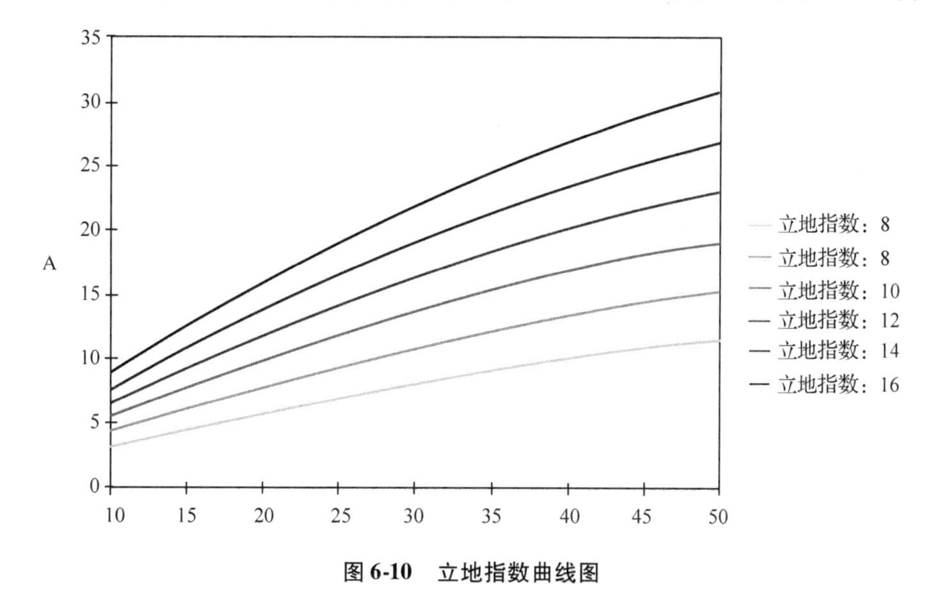


**图6-10　立地指数曲线图**

表 6-20 地位指数表

| 龄阶 | 指数级 | | | | | |
|---|---|---|---|---|---|---|
| | 6 | 8 | 10 | 12 | 14 | 16 |
| 10 | 2.75~3.86 | -4.96 | -6.06 | -7.16 | -8.26 | -9.36 |
| 15 | 3.93~5.53 | -7.11 | -8.69 | -10.27 | -11.85 | -13.43 |
| 20 | 5.00~7.00 | -9.00 | -11.00 | -13.00 | -15.00 | -17.00 |
| 25 | 6.95~8.31 | -10.69 | -13.07 | -15.45 | -17.82 | -20.20 |
| 30 | 6.79~9.51 | -12.23 | -14.95 | -17.67 | -20.39 | -23.11 |
| 35 | 7.61~10.59 | -13.64 | -16.68 | -19.71 | -22.74 | -25.78 |
| 40 | 8.31~11.63 | -14.95 | -18.28 | -21.60 | -24.92 | -28.24 |
| 45 | 8.99~12.57 | -16.17 | -19.77 | -23.35 | -26.96 | -30.55 |
| 50 | 9.61~13.47 | -17.32 | -21.16 | -25.01 | -28.86 | -32.71 |

#### 6.2.3.3 立地指数表的检验

从统计意义上讲，编制立地指数表就是对有限样本的抽样调查结果经统计、分析和整理，然后编制成表，以此对现有林地的立地质量进行评价和预测，误差的产生是无法避免的，因而必须对所编的立地指数表的精确性和适用性进行检验。立地指数表的检验通常进行两个方面的检验，一是拟合的显著性检验，用于检验地位指数曲线与实际树高生长过程符合程度；二是地位指数预报精度的检验，利用属于同一指数级的样本在各龄级的树高平均值，查地位指数表，看各龄级的树高平均值是否都在同一个指数级范围内。常用拟合的显著性检验常用的方法有：卡方检验(方亮，1990；王景元等，1991)、落点检验(李佩萍等，1999；宋永俊，2004)、标准差法(王景元等，1991；段劼，1999)和树高生长量检验(王玉学等，2000；宋永俊，2004；孟宪宇等，2001)。地位指数预报精度的检验常用方法为计算不同年龄地位指数预测误差(郑勇平等，1993；王景元等，1991)。本书应用 $\chi^2$ 检验来对所编制的华北落叶松立地指数表的精度进行检验。随机选取各龄阶中优势木的20%来进行 $\chi^2$ 检验，共选定30株，利用这些优势木的年龄和树高，在已编制好的指数表中查出其对应的地位指数，再分别按年龄与地位指数在立地指数曲线图上找到树高理论值，然后与解析木的树高实际值进行 $\chi^2$ 检验，其公式为：

$$\chi^2 = \sum_{i=1}^{n}((H_0 - H_e)^2/H_e) \tag{6-11}$$

式中：$H_0$为解析木树高实际值；$H_e$为地位指数表中查得的树高理论值；$n=30$。

计算得出$\chi^2=2.349$，查表知$\chi^2_{0.05}(30-1)=52.336$，$\chi^2<\chi^2_{0.05}(30-1)$。检验结果表明其树高理论值和实际值无显著差异，通过$\chi^2$ 检验。

### 6.2.4 不同立地因子对华北落叶松人工林林分生长的影响

由数量化理论 I 研究可知，立地因子对林分生长影响的大小顺序为：海拔 > 坡向 > 土层厚度 > 坡位 > 坡度。由此可见，海拔高度、坡向和土层厚度是影响华北落叶松立地质量的主导因子，而坡度和坡位的影响相对较小。因此，以下研究从海拔、坡向和土层厚度三个方面分析华北落叶松人工林林分的生长状况。

6. 2. 4. 1　海拔对华北落叶松人工林林分生长的影响

选取坡向、土层厚度相同海拔分别为 <1500m、>1500m 的华北落叶松人工林设置标准地，每种海拔梯度各设置 20 块标准地，对其统计分析得出各生长因子在这不同海拔高度各年龄段的平均值，绘制曲线图，如图 6-11 至图 6-13。

由图 6-11 可知，海拔对华北落叶松人工林林分平均胸径生长量影响较大。分析可知，在前 45 年，林分平均胸径随海拔的增高而增大，且高海拔胸径生长量要远大于低海拔胸径生长量，说明在一定海拔范围内，海拔越高，华北落叶松人工林胸径长势越好。

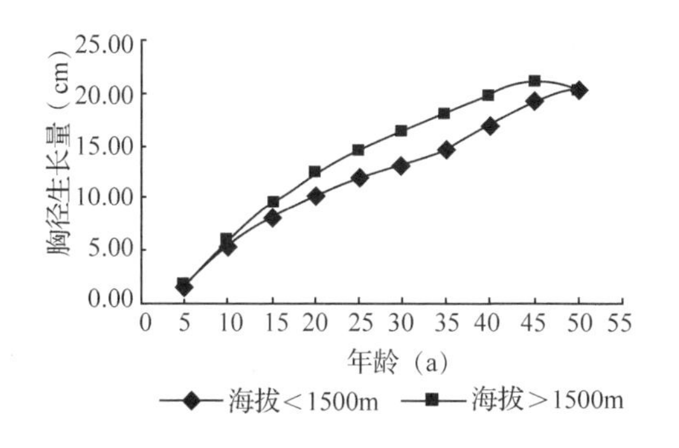


图 6-11　不同海拔林分平均木胸径与年龄的关系

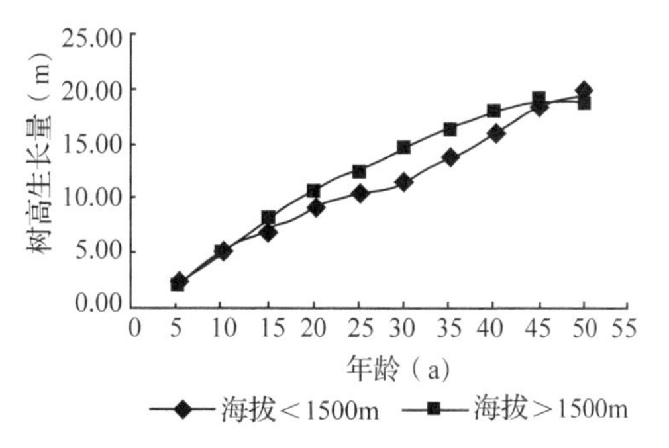


图 6-12　不同海拔林分平均木树高与年龄的关系

由图 6-12 分析可知，海拔对华北落叶松人工林林分平均树高生长有微弱影响。前 20 年，不同海拔下树高生长差异不大，说明此时海拔对树高生长的影响微小；20～40 年，不同海拔树高生长的差异性有所增大；40 年后，差异性又趋于微小。

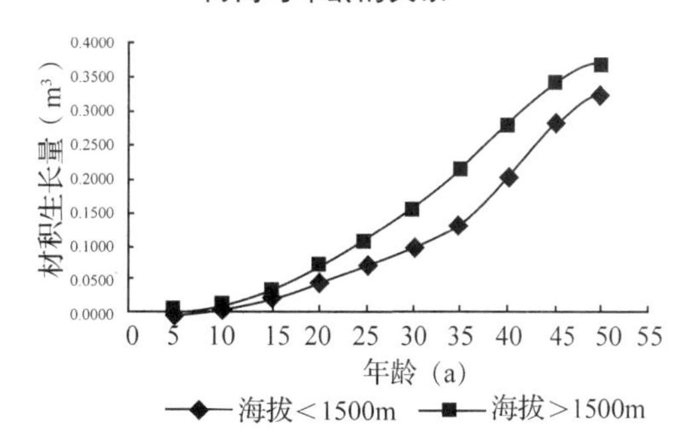


图 6-13　不同海拔林分平均木材积与年龄的关系

由图 6-13 分析可知，海拔对华北落叶松人工林林分单株材积生长影响较大。在 10～45 年内，随着树龄增大，海拔对林分平均木材积生长量的影响越来越明显，即林分平均材积随海拔的增高而增大，且高海拔地区平均材积生长量要远大于低海拔材积生长量。

6. 2. 4. 2　坡向对华北落叶松人工林林分生长的影响

选取海拔、土层厚度相同坡向不同的华北落叶松人工林设置标准地。每种坡向各设置 20 块标准地，对其统计分析得出各生长因子在阳坡、阴坡各年龄段的平均值，绘制曲线图，如下：

由图 6-14 至图 6-16 分析得知，坡向对华北落叶松人工林林分生长的影响较大，特别是在 30 年后，阴坡上华北落叶松人工林胸径，树高和单株材积的平均生长量要明显好于阳坡。前 30 年，华北落叶松人工林各生长因子在阳坡和阴坡上的平均生长量差异

性很小。

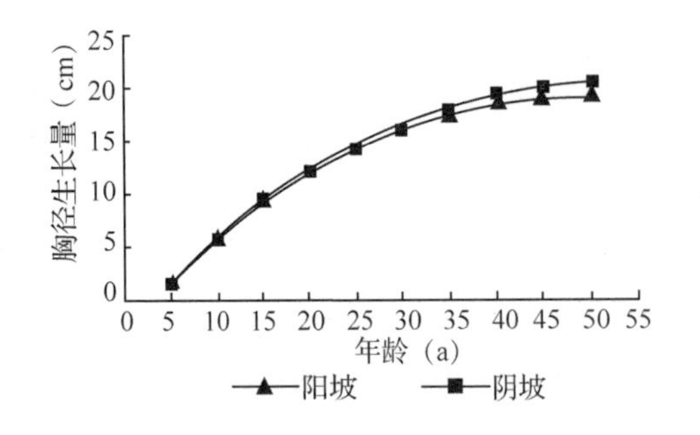


图 6-14 不同坡向林分平均木胸径与年龄的关系

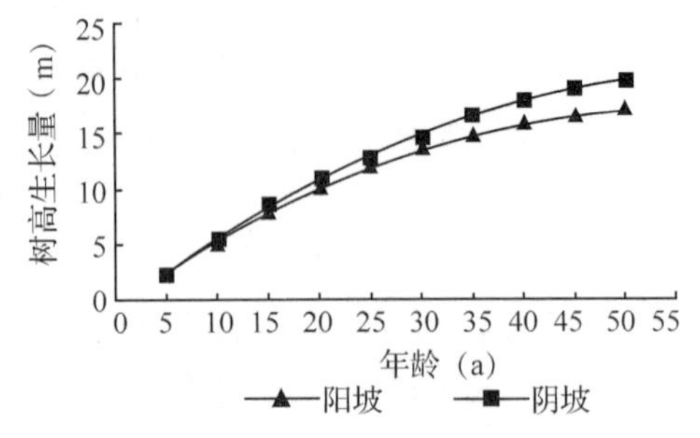


图 6-15 不同坡向林分平均木树高与年龄的关系

6.2.4.3 土层厚度对华北落叶松人工林林分生长的影响

选取海拔、坡向相同土层厚度不同的华北落叶松人工林设置标准地。每种土层厚度各设置 20 块标准地，对其统计分析得出各生长因子在不同土层厚度各年龄段的平均值，绘制曲线图(图 6-17 至图 6-19)。

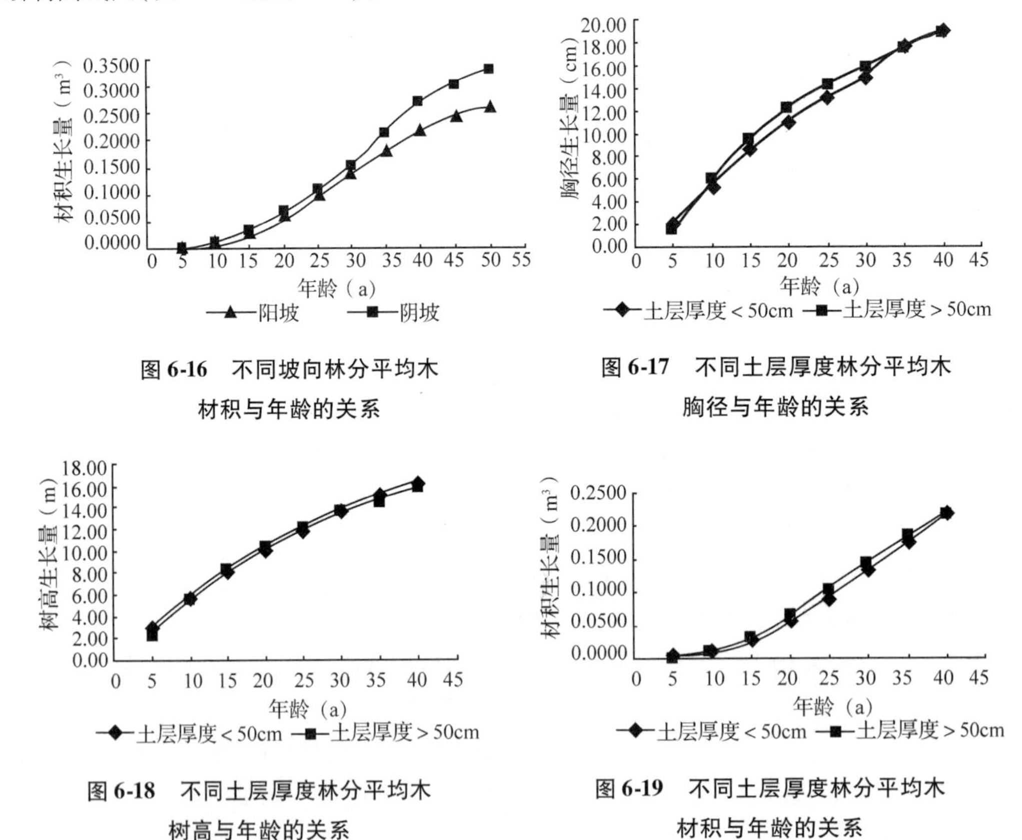


图 6-16 不同坡向林分平均木材积与年龄的关系

图 6-17 不同土层厚度林分平均木胸径与年龄的关系

图 6-18 不同土层厚度林分平均木树高与年龄的关系

图 6-19 不同土层厚度林分平均木材积与年龄的关系

由图 6-17 至图 6-19 分析得知，土层厚度对华北落叶松人工林胸径和单株材积的生长影响较大，即土层越厚，林分胸径和单株材积生长量越大，但对华北落叶松人工林树高的生长影响微小。

从图 6-17 可以看出，前 10 年，土层厚度对胸径的生长影响不明显；10 年后，胸径生长量差异性变大，即土层越厚，胸径生长量越大；35 年后，林木生长状态达到近成熟林，此时，由于林木生长受光照、养分、林分密度等多种因素的影响，这就削弱了土层厚度对林木生长的影响，以至于两种土层厚度的林木生长差异性减小。从图 6-18 分析知，土层厚度对树高的生长有微弱影响。从图 6-19 分析可知，土层厚度对材积生长的差异性与胸径相似，即前 15 年，两种土层厚度对林木生长的影响很小；15 年后，差异性越来越明显，至 45 年，林木达到近成熟状态，差异性减小。

## 6.2.5　不同立地类型下华北落叶松人工林生长规律研究及数量成熟龄的确定

试验区可以划分为 12 种立地类型，对每一种立地类型的标准木进行树干解析，进行胸径、树高和单株材积生长方程的曲线拟合并进行检验，最后通过生长曲线来分析林木生长规律。

### 6.2.5.1　不同立地类型下华北落叶松人工林胸径生长规律

对 12 种立地类型林分的胸径进行方差分析，从表 6-21 中可以看出不同立地类型胸径生长差异极显著。

**表 6-21　不同立地类型胸径方差分析表**

| 因子组 | 平方和 | 自由度 | 均方 | F 值 | Pr > F |
| --- | --- | --- | --- | --- | --- |
| 立地类型 | 150.997051 | 11 | 13.727005 | 20.028839 | 0. |
| 树龄 | 1943.652562 | 6 | 323.942094 | 472.6584 | 0. |

为此，我们根据得到的解析木，对 12 种立地类型的林分胸径生长过程进行分别拟合，拟合结果如表 6-22。

**表 6-22　不同立地类型下林分胸径生长方程**

| 立地类型编号 | 胸径生长方程 | 确定系数 $R^2$ |
| --- | --- | --- |
| Ⅰ | $D=18.6929\times[1-\exp(-0.0753T)]^{1.7631}$ | 0.9961 |
| Ⅱ | $D=12.7998\times[1-\exp(-0.1404T)]^{3.8082}$ | 0.9953 |
| Ⅲ | $D=11.9113\times[1-\exp(-0.1953T)]^{7.1743}$ | 0.9928 |
| Ⅳ | $D=18.9178\times[1-\exp(-0.0679T)]^{1.9709}$ | 0.9890 |
| Ⅴ | $D=18.7972\times[1-\exp(-0.0682T)]^{1.6915}$ | 0.9918 |
| Ⅵ | $D=16.7870\times[1-\exp(-0.1083T)]^{2.6873}$ | 0.9974 |
| Ⅶ | $D=20.4605\times[1-\exp(-0.0890T)]^{2.7069}$ | 0.9914 |
| Ⅷ | $D=18.1111\times[1-\exp(-0.1146T)]^{3.1763}$ | 0.9946 |
| Ⅸ | $D=18.5330\times[1-\exp(-0.1137T)]^{3.2738}$ | 0.9966 |
| Ⅹ | $D=19.8746\times[1-\exp(-0.0875T)]^{2.7906}$ | 0.9996 |
| Ⅺ | $D=18.5422\times[1-\exp(-0.1221T)]^{3.8485}$ | 0.9938 |
| Ⅻ | $D=18.6242\times[1-\exp(-0.1215T)]^{4.4280}$ | 0.9899 |

利用平均残差、平均绝对残差、平均相对残差、残差平方和、预估精度等五个指标对上述拟合方程进行检验，检验结果表 6-23。

**表 6-23 不同立地类型林分胸径生长模型的检验结果**

| 立地类型 | 平均残差 ME | 平均绝对残差 MAE | 平均相对残差 MPE(%) | 残差平方和 SSE | 预估精度 *P* |
|---|---|---|---|---|---|
| Ⅰ | 0.1965 | 1.0743 | 0.0075 | 5.8007 | 91.13% |
| Ⅱ | 0.2014 | 0.7039 | 0.0090 | 2.5217 | 94.66% |
| Ⅲ | -0.2205 | 1.0451 | -0.0195 | 8.2666 | 93.37% |
| Ⅳ | -0.0899 | 1.1711 | -0.0115 | 12.4429 | 94.89% |
| Ⅴ | 1.2443 | 1.2631 | 0.0633 | 23.3016 | 93.77% |
| Ⅵ | -0.1667 | 0.7700 | -0.0123 | 6.5595 | 95.88% |
| Ⅶ | -0.0960 | 0.8922 | -0.0088 | 12.1042 | 97.19% |
| Ⅷ | 0.5715 | 0.8254 | 0.0315 | 5.9536 | 96.23% |

由表 6-23 可知，华北落叶松人工林胸径生长模型的平均残差、平均绝对残差、平均相对残差和残差平方和都比较小，且预估精度都达到了 91% 以上，说明胸径生长量的实际调查值与预测值相差很小，模型预估效果比较好，具有较高的参考价值。

通过上述生长方程，我们可以得出不同立地类型下林分平均胸径的总生长量、平均生长量和连年生长量，绘制胸径生长过程曲线图，分析林分胸径生长过程。

由图 6-20 分析可知，前 10 年，胸径连年生长量呈现快速增长的状态，并在第 10 年左右达到最大值，之后开始迅速减小；胸径平均生长量在前 15 年呈现稳步增长的状态，每种立地类型胸径平均生长量达到最大值的年龄不同，但差异不大，基本维持在 15 年左右。胸径平均生长量曲线与连年生长量曲线相交于 15 ~ 20 年，此时是胸径生长量最大的年龄段。此后连年生长量和平均生长量都出现不同程度的下降，但平均生长量始终要大于连年生长量。

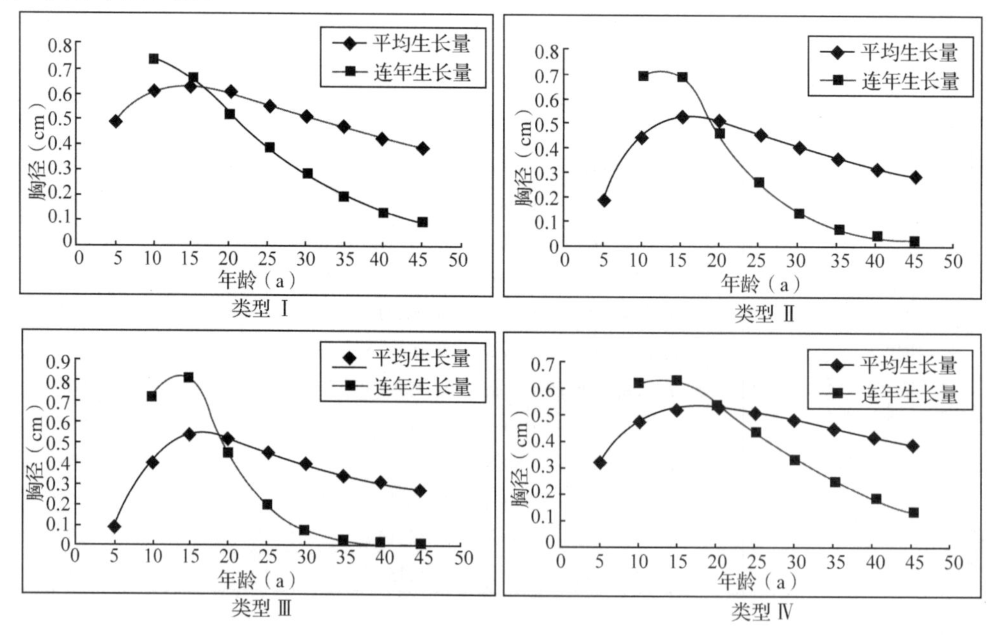


**图 6-20 不同立地类型下华北落叶松人工林胸径年生长过程**

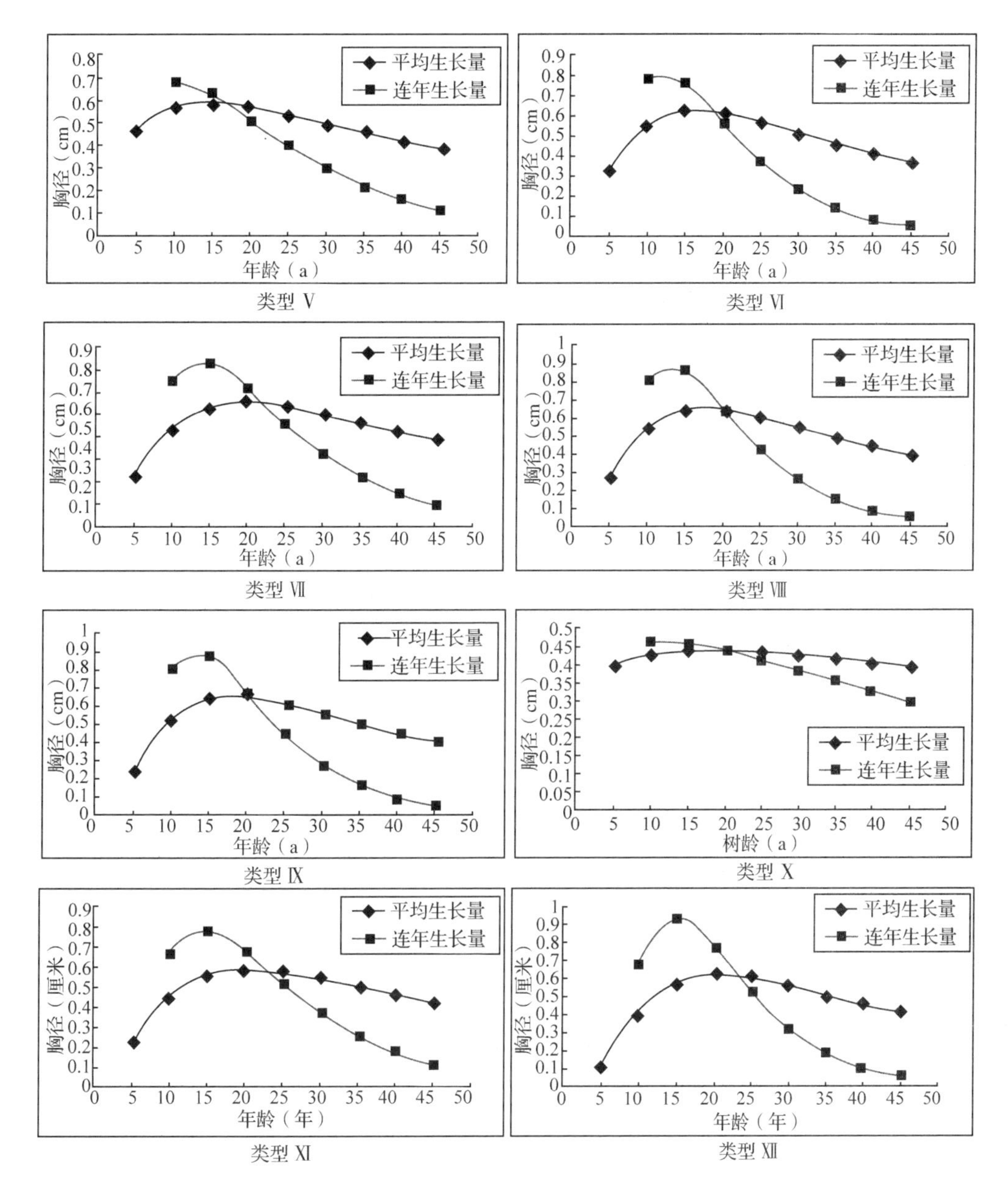


**图 6-20　不同立地类型下华北落叶松人工林胸径年生长过程(续)**

### 6.2.5.2　不同立地类型下华北落叶松人工林树高生长规律

12 种立地类型的林分树高生长过程拟合结果如表 6-24：

**表 6-24　不同立地类型林分树高生长方程表**

| 立地类型编号 | 树高生长方程 | 确定系数 $R^2$ |
| --- | --- | --- |
| Ⅰ | $H = 14.1117 \times [1 - \exp(-0.0753T)]^{1.9646}$ | 0.9974 |
| Ⅱ | $H = 16.4119 \times [1 - \exp(-0.0718T)]^{1.7184}$ | 0.9992 |
| Ⅲ | $H = 13.5449\exp[-2.9948\exp(-0.1152t)]$ | 0.9997 |

（续）

| 立地类型编号 | 树高生长方程 | 确定系数 $R^2$ |
|---|---|---|
| Ⅳ | $H=16.0898\times[1-\exp(-0.0691T)]^{1.6511}$ | 0.9952 |
| Ⅴ | $H=26.4911\times[1-\exp(-0.0234T)]^{1.0202}$ | 0.9997 |
| Ⅵ | $H=18.5423\times[1-\exp(-0.0581T)]^{1.4450}$ | 0.9992 |
| Ⅶ | $H=26.0007\times[1-\exp(-0.0342T)]^{1.2933}$ | 0.9987 |
| Ⅷ | $H=25.0509\times[1-\exp(-0.0432T)]^{1.3883}$ | 0.9980 |
| Ⅸ | $H=19.6206\times[1-\exp(-0.0484T)]^{1.3803}$ | 0.9997 |
| Ⅹ | $H=32.7224\times[1-\exp(-0.0203T)]^{1.1972}$ | 0.9987 |
| Ⅺ | $H=24.5055\times[1-\exp(-0.0341T)]^{1.2880}$ | 0.9982 |
| Ⅻ | $H=25.3560\times[1-\exp(-0.0406T)]^{1.5223}$ | 0.9998 |

通过对树高生长曲线的检验，结果显示：模型的预估精度都达到了90%以上，说明树高生长量的实际调查值与预测值相差很小，模型预估效果比较好，具有较高的参考价值(表6-25)。

**表6-25 不同立地类型林分树高生长模型的检验结果**

| 立地类型 | 平均残差 ME | 平均绝对残差 MAE | 平均相对残差 MPE(%) | 残差平方和 SSE | 预估精度 $P$ |
|---|---|---|---|---|---|
| Ⅰ | 0.5498 | 1.0325 | 0.0336 | 5.9581 | 90.56% |
| Ⅱ | 0.1841 | 0.9231 | 0.0117 | 5.0551 | 92.84% |
| Ⅲ | 1.0320 | 1.0320 | 0.0730 | 11.2787 | 92.98% |
| Ⅳ | 0.1367 | 0.9768 | 0.0017 | 9.9226 | 95.04% |
| Ⅴ | 0.2207 | 1.0296 | 0.0111 | 11.9967 | 94.96% |
| Ⅵ | 0.9018 | 1.0000 | 0.0626 | 9.2636 | 93.89% |
| Ⅶ | 0.1320 | 1.1058 | 0.0021 | 32.5385 | 96.76% |
| Ⅷ | 0.2770 | 1.0341 | 0.0092 | 14.5318 | 95.25% |

通过上述生长方程，我们可以得出不同立地类型下林分平均树高的总生长量、平均生长量和连年生长量，绘制树高生长过程曲线图，分析林分树高生长过程(图6-21)。

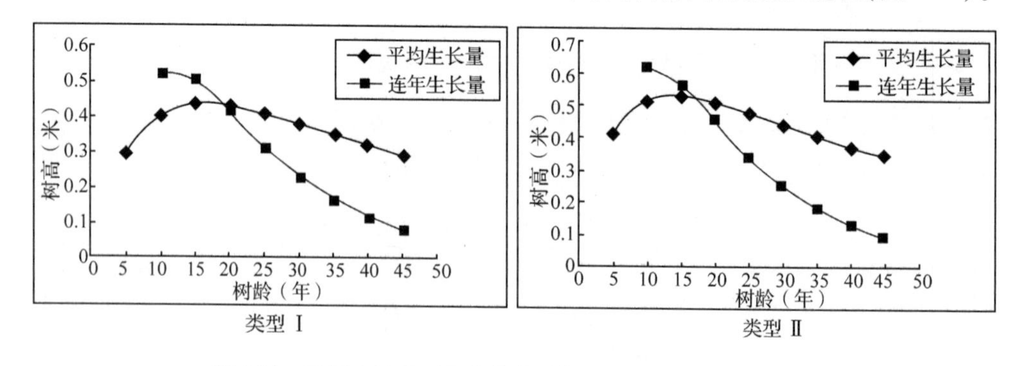


**图6-21 不同立地类型下华北落叶松人工林树高年生长过程**

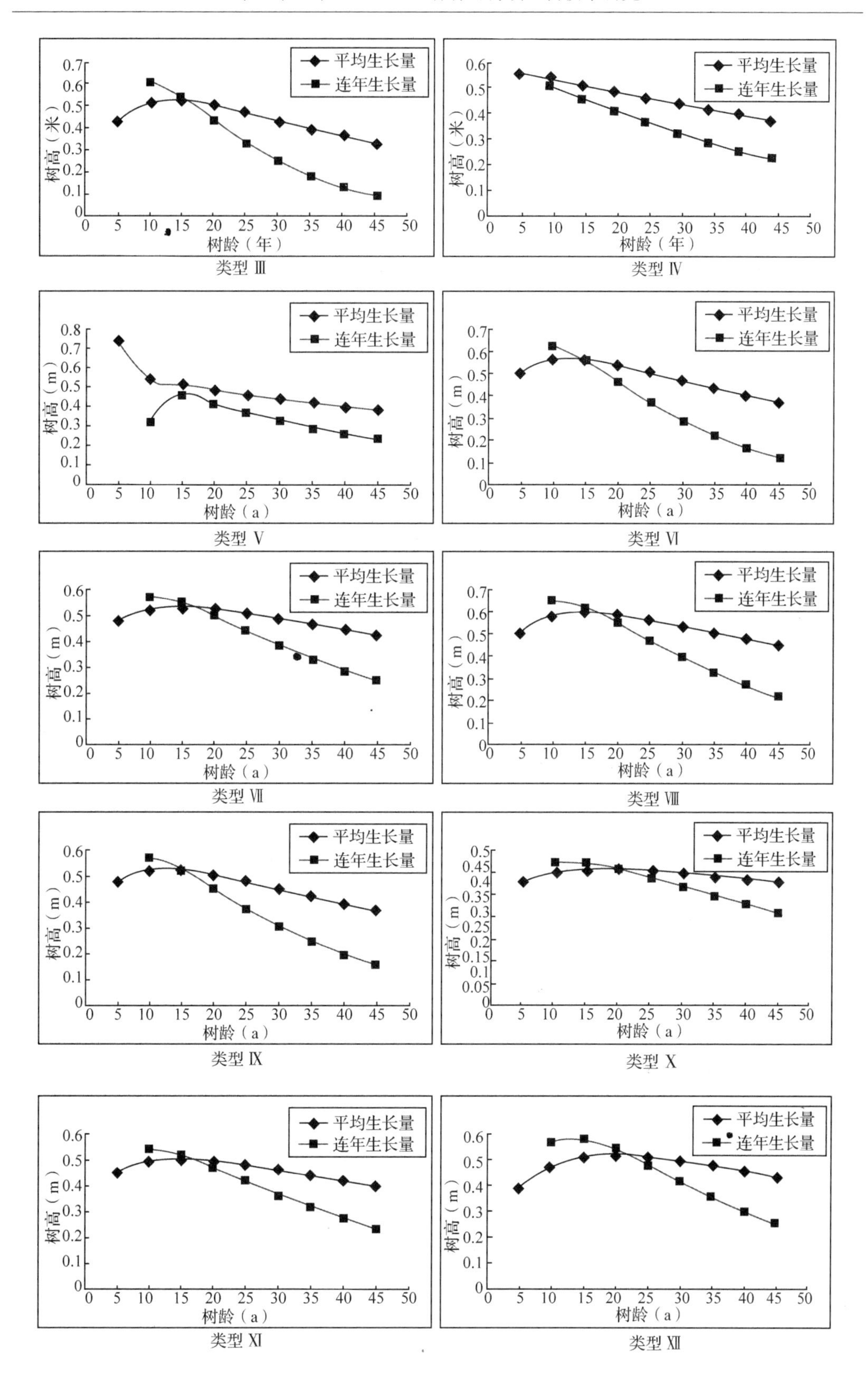


**图6-21　不同立地类型下华北落叶松人工林树高年生长过程(续)**

由图 6-21 分析可知，前 15 年，树高连年生长量和平均生长量都呈现快速增长的状态，且连年生长量的增幅大于平均生长量，两条曲线相交于 15～20 年，此时是树高生长量最大的年龄段，此后树高连年生长量和平均生长量开始减小，但平均生长量始终要大于连年生长量。

#### 6. 2. 5. 3 不同立地类型下华北落叶松人工林单株材积生长规律

根据得到的解析木，对 8 种立地类型的林分单株材积生长过程进行拟合，拟合结果如表 6-26 所示：

**表 6-26 不同立地类型林分单株材积生长方程表**

| 立地类型编号 | 材积生长方程 | 确定系数 $R^2$ |
|---|---|---|
| Ⅰ | $V=0.2015[1-\exp(-0.0603t)]^{4.3239}$ | 0.9527 |
| Ⅱ | $V=0.2712[1-\exp(-0.0589t)]^{4.2847}$ | 0.9883 |
| Ⅲ | $V=0.2105[1-\exp(-0.0552t)]^{3.7159}$ | 0.9326 |
| Ⅳ | $V=0.4316[1-\exp(-0.0508t)]^{4.0011}$ | 0.9696 |
| Ⅴ | $V=0.4404[1-\exp(-0.0476t)]^{4.1197}$ | 0.9788 |
| Ⅵ | $V=0.2713[1-\exp(-0.0690t)]^{4.7922}$ | 0.9849 |
| Ⅶ | $V=0.4469[1-\exp(-0.0477t)]^{4.0049}$ | 0.9751 |
| Ⅷ | $V=0.5458[1-\exp(-0.0456t)]^{4.2331}$ | 0.9902 |

通过对单株材积生长曲线的检验，结果显示：模型的预估精度都达到了 91% 以上，说明华北落叶松单株材积生长量的实际调查值与预测值相差很小，模型预估效果比较好，具有较高的参考价值(表 6-27)。

**表 6-27 不同立地类型林分材积生长模型的检验结果**

| 立地类型 | 平均残差 | 平均绝对残差 | 平均相对残差 | 残差平方和 | 预估精度 |
|---|---|---|---|---|---|
| Ⅰ | 0.0006 | 0.0055 | 0.0019 | 0.0002 | 94.57% |
| Ⅱ | 0.0028 | 0.0039 | 0.0149 | 0.0001 | 96.69% |
| Ⅲ | 0.0009 | 0.0140 | 0.0079 | 0.0019 | 91.30% |
| Ⅳ | -0.0063 | 0.0125 | -0.0289 | 0.0014 | 96.09% |
| Ⅴ | 0.0003 | 0.0104 | 0.0020 | 0.0012 | 96.20% |
| Ⅵ | 0.0007 | 0.0063 | 0.0049 | 0.0004 | 96.49% |
| Ⅶ | -0.0010 | 0.0189 | -0.0163 | 0.0083 | 96.25% |
| Ⅷ | 0.0044 | 0.0089 | 0.0128 | 0.0010 | 97.35% |

通过上述生长方程，我们可以得出不同立地类型下单株材积的总生长量、平均生长量和连年生长量，绘制单株材积生长过程曲线图。

在图 6-22 我们可以清晰地找到平均生长量曲线与连年生长量曲线的交点，此交点对应的坐标即为材积的数量成熟龄。

不同立地类型下林木达到数量成熟的年龄各不一样，但有一定的规律性，即华北落叶松人工林在高海拔、阴坡、厚土层的立地条件下长势更好，数量成熟龄将延后(表 6-28)。

通过对原始标准地调查表和树干解析复查，发现“类型Ⅵ”的标准地内林分平均密

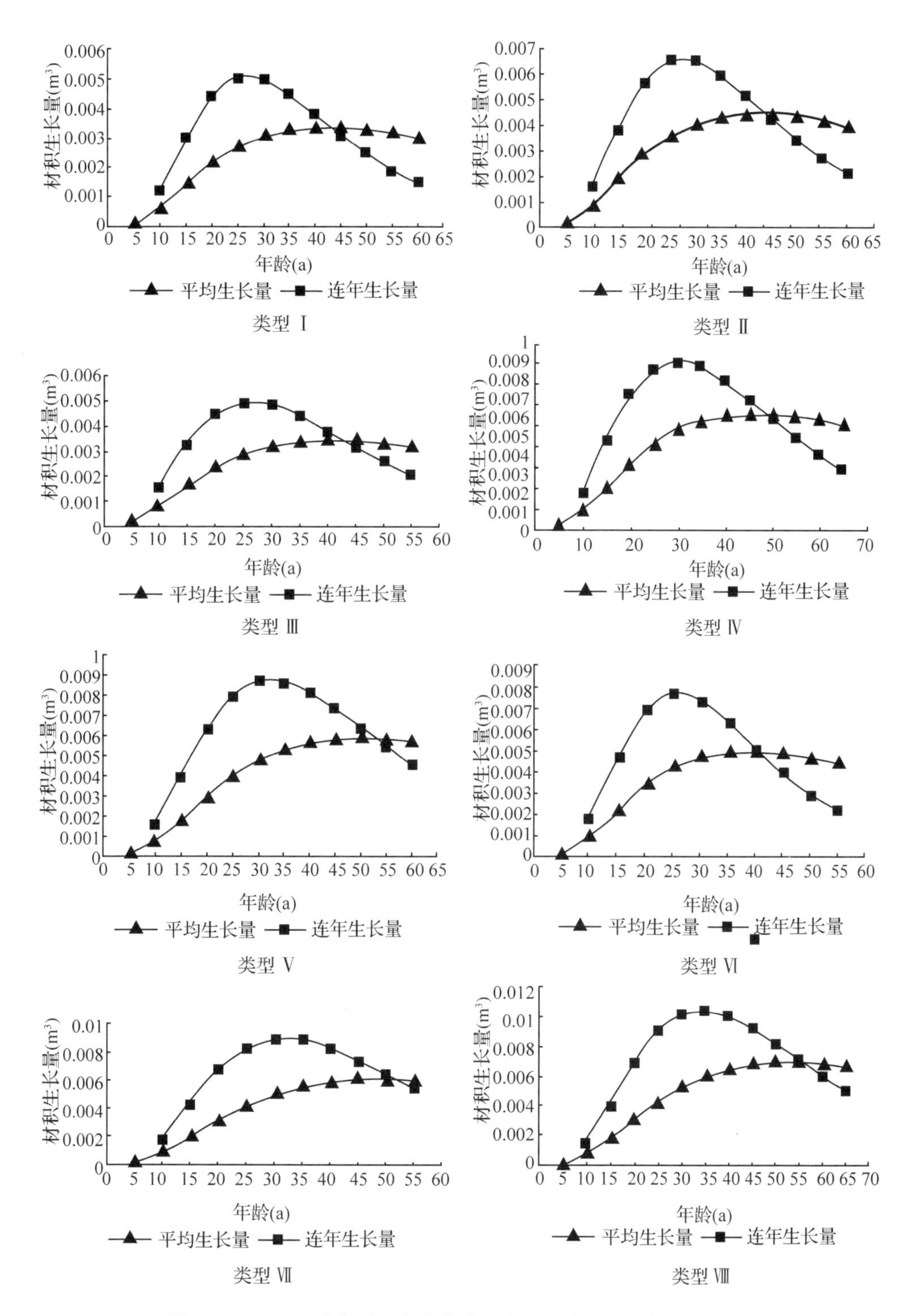


**图 6-22 不同立地类型下华北落叶松人工林单株材积年生长过程**

度大于其他立地类型下的林分密度，且林分枝下高很低，自然疏枝比较严重，由此造成林分提前郁闭，林木生长受抑制，使得其数量成熟龄提前。

**表 6-28 不同立地类型下华北落叶松人工林的数量成熟龄**

| 立地类型 | | 数量成熟龄(a) |
|---|---|---|
| 类型Ⅰ | 低海拔、阳坡、薄土层 | 43 |
| 类型Ⅱ | 低海拔、阳坡、厚土层 | 43 |
| 类型Ⅲ | 低海拔、阴坡、薄土层 | 43 |
| 类型Ⅳ | 低海拔、阴坡、厚土层 | 48 |
| 类型Ⅴ | 高海拔、阳坡、薄土层 | 52 |
| 类型Ⅵ | 高海拔、阳坡、厚土层 | 41 |
| 类型Ⅶ | 高海拔、阴坡、薄土层 | 52 |
| 类型Ⅷ | 高海拔、阴坡、厚土层 | 55 |

## 6.2.6 基于哑变量的不同地理区域下华北落叶松人工林的生长模型

### 6.2.6.1 数据的收集与筛选

研究区位于承德市隆化县国有林场管理局、木兰围场国有林场管理局、塞罕坝机械林场，隶属于燕山山地，其环境因子、气候因子及地域特征差异性不大，利用已知的区域立地信息，在生长模型的研究中引入了代表区域特征的哑变量，来解决不同地区模型不相容的问题，建立整个大区域范围内林木生长模型，具有一定的参考价值和实际意义，可广泛应用于实际生产中，为华北落叶松人工林的经营和管理提供科学依据(表 6-29)。

**表 6-29 华北落叶松人工林标准地基本情况表**

| 样地区域 | 林龄(a) | 郁闭度 | 密度(株/$hm^2$) | 海拔(m) | DBH(cm) | 平均高(m) | 立地 | 样地数量 |
|---|---|---|---|---|---|---|---|---|
| 隆化县 | 30~51 | 0.5~0.8 | 417~1020 | 953~1237 | 12.05~21.10 | 11.8~18.6 | 中 | 22 |
| 围场县 | 25~46 | 0.5~0.8 | 510~1075 | 1130~1728 | 10.70~25.59 | 11.2~20.7 | 中 | 35 |
| 塞罕坝机械林场 | 30~55 | 0.5~0.8 | 500~1300 | 1424~1884 | 12.85~22.95 | 14.1~21.6 | 中 | 23 |

在全面踏查的基础上，设置调查区内的华北落叶松人工林临时样地 80 块，样地规格为 20m×30m。在样地内进行每木检尺，起测胸径为 5cm，并且调查林分的各项立地因子和林木的各项生长因子。在标准地外，选择干形通直、长势良好的树木，按 2cm 一个径阶、2m 一个区分段伐取解析木，共伐解析木 80 株。其中，60 株用于建立模型，20 株用于检验模型。

在数据的筛选过程中，按照不同的林分年龄、立地条件、环境条件以及经营措施选取试验样地，剔除林分因子记录不详的地块；其次，采用标准差过大剔除法，根据林分调查因子间的相互关系，对超过 N-D，D-A（D，N，A 分别为林分每公顷株数、胸径、和年龄）曲线平均值 3 倍标准差的地块进行剔除(肖风劲等，2003)，剩余上述 80 块样地。

### 6.2.6.2 生长模型的选择与拟合

用来描述林分平均木各因子生长的方程比较多，本书采用了既具有理论解释又具有广泛适用性的生长方程：胸径、树高的生长模型采用理查兹、逻辑斯蒂、坎派兹、严格舒马克等4种常用的树木生长方程，材积的生长模型采用理查兹、逻辑斯蒂、坎派兹、严格舒马克、多项式等5种方程。将上述模型改写成含有哑变量的模型形式，见表6-30。根据判定系数$R^2$、残差平方和SSE等指标评价模型的拟合效果，选择拟合精度最高的方程作为该区域的生长模型。

**表6-30　含有哑变量的模型方程**

| 林分因子 | 方程名称 | 方程表达式 |
|---|---|---|
| 胸径/树高 | 理查兹 | $y=(a_1S_1+a_2S_2+a_3S_3)[1-\exp(-ct)]^b$ |
| | 逻辑斯蒂 | $y=(a_1S_1+a_2S_2+a_3S_3)/(1+b\exp(-ct)]$ |
| | 坎派兹 | $y=(a_1S_1+a_2S_2+a_3S_3)\exp(-b\exp(-ct))$ |
| | 舒马克 | $y=(a_1S_1+a_2S_2+a_3S_3)\exp(-b/t^c)$ |
| 材积 | 理查兹 | $y=(a_1S_1+a_2S_2+a_3S_3)[1-\exp(-ct)]^b$ |
| | 逻辑斯蒂 | $y=(a_1S_1+a_2S_2+a_3S_3)/(1+b\exp(-ct))$ |
| | 坎派兹 | $y=(a_1S_1+a_2S_2+a_3S_3)\exp(-b\exp(-ct))$ |
| | 舒马克 | $y=(a_1S_1+a_2S_2+a_3S_3)\exp(-b/t^c)$ |
| | 二次函数 | $y=(a_1S_1+a_2S_2+a_3S_3)t^2+(b_1S_1+b_2S_2+b_3S_3)t+c$ |
| | 三次函数 | $y=(a_1S_1+a_2S_2+a_3S_3)t^3+(b_1S_1+b_2S_2+b_3S_3)t^2+(c_1S_1+c_2S_2+c_3S_3)t+d$ |

根据标准地所测数据，按照5a为1个龄级，将不同的龄级分别代入拟合所得的3个最优模型中，分别计算出胸径、树高和材积的预测值，然后与标准地调查的实测值进行对比。

### 6.2.6.3　三个地区华北落叶松人工林的生长量

表6-31对3个地区华北落叶松人工林的胸径、树高、材积的生长量进行了分析，结果显示3个地区的胸径、树高、材积的生长量差异性很小，因此，可以通过哑变量的方法来建立3个地区华北落叶松人工林的胸径、树高、材积生长方程。

**表6-31　华北落叶松人工林胸径、树高、材积的生长量**

| 树龄(a) | 隆化县林管局 | | | 木兰围场林管局 | | | 塞罕坝机械林场 | | |
|---|---|---|---|---|---|---|---|---|---|
| | 胸径(cm) | 树高(m) | 材积($m^3$) | 胸径(cm) | 树高(m) | 材积($m^3$) | 胸径(cm) | 树高(m) | 材积($m^3$) |
| 5 | 1.61 | 2.60 | 0.0010 | 1.47 | 2.51 | 0.0009 | 1.53 | 2.37 | 0.0010 |
| 10 | 5.95 | 6.07 | 0.0109 | 5.86 | 5.71 | 0.0103 | 6.12 | 5.64 | 0.0109 |
| 15 | 8.70 | 8.29 | 0.0289 | 9.23 | 8.56 | 0.0328 | 9.62 | 8.38 | 0.0346 |
| 20 | 11.07 | 10.39 | 0.0558 | 11.67 | 10.61 | 0.0636 | 12.29 | 10.67 | 0.0689 |
| 25 | 12.67 | 12.02 | 0.0826 | 13.73 | 12.31 | 0.1002 | 14.28 | 12.48 | 0.1072 |
| 30 | 14.19 | 13.36 | 0.1254 | 15.22 | 13.93 | 0.1358 | 16.09 | 14.19 | 0.1419 |
| 35 | 16.56 | 14.86 | 0.1605 | 17.96 | 15.20 | 0.1877 | 17.05 | 15.34 | 0.1837 |
| 40 | 18.76 | 16.76 | 0.2227 | 19.53 | 17.32 | 0.2485 | 18.44 | 17.05 | 0.2463 |
| 45 | 19.27 | 18.86 | 0.2702 | 20.23 | 19.13 | 0.2915 | 19.51 | 19.06 | 0.2892 |
| 50 | 20.16 | 19.36 | 0.3158 | — | — | — | 20.24 | 19.57 | 0.3201 |

#### 6.2.6.4 华北落叶松人工林哑变量生长模型的建立

(1)胸径生长模型

华北落叶松人工林胸径生长模型拟合结果见表6-32。

**表6-32 华北落叶松人工林胸径曲线哑变量拟合结果**

| 方程 | 参数 | 参数值 | 标准误差 | 95%置信区间 | | $R^2$ | 残差平方和 SSE |
|---|---|---|---|---|---|---|---|
| | | | | 下限 | 上限 | | |
| 理查兹 Richards | $a_1$ | 21.4892 | 1.0276 | 19.3684 | 23.6099 | 0.9897 | 9.9912 |
| | $a_2$ | 23.9353 | 0.2039 | 21.4505 | 26.4201 | | |
| | $a_3$ | 23.4232 | 1.1111 | 21.1299 | 25.7165 | | |
| | $b$ | 1.4884 | 0.1523 | 1.1741 | 1.8027 | | |
| | $c$ | 0.0491 | 0.0068 | 0.0351 | 0.0632 | | |
| 逻辑斯蒂 Logistic | $a_1$ | 22.7819 | 0.8836 | 20.9583 | 24.6055 | 0.9926 | 7.1986 |
| | $a_2$ | 25.4005 | 1.0354 | 23.2635 | 27.5374 | | |
| | $a_3$ | 24.8324 | 0.9547 | 22.8619 | 26.8028 | | |
| | $b$ | -1.1157 | 0.0250 | -1.1672 | -1.0642 | | |
| | $c$ | 0.0375 | 0.0031 | 0.0311 | 0.0439 | | |
| 坎派兹 Gompertz | $a_1$ | 19.5606 | 0.6691 | 18.1795 | 20.9416 | 0.9827 | 16.8220 |
| | $a_2$ | 21.7033 | 0.7972 | 20.0580 | 23.3487 | | |
| | $a_3$ | 21.3269 | 0.7102 | 19.8610 | 22.7927 | | |
| | $b$ | 2.9800 | 0.2341 | 2.4968 | 3.4631 | | |
| | $c$ | 0.0791 | 0.0066 | 0.0655 | 0.0928 | | |
| 舒马克 Schumacher | $a_1$ | 38.2359 | 5.1966 | 27.5107 | 48.9611 | 0.9929 | 6.8849 |
| | $a_2$ | 42.6839 | 5.8771 | 30.5542 | 54.8136 | | |
| | $a_3$ | 41.6741 | 5.6600 | 29.9923 | 53.3558 | | |
| | $b$ | 8.6507 | 1.0173 | 6.5511 | 10.7503 | | |
| | $c$ | 0.6428 | 0.0756 | 0.4868 | 0.7988 | | |

决定系数$R^2$使不同模型性能间的比较成为可能，拟合优度越大，自变量对因变量的解释程度越高，自变量引起的变动占总变动的百分比就越高。$R^2$越接近1，相关方程式的参考价值越高；相反，参考价值越低；残差平方和是拟合值与实际值的差的平方和，残差平方和越小越表示模型具有解释力。由表6-32可知，4个方程中Schumacher方程的决定系数$R^2$最大，残差平方和最小，表明Schumacher方程的拟合优度最大，参考价值最高，效果最好。因此，选择Schumacher方程作为胸径生长模型。故华北落叶松人工林胸径的哑变量生长模型为：

$$D_k = (38.2359S_1 + 42.6839S_2 + 41.6741S_3) \times \exp(-8.6507/t^{0.6428}) \quad 6\text{-}12$$

式中：$D_k$表示胸径，$S_1$表示隆化县林管局，$S_2$表示木兰林管局，$S_3$表示塞罕坝机械林场，$t$表示年龄，$k=1，2，3$。

(2)树高生长模型

华北落叶松人工林树高生长模型拟合结果见表6-33。

**表6-33 华北落叶松人工林树高曲线哑变量拟合结果**

| 方程 | 参数 | 参数值 | 标准误差 | 95%置信区间 | | 决定系数 $R^2$ | 残差平方和 |
|---|---|---|---|---|---|---|---|
| | | | | 下限 | 上限 | | |
| 理查兹 Richards | $a_1$ | 28.0355 | 3.2099 | 21.4105 | 34.6605 | 0.9931 | 5.5067 |
| | $a_2$ | 30.1971 | 3.5262 | 22.9194 | 37.4748 | | |
| | $a_3$ | 29.4661 | 3.3721 | 22.5065 | 36.4257 | | |
| | $b$ | 1.0275 | 0.0826 | 0.8570 | 1.1980 | | |
| | $c$ | 0.0225 | 0.0055 | 0.0111 | 0.0339 | | |
| 逻辑斯蒂 Logistic | $a_1$ | 27.5441 | 1.9180 | 23.5856 | 31.5027 | 0.9933 | 5.3306 |
| | $a_2$ | 29.6509 | 2.1294 | 25.2560 | 34.0458 | | |
| | $a_3$ | 28.9507 | 2.0133 | 24.7954 | 33.1060 | | |
| | $b$ | -1.0133 | 0.0146 | -1.0434 | -0.9832 | | |
| | $c$ | 0.0230 | 0.0028 | 0.0172 | 0.0288 | | |
| 坎派兹 Gompertz | $a_1$ | 21.0131 | 0.8894 | 19.1775 | 22.8488 | 0.9871 | 10.2669 |
| | $a_2$ | 22.5304 | 1.0209 | 20.4234 | 24.6374 | | |
| | $a_3$ | 22.0852 | 0.9284 | 20.1690 | 24.0014 | | |
| | $b$ | 2.4952 | 0.1220 | 2.2435 | 2.7469 | | |
| | $c$ | 0.0588 | 0.0049 | 0.0486 | 0.0689 | | |
| 舒马克 Schumacher | $a_1$ | 151.6622 | 85.0898 | -23.9544 | 327.2789 | 0.9941 | 4.7340 |
| | $a_2$ | 163.4926 | 91.9971 | -26.3800 | 353.3652 | | |
| | $a_3$ | 159.4028 | 89.4310 | -25.1736 | 343.9792 | | |
| | $b$ | 6.4849 | 0.1980 | 6.0763 | 6.8935 | | |
| | $c$ | 0.2897 | 0.0623 | 0.1611 | 0.4184 | | |

由表6-33可知，4个方程中Schumacher方程的决定系数 $R^2$ 最大，残差平方和最小，表明Schumacher方程的拟合优度最大，自变量 $t$ 对因变量 $H$ 的解释程度最高，最具有说服力，模型拟合效果最佳，因此，选择Schumacher方程作为树高生长模型。故华北落叶松人工林树高的哑变量生长模型为：

$$H_k = (151.6622S_1 + 163.4926S_2 + 159.4028S_3) \times \exp(-6.4849/t^{0.2897}) \quad 6\text{-}13$$

$$S_k = \begin{cases} 1, \text{当 } S_k \text{ 为第 } k \text{ 个区域时,} \\ 0, \text{否则。} \end{cases}$$

式中：$H_k$ 表示树高，$S_1$ 表示隆化县林管局，$S_2$ 表示木兰林管局，$S_3$ 表示塞罕坝机械林场，$t$ 表示年龄，$k=1, 2, 3$。

(3)材积生长模型

华北落叶松人工林材积生长模型拟合结果见表6-34。

**表 6-34 华北落叶松人工林材积曲线哑变量拟合结果**

| 方程 | 参数 | 参数值 | 标准误差 | 95%置信区间 | | $R^2$ | 残差平方和 |
|---|---|---|---|---|---|---|---|
| | | | | 下限 | 上限 | | |
| 理查兹 Richards | $a_1$ | 0.7650 | 0.2912 | 0.1639 | 1.3661 | 0.9912 | 0.0028 |
| | $a_2$ | 1.0379 | 0.4019 | 0.2083 | 1.8675 | | |
| | $a_3$ | 0.9270 | 0.3527 | 0.1991 | 1.6550 | | |
| | $b$ | 2.8642 | 0.5046 | 1.8227 | 3.9057 | | |
| | $c$ | 0.0242 | 0.0089 | 0.0058 | 0.0427 | | |
| 逻辑斯蒂 Logistic | $a_1$ | 4656.1908 | Hesse 矩阵奇异，计算可能不收敛 | | | 0.9617 | 0.0125 |
| | $a_2$ | 6076.0727 | | | | | |
| | $a_3$ | 5662.4290 | | | | | |
| | $b$ | -1.000013 | | | | | |
| | $c$ | 0.000001 | | | | | |
| 坎派兹 Gompertz | $a_1$ | 0.4813 | 0.0629 | 0.3516 | 0.6111 | 0.9913 | 0.0028 |
| | $a_2$ | 0.6506 | 0.0890 | 0.4668 | 0.8344 | | |
| | $a_3$ | 0.5833 | 0.0758 | 0.4269 | 0.7397 | | |
| | $b$ | 5.9445 | 0.4495 | 5.0167 | 6.8722 | | |
| | $c$ | 0.0474 | 0.0055 | 0.0361 | 0.0587 | | |
| 舒马克 Schumacher | $a_1$ | 16.8719 | 35.8295 | -57.0766 | 90.8204 | 0.9909 | 0.0030 |
| | $a_2$ | 22.9538 | 48.8769 | -77.9232 | 123.8308 | | |
| | $a_3$ | 20.4445 | 43.4154 | -69.1605 | 110.0494 | | |
| | $b$ | 18.2747 | 2.7827 | 12.5315 | 24.0179 | | |
| | $c$ | 0.3820 | 0.1694 | 0.0324 | 0.7316 | | |
| 二次函数 Quadratic | $a_1$ | 0.000084 | 0.000013 | 0.000056 | 0.000112 | 0.9928 | 0.0023 |
| | $a_2$ | 0.000159 | 0.000017 | 0.000124 | 0.000194 | | |
| | $a_3$ | 0.000087 | 0.000013 | 0.000059 | 0.000115 | | |
| | $b_1$ | 0.001761 | 0.000687 | 0.000336 | 0.003186 | | |
| | $b_2$ | 0.00063 | 0.000775 | -0.000977 | 0.002236 | | |
| | $b_3$ | 0.002669 | 0.000687 | 0.001244 | 0.004095 | | |
| | $c$ | -0.014593 | 0.007154 | -0.029429 | 0.000244 | | |
| 三次函数 Cubic | $a_1$ | -0.000001 | 0.000001 | -0.000003 | 0.000001 | 0.9954 | 0.0015 |
| | $a_2$ | -0.000001 | 0.000001 | -0.000003 | 0.000003 | | |
| | $a_3$ | -0.000003 | 0.000001 | -0.000005 | -0.000001 | | |
| | $b_1$ | 0.000173 | 0.000077 | 0.000012 | 0.000335 | | |
| | $b_2$ | 0.000164 | 0.000097 | -0.000039 | 0.000366 | | |
| | $b_3$ | 0.000304 | 0.000077 | 0.000142 | 0.000466 | | |
| | $c_1$ | -0.000441 | 0.00171 | -0.00402 | 0.003137 | | |
| | $c_2$ | -0.000325 | 0.001915 | -0.004333 | 0.003683 | | |
| | $c_3$ | -0.001531 | 0.00171 | -0.00511 | 0.002047 | | |
| | $d$ | -0.000504 | 0.010291 | -0.022044 | 0.021037 | | |

由表 6-34 可知，6 个方程中三次函数的决定系数 $R^2$ 最大，残差平方和最小，表明

三次函数自变量 $t$ 对因变量 $V$ 的解释程度最高，最具有说服力，拟合的效果最好。但是通过后续计算得知：四次函数、五次函数、六次函数的拟合效果比二次函数、三次函数要好，由此可以初步推断，多项式方程的幂越大，拟合效果越好。考虑到在实际应用中，多项式的幂越小，计算越简单，工作量越小，而且二次函数与三次函数的拟合效果都很好，且决定系数 $R^2$ 比较接近，相差微小。因此，在拟合效果都很理想的前提下，选择二次函数方程作为材积生长模型是最适合、最客观的。故华北落叶松人工林材积的哑变量生长模型为：

$$V_k = (0.000084S_1 + 0.000159S_2 + 0.000087S_3)t_2 + (0.001761S_1 + 0.00063S_2 + 0.002669S_3)t - 0.014593 \quad 6\text{-}14$$

$$S_k = \begin{cases} 1, \text{当 } S_k \text{ 为第 } k \text{ 个区域时，} \\ 0, \text{否则。} \end{cases}$$

式中：$V_k$表示胸径，$S_1$表示隆化县林管局，$S_2$表示木兰林管局，$S_3$表示塞罕坝机械林场，$t$ 表示年龄，$k=1$，2，3。

6.2.6.5　华北落叶松人工林哑变量生长模型的检验

利用没有参与建模的20块样地的解析木数据（其中，隆化县林管局6块、木兰林管局8块、塞罕坝机械林场6块）对胸径、树高、材积模型分别进行适应性检验，结果如图6-23至图6-25所示。

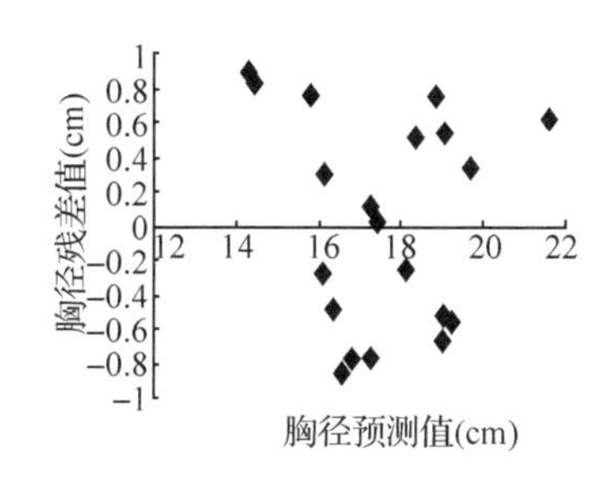


**图6-23　胸径预测值与残差值散点图**

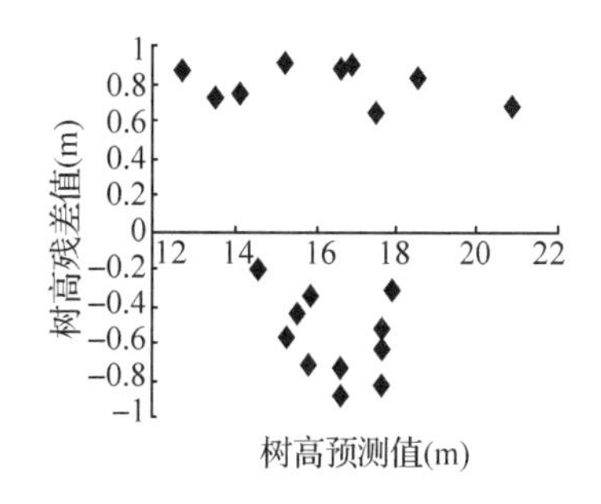


**图6-24　树高预测值与残差值散点图**

由图6-23～图6-25残差分布散点图可以看出，残差的分布均匀且没有出现异常的数值，胸径、树高和材积的实际调查值与模型预测值相差甚微。计算得知，预估精度都达到了95%以上，说明模型的预估效果都比较好。

利用本研究建立的哑变量生长模型和各样地的检验数据对胸径、树高、材积模型进行了模型预测效果的检验，检验结果列入表6-35。

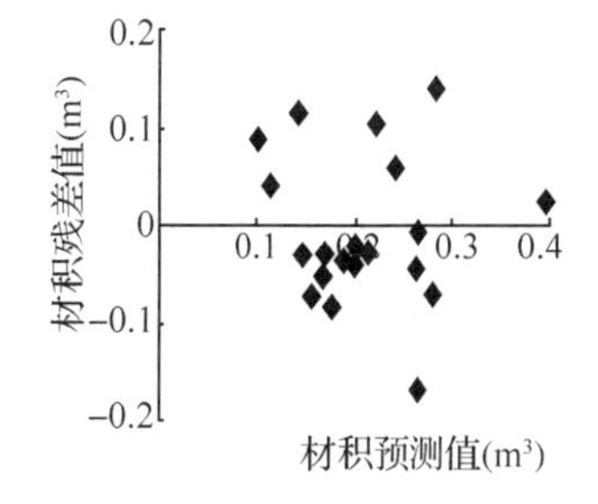


**图6-25　材积预测值与残差值散点图**

由表6-35可知，华北落叶松人工林胸径、树高和材积生长模型的平均残差、平均绝对残差、平均相对残差和残差平方和都很小，且预估精度都达到了95%以上，说明胸径、树高和材积这三个林木生长指标实际调查值与模型的预测值相差很小，模型的预估效果比较好，即自变量t对因变量 D、H 和 V 的解释程度高；残差平方和越小，则表示模型的解释力越高。由检验结果可知，模型具有较高的参考价值。

**表 6-35 华北落叶松人工林胸径、树高、材积生长模型的检验结果**

| 样地区域 | 生长指标 | 平均残差 ME | 平均绝对残差 MAE | 平均相对残差 MPE(%) | 残差平方和 SSE | 预估精度 P |
|---|---|---|---|---|---|---|
| 隆化县林管局 | 胸径 | -0.2460 | 0.5576 | -0.0151 | 2.3694 | 96.26% |
| | 树高 | -0.1641 | 0.7020 | -0.0115 | 3.1128 | 95.50% |
| | 材积 | -0.0363 | 0.0503 | -0.3701 | 0.0178 | 99.14% |
| 木兰林管局 | 胸径 | -0.0971 | 0.5370 | -0.0047 | 2.8084 | 97.45% |
| | 树高 | -0.1309 | 0.5738 | -0.0062 | 3.1651 | 97.04% |
| | 材积 | -0.0370 | 0.0591 | -0.3201 | 0.0464 | 99.14% |
| 塞罕坝机械林场 | 胸径 | 0.4543 | 0.5427 | 0.0236 | 1.9836 | 97.02% |
| | 树高 | 0.5108 | 0.7515 | 0.0274 | 3.4326 | 95.78% |
| | 材积 | 0.0694 | 0.0791 | 0.1994 | 0.0494 | 98.40% |

## 6.3 华北落叶松人工林林分空间结构

### 6.3.1 标准地设置与调查

以塞罕坝千层板林场和北曼甸林场分别选取不同林龄(27a、32a、37a)落叶松人工林为研究对象，并在 0~5°的缓坡上对不同林龄落叶松林分别设置 1 块 50m×50m (0.25$hm^2$)样方作为调查样地并将样地划分为 25 个 10m×10m 网格进行乔木、灌木及草本调查，主要调查内容乔木层：胸径、树高、冠幅、枝下高、郁闭度、坐标、枯落物厚度及更新苗株数、年龄、地径、苗高及坐标等；在样地内沿对角线分别设置 8 个 2m×2m 小样方调查灌木及草本的多度、盖度、基径、高度及频度等。

### 6.3.2 分析方法

#### 6.3.2.1 角尺度

角尺度用来描述相邻树木围绕参照树 $i$ 的均匀性，对参照树 $i$ 的 $n$ 个相邻最近树而言，均匀分布时其位置分布角应各为 $360°/n$，定义 $a_0$($a_0 = 360°/n \pm 360°/10n$)为标准角，角尺度($w_i$)定义为 $a$ 角小于标准角 $a_0$ 的个数占所考察的相邻最近树的比例，用下式表示：

$$W_i = \frac{1}{n}\sum_{j=1}^{n} z_{ij} \qquad 6\text{-}15$$

式中：当第 $j$ 个 $a$ 角小于标准角 $a_0$ 则 $z_{ij}=1$，否则 $z_{ij}=0$，$0<z_{ij}<1$，$z_{ij}$ 值越小，分布越均匀。

#### 6.3.2.2　大小比数

大小比数主要用来描述林木的大小分化程度，其公式为：

$$U_i = \frac{1}{n}\sum_{j=1}^{n} K_{ij} \qquad 6\text{-}16$$

式中：$K_{ij}=1$，则参照树 $i$ 比相邻木 $j$ 小；$K_{ij}=0$，则相反，$n$ 为最近邻木数 $U_i$ 值越高，表明周围比参照树大的相邻木越多，参照树的优势度越小；$U_i$ 值越低表明周围比参照树大的相邻木就越少，参照树的优势度就越大。

#### 6.3.2.3　聚集度指数

区域空间实体分布的聚集度指数 $J$ 可以用最邻近距离来计算：

$$J = 2\sqrt{n/A} \times \bar{r} \qquad 6\text{-}17$$

式中：$\bar{r}$ 为最邻近更新苗之间平均距离，$n$ 为更新苗株数，$A$ 为调查的区域面积，当 $J$ 值越小时，表明更新苗在空间区域分布上越集中，个体关联程度越高，更新苗间的屏蔽效应或竞争效应就越大，反之就越小。

#### 6.3.2.4　趋势面分析

更新苗趋势面分析是通过普通线性模型用最小二乘法来拟合所观测数据，用多元回归方法拟合出观测变量与地理因子的曲面方程，地理因子主要指经纬度或样方空间坐标，趋势面分析可直观反应更新苗的空间位置，空间坐标数据包含 $x^2$、$y^2$、$xy$ 项或更高次项，以保证观测数据能以多变量高次多项式(趋势面方程)拟合空间坐标。二次曲面方程模型表达式为 $V=a_1+a_2X+a_3Y+a_4X^2+a_5XY+a_6Y^2$，式中 $a$ 为回归系数，$XY$ 为空间坐标，拟合精度为回归平方和 $U$ 占总平方和 $S$ 的比值百分数，即 $C=U/S\times100$，趋势面回归方程包含地理数据表的所有项：通过趋势面分析可以得到更新苗在真实空间中的分布图，使更新苗空间分布和真实空间中的群落趋势图进行对比，可以分析更新苗空间结构产生的原因。

### 6.3.3　林分径阶与更新苗苗龄分布

不同林龄落叶松人工林株数按径阶分布如图6-26所示，其中27a落叶松以16cm径阶株数分布最多约占林分32%，其次分布在14cm和18cm径阶分别占22%、25%；32a落叶松以20cm径阶株数分布最多约占林分39%，其次分布在18cm和22cm径阶分别占31%、20%；39a落叶松以24cm径阶株数分布最多约占林分30%，其次分布在22cm和28cm径阶分别占16%、20%；在落叶松人工林经营过程中不同林龄林分径阶与林龄增加呈正相关关系。不同林龄落叶松林下同龄更新苗地径基本没有差异($P>0.05$)，不同苗龄株数分布在不同林龄林分内差异较大($P<0.05$)，林分更新幼苗株数随幼苗等级的增大而减少，从图6-27可以看出幼苗株数随苗龄增大幼苗分布呈倒J型，一年生林下更新苗数量与林龄呈负相关关系，在华北落叶松人工林内几乎看不到落叶松幼树的存在。

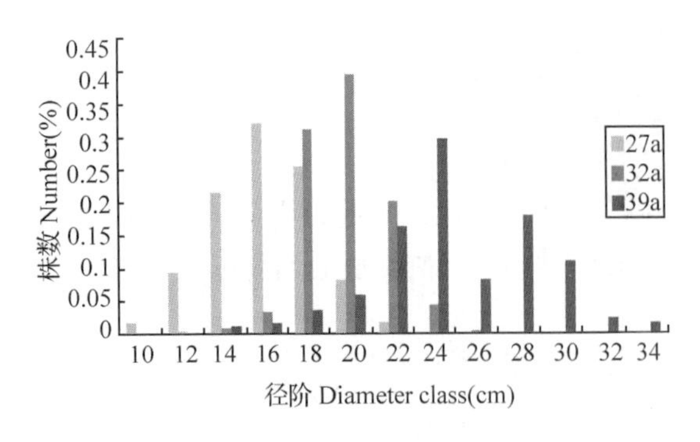


图 6-26　不同林龄径阶株数

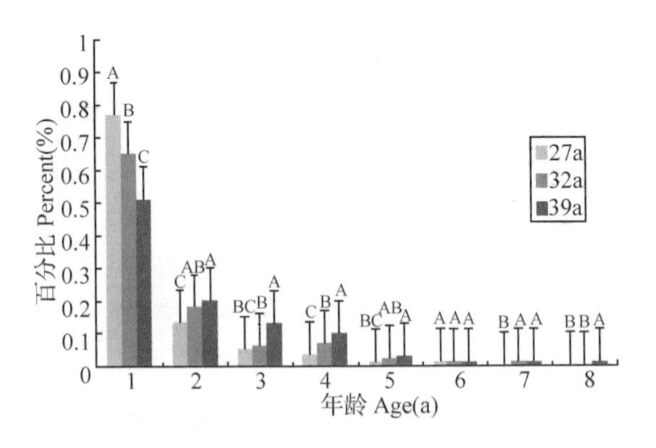


图 6-27　不同苗龄更新苗分布

## 6.3.4　林分及更新苗空间格局

不同林龄落叶松人工林及更新苗角尺度分布如图 6-28 所示，不同林龄落叶松林平均角尺度分别为：0.486(27a)、0.431(32a)、0.421(39a)，不同林龄落叶松林林下更新苗平均角尺度分别为：0.698(27a)、0.633(32a)、0.593(39a)，根据随机分布的角尺度取值范围是[0.475，0.517]，$\overline{W}$ 小于 0.475 为均匀分布，$\overline{W}$ 大于 0.517 则为集聚分布，27a 生落叶松林为随机分布，32a 和 39a 落叶松林生均呈均匀分布；更新苗在不同林龄落叶松林下均呈聚集分布，且聚集程度较高并与林龄呈负相关关系。

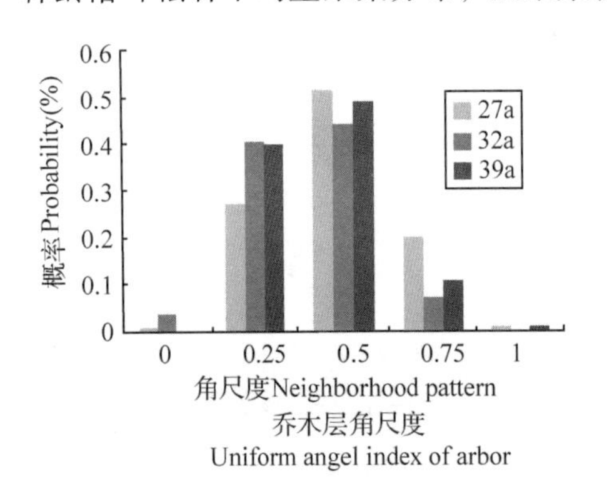


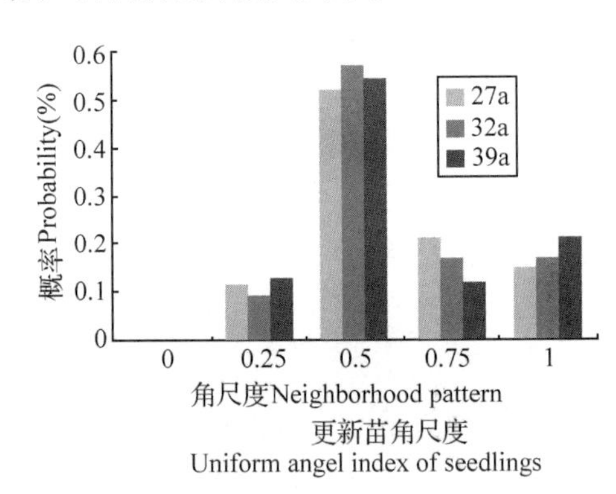


图 6-28　不同林龄落叶松林及更新苗角尺度

经过数据处理发现不同林龄落叶松人工林大小比数分布在 0.124～0.264 之间，从图 6-29 可知不同林龄落叶松林大小比数概率均接近于均匀分布，林分平均大小比数分别为 0.521(27a)、0.493(32a)、0.471(39a)，表明在不同林龄的林分类型中其空间结构上存在较大差异($P<0.05$)，随着林龄的增加林木分化呈减弱的趋势，在空间结构上趋于稳定；不同林龄更新苗地径大小比数概率均以绝对劣态苗比率最大分别为 0.308(27a)、0.326(32a)、0.331(39a)，更新苗平均大小比数为 0.614(27a)、0.621(32a)、0.624(39a)，更新苗大小比数在空间结构上随着林龄的增加分化趋势并不明显($P>0.05$)。

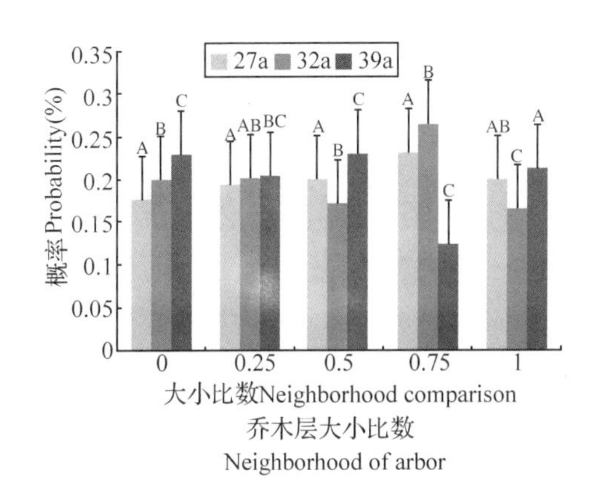


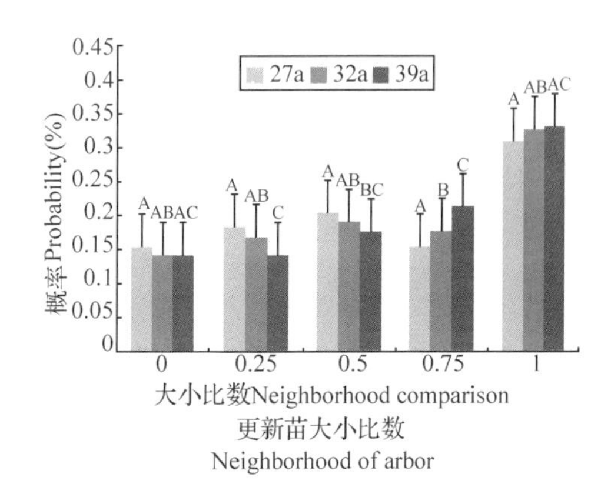


**图6-29 不同林龄落叶松林及更新苗大小比数**

## 6.3.5 林分及更新苗趋势面分析

研究中以落叶松胸径和更新苗地径为因变量，以空间坐标XY为自变量分布对不同林龄落叶松及林下更新苗进行了趋势面回归分析并对落叶松和更新苗的空间分布格局进行了模拟，在模拟方程过程中一次多项式和三次多项式拟合精度较低均在0.4以下，二次多项式拟合精度较高(大于0.5)且具有更好的拟合效果，因此选用二次趋势面空间分析结果进行分析，不同林龄落叶松及更新苗趋势面回归方程如表6-36所示。

**表6-36 趋势面回归方程**

| 植被<br>Plant | 年龄<br>Age | 趋势面回归方程<br>Regression equation of trend surface analysis | $R^2$ |
|---|---|---|---|
| 乔木<br>Arbor | 27a | $V=0.25-0.24X-0.036Y-0.027X^2+0.017XY-0.0015Y^2$ | 0.61 |
| | 32a | $V=-5.4+0.14X+0.25Y-0.0027X^2-0.0017XY-0.0015Y^2$ | 0.52 |
| | 39a | $V=2.4-0.2X+0.047Y+0.0049X^2+0.0055XY-0.0052Y^2$ | 0.53 |
| 更新苗<br>Seedlings | 27a | $V=2.36+1.37X-2.89Y-8.01X^2-2.82XY+4.16Y^2$ | 0.81 |
| | 32a | $V=-1.03-3.93X-5.04Y+1.51X^2-2.89XY+3.95Y^2$ | 0.72 |
| | 39a | $V=1.08-1.13X-3.92Y+6.74X^2-1.22XY+9.57Y^2$ | 0.78 |

不同林龄落叶松林聚集度指数分别为6.213(27a)、6.868(32a)、7.061(39a)，林下更新苗均呈聚集分布，其聚集度指数分别为2.725(27a)、3.674(32a)、6.807(39a)，聚集度指数愈小聚集程度愈高，从图6-30来看，不同林龄落叶松林在空间结构上随着林龄增加呈均匀分布趋势，这与本研究林分大小比的结果相一致。从图6-31来看，不同林龄落叶松林内更新苗分布及生长发育不同，从更新苗模拟图可以看出27年生落叶松林下更新苗主要集中在西南和东南方向且生长较好，32年生落叶松林下更新苗聚集在西北方向且生长较好；39年生落叶松林更新苗聚集度较低趋于均匀分布，更新苗聚集度指数随着林龄增加其聚集度呈下降趋势。

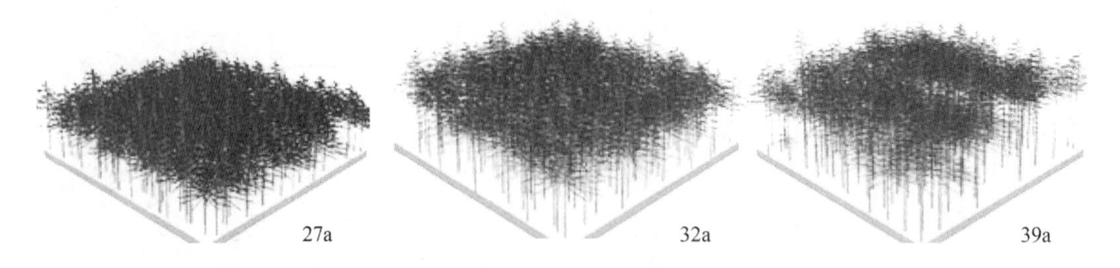


图 6-30 落叶松可视化趋势面分布图

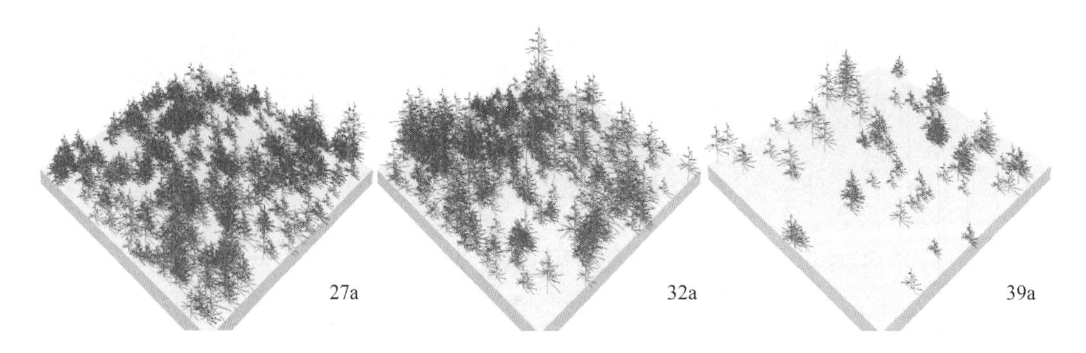


图 6-31 更新苗可视化趋势面分布图

# 6.4 结构方程模型在落叶松林经营中的应用

## 6.4.1 标准地设置与调查

本研究数据来源于 2012 年 7 月至 9 月在塞罕坝林场(北曼甸、大唤起、第三乡、阴河 4 个作业区)和木兰林管局(八英庄、克勒沟、龙头山、山湾子、五道沟、碱房、茅荆坝、孙家营、张三营等 10 个作业区)实地调查的 205 块临时样地(30m×30m)资料，调查对象为华北落叶松人工林纯林，调查内容主要包括海拔、坡度、坡位、坡向、土层厚度、年龄、郁闭度、平均地径、平均胸径、平均高、株数、林分断面积及主要植被等，其样地基本观测数据处理结果如表 6-37 所示。

表 6-37 调查数据分析

| 变量 Variable | 最小值 Min. | 最大值 Max. | 均值 Mean | 标准差 SD |
|---|---|---|---|---|
| 年龄 Age(a) | 31 | 53 | 36. 21 | 5. 64 |
| 平均地径 Average basal diameter(cm) | 11. 3 | 36. 9 | 23. 52 | 5. 03 |
| 平均胸径 Average DBH(cm) | 9. 1 | 27. 9 | 19. 44 | 3. 80 |
| 平均树高 Mean height(m) | 8. 73 | 21. 6 | 15. 22 | 2. 78 |
| 海拔 Elevation(m) | 1022 | 1884 | 1430. 58 | 251. 65 |
| 坡度 Slope(°) | 1 | 37 | 16. 87 | 8. 52 |

（续）

| 变量 Variable | 最小值 Min. | 最大值 Max. | 均值 Mean | 标准差 SD |
|---|---|---|---|---|
| 土层厚度 Soil thickness(cm) | 14 | 95 | 54.05 | 7.54 |
| 株数 Number of stems | 240 | 1920 | 613.11 | 256.09 |
| 郁闭度 Canopy density | 0.28 | 0.88 | 0.63 | 0.12 |
| 断面积 Basal area($m^2/hm^2$) | 4.88 | 42.08 | 17.97 | 8.23 |

## 6.4.2 分析方法

### 6.4.2.1 结构方程模型

结构方程模型是基于变量协方差矩阵来分析多变量数据之间关系的综合性数据统计与分析的方法，分为结构模型和测量模型两部分。测量模型可通过直接测量变量数据来表达潜在变量之间关系的模型，结构模型是用潜在变量来表达潜在变量之间关系的模型。

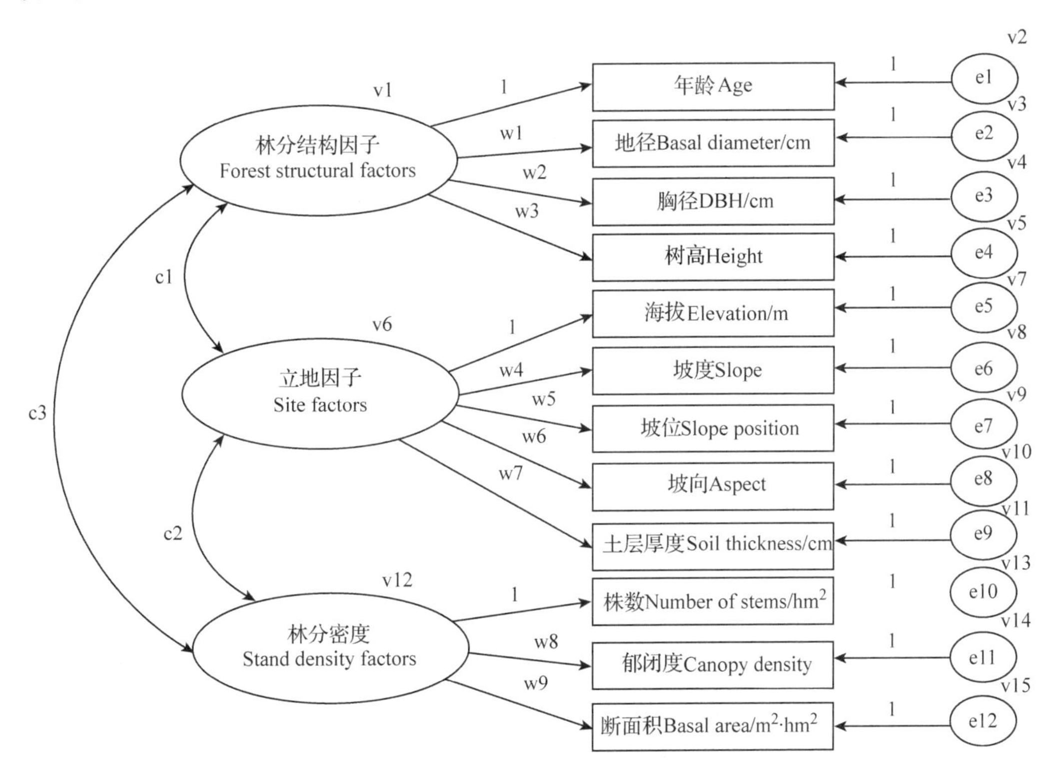


图6-32 结构模型图

根据实地调查数据资料，本研究将模型潜在变量分为林分结构因子、立地因子和林分密度因子。按传统森林经理学研究方法，表达林分结构主要指标为树种组成、年龄、直径、树高、株数、林层、密度和蓄积等描述，而林分结构因子通常包括树种、年龄、直径、树高及个体分布格局等，本研究所选林分结构因子变量包括年龄、地径、胸径、树高；立地因子主要由气候、土壤、生物、地形等多种因素，研究中将海拔、坡度、坡位、坡向、土层厚度作为立地因子的可测变量；许多研究者从不同角度提出了很多林分密度指标，主要有株数密度、单位面积断面积，疏密度、郁闭度、Reineke 密度指数等，林分密度因子的可测变量包括株数、郁闭度、断面积，其结构模型如图 6-32 所示，测量模型描述潜变量与观测变量 $X$、$Y$ 之间的关系如下：

$$Y = \Lambda_Y \eta + \varepsilon \quad 6\text{-}18$$

$$X = \Lambda_X \xi + \sigma \quad 6\text{-}19$$

$$\eta = B\eta + \Gamma\xi + \zeta \quad 6\text{-}20$$

式中：$Y$ 为内生观测变量组成的向量；$X$ 为外生观测变量组成的向量；$\eta$ 为内生潜变量；$\xi$ 为外生潜变量；$\Lambda_Y$ 为内生观测变量在内生潜变量上的因子负荷矩阵，它表示内生潜变量 $\eta$ 和其观测变量 $Y$ 之间的关系，$\Lambda_X$ 为外生观测变量在外生潜变量上的因子负荷矩阵，它表示外生潜变量 $\eta$ 和其观测变量 $X$ 之间的关系；$\sigma$ 和 $\varepsilon$ 为测量方程的残差矩阵，$B$ 为结构系数矩阵，它表示结构模型中内生潜变量 $\eta$ 的构成因素之间的互相影响，$\Gamma$ 为结构系数矩阵，$\xi$ 表示结构模型中外生潜变量对内生潜变量 $\eta$ 的影响；$\zeta$ 为结构模型的残差矩阵。

#### 6.4.2.2 模型适配性检验

结构方程模型的适配性和精度检验结果用以下指标和统计量进行评价，*RMSEA* 为渐进残差均方平方、*GFI* 为适配度指数相当于复相关系数、*AGFI* 为调整后适配度指数、*NFI* 为规则适配指数、*IFI* 为增值适配指数、*TLI* 为非规则适配指数、*CFI* 为比较适配指数、*PNFI* 为标准化适配指数、*PGFI* 为简约适配度指数、*PCFI* 为调整后测量值；*F*0 为总体差异函数值、$k$ 为模型变量个数，$\chi^2_{null}$、$\chi^2_{test}$ 为虚拟模型和假设模型，$S$ 为观察矩阵，$df$ 为自由度、$df_{pro}$ 为适配函数、$p$ 为观测变量数目、$dj$、$dd$ 为检验模型和独立模型。利用观测变量协方差矩阵，采用极大似然估计法对模型参数进行未标准化回归系数估计，在模型设定上将林分结构因子与年龄、林分密度与株数、立地因子与海拔的未回归系数设为固定参数 1，因此这三个参数无需路径系数显著性检验，临界比为参数估计值与标准误之间的比值(相当于 $t$ 检验值)，如果其比值绝对值大于 1.96，则参数估计值在 0.05 水平下达到显著，比值绝对值大于 2.58，则参数估计值在 0.01 水平下达到显著，如 $p$ 小于 0.001 则以“＊＊＊”表示，若是 $p$ 大于 0.001 则以显示 $p$ 值大小。在描绘模型时图中有增列参数标签用 Label 呈现出参数标签名称。

$$RMSEA = \sqrt{\frac{F_0}{df}} = \sqrt{\max\left(\frac{F_{ML}}{df} - \frac{1}{N-1}, 0\right)} \quad 6\text{-}21$$

$$GFI = 1 - \frac{tr[\sum^{-1}(S - \sum)]^2}{tr(\sum^{-1}S)^2} \quad 6\text{-}22$$

$$AGFI = 1 - (1 - GFI)\left[\frac{k(k+1)}{2df}\right] \quad 6\text{-}23$$

$$NFI = \frac{\chi^2_{null} - \chi^2_{test}}{\chi^2_{null}} \quad 6\text{-}24$$

$$TLI = \left[\frac{\chi_{null}^2}{df_{null}} - \frac{\chi_{test}^2}{df_{test}}\right] / \frac{\chi_{null}^2}{df_{null} - 1} \quad 6\text{-}25$$

$$IFI = \frac{\chi_{null}^2 - \chi_{test}^2}{\chi_{null}^2 - df_{test}} \quad 6\text{-}26$$

$$CFI = \frac{(\chi_{null}^2 - df_{null}) - (\chi_{test}^2 - df_{test})}{\chi_{null}^2 - df_{null}} \quad 6\text{-}27$$

$$PNFI = NFI\left(\frac{df_{pro}}{df_{null}}\right) \quad 6\text{-}28$$

$$PGFI = GFI \times \frac{df_h}{0.5p(p+1)} \quad 6\text{-}29$$

$$PCFI = CFI \times \frac{d_j}{d_d} \quad 6\text{-}30$$

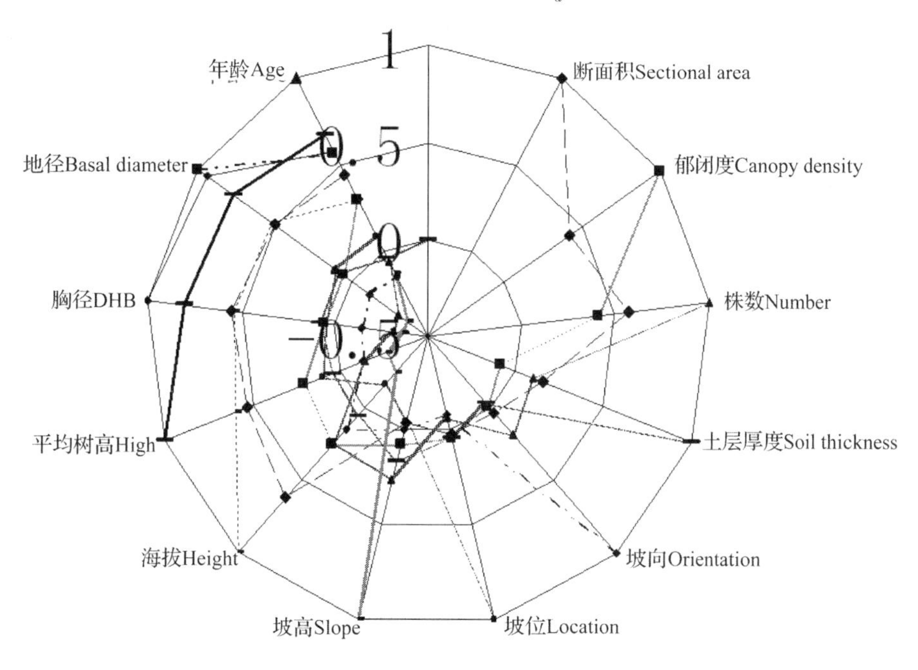


**图6-33 观测变量相关性分析**

### 6.4.2.3 相关性分析

利用spss17.0统计软件对模型观测变量进行双变量相关分析(图6-33),结果表明年龄主要影响华北落叶松平均树高、平均胸径和地径生长,其相关系数分别为0.67、0.58、0.57;平均地径与海拔、平均胸径、平均树高的相关系数分别为0.51、0.77、0.93;海拔与平均胸径、平均树高相关系数为0.54、0.59;林分断面积与株数、海拔、平均胸径、平均树高相关系数分别为0.57、0.62、0.53、0.55,经检验各个相关系数均达到0.05的显著水平,其中海拔是影响华北落叶松人工林生长的最主要立地因子。

### 6.4.2.4 模型参数估计

由观测变量和潜在变量中的标准化回归系数可知(表6-38),地径与树高的标准化估计值较大分别为0.833和0.802，对林分结构影响较大；在影响林分立地质量的诸多立地因子中，海拔对华北落叶松人工林生长影响最大其回归系数为0.723，其次为土层厚度其回归系数为0.627；在研究林分密度过程中选择了株数、郁闭度和断面积作为林分密度的观测变量，从模型分析结果来看三个观测变量回归系数分别为0.779、0.586、0.703，由此可见株数更能反映林分密度状况，其次为林分断面积，由于郁闭度调查时存在较大误差，因此在进行科学研究中应尽量采用株数密度和断面积对林分郁闭度进行分析。

**表6-38　观测变量参数估计值**

| 观测变量 | 估计值 | 标准化估计值 | 标准误 | C. R. | P | 注解 |
|---|---|---|---|---|---|---|
| 年龄 < - - 林分结构因子<br>Age < - - Forest structural factor | 1.000 | 0.591 | | | | |
| 平均地径 < - - 林分结构因子<br>Average basal diameter < - - Forest structural factor | 1.396 | 0.833 | 0.082 | 17.024 | * * * | w1 |
| 平均胸径 < - - 林分结构因子<br>Average DBH < - - Forest structural factor | 1.131 | 0.722 | 0.076 | 14.881 | * * * | w2 |
| 平均高 < - - 林分结构因子<br>Mean height < - - Forest structural factor | 0.662 | 0.802 | 0.084 | 7.881 | * * * | w3 |
| 海拔 < - - 立地因子<br>Elevation < - - Site factor | 1.000 | 0.723 | | | | |
| 坡度 < - - 立地因子<br>Slope < - - Site factor | -1.32 | 0.545 | 0.105 | -12.571 | * * * | w4 |
| 坡位 < - - 立地因子<br>Slope position < - - Site factor | 0.906 | 0.521 | 0.089 | 10.179 | * * * | w5 |
| 坡向 < - - 立地因子<br>Aspect < - - Site factor | -1.201 | 0.543 | 0.082 | -14.646 | * * * | w6 |
| 土层厚度 < - - 立地因子<br>Soil thickness < - - Site factor | 1.044 | 0.627 | 0.132 | 7.909 | * * * | w7 |
| 株数 < - - 林分密度因子<br>Number of stems < - - Stand density factor | 1.000 | 0.579 | | | | |
| 郁闭度 < - - 林分密度因子<br>Canopy density < - - Stand density factor | 0.833 | 0.686 | 0.107 | 7.785 | * * * | w8 |
| 断面积 < - - 林分密度因子<br>Basal area < - - Stand density factor | 1.301 | 0.703 | 0.093 | 13.989 | * * * | w9 |

林分结构因子、立地因子、林分密度因子三个潜在变量协方差经检验均显著(表6-39)，表示两者之间相关系数达到显著水平，林分结构因子、立地因子、林分密度因子三个潜在变量两两之间的协方差为0.712、0.614、-0.704，协方差标准误值为0.074、-0.068、0.073，临界比9.622、-9.029、-9.644均达到0.05的显著水平，两个潜在

变量间的相关系数分别为0.863、0.681、0.706，表明立地因子对林分结构因子的影响大于对林分密度因子的影响，在对林分进行可持续经营过程中合理改善三者之间的关系，为充分发挥其多效益创造良好生境。

3个潜在变量与12个观测变量误差值如表6-40所示其均为正值且达到显著0.05水平，潜在变量残差估计值分别为林分结构因子(1.182)、立地因子(0.916)、林分密度因子(0.857)，变异量标准误介于0.012~0.094之间，其中潜在变量标准误分别为林分结构因子(0.094)、立地因子(0.089)、林分密度因子(0.091)，表示模型界定无错误。残差标准化估计值相当于R2(复相关系数)即为模型观测变量信度系数，由表中信度值均大于0.50，表示模型内在质量检验良好。

**表6-39　潜在变量参数估计值**

| 观测变量 Observed variable | 估计值 Estimate | 标准化估计值 Std. Estimate | 标准误 Std. Error | *C. R.* | *P* | 注解 Label |
|---|---|---|---|---|---|---|
| 林分结构因子< - - - >立地因子 Forest structural factor < - - - > Site factor | 0.712 | 0.863 | 0.074 | 9.622 | *** | c1 |
| 林分结构因子< - - - >林分密度因子 Forest structural factor < - - - > Stand density factor | 0.614 | 0.681 | -0.068 | -9.029 | *** | c3 |
| 立地因子< - - - >林分密度因子 Site factor < - - - > Stand density factor | 0.704 | 0.706 | 0.073 | -9.644 | *** | c2 |

**表6-40　残差估计值**

| 残差值 Residuals | 估计值 Estimate | 标准化估计值 Std. Estimate | 标准误 Std. Error | C. R. | P | 注解 Label |
|---|---|---|---|---|---|---|
| e1 | 0.303 | 0.506 | 0.051 | 5.942 | *** | v2 |
| e2 | 0.205 | 0.510 | 0.029 | 7.068 | *** | v3 |
| e3 | 0.211 | 0.812 | 0.036 | 5.861 | *** | v4 |
| e4 | 0.204 | 0.544 | 0.022 | 9.273 | *** | v5 |
| e5 | 0.152 | 0.719 | 0.043 | 3.535 | *** | v7 |
| e6 | 0.223 | 0.509 | 0.049 | 4.551 | *** | v8 |
| e7 | 0.332 | 0.561 | 0.073 | 4.548 | *** | v9 |
| e8 | 0.293 | 0.521 | 0.056 | 5.232 | *** | v10 |
| e9 | 0.354 | 0.639 | 0.066 | 5.364 | *** | v11 |
| e10 | 0.522 | 0.872 | 0.068 | 8.667 | *** | v13 |
| e11 | 0.104 | 0.549 | 0.012 | 7.676 | *** | v14 |
| e12 | 0.414 | 0.699 | 0.073 | 5.671 | *** | v15 |

#### 6.4.2.5　适用性检验

基于信息理论AIC和BIC等适配度检验是评价路径分析模型与实际数据的一致性程度，RMSEA为渐进残差均方平方根其值在0.05至0.08之间表示模型适配度较好，GFI

为适配度指数相当于复相关系数，一般模型判别标准其值大于0.90，AGFI为调整后适配度指数，其值介于0~1之间，数值愈接近1则模型拟合愈好，NFI、IFI、TLI、CFI四个指标值大多呈现在0~1之间，经研究用于判别模型精度时，其值应均大于0.90则模型比较完美。PNFI(标准化适配指数)、PGFI(简约适配度指数)其值均应大于0.05，说明模型配置较好(表6-41)，各适配标准及临界值均符合要求，说明模型拟合精度较好，理论模型值(314.601)小于独立模型值(391.348)且同时小于饱和模型值(1223.942)表明潜在变量模型拟合精度较好。

**表6-41 模型精度适配及检验表**

| 指标 Indicators | 适配标准 Standard | 检验值 Value | 适配判断 Fitness test | 指标 Indicators | 适配标准 Standard | 检验值 Value | 适配判断 Fitness test |
|---|---|---|---|---|---|---|---|
| RMSEA | <0.08 | 0.062 | 是 | TLI | >0.90以上 | 0.941 | 是 |
| GFI | >0.90以上 | 0.902 | 是 | CFI | >0.90以上 | 0.915 | 是 |
| AGFI | >0.90以上 | 0.937 | 是 | PGFI | >0.50以上 | 0.524 | 是 |
| NFI | >0.90以上 | 0.933 | 是 | PNFI | >0.50以上 | 0.605 | 是 |
| IFI | >0.90以上 | 0.928 | 是 | PCFI | >0.50以上 | 0.63 | 是 |

### 6.4.3 结构方程模型应用结果

林木生长主要受到林分结构因子、立地因子、林分密度因子等多种因子的影响，以AMOS7.0软件和SPSS17.0软件建立了影响林分生长的结构模型方程，以年龄、平均地径、平均胸径、平均树高作为林分结构因子的观测变量，建立了观测变量与林分结构因子的回归方程，其中地径和树高标准化回归系数较高，可作为评价林分结构的重要指标，在研究落叶松林空间结构时，可依据培育目标合理改善林分结构，为落叶松人工林空间结构优化调控探索出新途径。

不同立地因子作为影响林分生存与生长的重要条件，其主要因子包括海拔、坡度、坡位、坡向、土层厚度等，经研究发现影响不同林分类型生长的主导立地因子差异较大，张咏祀用标准差法拟合了树高和年龄导向曲线回归方程为：$H = 10^{1.39 - 7.32/A}$，反映了当地马尾松人工林树高生长与立地条件之间关系，陈淑容采用三因素三水平正交设计认为坡位对林木生长影响最大，其次为坡度和坡向；高华端等在利用成因分析与统计分析方法对植被恢复潜力与石漠化地区立地因子的研究中，对岩性、坡度、坡位、坡性等立地因子对植被恢复潜力进行了研究，发现岩性和坡性是影响石漠化地区植被恢复潜力的主导立地因子；钱拴提等对影响秦岭山茱萸分化的立地条件研究中表明山茱萸分化趋势主要受控于土壤肥力因子和地貌因子；运用结构方程模型研究华北落叶松人工林生长诸多立地因子中，确定海拔高度是影响林分生长的最重要因子，其次是土层厚度。

林分密度指标是具体衡量、评定林分密度的尺度，选取适当密度指标是林分密度研究的前提，目前沿用较多林分密度指标主要有株数密度、郁闭度、单位面积断面积等，李春明等建立了落叶松云冷杉林分断面积非线性混合模型，结果表明将林分密度指数作为自变量的 Schumacher 式模拟精度较高，林分密度在不同时期是影响林分胸径、材积的重要因子，通过对落叶松人工林林分密度观测变量的研究，表明林分株数对林分密度的影响最大，其次是单位面积断面积，其标准化估计值分别为0.779、0.703，合理调整落叶松人工林密度，是经营者实现培育目标及经济效益的基本保障。

从模型拟合参数来看，各个参数均能达到适配标准，说明结构模型方程拟合精度较好，对森林可持续经营方案的制定具有重要参考价值。林分结构、立地质量、林分密度两两之间相关系数分别为0.863、0.681、0.706，立地因子、林分结构因子、林分密度作为影响林木生长的主要因子，在依据培育目标进行林分经营时，应改善立地质量并结合适当调整林分结构促进林分生长，三者应合理经营，均衡经营。

## 6.5　华北土石山区杨桦次生林经营技术

杨桦次生林是冀北山地主要的森林类型之一，以白桦、山杨、色木槭、棘皮桦为主，伴生有毛榛、蒙古栎、稠李、山荆子、红瑞木，鼠李等。在区域水源涵养、水土保持和防风固沙等方面具有不可替代的作用。由于经营条件等原因限制，目前杨桦次生林林分生长状况较差，生态功能不断下降，生物多样性低、病虫害等一系列问题较为严重。以冀北山地杨桦次生林的主要种群为对象，研究杨桦次生林的干扰与更新、种群的空间分布格局特征及间伐对杨桦次生林生长的影响，以期为冀北山地杨桦次生林保护、改造以及可持续经营提供科学参考。

### 6.5.1　杨桦次生林干扰与更新

#### 6.5.1.1　杨桦次生林中白桦剥皮干扰的空间特征

(1)剥皮木的梯度分布

白桦的剥皮干扰是一种人为的外部干扰，与森林分布、自然条件与人类活动密切相关。本地区位于坝头山地，地势复杂，在临近耕地、道路、沟谷的区域人为活动较为频繁，剥皮现象也较为严重，在调查区域内反映出外强内弱、沟强坡弱的趋势。由白桦剥皮的样带梯度来看(图6-34)，白桦剥皮木与剥皮后的风折木株数比例的变化趋势基本一致，由林分边缘至内部，剥皮强度逐渐降低，二者之和可反映出总的剥皮干扰强度，由边缘(1~5样带)的27%~56%，到中部(6~11样带)的23%~29%，到内部(12~15样带)的9%~18%。

最边缘区域并不是剥皮现象最严重的区域，主要是因为在林分边缘林木稀疏，且林木由于缺少周围个体竞争，树干尖削度大，多枝杈与结疤，剥皮难度大且不易剥离完整，故剥皮木株数较少。

在林分内部，微地形对白桦剥皮有较大影响，在坡度较小的局地或小的沟谷边缘剥皮较为严重，而在坡度较大区域或上坡位则剥皮较轻。沟谷底部林木稀少、地势平坦，便于通行，使得沟谷的下部边坡白桦剥皮木较多。

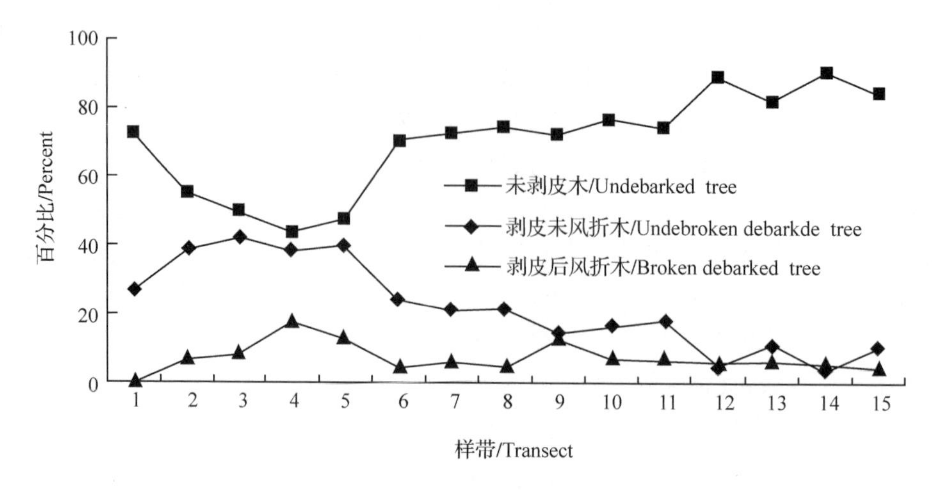


**图 6-34　白桦剥皮木的分布梯度**

(2)剥皮木的空间格局

剥皮木的空间格局反映了剥皮干扰的个体分布特征。从白桦剥皮木的点格局分析(图 6-35)可知，在所研究的空间尺度(0～50m)范围内，剥皮木均呈聚集分布，并趋向于随机分布。偏离随机置信区间的最大值是反映最大聚集强度的指标，以相应尺度为半径的圆面积反映聚集规模。白桦剥皮木在最大聚集高峰时，所对应尺度为 24m，聚集规模为 $1809m^2$。

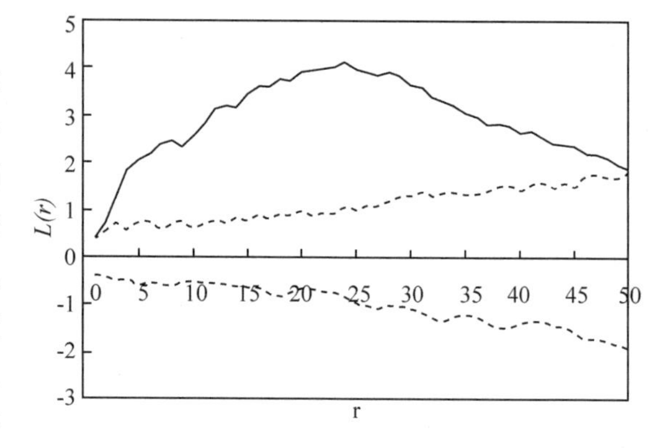


**图 6-35　剥皮木的点格局**

白桦剥皮时需考虑剥皮对象、通行性与操作便利性等因素，剥皮对象要选择树干通直、无节疤的林木，选择乔灌稀疏、较平坦的路径通过，剥皮操作时要有适当空间，便于站立甚至蹲身。剥皮木的空间分布与白桦剥皮行为有关，并受桦树空间分布、地形与乔灌密度的影响。聚集规模大体是春季乔灌无叶或少叶、微地形较复杂的森林环境中可视区域内的选择范围。同时，白桦剥皮后更易于风倒，增加了开敞空间，也方便选择剥皮木与进行剥皮操作，会形成正反馈，使局部地区剥皮木聚集度提高。

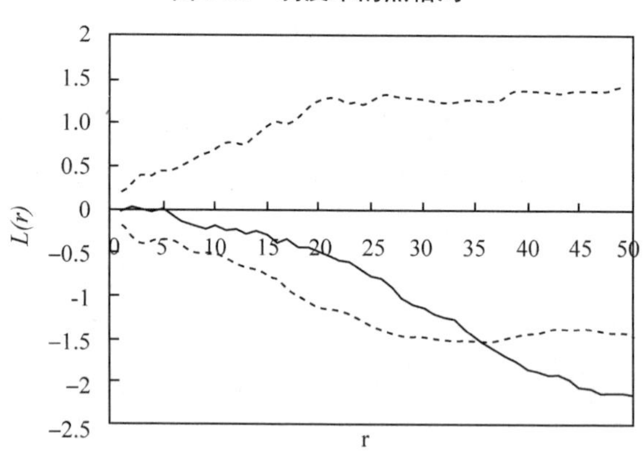


**图 6-36　剥皮木与正常木的关联分析**

从白桦剥皮木与正常木的关联性(图 6-36)来看，在 0～6m 范围 $\hat{L}(r)$ 值接近于 0，二者无关联，在7~35m范围内关联不显著，在36~50m范围内呈负关联。在较小的尺度内，剥皮木的选择受干形与地形的影响，具有较大的随机性；而在较大的尺度，空间异质性表现明显，剥皮时会避开局部林分密度较高的区域，故剥皮木与正常木呈负关联。

（3）剥皮部位空间特征

剥皮高度。由于树干疤节、站立位置、剥皮时间等的影响，剥皮部位高度、大小不一。剥皮下部最低达地面，即0m，最高为1.25m，平均剥皮下部高度为0.52m，集中分布于0.2~0.8m，以0.4~0.6m的株数最多（图6-37），为人弯腰或下蹲后高度。剥皮上部高最低是0.86m，最高2.65m，平均的剥皮上部高度为1.72m，集中分布于1.2~2.0m，以1.6~2.0m的株数最多（图6-38），为人抬手高或伸臂加镰刀长度所达高度。白桦剥皮的平均高度在0.52~1.72m之间，剥下树皮的最短长度为0.21m，最长长度为2.42m，平均为1.19m。

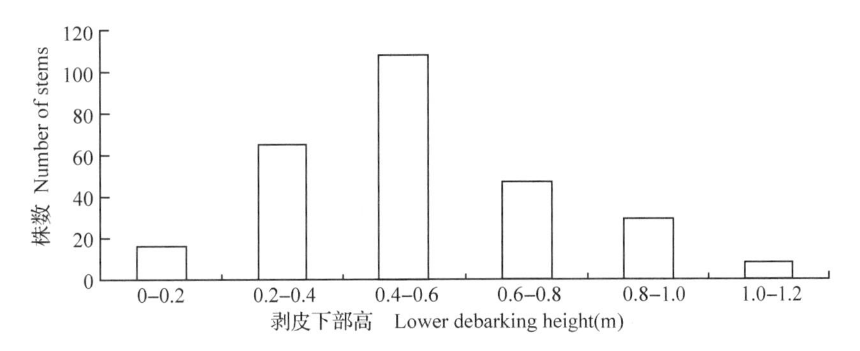


**图6-37　不同剥皮下部高度的株数**

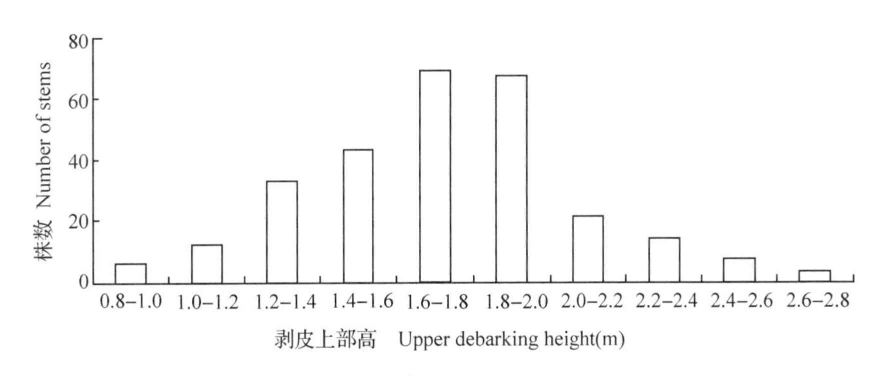


**图6-38　不同剥皮上部高度的株数**

剥皮方向、坡向、树木的倾斜方向影响剥皮方向。剥皮时要面向被剥皮的树干，在坡上面朝下、树木倾斜的背面便于剥皮。通过对剥皮木的微地形调查表明，坡向与树木倾斜方向大体一致，二者的共同作用，使得剥皮方向在坡向的相反方向，与坡向的方位角差值多处于120~220°之间。对于多株丛生的白桦，树木由中间向外侧倾斜，站立于丛生白桦中间便于剥皮，使得剥皮方向与树木倾斜方向相背而不是坡向。由不同方向剥皮木的株数比例可知（图6-39），在进行白桦剥皮时，多在树木的西南与南部方向进行剥皮，而在东北与北部方向进行剥皮的株数比例较少，在西北－东南连线的西南方向进行剥皮的株数比例占到82.1%，而在西北－东南连线的东北方向进行剥皮的株数比例仅占17.9%。

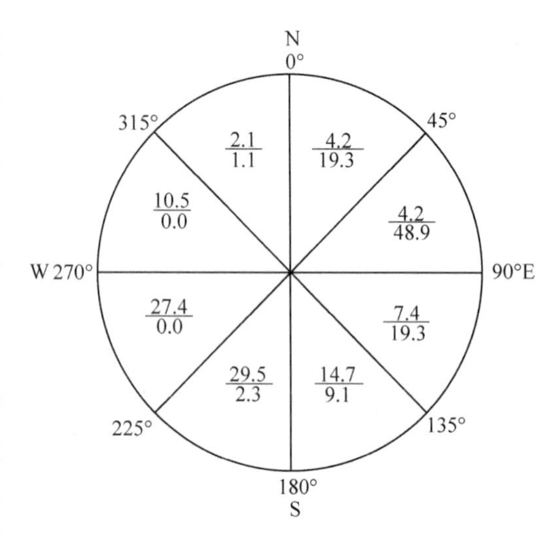


**图6-39 不同方向的剥皮木与风折木的株数比例**

注：分子为剥皮木比例，分母为风折木比例

### 6.5.1.2 杨桦次生林中白桦剥皮后风折规律

(1)风折部位

对愈合后恢复生长的树木，受剥皮损伤部位会应激生长，调查表明，完全愈合部位的直径比上下未损伤部位直径增粗2.9%。剥皮伤口未愈合的树木，会较长时间地裸露木质部，受水湿与木腐菌的影响，裸露的木材腐朽程度不断加剧，在遭遇大风时易于折断。

由不同剥皮部位的风折木比例(表6-42)可知，在调查的88株风折木中，在剥皮以外的部位(未剥皮下部与未剥皮上部)风折的株数为12株，占风折木总株数的13.6%；在剥皮部位折断的林木为76株，占风折总株数的86.4%。多数林木在剥皮的上、下剥皮处折断，占风折总株数的71.6%，其中以在下剥皮处折断的株数最多，达47.7%。在上、下剥皮部位林木易于风折，主要是因为在靠近上、下剥皮部位特别是下剥皮部位，降水后极易积存水分，裸露的木质部受水浸润时间长，再加上木腐菌的浸染，木材腐朽后强度降低。本地区春季盛行西北风，长期受风力影响使木材开裂，腐朽与开裂严重且遭遇大风时折断。

**表6-42 不同剥皮部位的风折木比例**

| 折断位置 | 未剥皮下部 | 剥皮下部 | 剥皮中部 | 剥皮上部 | 未剥皮上部 | 总计 |
|---|---|---|---|---|---|---|
| 株数 | 9 | 42 | 13 | 21 | 3 | 88 |
| 比例(%) | 10.2 | 47.7 | 14.8 | 23.9 | 3.4 | 100 |

(2)风折概率

剥皮木的剥皮部位如不能在较短时间内愈合，裸露的木质部越多则越易于风折。通过二项Logistic模型建立风折概率($p$)与木质部裸露的周长比例($x$)的关系如下：

$$p = \frac{1}{1 + e^{5.954 - 8.784x}} \tag{6-31}$$

模型预测的正确率为92.5%，Hosmer-Lemeshow统计量的显著性水平为0，伪决定系数$R_N^2$为0.72，模型拟合良好。ROC曲线(图6-40)表明，在左侧曲线上升较快，至顶后接近水平向右延伸，表明构建的二项Logistic模型有较好的预测效果，可以较好地反映风折概率与木质部裸露的周长比例的关系。

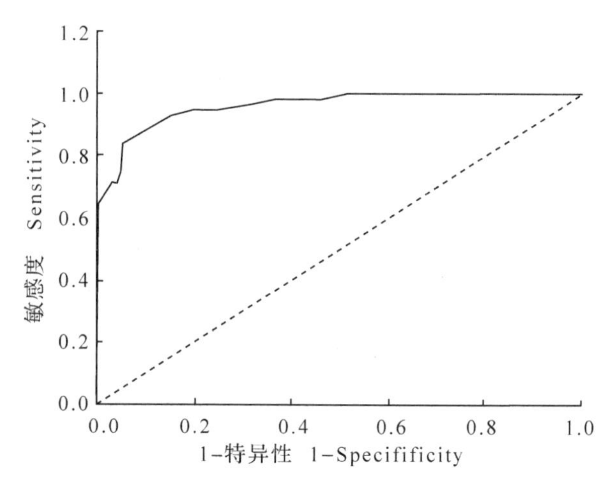


**图6-40　ROC曲线**

由构建的二项Logistic模型计算了不同木质部裸露比例的剥皮木的风折概率(表6-43)，裸露比例较低时，剥皮木的风折概率都很低，裸露比例70%时，风折概率超过50%，裸露比例达90%时，风折概率超过90%。

(3)风折时间

对风折木的剥皮部位的年轮进行分析，可以确定剥皮后至风折时的时间间隔。由图6-41可知，在剥皮后3a内剥皮木风折较少，4~9a内风折数量最多，10~15a风折木也较少。剥皮后，如间隔时间较短，腐朽程度低，木材物理性质较好，林木不易风折；而在6a左右，如树皮愈合程度较低，有较大面积的木质部裸露，同时长期受雨水浸泡与木腐菌侵染，木材腐朽严重，在风力作用下较易折断；在10a以后，剥皮林木经较长时间的恢复生长，树皮保护面积增多，木质部裸露面积减少，达到相对较稳定的状态，不易风折。

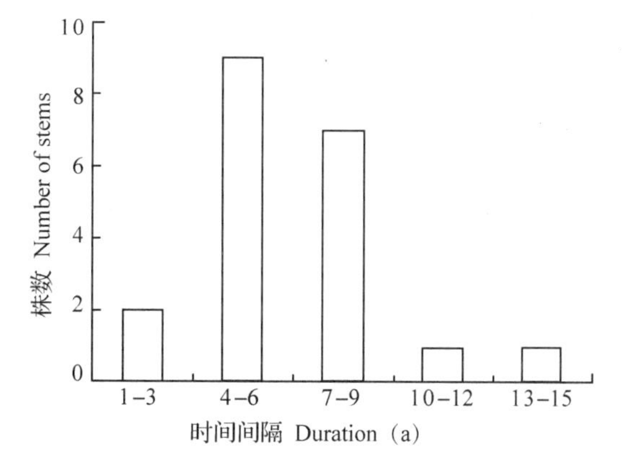


**图6-41　不同时间间隔的风折木株数**

**表6-43　不同的裸露周长比例的风折概率**

| 裸露周长比例 | 10 | 20 | 30 | 40 | 50 | 60 | 70 | 80 | 90 | 100 |
|---|---|---|---|---|---|---|---|---|---|---|
| 风折概率(%) | 0.9 | 2.1 | 4.9 | 11.1 | 23.1 | 42.0 | 63.5 | 80.7 | 91.0 | 96.0 |

(4)风折方向

剥皮木的风折方向受盛行风向、地形、木质部裸露方向、树木倾斜方向等的影响，由不同方位角的风折木株数比例来看(图6-39)，风折方向的方位角在0~135°之间居多，在东偏北方向的风折木最多，在东偏南、北偏东方向的株数次之，没有西向的风折木，其他方向零星分布。主要是由于本地区盛行西北风，坡向为东，受地形影响，局地的风向多为西风，同时，树木也多向坡下倾斜，剥皮时多站立于上坡位，在树木西侧受损伤较重，木质部裸露较多，综合多种因素造成东向风折株数较多。

6.5.1.3 杨桦次生林中色木槭幼树损伤特征

（1）色木槭幼树损伤数量特征

在对杨桦次生林中的色木槭进行调查时，实验调查总数为702株（如表6-44），间伐样地调查色木槭521株，受损512株，无受损9株，无干扰色木槭占调查总株数的1.7%；未进行抚育间伐的样地中，自然受损植株127株，无受损色木槭54株，占调查总株数30.58%。

表6-44 色木槭幼树损伤数量

| | 受损数量 | 未受损数量 |
|---|---|---|
| 未间伐样地 | 70.25% | 30.58% |
| 间伐样地 | 98.27% | 1.73% |

间伐样地幼树受损数量比未间伐样地多，间伐干扰对色木槭状态与生长干扰明显。抚育间伐过程（包括伐前割灌、采伐、集材、林下清理）对色木槭的损伤非常严重。同时未间伐样地中色木槭受损伤数量也较大，分析原因是自然状态下的色木槭生长环境不良如光照、水分和养分不充足，受不良气候条件、微环境与病虫害等影响较大。

（2）色木槭幼树损伤类型

在间伐后的标准地中，因为施工，倒伐木的压迫使得幼树及幼苗被压弯、压折，许多幼树发生磨损、拖伤、拖死等现象。将间伐地与未间伐地的色木槭幼树进行损伤对比（图6-42）。在未间伐地的色木槭中，幼树以被压弯为主要损伤现象，占发生损伤的幼树总株数的56.94%。其次为无明显受损的幼树，占总株数的19.87%。再次为受虫害干扰的幼树，所占比例分别为11.13%。其中受损植株没有破皮现象的出现。在间伐地幼树中，压弯、干梢和破皮为主要受损类型，被压弯的幼树最多，占调查总株数的37.81%。干梢和破皮分别占24.38%和18.91%。

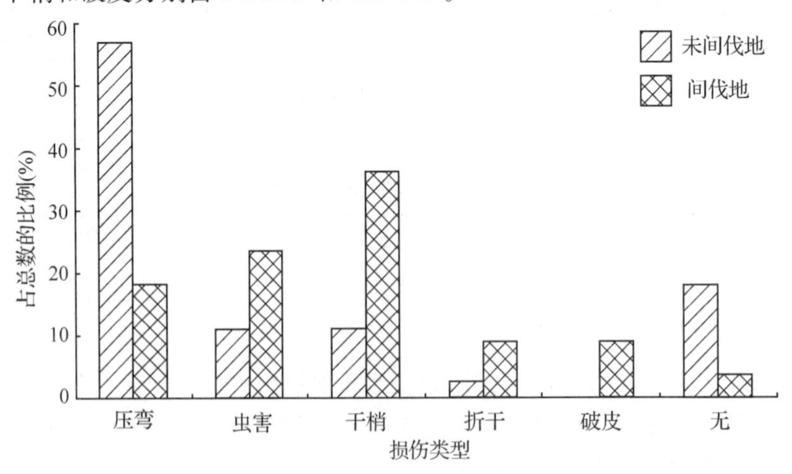


图6-42 色木槭干扰类型

在未间伐过的样地中，压弯和虫害现象所占比例要远大于间伐过的样地，实地调查发现上层木的枯枝落叶、倒木与自然灾害是干扰未间伐地色木槭生长的主要原因；干梢、破皮和折干现象更多出现在间伐样地，抚育间伐措施的不科学与不合理是植株生长过程受到干扰的主要原因。

(3)色木槭幼树损伤程度

图6-43是在间伐地与未间伐地中，色木槭幼树受间伐干扰程度的比较。由图6-43可知，间伐地中的色木槭发生严重、极严重的程度损伤的更新苗木占调查总株数的75%以上，损伤极严重的幼树最多，占全部受损伤植株的51.80%。在未间伐样地中轻微损伤现象最多，占总株数的51.22%。其次无受损表现的色木槭，占调查苗总株数的30.51%。而在间伐样地中，无受损伤表现的幼树仅占5.44%。未间伐样地色木槭受损伤程度比较轻微，间伐样地中色木槭受干扰程度较未间伐样地植株受损伤程度严重很多。抚育间伐过程对色木槭生长损伤严重。

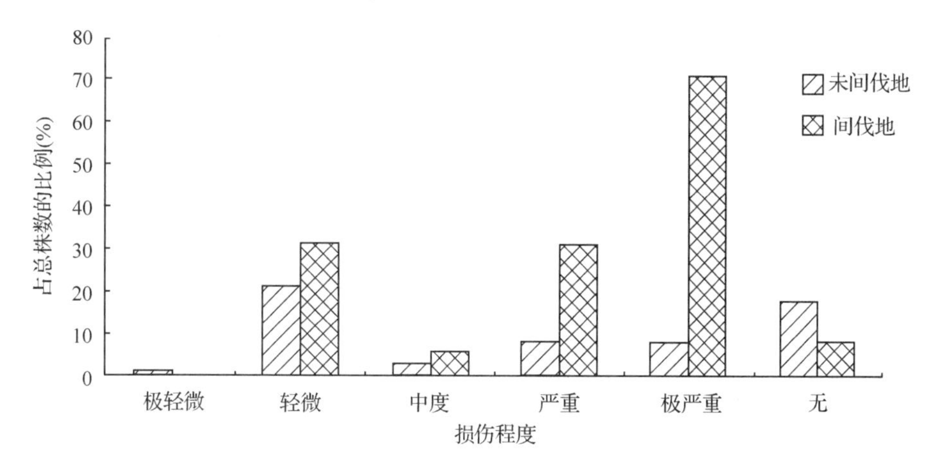


**图6-43　色木槭受损伤程度**

### 6.5.1.4　杨桦次生林中色木槭空间分布特征

(1)标准地设置与调查

2011年8月，在河北省木兰围场桃山林场内，布设2块杨桦次生林固定标准地，大小为100m×100m，标准地东北坡向。固定标准地内划分出10m×10m的小样方进行每木检尺，主要调查因子包括树种、胸径、定株定位、树高、干形质量、损伤状况、病虫害状况。在2013年7~8月补充调查了色木槭幼苗、幼树的坐标、基径与高度，以进行空间格局分析。

(2)研究方法

采用Ripley's K函数进行空间点格局的分析。研究数据来源于标准地定株定位，将标准地内的所有种群个体用$x$，$y$来表示，描绘出标准地空间分布的示意图，以示意图为基础进行空间分布格局分析。

点格局分析利用以下公式：

$$\hat{k}(r) = \left(\frac{A}{n^2}\right)\sum_{i=1}^{n}\sum_{j=1}^{n}\frac{1}{W_{ij}}I_r(u_{ij}), i \neq j \qquad 6\text{-}32$$

式中：$A$ 为样地面积；$n$ 为植物个体总数；$u_{ij}$为 2 个点 $i$ 和 $j$ 之间的距离；$W_{ij}$是以 $i$ 为圆心，$u_{ij}$为半径的圆周长落在样地内的长度与圆周长的比例；$t$ 为距离尺度；当 $u_{ij} \leq t$ 时，$It(u_{ij}) = 1$，当 $u_{ij} > t$ 时，$It(u_{ij}) = 0$。

为保持方差稳定，Besag 等提出用 $L(t)$ 取代 $K(t)$（Besag，1977），L(t)计算公式如下：

$$\hat{L}(r) = \sqrt{\hat{k}(r)/\pi} - r \qquad 6\text{-}33$$

当 $L(r) = 0$ 时，为随机分布；当 $L(r) > 0$ 时，为聚集分布；当 $L(r) < 0$ 时，为均匀分布。采用 Monte-Carlo 模拟 99% 置信区间，进行结果偏离随机状态的显著性检验。$L(r)$ 值位于置信区间之上，种群呈聚集分布；$L(r)$ 值位于置信区间之下，种群呈均匀分布；$L(r)$ 值位于置信区间之内，种群呈随机分布。

当种群表现为聚集分布时，把偏离随机置信区间的最大值定义为聚集强度，对应于聚集强度的尺度定义为聚集尺度，以聚集尺度为半径的圆面积定义为最大聚集规模。

种间关联性通过下述公式进行计算：

$$\hat{k}_{12}(r) = \left(\frac{A}{n_1 n_2}\right)\sum_{i=1}^{n}\sum_{j=1}^{n}\frac{1}{W_{ij}}I_r(u_{ij}) \qquad 6\text{-}34$$

式中：$n_1$ 和 $n_2$ 分别为种 1 和种 2 的个体总数(点数)；$i$ 和 $j$ 分别代表种 1 和种 2 的个体。为保持方差稳定，用 $L12(t)$取代 $K12(t)$。$L12(t)$ 计算公式如下：

$$\hat{L}_{12}(r) = \sqrt{\hat{k}_{12}(r)/\pi} - r \qquad 6\text{-}35$$

当 $L_{12}(t) = 0$ 时，2 个变量相互独立；$L_{12}(t) > 0$ 时，2 个变量空间正关联；当 $L_{12}(t) < 0$ 时，2 个变量空间负关联。采用 Monte-Carlo 模拟 99% 置信区间，当 $L_{12}(t)$ 值位于置信区间之上时，2 个变量显著正相关；$L_{12}(t)$ 值位于置信区间之下时，2 个变量显著负相关；$L_{12}(t)$ 值位于置信区间之内，2 个变量相互独立。

(3)色木槭的空间分布点格局

色木槭属于连续更新型树种，与蒙古栎、水曲柳、红松相比，具有最强的耐阴性，在林冠下幼苗幼树的株数最多，生长成 1.5m 需 4～6 年。由色木槭的直径分布和树高分布不难发现，色木槭在小径阶中最具优势，在幼树层中最为丰富。

色木槭在标准地中的散点分布如图 6-44 所示。色木槭的分布及点格局分析结果表明，色木槭数量多，密度大，成簇生长，分布没有明显规律。由图 b 可知色木槭呈显著的聚集分布，随着尺度的增大聚集强度先增大后减小，之后趋于稳定的聚集强度，聚集强度 2.031，尺度为 $r = 29$m 时达最大聚集强度 2.355，聚集规模为 2640.74$m^2$。

由图 6-45 可知，色木槭和标准地内其他树种在 0～4m 尺度下关联接近显著水平；在 6～13m 尺度之间显著负关联；在 13～17m 尺度范围，$L_{12}(r)$达到或接近显著水平；在 18～34m 之间二者没有关联性，大于 33m 尺度下则又呈现显著正关联。这说明在小尺度上，色木槭与其他树种生长势相当，分布较广，二者之间竞争激烈。但大尺度上又能相互促进生长。物种之间的负关联可能是由于物种间不同的生物学特征以及对生境不

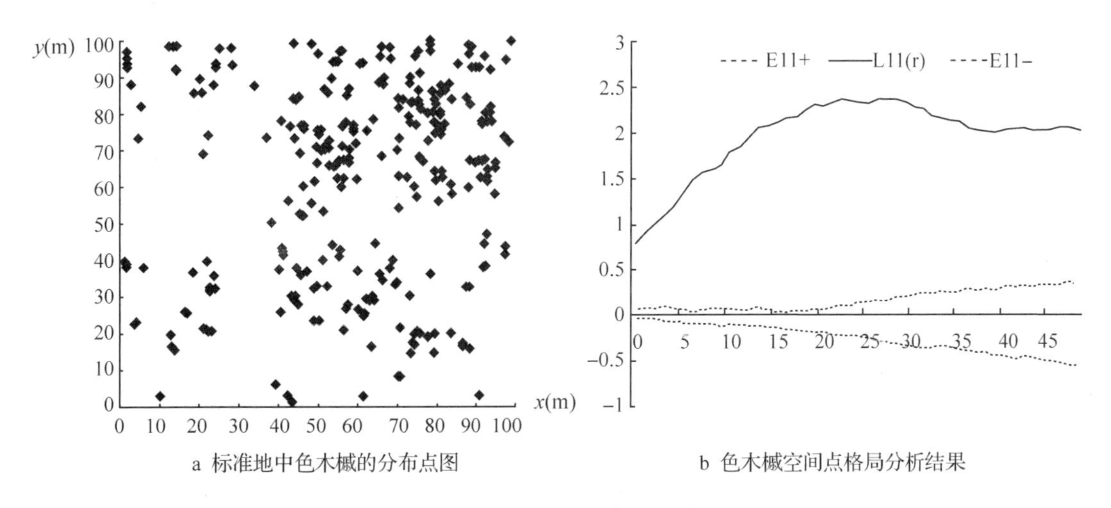


a 标准地中色木槭的分布点图　　b 色木槭空间点格局分析结果

**图6-44　色木槭空间点格局分析**

同的生态适应和生态位重叠所致，色木槭种群与其他树种在中小尺度上呈现负关联，说明存在生态位的竞争关系，林分结构不稳定，大尺度上呈现正关联，说明色木槭种为稳定发展种群。

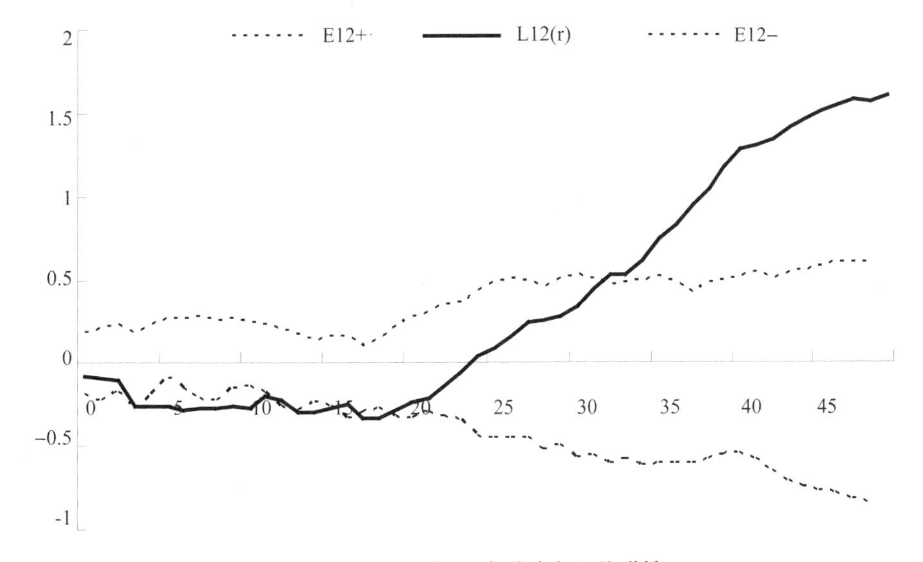


**图6-45　色木槭与其他树种空间关联性**

(4)色木槭各高度级的空间分布特征

由于标准地色木槭数量多、年龄偏小、生长缓慢、胸径较小，依据树高将色木槭分为幼苗、幼树、中树和大树四个高度级进行分析。1级为高度小于2m的幼苗，2级为2~4m幼树，3级为4~7m中树，4级为>7m的大树。

色木槭幼苗共254株(图6-46)，主要分布于标准地的中坡位*x*(50~100m)，*y*(60~80m)和下坡位*x*(60~90m)，*y*(15~40m)区域，是因为色木槭通过种子繁殖，果实为翅果，落种过程主要受重力和风力作用。其他树种个体分布没有明显规律。色木槭幼树

161 株，82%的幼树分布于 $x(0\sim100m)$，$y(40\sim80m)$区域，其他区域分布较少，只有 18%。中树 462 株，其中 75.3%的色木槭中树分布于 $x(55\sim100m)$、$y(40\sim100m)$和 $x(20\sim70m)y(35\sim42m)$区域。色木槭大树数量较少，有 78 株，具有"扎堆分布"特点，若将聚集生长的 2~4 株色木槭视作团组来看，各团组随机分布于整个研究区域内。

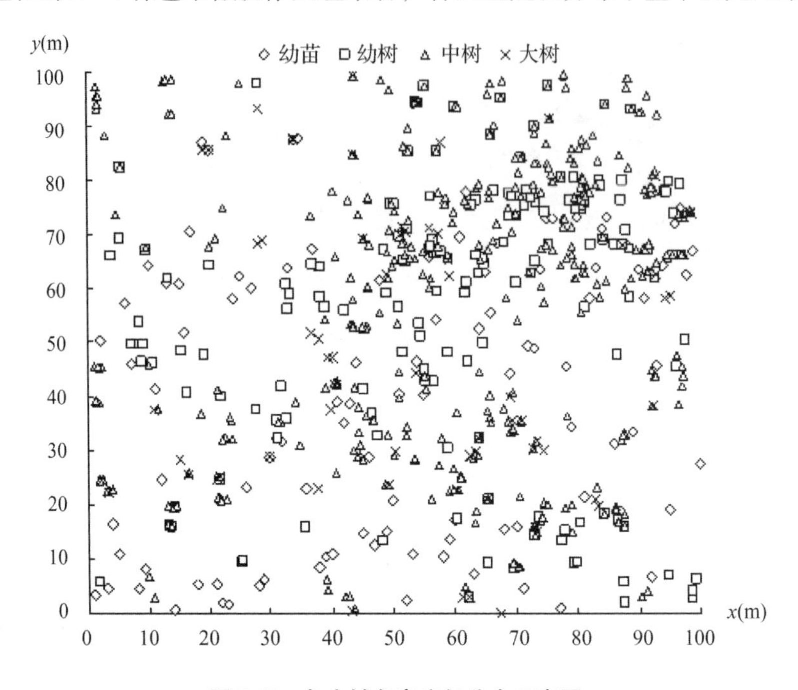


图 6-46　色木槭各高度级分布示意图

(5)色木槭及各分组的空间分布格局

由图 6-47a 可知，色木槭幼苗数量很大，主要分布于标准地的中下部。由图 6-47b 可知色木槭幼苗分布格局呈显著的聚集分布，随着尺度的增大，聚集强度先增大后减小，之后，趋于稳定的聚集强度状态。最大聚集强度为 2.696，之后趋于稳定的聚集强度 1.01，聚集规模为 1519.76m²。

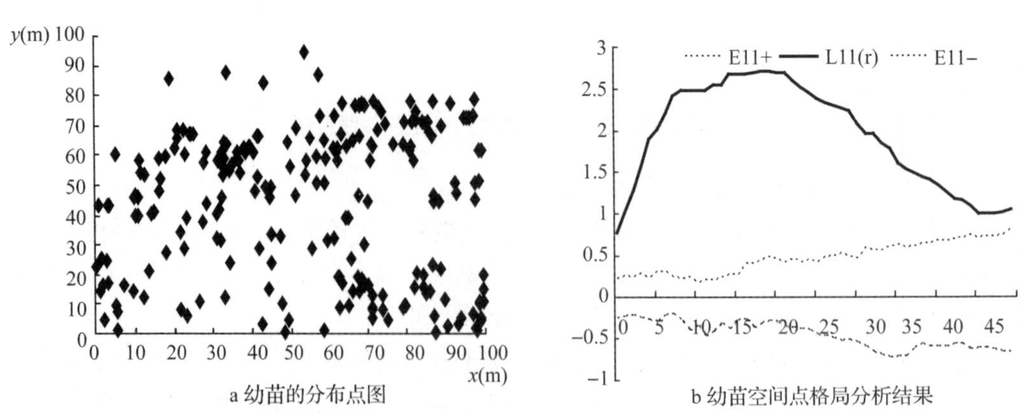


图 6-47　色木槭幼苗空间分布点格局分析

图6-48为色木槭幼树在标准地的分布及点格局分析结果，色木槭幼树主要分布于标准地的中部，主要由上层林木落种而形成。幼树在所研究空间尺度范围内，呈现显著聚集分布，聚集强度先增大后减小，之后趋于稳定在49m尺度上的聚集强度，在尺度为27m时达最大聚集强度5.7138，最大聚集规模为2289.06m$^2$，在49m尺度时，区域聚集强度稳定，保持在1.01水平。

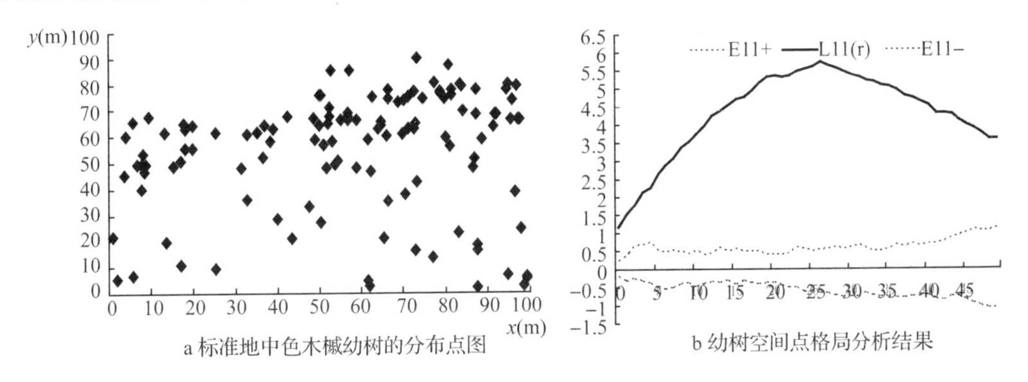

a 标准地中色木槭幼树的分布点图　　b 幼树空间点格局分析结果

**图6-48　色木槭幼树空间分布点格局分析**

色木槭中树在标准地的分布及点格局分析结果如图6-49a所示，色木槭中树主要分布于标准地的中上部。由6-49b可知在所研究空间尺度范围内，色木槭中树组呈显著的聚集分布，分布曲线为单峰山状，在尺度为23m时达最大聚集强度3.5867，之后聚集强度减小，在尺度r=39m时到趋于稳定的聚集强度，聚集强度保持在2.54，中树最大聚集规模为1661.06m$^2$。

色木槭大树在标准地的分布及点格局分析结果如图6-50所示，色木槭大树主要分布于标准地中下部与右上部。色木槭大树在r<35m尺度上，显著聚集分布。r在38~42m尺度上，随机分布；r>42m，显著聚集分布。在尺度为12m时达最大聚集强度3.7649，聚集规模为452.16m$^2$。

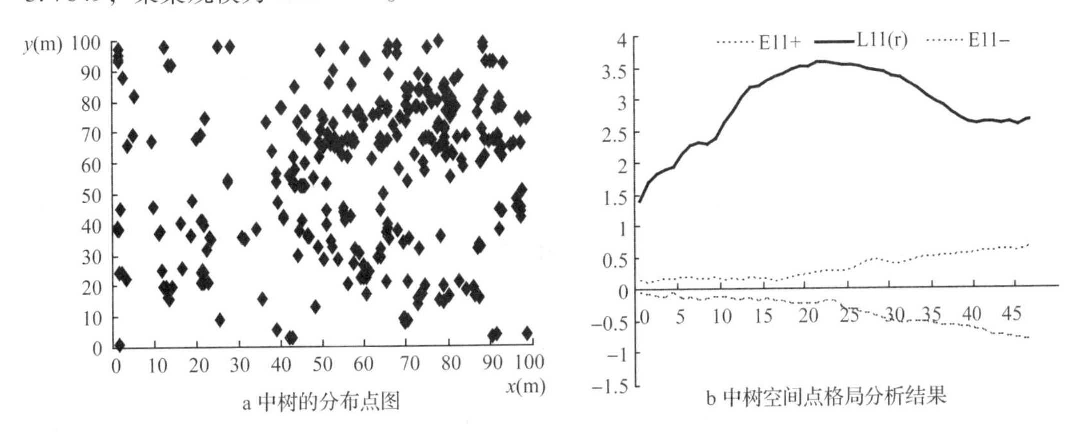

a 中树的分布点图　　b 中树空间点格局分析结果

**图6-49　色木槭中树空间分布点格局分析**

综上，色木槭幼树、幼苗、中树在整个研究尺度上呈现显著性聚集分布。在尺度22m时达幼苗最大聚集强度2.696，聚集规模为1519.76m$^2$。在尺度为27m时幼树达最

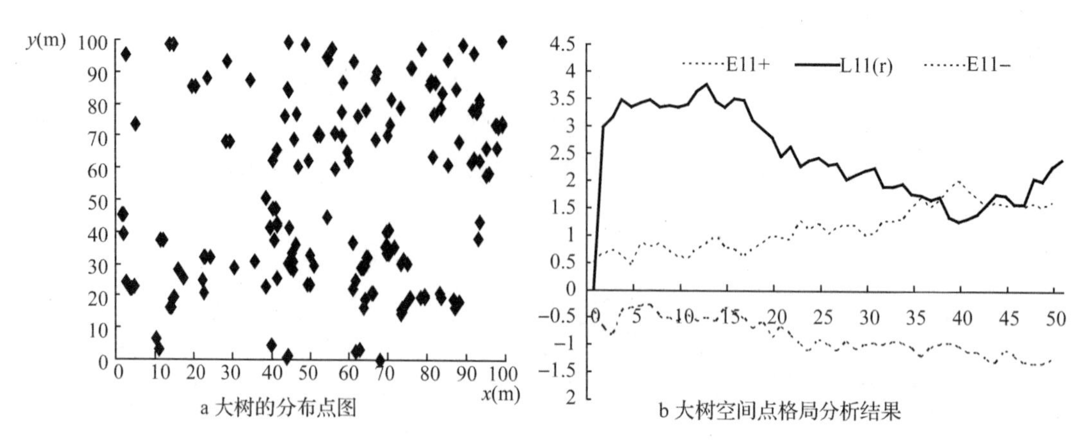


**图 6-50　色木槭大树空间分布点格局分析**

大聚集强度 5.7138，聚集规模为 2289.06$m^2$。在 23m 尺度时中树达到最大聚集强度 3.5867，聚集规模为 1661.06$m^2$。这说明色木槭种群内，幼树聚集程度高于中树，中树高于幼苗。大树在尺度 38～42m 上随机分布，在其余尺度呈现显著聚集分布，最大 $L_{11}(r)=3.7649$，最大聚集尺度为 12m，聚集规模为 452.16$m^2$。杨桦次生林林下色木槭种群在所研究的空间尺度范围内，幼树、幼苗、与中树呈现聚集分布，大树在小尺度聚集分布，大尺度随机分布，色木槭不同发育阶段表现出不同的空间格局。同一树种在不同发育阶段表现为不同的空间格局，这主要是由森林群落的自然稀疏过程、干扰格局以及环境的变化等因素造成的。

6）色木槭各分组的空间关联性

图 6-51a，色木槭幼苗和幼树在 0～43m 尺度上正关联性显著，在 43～49m 尺度，$L_{12}(r)$值都在包迹线围成的置信区间内，关联性很小。这说明幼苗与幼树在小尺度上互相促进生长，在更大尺度上，促进生长作用减弱。幼苗与幼树的强度聚集与种子的传播特性相关联，并受到临近植被包括树木、灌木及生长旺盛的下层草本的随机性阻挡。

图 6-51b，在 $0<r<9$m、$16m<r<44m$、$r>46$m 尺度上，幼苗与中树关联性很小；在 $10<r<15$m 和 45m～46m 尺度上，幼苗与中树呈现关联性很小，可能是由于中树下种量少，而幼苗具有一定耐阴性，所以生长上并没有出现关联性。

图 6-51c，色木槭幼苗和大树在 9～43m 尺度上关联性很小，在其他尺度，正关联性显著。在整个研究尺度内，幼树与大树关联性先增大后减小再增大再减小，最后再次变大，呈现显著正关联性。这说明幼树与大树随着尺度的变化，生长关联性不断变化，生长关联密切，彼此生长影响显著。

图 6-51d，色木槭幼树和中树，表现出显著正关联。这说明幼树与中树整个研究尺度上互相促进生长，生长关联性显著。

图 6-51e 色木槭幼树和大树在 0～43m 尺度上正关联性显著，当尺度 $r=10$m 时，$L_{12}(r)$值都在置信区间内，此时关联性最小，之后随尺度增大，正关联显著。这说明幼树与大树整个研究尺度上互相促进生长，生长关联性显著。由于种子传播的有限性，致使幼树对于同种大树分布具有很强的空间依赖。

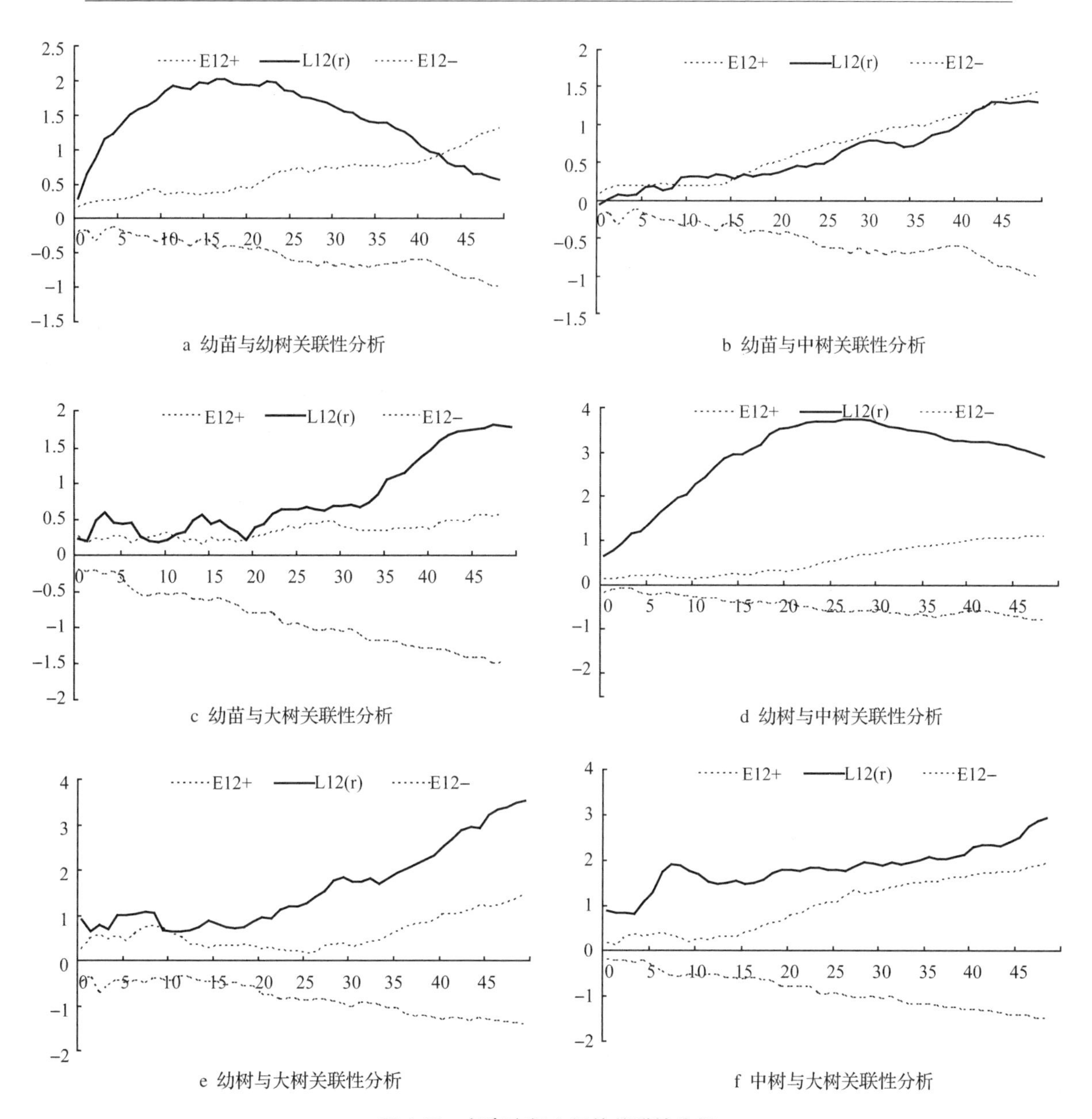


**图 6-51　各高度级之间的关联性分析**

图 6-51f，色木槭中树和大树在整个研究尺度上正关联性显著。

综上，幼苗与幼树、幼苗和中树在 10～15m 尺度上呈现显著正关联性，其他尺度上幼苗和中树的关系曲线几乎与上包迹线交替重合；幼苗和大树在 9～43m 尺度上，没有表现关联性，在其余尺度上呈现显著正关联性；幼树与中树关系是在所有尺度下关联性都非常显著；幼树与大树在 0～2m 尺度上显著关联，在 2～4m 尺度上关联性减小，刚刚达到显著关联水平，之后显著性先增强在后减小；尺度为 10m 时没有关联性，在其他尺度呈显著正关联关系；中树与大树正关联性显著。色木槭各小组间关联性都较显著，但显著性随尺度变化出现差异。

综合以上分析可知，幼树与幼苗、中树、大树之间都表现为显著正关联，说明幼树在种群中的适应性较好，为稳定发展状态。幼苗和幼树，先呈现负关联之后关联性减小，变得不显著。物种之间的关联性减少可能是由于物种在不同尺度上对生境不同的生态适应所致。幼苗与中树在整个研究尺度上没有显著关联，说明二者在生长过程中不存在显著竞争或彼此促进生长。幼苗与幼树、中树与大树在研究尺度范围内呈现显著正关联，说明色木槭内部各组间能够彼此促进生长，林分结构稳定。

(7)色木槭与其他各树种空间关联性

①色木槭幼苗与其他各树种空间关联性

图6-52a，桦树与色木槭幼苗在尺度 $0<r<19$m 和 $r>29$m 范围内，关联性很小；在尺度 $19<r<29$m 范围内，幼苗与桦树呈显著正关联。从整个研究尺度来看，色木槭幼苗与桦树关联性较小，生长上没有极显著关联性。

图6-52b，山杨与色木槭幼苗在 $0<r<7$m 和 $12<r<15$m 尺度范围内，表现为显著负关联；在 $7<r<12$m 和 $15<r<46$m 尺度范围内，幼苗与山杨没有表现出关联性。$r>46$m 尺度上，幼苗与山杨表现显著正关联。关联性波动较大，说明二者在生态位上竞争激烈，组成结构不稳定。

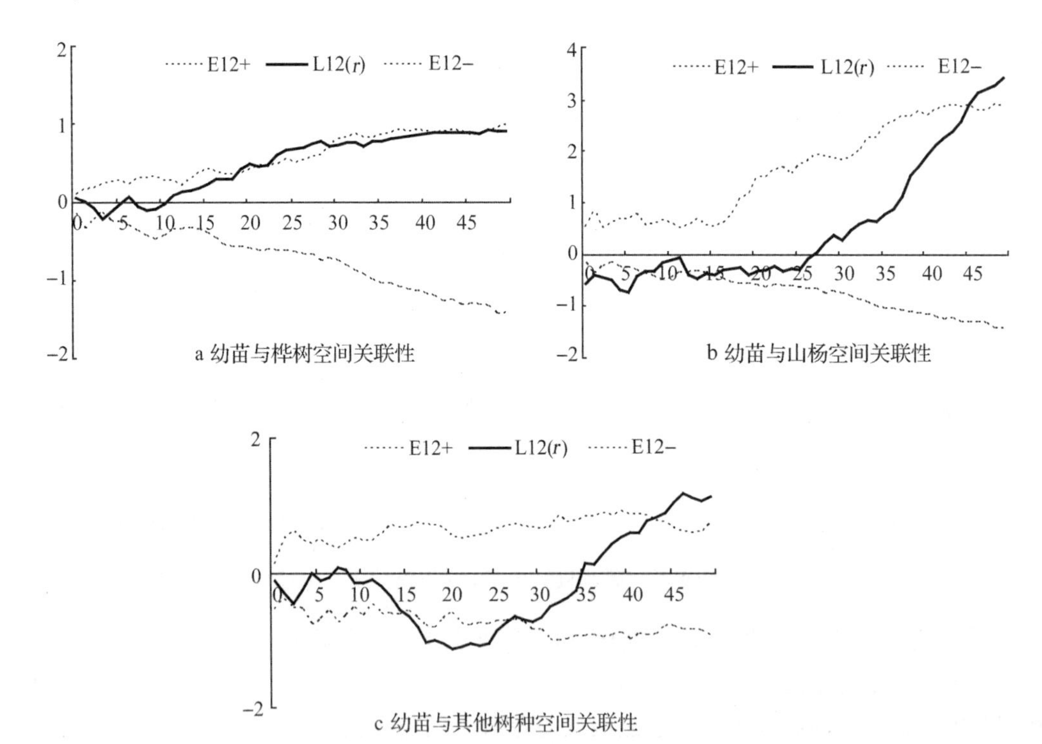


**图6-52 幼苗与各树种空间关联性分析**

图6-52c，其他树种与色木槭幼苗在 $0<r<14$m 和 $26<r<43$m 尺度范围内，没有表现出关联性；在 $14<r<26$m 尺度范围内，幼苗与其他树种呈现显著负关联。大于43m尺度上，幼苗与其他树种表现显著正关联。关联性波动较大，说明二者在生态位上竞争

激烈，组成结构不稳定。

②色木槭幼树与其他各树种的空间关联性

图 6-53a，桦树与色木槭幼树在尺度 $0<r<4$m 尺度内，关联性很小；在尺度 $r>4$m 尺度上，幼树与桦树呈现显著正关联。幼树与桦树在整个研究尺度呈现显著正关联，桦树有促进幼树生长的作用。

图 6-53b，山杨与色木槭幼树在尺度 $0<r<4$m、$r>36$m 尺度上，关联性很小；在尺度 $4<r<36$m 尺度上，幼树与山杨呈现显著负关联，生长竞争激烈。幼树与山杨关联性有较大波动。

图 6-53c，其他树种与色木槭幼树在尺度 $0<r<45$m 尺度上，呈现显著负关联；在大于 45m 尺度上，幼树与其他树种关联性很小。幼树和其他树种在该尺度上，生长势相当，分布较广，二者之间竞争激烈。

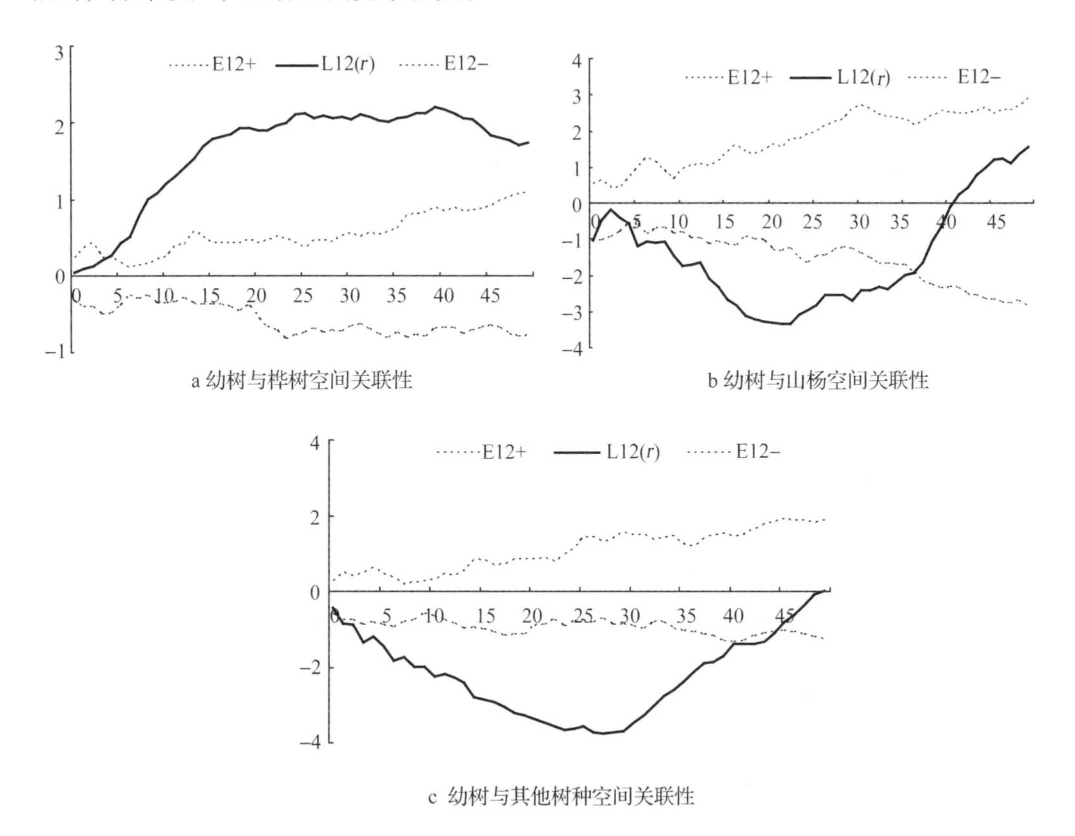


**图 6-53　幼树与各树种空间关联性分析**

③色木槭中树与其他各树种的空间关联性

图 6-54a，桦树与色木槭中树在尺度 $0<r<4$m 尺度内，表现出显著正关联性，彼此促进生长；在尺度 $r>4$m 尺度上，中树与桦树关联性变小。色木槭中树与桦树在整个研究尺度上，没有显著的生长关联。

图 6-54b，山杨与色木槭中树在尺度 $2<r<4$m、$r>47$m 尺度上，表现出显著正关联；在其他尺度上，中树与山杨没有表现出关联性。色木槭中树与山杨在整个研究尺度

上，没有显著的生长关联。

图 6-54c，其他树种与色木槭中树在尺度 $3 < r < 12$m、$26 < r < 27$m 尺度上，中树与其他树种没有表现出显著关联性。在尺度 $r > 45$m 尺度上，中树与其他树种呈现显著负关联，其他尺度上，关联性极小。即中树和其他树种在小尺度无关联性，在较大尺度上，生长势相当，生长竞争激烈。这可能与中树和其他树种分布地区有较大重叠造成的。

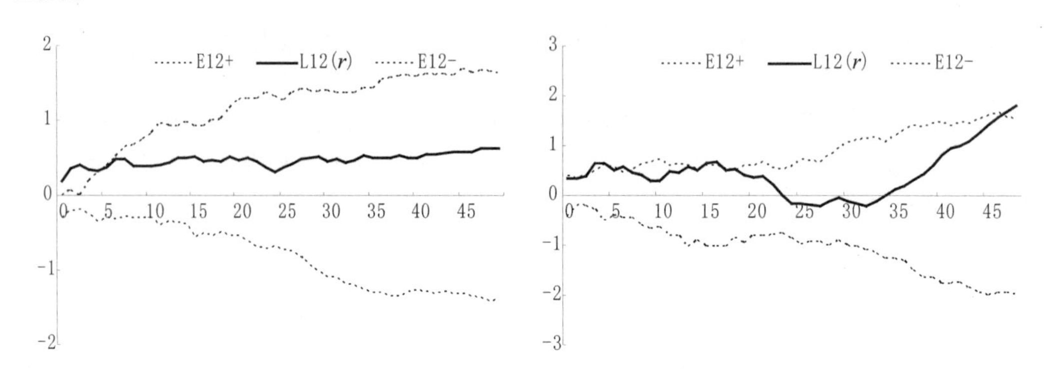


a 色木槭中树与桦树空间关联性　　b 色木槭中树与山杨空间关联性

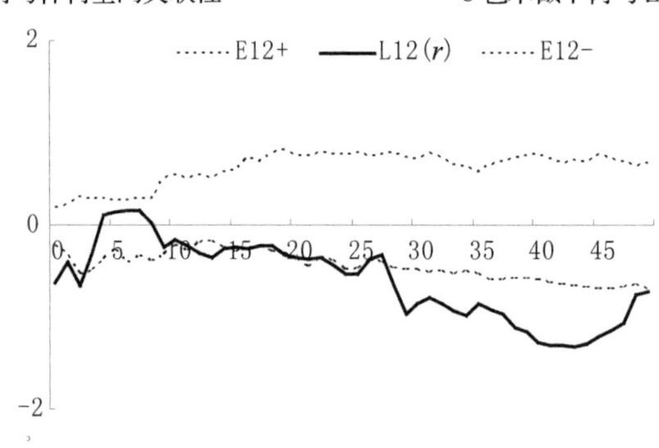


c 色木槭中树与其他树种空间关联性

**图 6-54　色木槭中树与各树种空间关联性分析**

④色木槭大树和各树种的空间关联性分析

由图 6-55a，桦树与色木槭大树在 $0 < r < 3$m 尺度内，关联性很小；在尺度 $r > 3$m 尺度上，大树与桦树表现出显著正关联性。色木槭大树与桦树正关联显著，说明生长促进作用显著。

图 6-55b，山杨与色木槭大树在 $0 < r < 26$m 尺度上，表现出显著正关联，生长上彼此促进；在其他尺度上，大树与山杨没有表现出显著关联性。色木槭大树与桦树正关联显著，说明生长促进作用显著。

图 6-55c，其他树种与色木槭大树在 $0 < r < 3$m 尺度和 $33 < r < 42$m 尺度上，大树与其他树种没有表现出显著关联性。在 $3 < r < 33$m 尺度上，大树与其他树种呈现显著正关联。在 $r > 42$m 尺度上，中树和其他树种在该尺度上呈现显著负关联性，即该尺度二者生长势相当，生长竞争激烈。

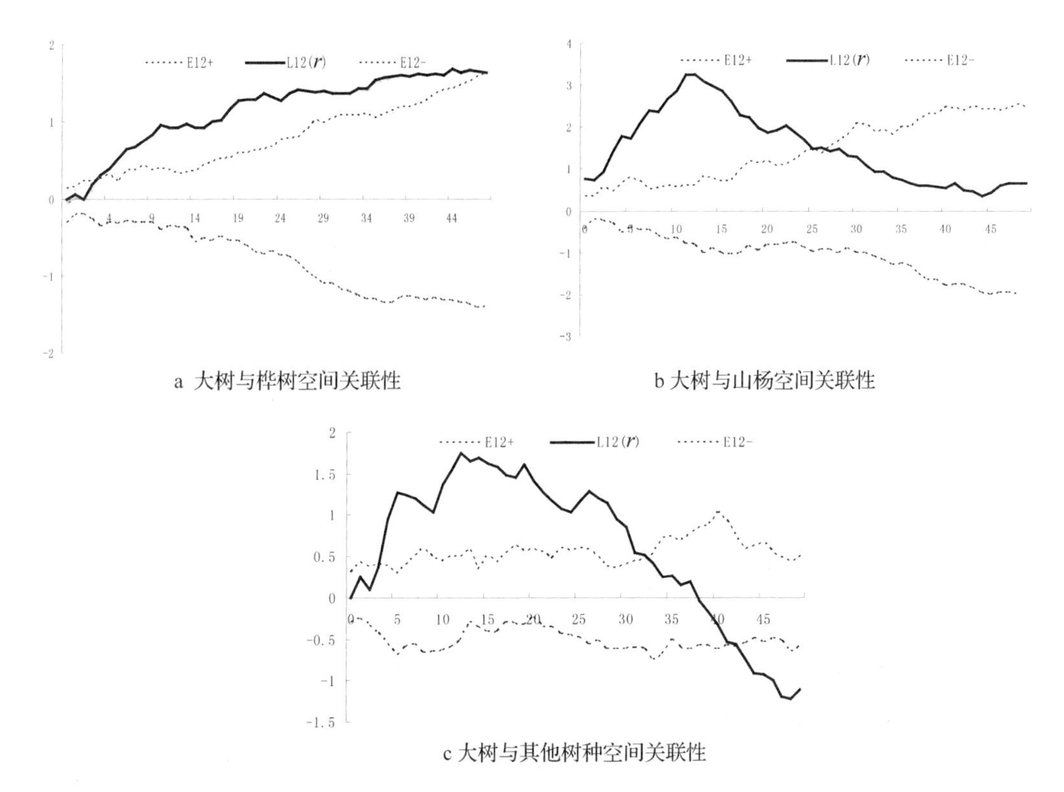


a 大树与桦树空间关联性

b 大树与山杨空间关联性

c 大树与其他树种空间关联性

**图6-55 色木槭大树与其他各树种空间关联性分析**

综上，桦树对幼苗、中树没有显著关联性，和幼树、大树正关联显著，桦树能够提供幼树与大树生长所需条件。山杨与幼苗幼树竞争激烈，与中树生长无关联，山杨与大树关联性显著。其他树种与幼苗、中树、大树在空间上的关联性波动较大，说明组成结构不稳定，与幼树显著负关联，说明幼树生长过程中受到其他树种个体的竞争排斥。这主要是因为色木槭在生长初期，个体小，林冠处于被压状态，为了抢夺生存空间，与周围竞争木发生剧烈竞争。随着个体发育，色木槭和其他树种都逐渐形成自己的营养空间，供其生长，最终竞争关系逐渐减弱，树种组成趋于稳定。

## 6.5.2 杨桦次生林抚育间伐效果评价

### 6.5.2.1 标准地设置与调查

在木兰林管局桃山林场南大洼营林区设置具有代表性的固定样地，调查样地类型为杨桦混交林，优势树种有白桦、山杨、棘皮桦，伴生树种有色木槭、蒙古栎、稠李、鼠李等。营林目标为对上层林木进行抚育间伐，保护下层珍贵硬阔。共设样地6块，面积大小为50m×50m或100m×100m，抚育样地与对照样地各为3块。由于设置样地面积较大，样本较多，所以不再设置重复试验。分别对样地1、ck－1、2、ck－2、3、ck－3在2011年进行伐前调查，并于2012年春天，对样地1、2、3径阶在10cm以上的林木进行上层疏伐，伐后立即调查数据。设计间伐强度(株数)分为三个强度等级，分别为：强度抚育(上层保留225株/$hm^2$)、中度抚育(上层保留450株/$hm^2$)、弱度抚育(上层保留 675 株/$hm^2$)。样地 ck－1、ck－2、ck－3 为对照样地。试验样地立地条件基本一致，伐前林分因子无显著差异(表 6-46 和表 6-47)。

**表 6-46　样地基本概况表**

| 样地 | 样地面积($m^2$) | 海拔(m) | 坡向 | 坡度(°) | 树种组成 | 处理 |
|---|---|---|---|---|---|---|
| 1 | 10000 | 1362 | 北 | 17 | 9 桦 1 杨 | 强度 |
| ck－1 | 10000 | 1365 | 北 | 18 | 6 桦 4 杨 | 对照 |
| 2 | 2500 | 1529 | 北 | 25 | 10 桦 | 中度 |
| ck－2 | 2500 | 1540 | 东北 | 24 | 10 桦 | 对照 |
| 3 | 2500 | 1592 | 东北 | 21 | 10 桦 | 弱度 |
| ck－3 | 2500 | 1609 | 东北 | 25 | 10 桦 | 对照 |

**表 6-47　伐前林分因子**

| 样地 | 株数 (n/$hm^2$) | 断面积 ($m^2/hm^2$) | 蓄积 ($m^3/hm^2$) | 平均胸径 (cm) | 郁闭度 |
|---|---|---|---|---|---|
| 1 | 1226 | 28.8 | 111.31 | 17.3 | 0.85 |
| ck－1 | 1736 | 27.9 | 132.23 | 14.3 | 0.87 |
| 2 | 1896 | 20.7 | 119.22 | 11.8 | 0.83 |
| ck－2 | 2056 | 24.0 | 122.66 | 12.2 | 0.85 |
| 3 | 1440 | 20.6 | 109.39 | 13.5 | 0.80 |
| ck－3 | 1676 | 22.9 | 120.80 | 13.2 | 0.79 |
| $F$ | 0.683 | 0.450 | 6.865 | 0.119 | 0.509 |
| $P$ | 0.440 | 0.527 | 0.040 | 0.741 | 0.502 |

抚育间伐对林分生长影响的数据分别于 2011 年、2012 年、2015 年对间伐样地及对照样地进行调查，调查内容包括对 5cm 以上胸径的林木进行检尺、定位，测量树高冠幅，林下植被更新等。林分蓄积按照河北省一元立木材积表计算。

林内枯立木和进界木测量分别在 2012 年伐后和 2015 年伐后 3 年进行，对其株数、胸径统计。

生物多样性数据调查，于 2011 年伐前和 2014 年(伐后 2 年)、2015 年(伐后 3 年)对样地草本和灌木进行调查。方法是在样地四角及中心设立 1m×1m 和 5m×5m 的草本、灌木样方。根据样地面积大小，样地 1、ck－2 各设置 13 个样方，样地 2、ck－2、3、ck－3 各设置 5 个样方。分别统计草本、灌木样方内所有物种的高度、盖度以及株数。

林分空间结构样地调查分别于 2011 年伐前、2012 年伐后及 2015 年(伐后 3 年)进行，取样地边缘 5m 为缓冲区来消除林分边缘的效应，用调查的树木胸径、树种、坐标来计算混交度、角尺度、大小比数。

表 6-48 为伐后样地林分因子，抚育间伐前各林分因子无显著差异($P>0.050$)，伐后各样地中的平均胸径相近，树种构成基本相似，主要树种包含白桦、山杨、棘皮桦。

抚育间伐后除样地的株数和蓄积存在差异外，其他因子基本一致。

**表6-48　伐后林分因子**

| 样地 | 胸径(cm) | 断面积($m^2/hm^2$) | 树高(m) | 株数($n/hm^2$) | 蓄积($m^3/hm^2$) | | | | |
|---|---|---|---|---|---|---|---|---|---|
| | | | | | 白桦 | 山杨 | 棘皮桦 | 硬阔 | 合计 |
| 1 | 15.4 | 9.03 | 12.7 | 455 | 26.04 | 1.99 | 2.38 | 2.19 | 32.56 |
| 2 | 14.0 | 9.43 | 12.8 | 604 | 50.04 | 0.59 | 0.00 | 0.51 | 51.14 |
| 3 | 15.1 | 10.40 | 12.6 | 680 | 65.08 | 0.00 | 0.00 | 0.42 | 65.50 |

### 6.5.2.2　研究方法

(1)林分生长指标计算

研究涉及的林分指标包含：株数、断面积、蓄积、平均胸径、平均树高等，采用普雷斯特公式计算生长率：

$$P_n = \frac{y_a - y_{a-n}}{(y_a + y_{a-n})} \cdot \frac{200}{n} \qquad 6\text{-}36$$

式中：$P_n$为$n$年平均生长率；$y_a$、$y_{a-n}$分别为调查初期量和调查末期的量。

(2)林分空间结构指标计算

以样地调查结果为基础，结合胸径和坐标参数，运用空间结构分析软件SVMS计算样地各树种的混交度、大小比数和角尺度。

混交度($M_i$)表示4株四周最近邻木与中央树$i$不属于同种树的几率。计算式为：

$$M_i = \frac{1}{4}\sum_{j=1}^{n} V_{ij} \qquad 6\text{-}37$$

当中心树$i$和$j$株相近木不属于同种树时$V_{ij}=1$，否则$V_{ij}=0$。

大小比数($U_i$)表示四周的4株最近木中大于中央树$i$的株数占这4株的比例。计算公式：

$$U_i = \frac{1}{4}\sum_{j=1}^{n} K_{ij} \qquad 6\text{-}38$$

如果相邻木$j$比中心树$i$小$K_{ij}=0$，否则$K_{ij}=1$。

林分空间优势度，计算公式如下：

$$S_D = \sqrt{P_{U=0_i} \cdot \frac{d_{max}^2/2}{(d_{max}^2 - \bar{d}^2)}} \qquad 6\text{-}39$$

式中：$S_D$是林分的空间优势度，$d_{max}$为最大胸径，$\bar{d}$为平均胸径。

林分平均角尺度($\bar{W}$)计算公式：

$$\bar{W} = \frac{1}{n}\sum_{i=1}^{n} W_i = \frac{1}{4n}\sum_{i=1}^{n}\sum_{j=1}^{n} Z_{ij} \qquad 6\text{-}40$$

式中：$n$为中心树$i$的总株数。角尺度$\bar{W}$在[0.475，0.517]范围内是随机分布，$\bar{W} < 0.475$为平均分布，$\bar{W} > 0.517$呈聚集分布。

(3)多样性指标计算

常用生物多样性指数指标包括物种丰富度指数(S)、Simpson指数($D$)、Shannon－

Wiener 多样性指数($H'$)、Pielou 均匀度指数($E$)，各指标计算公式如下：

Simpson 指数：

$$D = 1 - \sum_{i=1}^{s} (P_i)^2 \qquad 6\text{-}41$$

Shannon-Wiener 多样性指数：

$$H' = - \sum_{i=1}^{s} P_i \ln P_i \qquad 6\text{-}42$$

Pielou 均匀度指数：

$$E = H' \ln S \qquad 6\text{-}43$$

式中：$i=1, 2, \cdots, S$；$S$ 为样方中出现的物种数量；$P_i$ 为第 $i$ 个个数占群落总个数的比，本研究运用 $P_i$ = 样方中某物种株数/样方总株数计算。

综上所述，本研究通过运用 EXCEL 完成调查数据的初步计算及图表绘制，运用 SPSS17.0 对数据进行 one－way ANOVA 分析，结果差异显著时采用 LSD 进行多重比较。对林分空间指标计算利用软件 SVMS 计算完成。

#### 6.5.2.3 抚育间伐对林分生长的影响

(1)抚育间伐对林分胸径的影响

抚育间伐降低了林分密度，从而促进了林木胸径的生长。从杨桦次生林抚育后林木平均胸径来看(表 6-49)，在 α 为 0.05 的水平下，2012 年伐后，抚育样地与对照样地的平均胸径差异不显著(($P$ = 0.187)；2015 年抚育样地平均胸径为 16.8cm，对照样地平均胸径为 14.2cm，抚育样地与对照样地的平均胸径差异显著($P$ = 0.034)。抚育样地的胸径年生长量范围是 0.53～0.83cm，平均为 0.66cm；对照样地胸径年生长量范围是 0.21～0.33cm，平均为 0.27cm；抚育样地平均年生长量与对照样地存在显著差异($P$ = 0.015)。抚育样地的林木胸径的平均生长率为 4.3%，对照样地的平均胸径生长率为 1.8%，抚育样地的林木胸径生长率为对照样地的 2.4 倍。抚育样地林木胸径生长率与对照样地相比差异显著($P$ = 0.021)。说明森林抚育有助于林分胸径的生长。

根据不同树种生长来看，抚育样地的杨桦胸径年生长量平均为 0.66cm，是对照样地杨桦胸径年生长量 0.28cm 的 2.4 倍。抚育样地与对照样地杨桦胸径的年生长量差异显著($P$ = 0.018)。硬阔的胸径年生长量平均为 0.63cm，是对照样地硬阔的胸径年生长量 0.24cm 的 2.6 倍，抚育样地与对照样地硬阔的胸径年生长量存在显著差异($P$ = 0.018)。与对照样地相比，抚育间伐不但促进了上层木(杨桦)的胸径生长，也显著促进了下层硬阔(色木槭、蒙古栎等)胸径生长量的增长。有利于提高林分的价值，也达到了培养下层珍贵树种的目的。

对不同强度样地的平均胸径做方差分析表明，不同抚育强度样地林木的胸径年生长量差异显著($P$ = 0.024)。说明不同抚育强度对林分的平均胸径有较大影响，并且抚育强度越大，胸径的生长量越大。不同抚育样地胸径生长率($P$ = 0.010)有着显著差异，抚育强度越大生长率越大。在不同抚育强度样地内的杨桦胸径其年生长量差异显著($P$ = 0.001)；不同抚育强度下硬阔胸径生长量增长表现为，强度抚育 > 中度抚育 > 弱度抚育。抚育强度越大对硬阔树种胸径生长越有益，是因为抚育间伐为下层树种提供良好的生长环境和充足的光照，使其迅速生长。

**表6-49　不同强度样地胸径年生长量及年生长率**

| 样地 | 平均胸径(cm) | | 年生长量(cm) | | | 生长率(%) | | |
|---|---|---|---|---|---|---|---|---|
| | 2012 | 2015 | 杨桦 | 硬阔 | 平均 | 杨桦 | 硬阔 | 平均 |
| 1 | 15.4±8.16a | 17.9±8.34a | 0.83±0.65a | 0.82±0.40a | 0.83±0.56a | 3.84±3.15a | 10.47±4.69a | 5.01±4.88a |
| ck-1 | 14.8±4.60a | 15.3±2.38b | 0.23±0.21b | 0.17±0.15b | 0.21±0.20b | 1.23±1.47b | 2.43±2.19a | 1.11±1.79b |
| 2 | 14.0±3.50a | 15.9±3.72a | 0.62±0.40a | 0.63±0.35a | 0.62±0.40a | 3.62±2.65a | 5.42±3.05a | 4.24±2.69a |
| ck-2 | 12.3±3.66a | 13.3±4.09b | 0.34±0.17b | 0.11±0.17b | 0.33±0.17b | 1.16±1.30b | 1.36±1.81a | 2.60±1.32a |
| 3 | 15.1±3.48a | 16.7±4.05a | 0.53±0.42a | 0.43±0.41a | 0.53±0.42a | 2.76±0.85a | 2.28±1.50a | 3.35±0.85a |
| ck-3 | 13.4±3.99a | 14.1±4.49b | 0.21±0.21b | 0.23±0.17b | 0.23±0.20b | 1.45±1.32b | 2.08±1.67a | 1.70±1.37b |
| F | 2.524 | 10.007 | 23.711 | 15.027 | 16.981 | 38.918 | 3.198 | 13.751 |
| P | 0.187 | 0.034 | 0.018 | 0.018 | 0.015 | 0.003 | 0.148 | 0.021 |

**表6-50　不同抚育强度平均树高生长量及生长率**

| 样地 | 平均树高(m) | | 年生长量(cm) | | | 生长率(%) | | |
|---|---|---|---|---|---|---|---|---|
| | 2012 | 2015 | 杨桦 | 硬阔 | 平均 | 杨桦 | 硬阔 | 平均 |
| 1 | 12.7±4.0a | 14.0±3.6a | 0.30±0.3a | 0.97±0.3a | 0.43±0.3a | 1.95±2.57a | 10.12±4.19a | 3.25±4.19a |
| ck-1 | 12.6±2.8a | 13.1±3.2b | 0.17±0.2a | 0.87±0.2a | 0.17±0.5a | 1.20±30.0b | 8.41±0.75a | 1.30±0.75b |
| 2 | 12.8±2.1a | 14.3±2.1a | 0.43±0.2a | 0.50±0.2a | 0.50±0.2a | 3.17±1.58b | 5.03±2.72a | 3.22±1.67a |
| ck-2 | 11.8±2.3a | 12.4±1.9b | 0.03±0.1a | 0.30±0.2a | 0.20±0.5a | 0.28±1.59a | 3.02±2.19a | 1.65±1.63b |
| 3 | 12.6±1.5a | 13.6±1.9a | 0.30±0.1a | 0.33±0.0a | 0.33±0.4a | 2.30±2.88b | 3.24±0.00a | 2.54±2.87a |
| ck-3 | 12.0±1.4a | 12.4±2.3b | 0.20±0.2a | 0.10±0.2a | 0.18±0.2a | 1.63±2.04a | 1.04±3.73a | 1.09±2.04b |
| *F* | 5.255 | 20.629 | 9.541 | 0.347 | 34.752 | 7.152 | 0.430 | 34.463 |
| *p* | 0.084 | 0.010 | 0.037 | 0.587 | 0.004 | 0.048 | 0.548 | 0.004 |

综上所述，说明抚育间伐通过改变林分密度，提高林内光照和改善林分生长环境，能够在较短时间内，提高林木胸径生长量，有助于下层林木的生长，提高了林分价值。抚育强度越大，林木胸径生长量越大，生长速度越快。

(2)抚育间伐对林分树高的影响

林分的树高主要受立地条件影响。但是，当林分密度处于极大或极小时，林分的树高会受到密度的影响。从杨桦次生林抚育前后样地树高调查分析可见(表6-50)，2012年在 $\alpha$ 为0.05的水平下，抚育样地的平均树高与对照样地的平均树高差异不显著($P=0.084$)。2015年抚育样地的平均树高是对照样地的1.1倍，抚育样地与对照样地平均树高差异显著($P=0.010$)。抚育样地树高平均年生长量为0.42m，是对照样地树高0.18m的2.3倍，抚育样地与对照样地的树高年生长量存在显著差异($P=0.004$)。抚育样地树高平均生长率为3.0%，是对照样地树高生长率1.5%的2.2倍。抚育样地与对照样地的树高生长率存在显著差异($P=0.004$)。由此可以看出过大林分密度，对林木树高的生长有一定阻碍作用，应通过抚育间伐减小郁闭度，来改善林内树木的生长环境，提高林木树高的生长能力。

就树种而言，抚育样地杨桦的树高年生长量主要在0.30～0.43m范围内，平均为0.34m，对照样地树高年生长量主要在0.03～0.2m范围内，平均为0.13m，抚育样地与对照样地的杨桦树高生长量差异极显著($P=0.037$)。抚育样地杨桦树高生长率是对照样地的2.4倍。抚育样地硬阔树高的年生长量主要在0.33～0.97m范围内，平均为0.72m；对照样地硬阔树高的年生长量主要在0.10～0.87m范围内，平均为0.43m，抚育与对照样地硬阔的树高年生长量差异不显著($P=0.548$)。抚育样地硬阔树高生长率是对照样地的1.5倍。说明抚育间伐对上层木的树高生长有促进作用，而对下层木的树高的生长影响较小。

不同抚育强度样地的平均树高差异不显著($P=0.482$)。不同抚育强度样地的平均树高年生长量差异不显著($P=0.330$)，不同抚育强度样地的树高生长量表现为：中度抚育>强度抚育>弱度抚育>对照。不同抚育强度样地的树高生长率差异显著($P=0.001$)，不同抚育强度样地的树高生长率表现为强度抚育>中度抚育>弱度抚育>对照。中度抚育样地杨桦的树高年生长量、生长率为最大，强度抚育样地硬阔的树高生长量、生长率最大。

抚育间伐对林分树高的生长有促进作用，但抚育强度对树高生长量的影响并不显著。另外就三种抚育强度而言，中度抚育有利于上层木树高的生长，强度抚育对下层木树高的生长有利，可以根据经营目标选择适宜的抚育强度。

(3)抚育间伐对林分蓄积的影响

对杨桦次生林抚育后3年(2015年)蓄积量统计分析，结果表明(表6-51)：通过抚育间伐，抚育样地蓄积量明显小于对照样地，且差异显著($P=0.003$)。抚育样地蓄积年生长量范围是3.93～4.93$m^3/hm^2$，平均为4.38$m^3/hm^2$；对照样地蓄积量年生长量范围是-2.26～4.59$m^3/hm^2$，平均为2.07$m^3/hm^2$；抚育样地与对照样地蓄积量的年生长量差异不显著($P=0.277$)。抚育样地蓄积生长率为8.4%，对照样地蓄积生长率为1.6%，抚育样地与对照样地蓄积生长率差异显著($P=0.022$)。由此可以看出抚育间伐后，抚育样地蓄积总量虽然减少，但是其生长量提高，使抚育样地蓄积量快速累积逐步接近伐前水平。另外，由于对照样地林分过密，枯损量极大，部分对照样地林分蓄积年生长量和生长率出现负增长，致使林分蓄积量总和明显减少，直接降低了林分的经济效益。

**表6-51 不同抚育强度林分蓄积年生长量及年生长率**

| 样地 | 蓄积($m^3/hm^2$) | 年生长量($m^3/hm^2$) | | | 生长率(%) | | |
|---|---|---|---|---|---|---|---|
| | | 杨桦 | 硬阔 | 合计 | 杨桦 | 硬阔 | 合计 |
| 1 | 47.57 | 2.71 | 1.22 | 3.93 | 7.28 | 27.40 | 9.42 |
| ck-1 | 125.46 | -2.35 | 0.09 | -2.26 | -1.86 | 3.12 | -1.75 |
| 2 | 71.08 | 5.45 | 0.14 | 5.59 | 8.81 | 18.09 | 8.92 |
| ck-2 | 133.94 | 3.90 | -0.14 | 3.76 | 3.07 | -13.48 | 2.93 |
| 3 | 79.85 | 4.97 | 0.00 | 4.92 | 6.88 | 0.00 | 6.81 |
| ck-3 | 134.58 | 4.66 | -0.07 | 4.59 | 3.68 | -10.64 | 3.60 |
| $F$ | 41.83 | 0.942 | 1.582 | 1.582 | 10.644 | 5.398 | 13.275 |
| $p$ | 0.003 | 0.387 | 0.277 | 0.277 | 0.031 | 0.001 | 0.022 |

分树种来看，抚育样地中杨桦蓄积生长量和硬阔蓄积生长量均大于对照样地。抚育样地杨桦蓄积生长率为7.7%，对照样地为2.7%；抚育样地硬阔蓄积生长率平均为16.5%，对照样地平均为-7.0%。抚育间伐使硬阔迅速生长，蓄积生长率大幅度提高，也达到了培养上层木的同时，保护培养下层珍贵树种的目的。

林分蓄积生长率加快是因为对林分进行间伐，林内透光率增大，林木生存空间增大，林内树木对土壤肥力等竞争减小，加速林木的成长，从而增大了林分蓄积量的生长率，随着林下更新速度加快，保留密度增大和竞争的加剧，间伐林分蓄积会逐渐接近于间伐前林分。

比较不同抚育强度的林分蓄积量发现，林分蓄积量表现为抚育强度越大，蓄积量越小的规律，这是由于抚育强度越大，株数越少造成；不同抚育强度蓄积生长量表现为中度抚育>弱度抚育>强度抚育；不同抚育样地蓄积生长率随抚育强度增大而增加；对于不同树种，中度抚育时样地杨桦蓄积生长量最大，强度抚育样地硬阔的蓄积生长量最大。

综上所述，抚育间伐后在较短时期内，抚育样地蓄积量可能显著少于对照样地，但其增长速度远远大于对照林分，同时过大密度造成枯损量的增加，会阻碍对照样地蓄积量的累积。因此，合理的对林分进行抚育采伐，可以提高林分的生产力，提高林分的收益。

#### 6.5.2.4　抚育间伐对林分结构的影响

（1）抚育间伐对林分树种组成的影响

树种组成是林分非空间结构重要特征之一，通过比较抚育前和抚育后林分树种特征的变化，分析抚育间伐对林分树种结构的影响，可为经营中对树种的调整提供实践依据。各样地树种组成的数量特征（表6-52）表明：优势树种白桦、山杨、棘皮桦的株数较多，蓄积量较大，径阶跨度大，胸径范围在8～40cm之间。林分中伴生树种色木槭、稠李、冻绿、花楸等株数较少，且胸径多数在8cm径阶以下。

样地1、ck-1、2、ck-2、3、ck-3的树种组成在2012年为：9桦1杨+枫、6桦4杨+枫、10桦-杨、10桦+杨、10桦、10桦，在2015年为8桦1杨1枫、6桦4杨、10桦-杨、10桦、10桦、10桦。说明抚育间伐对树种组成有一定影响，抚育强度越大对树种组成的影响越大。

就优势树种而言，2012年抚育样地与对照样地各树种特征因子之间变化无显著差异（$P>0.050$）。2015年抚育样地优势树种平均断面积、平均胸径、平均树高、蓄积总量、相对显著度分别为7.66$m^2/hm^2$、18.2cm、14.0m、189.331$m^3/hm^2$和57.07%，比2012年各项指标分别增加了15.6%、12.7%、8.9%、21.3%、-2.4%。2015年对照样地优势树种平均断面积、平均胸径、平均树高、蓄积总量、相对显著度分别为10.58$m^2/hm^2$、12.8cm、12.8m、389.569$m^3/hm^2$、37.90%，比2012年各项指标分别增加了12.3%、9.4%、5.8%、5.0%、0.6%。抚育样地的断面积、胸径、树高、蓄积总量增长比例明显大于对照样地。体现了抚育间伐对林分生长的促进作用。

**表 6-52 不同抚育强度样地树种组成**

| 样地 | 树种 | 断面积 ($m^2/hm^2$) | | DBH (cm) | | 平均树高 (m) | | 蓄积量 ($m^3/hm^2$) | | 相对显著度 (%) | |
|---|---|---|---|---|---|---|---|---|---|---|---|
| | | 2012 | 2015 | 2012 | 2015 | 2012 | 2015 | 2012 | 2015 | 2012 | 2015 |
| 1 | 白桦 | 4.77 | 5.89 | 22.4 | 24.9 | 14.7 | 15.8 | 26.04 | 35.42 | 69.11 | 56.47 |
| | 山杨 | 0.25 | 0.32 | 15.8 | 17.8 | 13.1 | 13.8 | 1.99 | 2.48 | 3.69 | 3.16 |
| | 棘皮桦 | 0.48 | 0.68 | 21.1 | 24.9 | 13.9 | 15.8 | 2.38 | 3.61 | 7.03 | 6.53 |
| | 色木槭 | 1.18 | 3.10 | 8.0 | 10.5 | 6.8 | 9.7 | 1.64 | 6.00 | 18.60 | 33.26 |
| | 蒙古栎 | 0.13 | 0.26 | 11.1 | 11.5 | 7.6 | 10.3 | 0.36 | 0.69 | 1.82 | 2.49 |
| ck－1 | 白桦 | 12.24 | 11.19 | 16.5 | 17.9 | 13.3 | 14.8 | 67.17 | 56.91 | 48.81 | 46.88 |
| | 山杨 | 8.35 | 9.16 | 13.4 | 14.5 | 13.0 | 14.3 | 49.12 | 55.78 | 33.30 | 38.36 |
| | 棘皮桦 | 2.55 | 1.94 | 13.1 | 13.8 | 12.3 | 13.4 | 13.15 | 9.71 | 10.15 | 8.14 |
| | 色木槭 | 1.67 | 1.41 | 9.2 | 9.3 | 8.4 | 8.2 | 2.28 | 2.55 | 7.41 | 6.17 |
| | 蒙古栎 | 0.08 | 0.11 | 9.1 | 9.8 | 7.9 | 7.6 | 0.30 | 0.37 | 0.31 | 0.44 |
| 2 | 白桦 | 9.84 | 12.43 | 14.5 | 16.3 | 13.6 | 14.8 | 50.30 | 67.88 | 96.98 | 97.44 |
| | 山杨 | 0.11 | 0.19 | 10.8 | 14.3 | 11.2 | 12.8 | 0.59 | 0.90 | 1.08 | 1.51 |
| | 色木槭 | 0.06 | 0.08 | 8.3 | 9.4 | 12.5 | 9.7 | 0.028 | 0.028 | 1.22 | 1.05 |
| | 蒙古栎 | 0.01 | 0.02 | 9.5 | 10.9 | 9.1 | 9.7 | 0.47 | 0.25 | 0.14 | 0.15 |
| ck－2 | 白桦 | 24.53 | 29.30 | 12.4 | 13.8 | 11.9 | 12.6 | 120.72 | 132.48 | 97.61 | 98.12 |
| | 山杨 | 0.19 | 0.20 | 7.4 | 7.9 | 8.8 | 9.5 | 0.67 | 0.62 | 0.75 | 0.66 |
| | 色木槭 | 0.01 | 0.01 | 5.6 | 6.4 | 7.1 | 8.3 | 0.03 | 0.03 | 1.69 | 1.23 |
| 3 | 白桦 | 11.90 | 14.36 | 15.2 | 16.7 | 12.1 | 13.2 | 74.82 | 78.90 | 99.74 | 99.69 |
| | 花楸 | 0.03 | 0.05 | 10.1 | 12.2 | 8.2 | 10.6 | 0.15 | 0.15 | 0.26 | 0.31 |
| ck－3 | 白桦 | 23.16 | 28.54 | 13.3 | 15.0 | 12.2 | 15.7 | 119.62 | 133.52 | 98.59 | 98.93 |
| | 山杨 | 0.02 | 0.03 | 8.6 | 9.4 | 7.4 | 10.3 | 0.15 | 0.15 | 0.10 | 0.10 |
| | 棘皮桦 | 0.09 | 0.14 | 9.9 | 12.2 | 9.9 | 13.1 | 0.47 | 0.40 | 0.39 | 0.49 |
| | 花楸 | 0.02 | 0.04 | 6.0 | 7.7 | 5.7 | 8.3 | 0.71 | 0.52 | 0.10 | 0.49 |

抚育样地优势树种的相对显著度从58.46%减少到57.07%，虽然变化较小，但是对照样地的优势树种相对显著度由37.65%变为37.90%，体现了抚育间伐对林分树种结构的影响与自然演替不同。抚育间伐可以阻碍优势树种显著度增加，有利于对珍贵树种进行培育保护。而对照样地中的优势树种的显著度会不断提高，致使林分树种结构趋于单一化。

不同抚育强度样地的优势树种的平均断面积、平均胸径、平均树高与伐前水平相比增长最多的是中度抚育。强度抚育的优势树种相对显著度减少20.7%，其变化程度最大。中度抚育增加0.9%，弱度抚育几乎不变。说明强度抚育措施对优势树种的相对显著度影响最大，原因是硬阔(色木槭、蒙古栎居多)的更新和生长较快，致使在样地内的显著度增加明显。说明了强度抚育为硬阔提供了更多、更好的生长空间，说明强度抚育对林分树种结构的调整最好。

2015年，抚育样地伴生树种的平均断面积、平均胸径、平均树高、蓄积总量、相对显著度的增长量分别比对照样地增长量多122.6%、41.4%、35.6%、131.6%、

125.0%。说明抚育间伐对硬阔的生长有极大帮助，提高硬阔在样地中的显著度，有利于改变杨桦次生林树种单一的问题。

不同抚育强度的样地中硬阔的平均断面积、平均树高、蓄积量、相对显著度以强度抚育变化最大。强度抚育样地的硬阔各项指标比伐前水平分别增加了61.0%、13.2%、28.0%、234.9%和42.9%。强度抚育较大程度地提高了硬阔的蓄积量和相对显著度，有力地证明了强度抚育对硬阔树种生长的促进作用。

综上所述，对林分采用抚育经营，对树种结构调整有一定影响。抚育间伐调高了林木生所需的光照、养分及生长空间。抚育强度越大对林分树种结构的复杂性的提高越有利，越能够促进下层珍贵树种的生长，对林分价值的提升有很大帮助。

另外，样地内林木株数的增长量表现为强度抚育 > 中度抚育 > 弱度抚育 > 对照。强度抚育样地株数增加最多，多为色木槭、蒙古栎等。对照样地株数明显减少，多为自然枯死。中度抚育与弱度抚育林分株数基本没有改变，株数相对稳定。

综上所述，抚育间伐能够优化林分的垂直结构。强度抚育对下层硬阔生长较有利，样地林层更丰富，对树种组成影响最大。中度抚育、弱度抚育样地优势树种和伴生树种的相对显著度改变较小，树种结构较稳定。对照样地单纯依靠自然更新，存在林分层次结构单一，枯死林木较多，林木质量较差等问题，导致林分收益减少。

(2)抚育间伐对林分径阶分布的影响

通过对杨桦次生林不同措施下，各径阶株数频率分布(图6-56)来分析抚育间伐对径阶分布的影响。从图中可以看出，2012年对照样地的各径阶株数分布频率呈偏左正态分布。强度抚育样地中6cm径阶以下的株数比例较大，整体呈反“J”型分布，中度抚育其径阶株数分布也呈偏左正态分布，弱度抚育呈左侧截尾型正态分布。

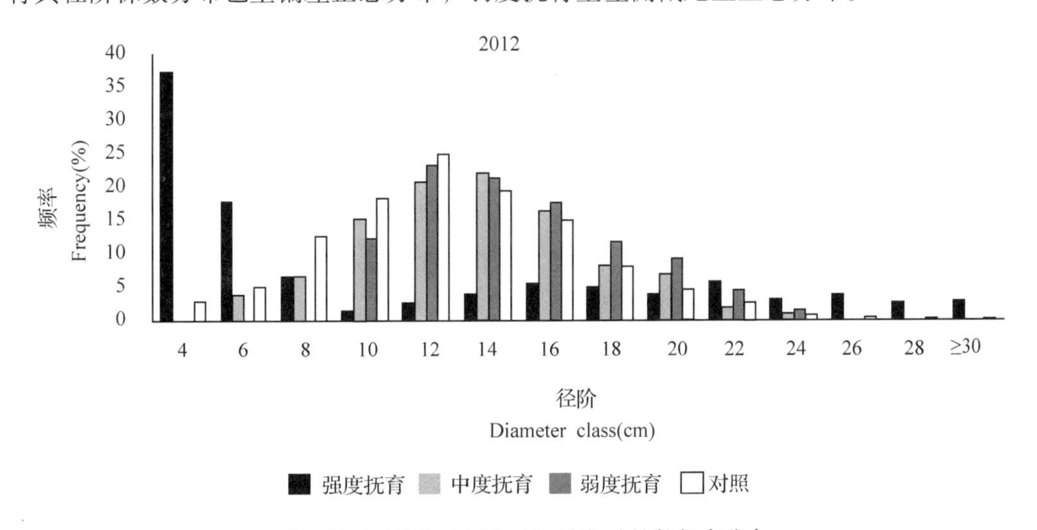


**图6-56 2012年不同抚育强度径阶株数频率分布**

2015年对照样地的径阶株数频率分布仍为偏左正态分布(图6-57)。强度抚育样地4cm径阶株数明显减少，处于6cm和8cm径阶的株数明显增加，其样地的径阶株数频率分布呈多峰值型分布。中度抚育样地径阶株数频率分布的峰值向右移动，使其样地的径阶株数频率分布呈近似正态分布。弱度抚育样地中处于 14cm~18cm 径阶的株数比例增加，其样地的径阶株数分布频率呈左侧截尾多峰值分布。

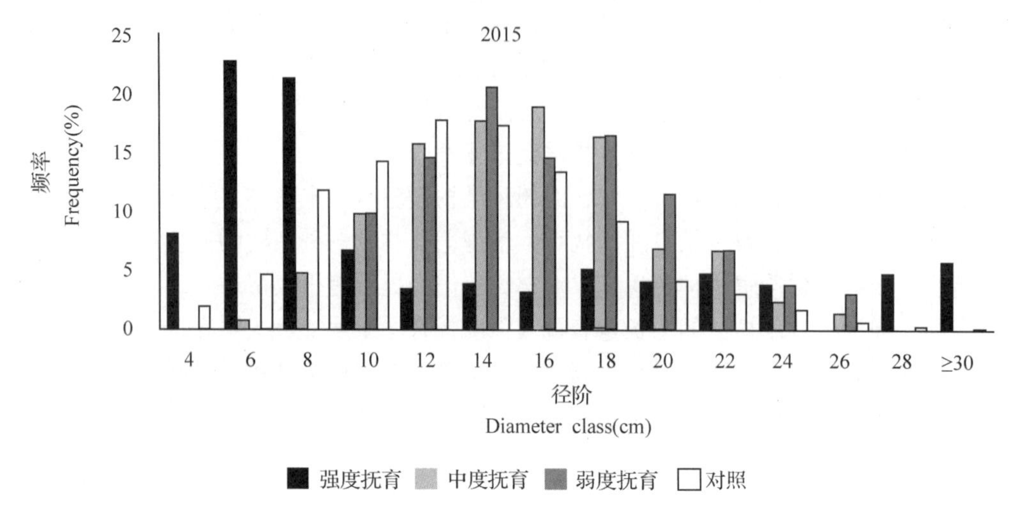


**图 6-57 2015 年不同抚育强度径阶株数频率分布**

在较短时期内，抚育间伐对林木径阶株数改变较大，使径阶株数分布向大径阶方向移动。也说明抚育间伐促进林木胸径生长，生长速度明显快于对照林分。其中，强度抚育径阶分布范围最广，径阶株分布变化最大，处于 30cm 径阶以上林木增长最多。中度抚育林分的径阶株数频率分布更加合理。而弱度抚育林木主要分布于 10~20cm 径阶，径阶分布较为局限。

(3)抚育间伐对林分混交度的影响

通过对伐前(2011 年)、伐后(2012 年)及伐后 3 年(2015 年)杨桦次生林平均混交度分析可得：在样地抚育间伐以前，样地 1、ck-1 的混交度大于 0.517，为中度混交；样地 ck-2、3、ck-3 中硬阔树种较少，混交度小于 0.1。抚育间伐后，抚育样地的平均混交度改变较小，样地 1 为中度混交，样地 2 和样地 3 处于零度混交与弱度混交之间。2015 年抚育样地的混交度与对照样地的混交度仍未有较大改变。在 $\alpha=0.05$ 的水平下，抚育样地与对照样地混交度差异不显著($P=0.709$)。

对杨桦次生林抚育前后，不同强度下林木混交度频率分布比较(图 6-58)，分析抚育对林木间隔离程度变化的影响。伐后，抚育样地与对照样地处于零度、弱度混交度频率分别为 67.13% 和 75.39%，处于强度、极强度混交的频率分别为 23.37% 和 20.10%，说明抚育间伐后，抚育样地处于 $M\leqslant0.25$ 的林木少于对照样地，$M\geqslant0.75$ 的林木多于对照样地。

2015 年抚育样地与对照样地 $M\leqslant0.25$ 的频率分别变为 67.41% 和 75.07%，分别增加了 0.40% 和 -0.40%。抚育样地与对照样地 $M\geqslant0.75$ 的频率分别变为 26.18% 和 19.20%，分别增加了 10.71% 和 -4.50%。说明抚育使样地林木混交比例向两极变化。与对照样地相比，抚育间伐提高了林分的混交比例。

对于不同抚育强度样来说，2015 年与 2012 年相比，强度抚育、中度抚育、弱度抚

育样地处于 $M \leqslant 0.25$ 的混交度频率分别增长了2.00%、-1.15%和-0.02%，处于 $M \geqslant 0.75$ 的混交度频率分别增长了0.10%、8.30%和0.02%，说明中度抚育林分混交度提高最大。强度抚育林分各混交度等级分布频率比较均匀，零度混交比例增加3.0%，中、弱度抚育样地及对照样地均呈减少趋势。说明强度抚育后，林木周围是同种相邻木的比例增高，显著多于其他处理。

综上所述，森林抚育对林分混交度有一定影响，抚育样地混交度向弱度混交和强度混交发展，对照样地混交度向中度混交发展。强度抚育与中度抚育对混交度频率分布影响较为明显，弱度抚育则影响较小。

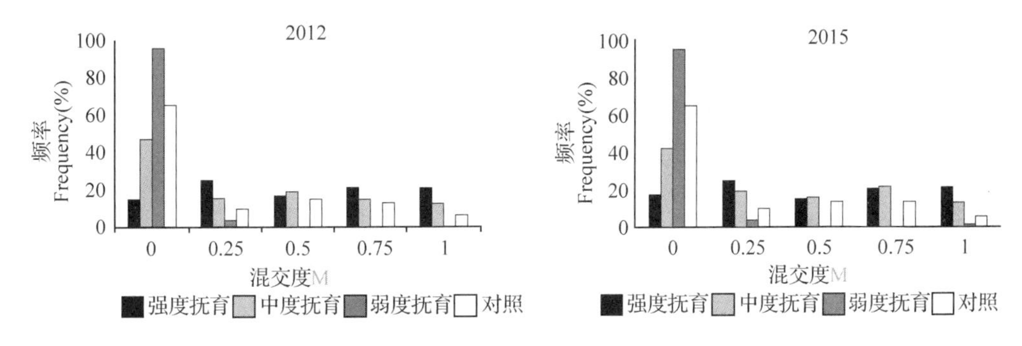


图6-58　不同抚育强度林木混交度频率分布

(4)抚育间伐对林分角尺度的影响

角尺度可以用来判断林木分布是否均匀，当角尺度为0或者0.25时，说明林木呈均匀分布；当角尺度值为0.5时林木呈随机分布；角尺度为0.75或1时，林木表现为不均匀分布(或叫聚集分布)。对于没有经受严重干扰的林分，经过演替发展、顶级群落应呈随机分布状态。角尺度的大小，可以反应出样地中林木分布的格局。

图6-59为不同抚育强度下林木角尺度频率分布。2012年抚育样地与对照样地处于 $W_i=0.5$ 的比例最高分别为54.88%和57.93%，说明抚育样地与对照样地处于随机分布的林木较多。

2015年抚育样地角尺度分别处于 $W \leqslant 0.25$、$W=0.5$、$W \geqslant 0.75$ 的频率为20.14%、55.89%、23.99%，比伐后增加了-4.13%、1.46%、3.13%；对照样地角尺度分别处于 $W \leqslant 0.25$、$W=0.5$、$W \geqslant 0.75$ 的频率为19.70%、58.00%、22.75%，比伐后增加了-0.38%、0.07%、0.13%。说明在短期内，抚育间伐对林木分布的改变大于林木自然演替对林木分布的改变。抚育样地与对照样地随着时间的变化均表现为均匀分布的林木在减少，随机分布或聚集分布的林木在增加，而多数向着聚集分布发展。但是抚育样地各分布等级明显比对照样地变化要大。

对于不同的抚育强度的样地来说，2015年与2012年相比，$W \leqslant 0.25$ 的变化程度表现为：弱度抚育(-0.99%)>强度抚育(-0.77%)>中度抚育(-0.2%)；$W=0.5$ 的变化程度表现为：中度抚育(2.58%)>强度抚育(-2.49%)>弱度抚育(1.68)；$W \geqslant 0.75$ 的变化程度表现为：强度抚育(3.32%)>中度抚育(-1.26%)>弱度抚育(-0.69%)。说明不同抚育强度样地处于均匀分布的林木均在减少，其中弱度抚育减少最多；不同抚育样地处于随机分布的林木，中度和弱度的抚育样地在增加，而强度抚育样地在减少；不同抚育强度处于聚集分布状态的林木，强度抚育样地林木在增加而中度和弱的抚育样地在减少。说明中度和弱的抚育样地林木向着随机分布发展，强度抚育样地向着聚集分布状态发展。

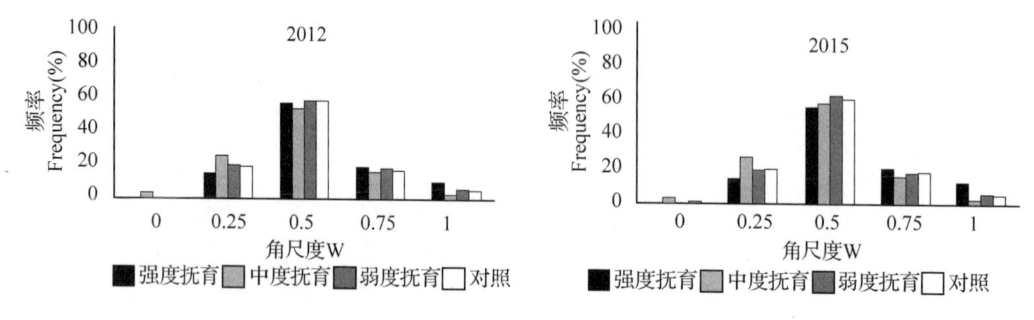


**图 6-59 不同强度抚育前后林木角尺度频率分布**

综上所述，抚育间伐对林木分布格局有一定影响，抚育强度越大，角尺度变化程度越大。但抚育强度与形成的林木分布格局无关，可以结合林分角尺度分来选择采伐的树种和株数，来调整林木分布，达到优化林分格局的目的。

（5）抚育间伐对林分胸径大小比数的影响

大小比数量化了参照树与其相邻木的大小相对关系。图 6-60 表示不同抚育强度样地林木的大小比数等级频率分布情况，结果表明：2012 年抚育样地处于 $U\leqslant0.25$、$U=0.5$、$U\geqslant0.75$ 的频率分别为：38.24%、24.95%、36.8%，对照样地处于 $U\leqslant0.25$、$U=0.5$、$U\geqslant0.75$ 的频率分别为：40.61%、19.64%、39.75%。抚育样地与对照样地林木大小比数相似，处于优势的林木比例最高，处于中庸状态的林木比例最少。2015 年，抚育样地处于 $U\leqslant0.25$、$U=0.5$、$U\geqslant0.75$ 的频率分别变为 38.58%、21.25%、37.20%，对照样地处于 $U\leqslant0.25$、$U=0.5$、$U\geqslant0.75$ 的频率分别变为 39.96%、19.85%、40.19%。2015 年抚育样地的优势木、中庸木、劣势木比例与对照样地相比较为均匀。抚育样地的优势木和劣势木在增加，而处于中庸状态的林木在减少。对照样地的劣势木增长多于中庸木，而优势木比例在减少。说明在胸径指标上，抚育样地内林木胸径生长较为均匀，而对照样地中的林木，其胸径部分生长较好，多数生长较慢。

2015 年强度抚育样地大小比数分布于 $U\leqslant0.25$、$U=0.5$、$U\geqslant0.75$ 的频率增长 1.16%、-1.59%、0.43%；中度抚育样地大小比数分布于 $U\leqslant0.25$、$U=0.5$、$U\geqslant0.75$ 的频率增长 0.05%、0.84%、-0.88%；弱度抚育样地大小比数分布于 $U\leqslant0.25$、$U=0.5$、$U\geqslant0.75$ 的频率增长 1.16%、-4.39%、3.24%。强度抚育与弱度抚育样地林木大小比数变化趋势相同，但弱度抚育的变化程度大于强度抚育，呈现林木间优势木与劣势木比重增加。中度抚育的优势木与中庸木呈增长趋势，说明中度抚育样地林木大胸径木与小胸径木分布较为均匀。

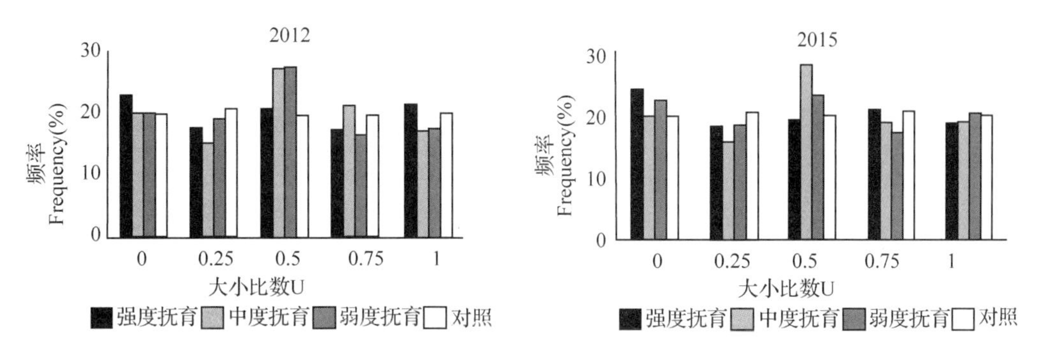


**图 6-60　不同抚育强度大小比数频率分布**

**表 6-53　抚育前后林分空间优势度**

| 样地 | $P_{Ui-0}$ | | | | $S_D$ | |
|---|---|---|---|---|---|---|
| | 2012 | 2015 | 2012 | 2015 | 2012 | 2015 |
| 1 | 0.36 | 0.30 | 0.66 | 0.61 | 0.49 | 0.44 |
| ck-1 | 0.05 | 0.11 | 0.64 | 0.65 | 0.17 | 0.26 |
| 2 | 0.20 | 0.20 | 0.85 | 0.78 | 0.41 | 0.39 |
| ck-2 | 0.20 | 0.20 | 0.62 | 0.62 | 0.35 | 0.34 |
| 3 | 0.20 | 0.21 | 0.85 | 0.82 | 0.41 | 0.40 |
| ck-3 | 0.20 | 0.19 | 0.64 | 0.65 | 0.36 | 0.36 |
| F | 1.997 | 2.20 | 5.513 | 2.252 | 4.543 | 8.165 |
| P | 0.230 | 0.212 | 0.079 | 0.208 | 0.10 | 0.046 |

为了更好地分析相邻木之间的关系，利用大小比数来进一步计算林分优势度 $S_D$，以便更好的反映抚育间伐对林木的影响(表 6-53)。结果表明：2012 年抚育样地空间优势度平均为 0.44，对照样地平均空间优势度平均为 0.29，抚育样地与对照样地的空间优势度差异不显著($P=0.094$)。2015 年，抚育样地空间优势度平均变为 0.41，对照样地平均空间优势度平均变为 0.32，抚育样地与对照样地的空间优势度差异显著($P=0.041$)说明抚育经营措施对林分有一定影响，在相似立地条件下，抚育样地的林分优势度优于对照样地。

不同抚育强度的林分比较，强度抚育、中度抚育、弱度抚育林分优势度分别减少 11.34%、5.1%、2.5%，抚育林分优势度降低，可能由于林分采伐抚育，促进林内小径阶保留木生长，胸径变大，单元空间结构处于极优势的保留木减少，进而优势度减小。

综上所述，抚育采伐短期内对林内大小径阶木分布有一定影响，影响力随抚育强度增大而变大。抚育采伐林分的空间优势度优于对照林分。

6.5.2.5　抚育间伐对林分更新的影响

对杨桦次生林林下更新种类和株数进行统计发现，2011 年抚育样地与对照样地更新种类差异不显著($P=0.167$)。抚育样地与对照样地的更新株数差异也不显著($P=0.819$)。2015 年抚育样地更新种类范围 5～9 种，平均为 6 种，对照样地更新种类范围

1~4 种，平均为 3 种。抚育样地与对照样地的更新种类差异显著($P=0.024$)。抚育样地更新株数是对照样地的 3.8 倍，抚育样地与对照样地更新株数差异显著($P=0.011$)。抚育样地更新的树种主要为色木槭，少量白桦、山杨，对照样地更新树种主要为稠李、花楸及少量色木槭、山杨。

将幼苗更新高度分为≤0.5m、0.5~1.0m、1.0~1.5m、1.5~2.0m、≥2.0m 五个高度等级，对不同抚育强度样地更新幼苗高度级的株数分布频率统计(图 6-61)，结果表明：2011 年各样地更新苗高度分布频率规律相似，主要集中在 0.5m 以下和 2.0m 以上。2015 年抚育样地的更新幼苗高度分布频率发生变化。抚育样地更新苗高度分布频率比对照样地更加均匀。说明抚育间伐对林分的更新更加有利。

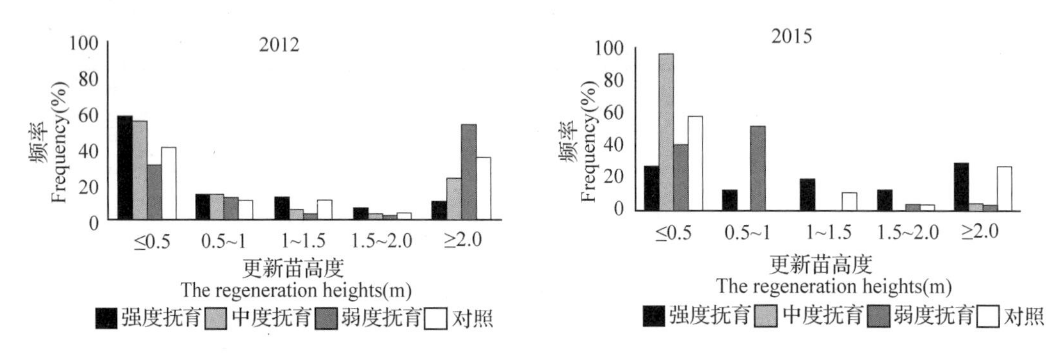


**图 6-61 不同抚育强度更新高度**

不同抚育强度，更新幼苗在不同高度级分布规律不同。强度抚育样地更新幼苗的株数在各高度级分布最均匀。中度、弱度抚育样地更新幼苗的株数主要集中在 1.0m 以下。而对照样地更新幼苗在各高度分布主要集中在 0.5m 以下和 2.0m 以上，分化严重。

综上所述，抚育间伐对林分产生干扰，对林下更新有一定促进作用。抚育强度越大，更新株数与种类越多。抚育强度越大，更新苗高度分布越均匀，更新效果越好。

#### 6.5.2.6 抚育间伐对林分物种多样性的影响

(1)抚育间伐对草本多样性的影响

对 2011 年伐前各样地林内草本多样性指数进行统计分析，其数量特征见表 6-54，结果表明：各样地物种丰富度范围为 5.8~9.2，平均为 7.5。盖度范围为 26%~103%。样地的 Shannon-Wiener 多样性指数、Simpson 指数、Pielou 均匀度指数范围为 1.0~2.2、0.54~0.88、0.56~0.80。在 $\alpha=0.05$ 的水平下，各样地的多样性指标差异不显著($P>0.05$)。

**表 6-54 抚育前草本多样性指数**

| 样地 | 丰富度 | 盖度(%) | Shannon-Wiener 性指数 | Simpson 指数 | Pielou 均匀度指数 |
|---|---|---|---|---|---|
| 1 | 7.4 | 53.9 | 1.62 | 0.72 | 0.78 |
| ck-1 | 6.6 | 36.6 | 1.45 | 0.68 | 0.80 |

（续）

| 样地 | 丰富度 | 盖度（%） | Shannon-Wiener 性指数 | Simpson 指数 | Pielou 均匀度指数 |
|---|---|---|---|---|---|
| 2 | 7.6 | 42.1 | 1.37 | 0.70 | 0.67 |
| ck－2 | 9.2 | 51.9 | 1.51 | 0.64 | 0.69 |
| 3 | 8.4 | 50.7 | 1.66 | 0.69 | 0.70 |
| ck－3 | 5.8 | 26.9 | 1.01 | 0.54 | 0.56 |
| F | 2.216 | 1.722 | 2.069 | 3.491 | 0.229 |
| P | 0.211 | 0.260 | 0.224 | 0.135 | 0.658 |

对2014年和2015年的样地草本多样性进行统计分析（表6-55），结果可以看出：抚育对林分草本多样性影响较明显，但2014年抚育样地与对照样地的均匀度差异不显著（$P=0.433$），2015年两者之间的均匀度指数差异仍不显著（$P=0.136$）。

2014年抚育间伐样地草本的总盖度增加明显，为对照的3.4倍。抚育样地丰富度平均为8.1，对照样地丰富度平均为3.9，分别比伐前增加了3.7%和－45.8%。抚育样地的Simpson指数、Shannon-Wiener多样性指数分别为0.73、1.63，比伐前增加了4.1%和5.3%，对照样地的Simpson指数、Shannon-Wiener多样性指数分别为0.55、1.03，比伐前减少12.1%和22.1%。2014年抚育样地的Shannon-Wiener多样性指数、Simpson指数、Pielou均匀度指数是对照样地的1.6倍、1.3倍、1.1倍。说明较短时间内就能体现抚育间伐对林下草本多样性的促进作用；而对照样地草本多样性由于林内郁闭度较大，光照不足，枯落物较多，使林内草本无论株数还有种类都不断减少，进而降低了林内草本的多样性。

**表6-55　不同抚育强度草本多样性指数**

| 样地 | 丰富度 | | 盖度（%） | | Simpson 指数 | | Shannon-Wiener 指数 | | Pielou 均匀度指数 | |
|---|---|---|---|---|---|---|---|---|---|---|
| | 2014 | 2015 | 2014 | 2015 | 2014 | 2015 | 2014 | 2015 | 2014 | 2015 |
| 1 | 10.4 | 11.7 | 40.1 | 36.5 | 0.73 | 0.72 | 1.78 | 1.78 | 0.76 | 0.74 |
| ck－1 | 4.8 | 6.5 | 16.1 | 18.3 | 0.62 | 0.63 | 1.24 | 1.35 | 0.81 | 0.73 |
| 2 | 7.6 | 12.6 | 44.4 | 53.1 | 0.75 | 0.80 | 1.63 | 2.03 | 0.83 | 0.81 |
| ck－2 | 4.0 | 6.8 | 15.0 | 51.7 | 0.61 | 0.64 | 1.09 | 1.30 | 0.80 | 0.72 |
| 3 | 6.4 | 9.6 | 47.7 | 70.8 | 0.70 | 0.66 | 1.47 | 1.52 | 0.80 | 0.68 |
| ck－3 | 3.0 | 4.0 | 8.1 | 19.2 | 0.41 | 0.49 | 0.76 | 0.93 | 0.62 | 0.66 |
| F | 10.412 | 22.944 | 85.956 | 4.041 | 6.979 | 14.24 | 12.84 | 15.98 | 0.76 | 2.959 |
| P | 0.032 | 0.003 | 0.001 | 0.091 | 0.047 | 0.009 | 0.023 | 0.007 | 0.433 | 0.136 |

不同抚育强度下草本丰富大小表现为度强度抚育＞中度抚育＞弱度抚育；盖度有大到小表现为弱度抚育＞中度抚育＞强度抚育；Simpson指数表现为中度抚育＞强度抚育＞弱度抚育；Shannon-Wiener多样性指数表现为强度抚育＞中度抚育＞弱度抚育；Pielou均匀度指数则呈现中度抚育＞弱度抚育＞强度抚育。

2015年抚育样地草本多样性指数与对照样地存在显著差异（$P>0.050$）。抚育样地草本丰富度为 11. 3，是对照样地的 2. 0 倍，盖度为 53. 5%，是对照样地的 1. 8 倍。抚育样地的 Simpson 指数、Shannon-Wiener 多样性指数分别为 0. 73、1. 78，对照样地的 Simpson 指数、Shannon-Wiener 多样性指数分别为 0. 59、1. 19；抚育样地 Shannon-Wiener 多样性指数超过伐前 13. 5%，对照样地各多样性指数仍在减少。抚育样地与对照样地的 Pielou 均匀度指数与伐前相比分别增长了 3. 6% 和 2. 8%。说明抚育措施对林分草本多样性的提高作用更加明显，尤其是物种丰富度增长较多。

2015 年不同抚育强度下物种丰富度指数表现为：中度抚育 > 强度抚育 > 弱度抚育，盖度表现为：弱度抚育 > 中度抚育 > 强度抚育；多样性指标均表现为中度抚育 > 强度抚育 > 弱度抚育。

上述结果表明：抚育林分的草本多样性明显优于对照林分，对照林分随林内密度增加，郁闭度增大，光照减少，林内草本种类和数量均减少。综合 3 个多样性指标，在不同抚育强度的林分里，中度抚育林分草本多样性提高最多，其次变化较明显的是强度抚育林分。这与李春义(2007)提出的抚育间伐短期影响效果，中、强度抚育有利于植物多样性的提高的结论一致。

(2)抚育间伐对灌木多样性的影响

对各样地林内灌木多样性指数进行统计分析，其数量特征见表 6-56，结果表明，2011 年各样地物种丰富度范围在 2. 2%~5. 3 之间，总盖度范围为 66%~106%，样地的 Shannon-Wiener 多样性指数、Simpson 指数、Pielou 均匀度指数范围分别为 0. 08 ~0. 81、0. 02 ~0. 39、0. 11 ~0. 50。抚育前，在 $\alpha$ 水平下，各样地的物种多样性指标差异不显著($P$ >0. 050)。

**表 6-56 抚育前灌木多样性指数**

| 样地 | 丰富度 | 盖度(%) | Shannon-Wiener 指数 | Simpson 指数 | Pielou 均匀度指数 |
|---|---|---|---|---|---|
| 1 | 4. 5 | 84. 9 | 0. 46 | 0. 38 | 0. 32 |
| ck -1 | 4. 3 | 66. 2 | 0. 81 | 0. 39 | 0. 50 |
| 2 | 4. 1 | 106. 1 | 0. 59 | 0. 34 | 0. 42 |
| ck -2 | 3. 3 | 75. 7 | 0. 35 | 0. 25 | 0. 30 |
| 3 | 2. 9 | 88. 1 | 0. 25 | 0. 25 | 0. 22 |
| ck -3 | 2. 2 | 70. 2 | 0. 08 | 0. 02 | 0. 11 |
| F | 0. 524 | 4. 426 | 0. 238 | 1. 309 | 0. 256 |
| P | 0. 496 | 0. 080 | 0. 643 | 0. 296 | 0. 631 |

对 2014 年和 2015 年的样地灌木多样性进行统计分析(见表 6-57)，可以看出：2014 年抚育样地灌木的盖度比 2011 年减少 43. 5%，对照样地盖度减少 5. 7%。抚育样地丰富度平均为 4. 0，对照样地丰富度平均为 2. 4，分别比伐前增加了 5. 0% 和 -25. 0%。抚育样地的 Simpson 指数、Shannon-Wiener 多样性指数、Pielou 均匀度指数分别为 0. 47、0. 72、0. 87，比 2011 年分别增加了 40. 2%、31. 9% 和 63. 2%，对照样地的 Simpson 指数、Shannon-Wiener 多样性指数、Pielou 均匀度指数分别为 0. 18、0. 32、0. 42，比 2011

年分别增加 -18.1%、-23.8% 和 28.6%。2014 年，抚育样地的 Shannon-Wiener 多样性指数、Simpson 指数、Pielou 均匀度指数分别是对照样地的 2.3 倍、2.5 倍、2.1 倍。抚育间伐对林内灌木多样性有一定影响，抚育样地丰富度提高，样地中出现如覆盆子、杞柳、胡枝子、山刺玫等新灌木。同时以毛榛为主的低质速生的灌木大量减少，这也是盖度减少的一个原因。同时为林下草本提供更好的生长空间。而对照样地林分密度过大，灌木同样以毛榛为主，并且高度比抚育样地高近 30%，一定程度上阻碍了林内的透光，不利于林下草本多样性的提高和保护。

不同抚育强度样地，灌木物种丰富度表现为强度抚育 > 中度抚育 > 弱度抚育；盖度表现为中度抚育 > 强度抚育 > 弱度抚育；Simpson 指数表现为弱度抚育 > 强度抚育 > 中度抚育；Shannon-Wiener 多样性指数表现为中度抚育 > 弱度抚育 > 中度抚育；Pielou 均匀度指数表现为弱度抚育 > 强度抚育 > 中度抚育。

**表 6-57　不同抚育强度灌木多样性指数**

| 样地 | 丰富度 | | 盖度(%) | | Simpson 指数 | | Shannon-Wiener 指数 | | Pielou 均匀度指数 | |
|---|---|---|---|---|---|---|---|---|---|---|
| | 2014 | 2015 | 2014 | 2015 | 2014 | 2015 | 2014 | 2015 | 2014 | 2015 |
| 1 | 4.7 | 4.9 | 32.8 | 51.3 | 0.52 | 0.54 | 0.81 | 0.84 | 0.93 | 0.88 |
| ck-1 | 3.0 | 2.8 | 69.4 | 66.6 | 0.18 | 0.20 | 0.34 | 0.39 | 0.39 | 0.36 |
| 2 | 4.3 | 5.2 | 66.6 | 74.0 | 0.32 | 0.33 | 0.50 | 0.70 | 0.72 | 0.73 |
| ck-2 | 2.3 | 2.2 | 59.5 | 95.4 | 0.33 | 0.13 | 0.50 | 0.29 | 0.73 | 0.27 |
| 3 | 2.9 | 3.0 | 58.3 | 48.6 | 0.56 | 0.49 | 0.86 | 0.86 | 0.87 | 0.85 |
| ck-3 | 1.8 | 1.8 | 71.2 | 88.4 | 0.04 | 0.03 | 0.10 | 0.08 | 0.15 | 0.10 |
| F | 6.111 | 7.891 | 1.712 | 4.190 | 6.411 | 17.241 | 6.419 | 27.473 | 5.900 | 42.035 |
| P | 0.069 | 0.048 | 0.261 | 0.110 | 0.065 | 0.014 | 0.064 | 0.006 | 0.072 | 0.003 |

2015 年抚育样地的多样性指数与对照样地相比差异显著(P >0.05)。抚育样地灌木丰富度平均为 4.4，对照样地平均为 2.3。抚育样地盖度平均为 51.3%，比对照样地平均盖度少 38.6%。抚育样地的 Simpson 指数、Shannon-Wiener 多样性指数、Pielou 均匀度指数分别为 0.45、0.80、0.82，对照样地的 Simpson 指数、Shannon-Wiener 多样性指数分别为 0.12、0.25、0.24；2015 年抚育样地 Simpson 指数、Shannon-Wiener 多样性指数、Pielou 均匀度指数分别是伐前样地的 1.8 倍、1.4 倍、2.6 倍，比对照样地分别减少 39.0%、46.0%、19.3%。

2015 年不同抚育强度下物种丰富度表现为中度抚育 > 强度抚育 > 弱度抚育，盖度表现为中度抚育 > 强度抚育 > 弱度抚育；多样性指标均表现为中度抚育 > 强度抚育 > 弱度抚育。与 2014 年相比，不同抚育强度下，中度抚育样地的灌木多样性指数变化最大，无论丰富度还是均匀度都有大幅度提升。

综上所述，通过林分抚育间伐，能够促进林内物种丰富度的提高。提高林内物种多样性指数，改善林内生态环境，增强林分稳定性，进而提高了林分的经济价值和生态价值。其中，中度抚育对林下植被多样性提高最有利。

# 6.6　基于演替趋势的杨桦次生林自然度评价研究

## 6.6.1　标准地设置与调查

2015年8月在河北省黑龙山林场和桃山林场对杨桦次生林固定样地进行调查，以不同年龄(Ⅱ、Ⅲ、Ⅳ、Ⅴ龄级)林分为研究对象，根据龄级的不同选择具有代表性地段分别设置样地(表6-58)，其中Ⅲ龄级样地林分密度较大，样地大小设置为20m×20m，Ⅱ、Ⅳ、Ⅴ龄级林样地大小均为30m×30m。样地用木桩进行标记，并运用GPS在每块样地东北角进行坐标定位。调查每块样地的林分状况(树种、胸径、树高、冠幅、郁闭度、苗木、枯死木的株数、枯死原因等)；林分环境因子(土壤、海拔、坡向、坡位、坡度等)及每株定位等；在每块样地四个角和中心位置分别设置1个5m×5m的灌木样方，进行灌木多样性、幼苗幼树更新调查；在灌木样方中心位置分别设置1个1m×1m的草本样方。灌木与草本多样性调查，内容包括植物的种名、株数、平均高度、盖度。查阅并记录样地造林年代、采伐强度等情况。

**表6-58　各标准地基本情况**

| 龄级 | 样地号 | 平均胸径(cm) | 平均树高(m) | 坡向 | 坡度(°) | 海拔(m) | 密度(株/hm$^2$) | 林龄(a) |
|---|---|---|---|---|---|---|---|---|
| Ⅱ | A1 | 8.2 | 8.0 | NE | 18 | 1340 | 633 | 11 |
| | A2 | 7.9 | 8.2 | NE | 18 | 1295 | 467 | 11 |
| | A3 | 7.6 | 7.9 | NE | 18 | 1350 | 689 | 11 |
| | A4 | 8.0 | 7.7 | NE | 18 | 1290 | 478 | 11 |
| Ⅲ | B1 | 8.6 | 9.0 | N | 32 | 1385 | 4025 | 21 |
| | B2 | 8.9 | 8.8 | N | 35 | 1385 | 3050 | 21 |
| | B3 | 7.9 | 8.2 | E | 32 | 1363 | 5275 | 21 |
| | B4 | 8.8 | 7.6 | N | 32 | 1379 | 3250 | 21 |
| Ⅳ | C1 | 10.3 | 12.5 | N | 32 | 1577 | 2667 | 31 |
| | C2 | 11.8 | 11.0 | N | 30 | 1553 | 1056 | 31 |
| | C3 | 12.7 | 11.8 | N | 31 | 1596 | 944 | 31 |
| | C4 | 12.4 | 13.6 | N | 30 | 1584 | 867 | 31 |
| Ⅴ | D1 | 13.3 | 14.2 | NE | 24 | 1540 | 1433 | 49 |
| | D2 | 14.9 | 14.9 | N | 25 | 1609 | 1367 | 49 |
| | D3 | 15.7 | 14.2 | E | 18 | 1365 | 1089 | 49 |
| | D4 | 15.8 | 15.2 | NE | 21 | 1592 | 733 | 49 |
| | D5 | 16.3 | 13.5 | N | 25 | 1529 | 700 | 49 |
| | D6 | 14.6 | 12.6 | N | 23 | 1516 | 533 | 49 |
| | D7 | 15.3 | 13.9 | N | 17 | 1362 | 422 | 49 |

## 6.6.2　研究方法

### 6.6.2.1　自然度指标选取原则

森林自然度评价指标选取的关键，是能够构建一个适宜林分特征的评价指标体系，评价指标选取的原则一般如下：

(1)代表性

评价指标应能反映冀北山地杨桦次生林的自然属性和生态特征；

(2)科学性

评价指标能够有效地反映林分的本质特征，且方便获取，易于理解与掌握，并能够定量化，才能使评价体系具备现实意义上的科学性与可操作性；

(3)主导性

由于森林生态系统的复杂性，不同学者针对不同研究对象的情况，对评价指标的选取也不尽相同，每一个评价体系都不可能毫无遗漏地反映林分的整体自然性。因此，需要做到有所选择有所舍弃，选取林分特征的主导因子进行量化分析，根据它们对森林自然度影响的不同，赋予不同的权重，从而全面地反映林分的近自然度状况。

### 6.6.2.2　评价指标及度量方法

(1)森林演替

①自然构成系数：自然构成系数($CI$)是用空间代替时间的方法，定量的描述群落的演替动态。本研究中根据研究区杨桦次生林群落特性，将林分中出现的树种划分为：顶级树种(组)(Climax species)、过渡树种(组)(Transition species)和先锋树种(组)(Pioneer species)，各种组顶级适应值分别赋值为9、5、1，群落整体的顶级适应值为各树种(组)顶级适应值与重要值乘积之和，公式为：

$$CI = \sum IV \times CAV \qquad 6\text{-}44$$

式中：$CI$ 为自然构成系数；重要值($IV$)为树种的相对显著度，即某树种的胸高断面积占样地全部树种总胸高断面的比例；$CAV$ 为树种(组)的顶级适应值。

②更新状况：林分的更新通过对演替格局的影响，在群落的动态演替格局中起着非常重要的作用，本研究根据国家林业局资源司制定的采伐规程中有关幼树幼苗的更新评价标准，将更新情况分为良好、中等、不良3个等级。

(2)林分结构与林木分布格局

①角尺度：林分中任意一株林木都有与其相邻的其他林木个体，因此，就构成了一个具有空间信息的空间结构单元，选取一株为参照木，那么其他与其相邻的林木则为相邻木。本研究以林分中参照木及其周围的4株相邻木为研究单元，对林木的空间分布格局采用角尺度进行分析。角尺度用来分析林木个体在水平方向上的分布形式，它被定义为参照树与其相邻木所构成的夹角小于标准角的个数占最近相邻木的比例，公式为：

$$W_i = \frac{1}{4}\sum_{j=1}^{4} Z_{ij} \qquad 6\text{-}45$$

$n=4$，已经被广泛且成功地应用于林木空间结构研究中，$n=4$ 时，有以下几种可能：参照树周围4株最近相邻木分布特别均匀，$W_i=0$；参照树周围4株最近相邻木分布均匀，$W_i=0.25$；参照树周围4株最近相邻木分布随机，$W_i=0.5$；参照树周围4株最近相邻木分布不均匀，$W_i=0.75$；参照树周围4株最近相邻木分布特别不均匀，$W_i=1$。

角尺度的分布均值能够反映林木的整体分布状况，实际应用中均值计算公式为：

$$\overline{W}=\frac{1}{N}\sum_{i=1}^{N}W_i \tag{6-46}$$

式中：$N$为样地内所有林木总株数；$W_i$为第$i$株树的角尺度。

研究表明，处于自然演替过程中的群落植被个体是由聚集分布向随机分布发展的，因此，可把林木分布格局作为评价森林群落近自然程度的一个尺度。根据不同样地林木分布格局的情况，将群落的随机分布、聚集分布和均匀分布分别赋值为3、2、1。

②林木的直径结构：直径结构是林木最基本最重要的结构特征之一，本研究中分别将Ⅱ、Ⅲ龄级幼龄林以1cm为径阶，Ⅳ、Ⅴ龄级以2cm为径阶统计并计算各径阶的株数比例。根据杨桦次生林同龄林样地各径阶林木频率分布的特点，将直径结构划分为5种等级：6径阶以下幼树株数较多，其余径阶的频率分布呈负指数状态，该指标取值为5；6径阶以下幼树株数较多，其余径阶的频率为正态分布状态，为4；频率分布径阶数量较多的非正态分布，为3；频率分布径阶数量较少的非正态分布，为2；径阶频率分布呈正态分布，为1。

③垂直结构：林分垂直层次结构是否完整、合理，能在一定程度上反映森林群落的完整性。根据森林资源二类调查技术规程，依据群落垂直层次划分林分结构，具体可分为完整、复杂和简单3种类型。结合本研究样地的实际情况，将各样地林分垂直层次进行划分并分别赋值，其中，林分的完整结构为乔木层、灌木层(盖度>50%)、草本(盖度>50%)和地被层4个植被层，该指标取值为3；复杂结构为乔木层和其他2个植被层，取值为2；简单结构为乔木层和其他1个植被层，取值为1。群落层次为正向指标，其值越大反映林分近自然程度越高。

(3)物种多样性

物种多样性指数体现了群落的空间分布和数量特征，群落中物种的多样性值越高，说明群落的复杂性越高，所包含的信息量越大，因而，可以将多样性指数作为衡量群落自然度的一个尺度。

①种类统计：统计群落中物种(乔木、灌木、草本)的多度。

②盖度统计：记录单位面积内灌木、草本的盖度值。

③多样性统计：物种多样性统计选用Shannon-Wiener指数($H'$)、Simpson多样性指数($D$)、Pielou均匀度指数($E$)，各指标计算公式如下：

$$H'=-\sum_{i=1}^{S}P_i\ln P_i \tag{6-47}$$

$$D=1-\sum_{i=1}^{S}(P_i)^2 \tag{6-48}$$

$$E = H'\ln S \tag{6-49}$$

式中：$P_i$ 为第 $i$ 个物种数量占总数量的百分比；$S$ 为物种数。

(4)干扰程度

森林的干扰有多种多样的方式，主要分为自然干扰和人为干扰，自然干扰有虫害、冻害、风折、森林火灾等，人为干扰有修枝、采伐、放牧等。人为干扰分为破坏性干扰和增益性干扰，破坏性干扰多指能导致森林结构破坏、生态功能退化、生态平衡失调等的活动，增益性干扰指通过人为合理采伐、人工更新、低产低效林改造等来促进林分正向演替的行为。根据本研究的研究目的及林分群落特征，将林分干扰类型及该指标评价值情况进行划分(表6-59、表6-60)：

**表6-59　破坏性干扰**

| 干扰等级 | 赋值 | 表现方式 |
|---|---|---|
| 无 | 4 | 无居民区，几乎无人为干扰痕迹 |
| 轻度干扰 | 3 | 距离居民区较远，偶有人进入采集林产品、收集枯枝 |
| 中度干扰 | 2 | 距离居民区较近，偶有人进入修枝、采集林产品、收集枯枝 |
| 严重干扰 | 1 | 与居民区相邻，人为活动频繁、偶有牲畜破坏 |

**表6-60　增益性干扰**

| 增益等级 | 赋值 | 表现方式 |
|---|---|---|
| 无 | 1 | 无人为干扰痕迹 |
| 轻度 | 2 | 促进林木生长，调整树种结构不明显，未促进林下更新 |
| 中度 | 3 | 促进林木生长较，调整树种结构明显，促进林下更新 |
| 强度 | 4 | 促进林木生长明显，调整树种结构明显，促进顶极树种发育与生长，林下更新良好 |

### 6.6.2.3　自然度评价方法

目前对于评价指标权重确定的方法众多，层次分析法是通过定量和定性结合的方法，把复杂问题中的各个因素划分成相互关联的有序的层次，使研究内容的目标与准则更加条理化，是一种较好的权重确定方法。确定自然度评价指标体系模型，目标层相对于约束层的权重集为 $A=(B_1, B_2, B_3, B_4)$，各约束层相对于指标层的权重集分别为：$B_1=(C_1, C_2)$；$B_2=(C_3, C_4, C_5)$；$B_3=(C_6, C_7, C_8, C_9)$；$B_4=(C_{10}, C_{11})$(表6-61)。

本研究采用层次分析法(AHP)确定评价指标权重，应用 Saaty 的 1－9 标度法。

建立森林自然度评价模型如下

$$SN = \sum_{j=1}^{n} \lambda_j B_j (j = 1,2,\cdots,n) \tag{6-50}$$

式中：$\lambda_j$ 为约束层中各指标修正后相对于目标层的综合权重；$B_j$ 为各指标的计算值；$SN$ 为评价指标体系综合值。

**表 6-61 评价指标体系**

| 目标层 | 约束层 | 指标层 |
|---|---|---|
| 自然度 A | 森林演替 $B_1$ | 自然构成系数 $C_1$ |
| | | 更新情况 $C_2$ |
| | 结构与格局 $B_2$ | 直径结构 $C_3$ |
| | | 林木分布格局 $C_4$ |
| | | 垂直结构 $C_5$ |
| | 物种多样性 $B_3$ | 乔木 Simpson 指数 $C_6$ |
| | | 草本 Simpson 指数 $C_7$ |
| | | 灌木 Pielou 指数 $C_8$ |
| | | 灌木盖度 $C_9$ |
| | 干扰程度 $B_4$ | 破坏性干扰 $C_{10}$ |
| | | 增益性干扰 $C_{11}$ |

## 6.6.3 评价指标特征分析

### 6.6.3.1 杨桦次生林森林演替分析

森林群落的演替，首先是树种组成的变化，根据有关研究及杨桦次生林树种组成特征，将样地的树种划分为先锋树种、顶级树种和过渡树种。在研究区的杨桦次生林中，白桦和山杨为先锋树种也是优势树种，林中伴有色木槭、花楸等过渡树种，个别林分有落叶松、蒙古栎等地带性顶级树种。

由图 6-62 可知，Ⅱ龄级、Ⅲ龄级不同样地树种组成情况较为相似，绝大部分为先锋树种，其他树种极少出现，这是由幼龄林结构简单，树种组成单一所致。Ⅳ龄级样地树种组成中，各树种均占一定的数量比例，其中顶级树种为华北落叶松，其在各林分中的相对多度虽少于先锋树种，但相对显著度却相对较高，说明顶级树种长势较好。Ⅴ龄级林分由于树种组成的不同，其演替趋势也有明显差异，样地中顶级树种和过渡树种的多度有所提高，但先锋树种在林分的总断面积中仍占有高于 80% 的比例。

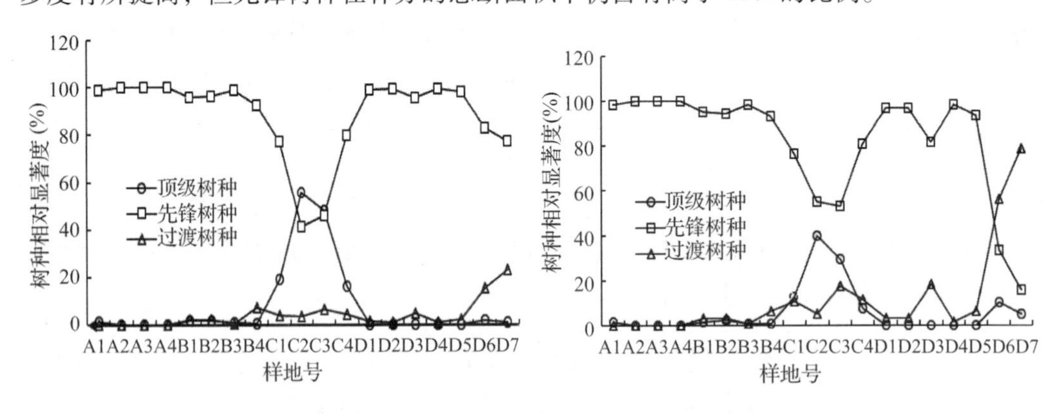


**图 6-62 不同样地相对多度、相对显著度情况**

根据国家林业局规程中有关幼树幼苗的更新评价标准(表 6-62)，对冀北山地杨桦次生林的更新情况进行评价。

表 6-62　天然更新等级评价表　　单位：株/hm$^2$

| 等级 | 幼苗高度级(cm) | | | |
|---|---|---|---|---|
| | <30 | 30~49 | ≥50 | 不分高度级 |
| 良好 | ≥5000 | ≥3000 | ≥2500 | >4001 |
| 中等 | 3000~4999 | 1000~2999 | 500~2499 | 2001 −4000 |
| 不良 | <3000 | <1000 | <500 | <2000 |

表 6-63　不同样地更新情况　　单位：株/hm$^2$

| 样地号 | 幼苗高度级(cm) | | | |
|---|---|---|---|---|
| | <30 | 30~49 | ≥50 | 总株数 |
| A1 | — | — | 80 | 80 |
| A2 | — | — | 80 | 80 |
| A3 | — | 240 | 80 | 320 |
| A4 | — | — | 240 | 240 |
| B1 | — | — | 2000 | 2000 |
| B2 | — | — | 2000 | 2000 |
| B3 | 800 | 400 | 1100 | 2300 |
| B4 | — | — | 4400 | 4400 |
| C1 | 640 | 1920 | 2560 | 5120 |
| C2 | 160 | 240 | 4880 | 5280 |
| C3 | 320 | 1680 | 5120 | 7120 |
| C4 | 240 | 1680 | 5040 | 6960 |
| D1 | 480 | 160 | 240 | 880 |
| D2 | 480 | 400 | 240 | 1120 |
| D3 | 277 | 431 | 985 | 1662 |
| D4 | 720 | 80 | 1280 | 2080 |
| D5 | 2160 | 160 | 1520 | 3840 |
| D6 | 720 | 2080 | 2640 | 5440 |
| D7 | 1015 | 554 | 3477 | 5046 |

对各样地调查的更新幼苗株数及高度情况进行统计(表6-63)，可以看出，在幼苗高度级小于30cm时，杨桦次生林各样地幼苗更新株数均较少，属更新不良；在高度级为30~49cm时，样地C1、C3、C4和D6更新幼苗株数，达1000株/hm$^2$以上，属中等更新，其他样地均为更新不良；在高度级大于等于50cm时，Ⅱ龄级全部样地和D1、D1的幼苗更新株数均小于500株/hm$^2$，为更新不良，样地B1、B2、B3、D3、D4和D5的更新株数在500~2499株/hm$^2$之间，属中等更新，其余样地均为更新良好。

就不同龄级林分而言，Ⅱ龄级林分由于林龄较低，林分结构简单，林地天然更新极少，Ⅲ龄级样地幼苗更新数量不高，整体达到中等水平，但主要集中在大于50cm的高度级，原因可能由于林分密度稍大，郁闭度较高，林窗林隙较少，不利于林下喜光树种或阳性树种的更新。由于过渡树种和顶级树种数量的增多，林分群落微生境的改变，Ⅳ

龄级各样地的更新株数较多，整体达到良好等级，树种主要为过渡树种色木槭和花楸，但相比Ⅴ龄级林分而言，在高度级小于30cm时的更新株数较少。整体来看，各龄级组内更新情况在一定程度上会受林分密度、树种组成的影响。

#### 6.6.3.2　杨桦次生林结构与格局特征分析

(1)林分直径分布

研究区杨桦次生林幼龄林的径阶分布范围在4~18cm之间，其中Ⅱ龄级林分直径分布范围为6~18cm，在10cm处达到峰值，10cm径阶株数占总株数的18%左右，所有样地林木整体呈正态分布(图6-63)；Ⅲ龄级的直径分布范围较窄，为4~14cm，直径分布近似呈L形，说明样地内小径级的林木占较大的比重。Ⅳ龄级主要为6~22cm，在6cm和12cm处出现峰值。Ⅴ龄级林分直径分布主要为10~28cm，其中样地D7在大于30cm径阶处也有少量分布，但在34~38cm处出现缺失现象，这可能是由于过去在择伐利用时，伐除了一些径级较大的而保留了个别较大的，成为了林中的"霸王树"，当胸径达到22cm以后，各径阶株数变化趋势开始平缓。

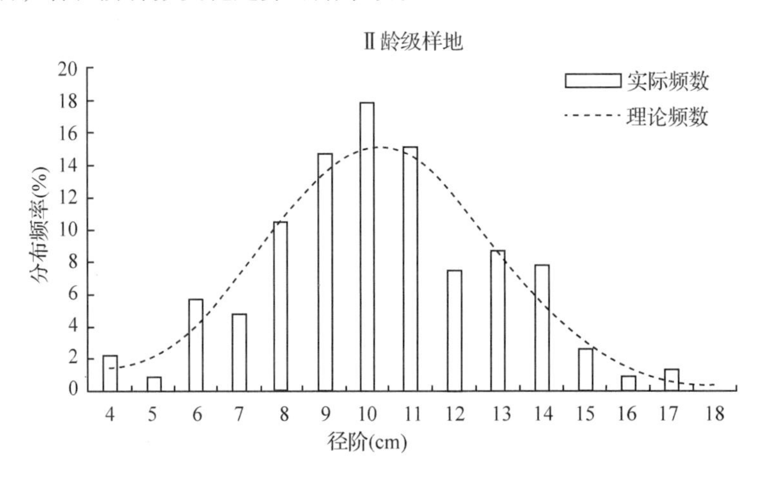


**图6-63　各龄级直径分布图**

(2)林木分布格局

本研究中以角尺度来描述林木的空间分布格局。一般而言，随着森林群落的演替，林分的分布格局趋于随机分布，各优势树种也由集群分布向随机分布减幅波动。根据角尺度的定义，对于参照树来说，当$W_i=0$、$W_i=0.25$时，林木为均匀分布；当$W_i=0.5$时，为随机分布，当$W_i=0.75$、$W_i=1$时，为聚集分布。综合所有参照树的空间分布格局，可以反映林分整体的空间分布格局。

各样地的林木分布情况中，$W_i=1$的所占比例较少，$W_i=0$的几乎没有，$W_i=0.25$和$W_i=0.75$的较多，$W_i=0.5$的林木比例最高(图6-64)。分析结果表明林木分布绝对均匀和特别不均匀的情况极少，角尺度均值取值范围为0.49-0.63。其中，样地C2的角尺度均值最小，为0.49；样地B1、B3和C1平均角尺度值最大，均大于0.60。整体而言，样地林木角尺度分布频率右侧大于左侧，说明林木的聚集分布单元数量稍多于均匀分布。林木随机分布的平均角尺度($W_i$)值为[0.475，0.517](见图6-64基准线)范围内，因而研究区的所有样地中，C2、C4和D2为随机分布，其余样地林分平均角尺度均大于0.517，林木分布格局为聚集分布。

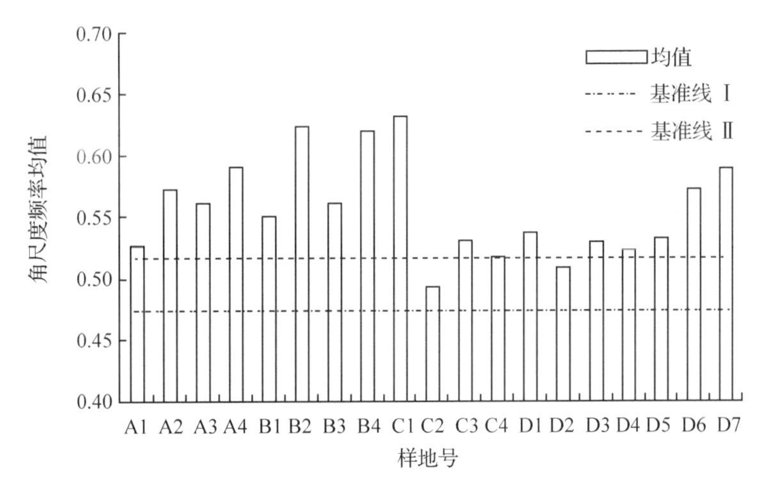


**图6-64　不同样地平均角尺度频率分布**

(3)林分垂直结构

林分层次结构可以用来反映森林群落在垂直空间上的特征，本研究参考森林资源规划设计调查技术规程，对研究区样地林分的垂直层次进行划分。根据乔木层、灌木层、草本层和地被层情况的不同，来定义林分垂直层次的完整性、复杂性和简单性。其中，Ⅲ、Ⅴ龄级中样地B1、B3、B4和D1的灌木、草本盖度均高于50%，乔木层、地被物层也比较完整。Ⅱ龄级样地林龄较小，林分密度低，林下灌木种类分布较均匀，但数量少、盖度低。Ⅳ龄级可能由于海拔、坡度等因素的影响，林下灌木盖度均小于50%，平均值为36%左右，属复杂性林层结构。

### 6.6.3.3　杨桦次生林物种多样性分析

生物群落多样性指的是群落在组成、结构、功能和动态方面表现出的丰富多彩的差异，因此，多样性是生态学研究中的重要内容。通过对生物群落结构和功能相关关系进行分析，进而揭示和认识生物群落的功能多样性。群落的结构越复杂，生物多样性指数越高。本研究根据各样地林分乔木、灌木、草本的基本情况，根据大多数学者采用的能够充分体现生物多样性的指标，并结合森林自然度评价指标需求和研究区杨桦次生林群落多样性特征，选取乔木Simpson多样性指数、草本Simpson多样性指数、灌木Pielou均匀度指数和灌木盖度4个指标，对杨桦次生林各样地物种多样性情况进行分析(表6-64)。

**表6-64　不同样地物种多样性**

| 样地号 | 树种数 | 乔木 Simpson | 草本 Simpson | 灌木 Pielou | 灌木盖度 |
|---|---|---|---|---|---|
| A1 | 2 | 0.132 | 0.505 | 0.864 | 40.3 |
| A2 | 1 | 0.000 | 0.900 | 0.859 | 20.5 |
| A3 | 1 | 0.000 | 0.525 | 0.886 | 36.5 |
| A4 | 1 | 0.000 | 0.735 | 0.848 | 26.8 |
| B1 | 5 | 0.550 | 0.821 | 0.784 | 106.8 |

（续）

| 样地号 | 树种数 | 乔木 Simpson | 草本 Simpson | 灌木 Pielou | 灌木盖度 |
|---|---|---|---|---|---|
| B2 | 6 | 0.436 | 0.741 | 0.790 | 62.4 |
| B3 | 8 | 0.640 | 0.830 | 0.900 | 73.3 |
| B4 | 6 | 0.550 | 0.760 | 0.680 | 50.1 |
| C1 | 5 | 0.470 | 0.745 | 0.786 | 50.0 |
| C2 | 3 | 0.750 | 0.860 | 0.768 | 47.3 |
| C3 | 5 | 0.690 | 0.765 | 0.839 | 20.3 |
| C4 | 5 | 0.460 | 0.850 | 0.720 | 32.5 |
| D1 | 5 | 0.173 | 0.640 | 0.730 | 95.4 |
| D2 | 4 | 0.079 | 0.493 | 0.150 | 88.4 |
| D3 | 5 | 0.632 | 0.644 | 0.390 | 66.6 |
| D4 | 2 | 0.030 | 0.659 | 0.970 | 58.3 |
| D5 | 3 | 0.120 | 0.803 | 0.720 | 74.0 |
| D6 | 6 | 0.630 | 0.754 | 0.770 | 75.7 |
| D7 | 5 | 0.730 | 0.724 | 0.930 | 51.3 |

Simpson 指数越大，表明优势树种的集中性越大，Pielou 指数反映的是各物种个体数目分配的均匀性。乔木层是森林群落的主要组成部分，其中的优势树种是乔木片层的重要缔造者，在森林生态功能的发挥中起着主导作用，乔木 Simpson 多样性指数体现了优势树种的集中特性，其中Ⅱ龄级样地由于林分结构单一，树种组成简单，树种多样性指数很低，其灌木盖度虽然不高，但灌木 Pielou 均匀度指数均达到 0.8 以上，说明不同种类灌木在该林分中的数目分布较均匀。Ⅲ龄级样地的树种 Simpson 和草本 Simpson 多样性指数整体比Ⅱ龄林稍高，且乔木与草本多样性值的变化趋势相似，树种组成仍以先锋树种为主，但随着山柳、花楸等过渡树种的生长，树种多样性水平有所提高，林地灌木盖度属采伐强度最低、密度最大的样地 B1 最高。Ⅳ龄级样地除灌木盖度外，各指标值组内差异不大。Ⅴ龄级各样地由于树种组成的不同，乔木 Simpson 多样性指数表现出明显差异，其中样地 D7 的树种数目不是最多的，但 Simpson 指数却最大，即优势树种的集中性最高。灌木盖度情况与其他龄级样地类似，采伐强度较小的 D1、D2 值较高。

#### 6.6.3.4 杨桦次生林干扰情况分析

研究样地中Ⅱ、Ⅲ龄级样地均距离居民区较远，偶有附近居民进入林区采集林产品、修枝、收集枯落物等，对林分生态环境、生长结构可能有一定的影响，分别经过一次不同强度的择伐，Ⅱ龄级样地内无人工更新，而Ⅲ龄级样地补植的人工落叶松，虽时间较短，幼树未成林，但在一定程度上增加了林木多样性，对林内微环境、群落稳定性、林下更新和灌木、草本的生长都有积极的影响。Ⅳ龄级样地地理位置较偏僻，几乎没有人为的破坏性干扰，管理期间进行过一次不同强度的抚育间伐和人工补植更新，有利于林分结构的优化、林木的生长发育和群落正向演替的进程。Ⅴ龄级杨桦次生林的固定样地数量稍多，其组成、立地、经营管理措施等不同，林分状态也有所差异，其中样地 D1、D2、D4、D5 距离居民区较远，少有人为干扰，而 D3、D6、D7 距居民区稍近，偶尔有人为活动，甚至偶尔会出现牲畜破坏现象，对林分生长发育造成不利的影响；但是对抚育样地D4、D5、D6、D7合理的间伐作业，调整了林分结构，对样地内林木的生长环境、群落多样性、林下更新等均产生一定的积极影响，属增益性作用。

## 6.6.4　杨桦次生林自然度划分

### 6.6.4.1　杨桦次生林自然度划分标准

为了在实际生产经营中便于分析和操作，根据森林自然度的内涵及森林在森林演替、结构与格局、物种多样性和干扰程度4个方面的特征，在定性与定量结合的基础上，将森林自然度划分为若干等级。本研究借鉴国内外关于森林自然度等级划分的方法，并结合冀北山地杨桦次生林各样地自然度综合值的情况，将林分的近自然状态划分为如下7个等级(表6-65)。

**表6-65　森林自然度等级划分**

| 综合指数值 | 等级 | 森林状态特征 |
| --- | --- | --- |
| >0.85 | 7 | 顶级树种为主，少量过渡树种，偶见先锋树种，多为异龄林，多层结构，更新良好 |
| 0.71～0.85 | 6 | 顶级树种和过渡树种为主，少量先锋树种，郁闭度大于0.7，多层结构，树种多样性较高，林下更新良好 |
| 0.56～0.7 | 5 | 顶级树种占一定比例，郁闭度大于0.7，林分多层结构，树种多样性较高，林下更新良好 |
| 0.41～0.55 | 4 | 先锋树种和过渡树种为主，有少量顶级树种，林分垂直结构多为完整，树种多样性较高，更新良好或中等 |
| 0.26～0.4 | 3 | 以先锋树种为主，过渡树种有所增加，偶见顶级树种，聚集分布，树种多样性较低，更新中等或不良 |
| 0.1～0.25 | 2 | 以先锋树种为主，少量过渡树种，聚集分布，树种多样性很低，更新不良 |
| ≤0.1 | 1 | 山杨或白桦纯林，聚集分布，郁闭度小于0.3，极少有更新 |

### 6.6.4.2　杨桦次生林自然度评价

由于在研究区中找不到相应的顶级群落，因此，在对研究区杨桦次生林自然度情况进行分析时，根据相关专家的研究成果，从林分尺度上依据森林演替结构与格局、物种多样性和干扰程度4方面的共11个指标，按照文中所述的层次分析法，定性定量相结合的方法来对林分自然特征值进行研究，力图依照地带性潜在顶级植被状态，对现实林分的近自然情况进行分析评价。

不同林分各指标情况及自然度值有明显差异，根据上述自然度等级的划分标准，本研究中所有样地自然度评价等级介于1－5级之间，各样地得分值大小排序差异明显(图6-65)。

Ⅱ龄级林分树种组成单一，林分结构简单，角尺度值均大于0.517，呈聚集分布，林下灌木种类分布较均匀，但株数少、盖度低，林木径级分化不明显，且除样地A3外，

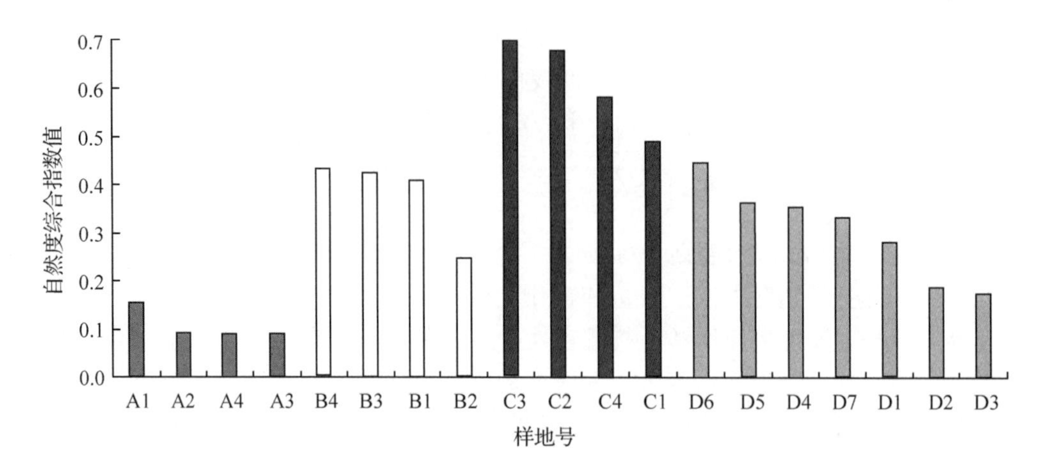


**图 6-65 不同样地林分自然度综合值**

直径分布均为正态分布。Ⅱ龄级样地自然度得分值在 0.09～0.152 之间，样地 A1 评价等级为 2 级，其他样地为 1 级。

Ⅲ龄级林分直径分布范围较窄，为 4～14cm，且均呈正态分布，林下天然更新达中等水平。其中样地 B2 相比Ⅲ龄级其他样地虽然尚无顶级树种出现，但林分自然构成系数却最高，说明顶级树种在Ⅲ龄级林分中并不占优势，样地 B2 自然度等级为 2 级，其他样地均为 4 级。

Ⅳ龄级的部分样地的林木分布格局出现随机分布，由于样地位置较偏僻，人为干扰极少，且人工补植的落叶松径阶大小范围达 6～20cm，色木槭、花楸平均胸径为 6cm、7cm，样地的顶级树种、过渡树种相对多度、相对显著度均高于其他试验样地，林下更新状态均优于其他林分。其中，样地 C1 未曾进行过抚育间伐，林分密度、灌木盖度相对较高，不利于幼苗的更新，其自然度值较低，评价等级为 4 级，其他样地为 5 级。

Ⅴ龄级样地因树种组成、干扰程度等的差异，近自然性的程度也有所不同，其中样地 D6 的林分垂直结构较为完整，虽距离居民区较近，人为破坏性干扰稍大，但物种多样性较高，更新等级为良好，评价等级为 4 级；样地 D2 地理位置较偏僻，人为干扰很小，但未经人为合理的间伐管理，树种组成单一，林分密度大于其他样地，林下更新不佳，与 D3 评价等级同为 2 级；其他样地评价等级为 3 级。

## 6.7 多尺度森林经营技术

多尺度经营是综合考虑到资源禀赋、经营目标、经营措施与经营条件，在流域尺度上进行整体的规划与设计、在林分与树木尺度上进行具体的经营措施实施，综合了系统管理思想、可持续发展思想、近自然经营理念的综合经营技术。本研究以河北省木兰林管局所辖的桃山林场红塘沟流域为例，探讨多尺度森林经营技术。

## 6.7.1　流域经营评价与规划

流域经营是多尺度的综合性森林经营，它摒弃了传统的重造轻管的经营思想，以流域整体经营、全林分经营、全周期经营来实现流域森林生态系统的可持续性。从目前的流域经营的实施来看，流域经营中的流域不同于森林可持续经营中森林流域评价中的流域，前者是小尺度，是小流域或集水区的范围，而后者是较大尺度的流域，是景观水平的概念。流域经营是在森林经营单位水平之下的尺度。

流域森林经营是广泛的森林经营，包括荒山造林、森林抚育、森林保护、封山育林、低效林改造，既包括了常规森林经营的内容，也包括了流域治理的内容。流域森林经营把传统森林经营局限于一个较为封闭的系统转为综合考虑生态保护、木材生产与旅游等的开放系统中。

### 6.7.1.1　流域经营评价指标

在参考 ITTO 热带森林可持续经营标准与指标、中国森林可持续经营标准与指标，森林经营单位森林可持续经营标准与指标，依据评价指标选择原则，考虑到流域尺度的适用性进行初选，再根据收集到的各方面数据进行可行性分析，最终选定包括经营集约度、结构合理性、生态稳定性、资源持续性、经济协同性 5 方面的 24 个指标(表 6-66)。

**表 6-66　流域经营评价内容与指标**

| 评价内容 | 编号 | 指标 |
|---|---|---|
| 经营集约度 | 11 | 林地利用率 |
| | 12 | 路网密度 |
| | 13 | 苗圃及其他经济林木面积及比例 |
| | 14 | 用材林面积比例 |
| 结构合理性 | 21 | 森林覆盖率 |
| | 22 | 森林龄级结构 |
| | 23 | 林种结构 |
| | 24 | 树种结构 |
| 生态稳定性 | 31 | 公益林地比例 |
| | 32 | 天然林地比例 |
| | 33 | 景观类型多样性 |
| | 34 | 物种丰富度 |
| | 35 | 病虫害程度 |
| | 36 | 森林火灾程度 |
| | 37 | 土壤侵蚀林地面积 |
| 资源持续性 | 41 | 有林地单位面积蓄积量 |
| | 42 | 年采伐量 |
| | 43 | 单位面积林木生长量 |
| | 44 | 造林成活率 |
| | 45 | 造林保存率 |

（续）

| 评价内容 | 编号 | 指标 |
| --- | --- | --- |
| 经济协同性 | 51 | 直接林产品收益 |
| | 52 | 林副产品收益 |
| | 53 | 游憩森林面积比例 |
| | 54 | 投资利用率 |

#### 6.7.1.2 景观功能区划

红塘沟流域内，1 级森林景观斑块，分布较广（见图 6-66），主要分布于流域的西部、中部以及东南部。该级别森林斑块以落叶松针阔混交林、山杨针阔混交林和白桦针阔混交林为主，林分年龄大，郁闭度高，斑块面积大，生境未受干扰破坏，森林生态系统结构完整，功能强。代表了该区的树种及龄组配置，建议加强对该类森林景观斑块的保护和经营利用。

2 级森林景观斑块也分布较广，分散于流域内的各区域。该级别的森林景观斑块以白桦阔叶混交林和樟子松针叶混交林为主，生境未受干扰破坏，森林生态系统结构尚未完整，功能较强。建议对该类林分加以保护和经营，进而促进生态系统的平衡。

3 级森林景观斑块，主要分布于流域内的北部和东南部，西部也有小部分出现。该级别森林斑块年龄较大、郁闭度低、斑块面积较大，生境受到干扰，少量破坏，有一定的水土流失，可维持现有森林生态系统功能，一般干扰下尚可恢复。建议在斑块内引进乡土树种，增加植被覆盖度，提高森林生态系统功能。

4 级森林景观斑块分布较少，该级别森林斑块年龄小、斑块面积小，生境受到较大干扰与破坏，水土流失严重，森林生态系统功能降低，破坏后恢复困难。建议加强森林经营措施，以抚育为主，合理搭配树种，增强生态系统功能，防治水土流失。

#### 6.7.1.3 廊道规划

（1）林路规划

通达的林路，可以提高森林经营过程中的作业效率，对森林的抚育间伐、造林等都是必不可少的。在林区内铺建合理的林路，便于木材、苗木的运输，避免因长期无法运出造成的经济损失，同时也使得森林卫生状况得到改善。流域内林路分为二个级别，分为一级林路和次级林路，一级林路由机械开通铺上砂石而成，目前已经铺设有高标准林路 1 条，宽度为 4m，总长度 9.90km。次级林路多为土质，较高标准窄林路，一般贯穿于林分内，近年来，流域内森林经营过程中开通了次级林路 23 条，宽度为 2m，总长度 22.70km。目前流域内路网密度达到 0.027km/hm$^2$。

参照《林区公路路线设计规范》(1993.07)，在原有林路基础上，以林路通达性为基本原则，结合实际地形，以连接原有林路为前提，避开不可及的复杂地段，新规划出了 18 条次级林路，总长度为 10.79km。在原有次级林路基础上扩建出一级林路 1 条，总长度为 1.84km。通过林路规划后，完善了林路连通性，流域内路网密度达到 0.036km/hm$^2$。原有林路的分级情况及规划出的林路分布见图 6-67。

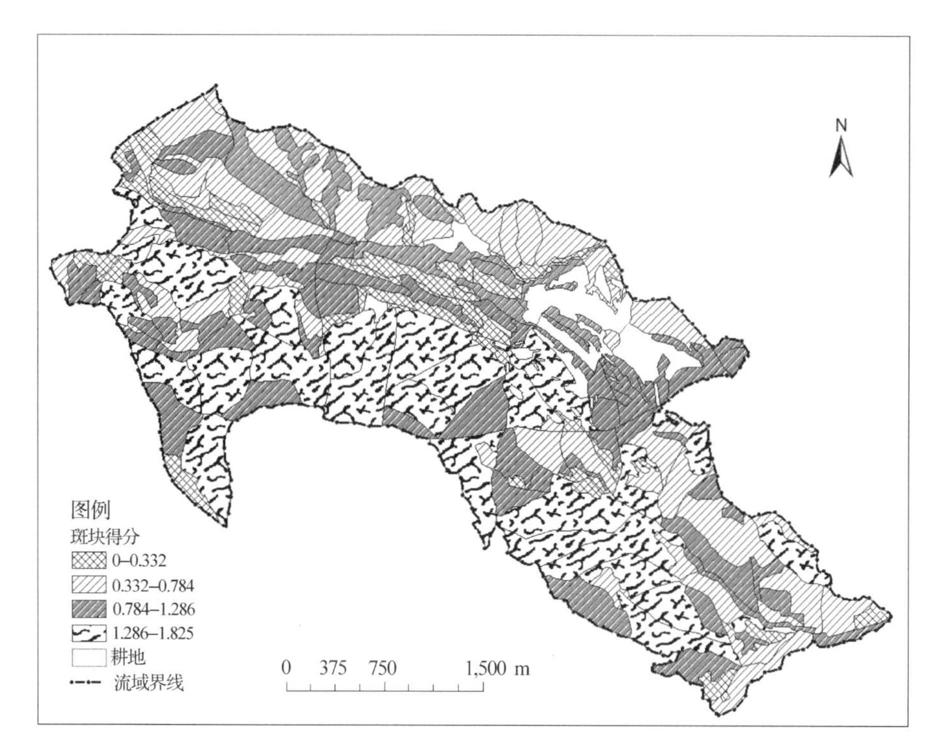


图 6-66 各森林景观斑块得分分布

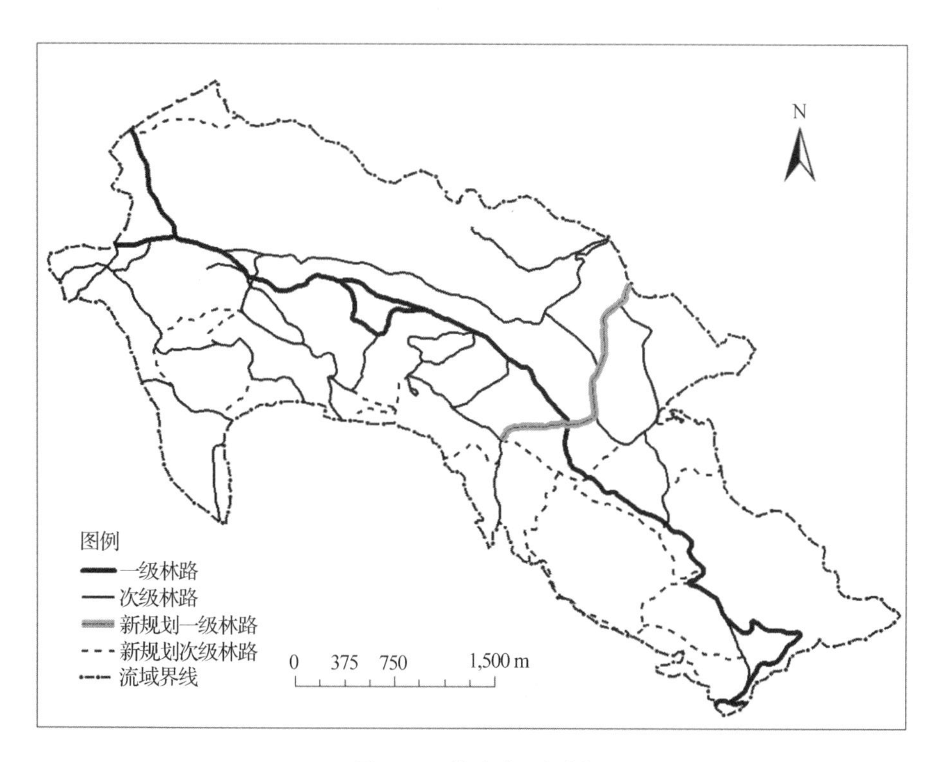


图 6-67 林路建设规划

(2)河流缓冲带

流域内主要有2条小型溪沟构成的河流，汇集上游林区内的水流，沿山体沟谷自西南向东北流入下游的河流。该2条小河流均流经村庄，且流域内土壤以沙壤或沙土为主，故河流水质较差，农业污染较严重，河岸土质疏松，易造成水土流失，尤其是降雨比较强烈的时段，水土流失更为严重，造成河流淤积，水量难以疏通，既不利于改善森林立地条件，又会对森林土壤造成侵蚀，从而导致森林面积锐减，森林生态环境不断恶化。下游有滦河水库，直接影响到下游水库水质。

考虑到流域内河流的基本情况，为避免森林资源遭受不必要的损失，同时防止水土流失河流淤积，需要在河流与森林之间建立一定宽度的缓冲带，努力增加该区域的植被覆盖，达到固沙保土的目的。缓冲带设在水土流失严重，河岸植被破坏严重的地区。由于河岸以沙壤土为主，缓冲带内应根据河岸土壤及地形，从岸边向林区依次植草、种植固沙灌木和能成林的乔木，使其过渡性地延伸至林区。为充分提高缓冲带的保护作用，一般延伸至林区内为宜。流域北部的一条河流缓冲带长度设为2.3km，处于河流源头，河岸破坏程度不大，设置二级缓冲带，宽度为20m；东南部的一条河流缓冲带长度设为1.7km，该段河流流经村庄，两岸破坏较严重，设置一级缓冲带，宽度为50m。其规划位置分布示意图见图6-68。

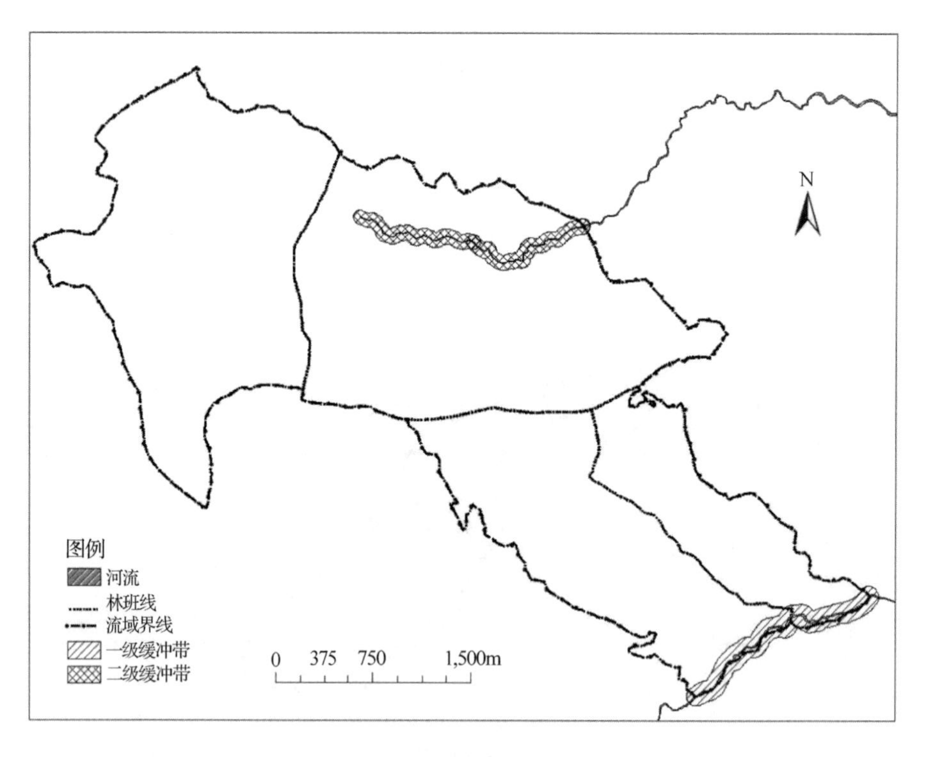


**图6-68 河流缓冲带规划**

### 6.7.2　林分尺度森林经营

流域森林生态系统经营规划中将各森林景观斑块经营迫切性划分为4个级别，并给出了相应的经营建议。在此基础上，根据各森林景观斑块按照优势树种划分不同的林分，进而从林分尺度展开森林经营措施，促使林分结构不断优化，林分生产力得以提高，经济社会以及生态效益最大发挥。下面按照针阔混交、针叶混交与纯林将不同优势树种的林分划分为15种经营类型，并分别提出相应的经营技术措施。

#### 6.7.2.1　林分经营目标

根据红塘沟流域不同林分类型，依据林分自身条件及不同生理阶段，通过抚育采伐等措施来调整林分结构，促进林下更新，逐步形成异龄、多层、混交的稳定状态。努力培育优质、健康、高效的森林，进而提供更多的木材、林产品以及活立木。旨在充分利用森林资源、提高林木质量和产量。最终使研究区森林资源得到有效利用，生态、社会和经济效益得到最大发挥。

#### 6.7.2.2　山杨林经营

红塘沟流域以山杨为优势树种的林分中，有阔叶混交林、针阔混交林。该类型林分分布较广，总分布面积为185.56hm$^2$，其中，阔叶混交林主要集中在流域的东南部，中部也有小部分分布，面积共计16.79hm$^2$；针阔混交林面积居多，主要分布于流域的中部，面积共计168.77hm$^2$。

(1)山杨为主的阔叶混交林

1)林分概况及其存在的问题

该类型林分包括290B林班中53小班，290C林班中86小班和290E林班中52小班。该类型林分大部分小班山杨占6成以上，白桦、蒙古栎等占4成以下，林分内伴生有少量阔杂，呈多树种混交状态。林下白桦、山杨的更新幼苗较多，此外，蒙古栎、色木槭、山丁子等经济价值高的珍稀阔叶也有一定的幼苗更新。林分密度较大，干扰树、干型不良等不健康林木比例较高，该类型林分中龄林、过熟林均有分布，林层结构呈2~3层。

2)经营目标

该类型林分发展目标是引入针叶树种和珍稀树种，通过人工或天然更新提高林分的健康稳定程度和混交程度。木材生产上，山杨一般径材目标胸径30cm，培育周期为40~50a，山杨大径材目标胸径50cm，培育周期为50~60a。

3)经营措施

①结构调整：根据林分不同层次调整林分垂直结构，通过伐除干扰树改善下层林木的生长环境，促进蒙古栎、色木槭、山丁子等幼苗的更新发展。290E林班中52小班中，对郁闭度较大的林分进行适当抚育采伐来调整林分水平结构，伐后郁闭度为6，保留亩株数为45，采伐强度22.37%。

②竞争调节：针对目标树，需要通过采伐周围干扰木，释放出足够的空间来促进目标树的生长。对干扰树采伐时，注意避免刮伤目标树，如果在采伐过程中有伤及周围林木，视被伤及林木的损伤程度选择伐除或修护。伐倒后的干扰树及时清理出林地加以利

用，并清除残留的树枝。

③干形培育：培育林木良好干形，通过修枝，提高树冠高度，保持一定的树冠和树干比例，提高林木光合效率及通风性，促使林木径向生长与树高生长相协调，最终形成树干高大通直、饱满度大的林木。

④健康改善：及时清理林分内的残留物，如采伐后残留的树枝等，并及时伐除清理不健康林木，如病枯、倒伏、风折、干形差等林木，进而改善林分健康状况。

⑤林下补植：在采伐后的林下空地上补植落叶松、樟子松、云杉等针叶树种，提高林分混交程度。

(2)山杨为主的针阔混交林

1)林分概况及其存在的问题

该类型林分包括该类型林分包括290B林班中47、49、57小班，290C林班中26、27、68、77、79、87小班以及290E林班中7、17、29、30、37、45小班。该类型林分山杨占4成以上，落叶松、油松、白桦等比例少于4成，并伴生少量蒙古栎和其他阔杂，呈多树种混交状态。林下油松、落叶松几乎没有幼苗更新，有部分白桦、山杨的幼苗更新，此外，蒙古栎、色木槭、山丁子等经济价值高的珍稀阔叶也有一定的幼苗更新。林分密度较大，优势树种不明显，干扰树、干型不良等不健康林木比例较高，该类型林分以中龄林为主，林层结构呈2~3层。

2)经营目标

该类型林分发展目标，注重生态效益以及维护物种多样性等各方面相互协调发展，形成健康稳定的复层异龄针阔混交林。木材生产上，山杨一般径材目标胸径30cm，培育周期40~50a；山杨大径材目标胸径50cm，培育周期为50~60a。

3)经营措施

①结构调整：根据林分不同层次调整林分垂直结构，通过伐除干扰树改善下层林木的生长环境，促进白桦、山杨、蒙古栎、色木槭、山丁子等幼苗的更新发展。对于郁闭度比较大的林分需要通过抚育采伐来调整林分水平结构，流域内290C林班中68、77、79、87小班以及290E林班中30、45、52小班，这些小班林分郁闭度较大，通过抚育采伐来调整郁闭度及保留株数，确定采伐强度(见表6-67)。

**表6-67 山杨林各小班林分调整计划**

| 林班/小班 | 起源 | 林龄 | 郁闭度 | 伐后郁闭度 | 采伐类型 | 保留株数(株/亩) | 采伐强度(%) |
|---|---|---|---|---|---|---|---|
| 290C/68 | 天然 | 中龄林 | 8 | 6 | 疏伐 | 90 | 21.74 |
| 290C/77 | 天然 | 中龄林 | 9 | 6 | 疏伐 | 60 | 25.92 |
| 290C/79 | 天然 | 中龄林 | 7 | 6 | 疏伐 | 90 | 32.84 |
| 290C/87 | 天然 | 中龄林 | 8 | 6 | 疏伐 | 60 | 21.05 |
| 290E/30 | 天然 | 成熟林 | 7 | 6 | 疏伐 | 45 | 28.57 |
| 290E/45 | 天然 | 过熟林 | 7 | 6 | 生长伐 | 30 | 34.78 |
| 290E/52 | 天然 | 过熟林 | 7 | 6 | 生长伐 | 45 | 33.82 |

②竞争调节：针对目标树，需要通过采伐周围干扰木，释放出足够的空间来促进目标树的生长。对干扰树采伐时，注意避免刮伤目标树，如果在采伐过程中有伤及周围林木，视被伤及林木的损伤程度选择伐除或修护。伐倒后的干扰树及时清理出林地加以利用，并清除残留的树枝。

③干形培育：培育林木良好干形，通过修枝，提高树冠高度，保持一定的树冠和树干比例，提高林木光合效率及通风性，促使林木径向生长与树高生长相协调，最终形成树干高大通直、饱满度大的林木。

④健康改善：及时清理林分内的残留物，如采伐后残留的树枝等，并及时伐除清理不健康林木，如病枯、倒伏、风折、干形差等林木，进而改善林分健康状况。

⑤林下补植：在采伐后的林下空地上补植蒙古栎、色木槭等阔叶树种，适当补植油松、樟子松、云杉等针叶树种，进而提高林分混交程度。

#### 6.7.2.3　白桦林经营

(1)白桦为主的阔叶混交林

1)林分概况及其存在的问题

该类型林分主要包括290B林班中22、58、64小班，290C林班中8、62、72、83、84、92小班以及290E林班中38小班和290F林班中32、74小班。该类型林分由5成以上的白桦以及部分山杨、蒙古栎等构成，有少量阔杂树伴随生长，林下白桦和山杨的更新幼苗较多，此外，蒙古栎、色木槭、山丁子等经济价值高的珍稀阔叶树种也有一定的幼苗更新。林分密度较大，干扰树、干型不良等不健康林木比例较高，该类型林分以中龄林为主，有部分近熟林，林层结构呈2~3层。

2)经营目标

该类型林分发展目标，注重生态效益以及维护物种多样性等各方面相互协调发展，形成健康稳定的复层异龄针阔混交林。木材生产上，白桦一般径材目标胸径30cm，培育周期40~50a，白桦大径材目标胸径50cm，培育周期为50~60a。

3)经营措施

①结构调整：根据林分不同层次调整林分垂直结构，通过伐除干扰树改善下层林木的生长环境，促进白桦、山杨、蒙古栎、色木槭、山丁子等幼苗的更新发展。对于郁闭度比较大的林分需要通过抚育采伐来调整林分水平结构，流域内290B林班中22、64小班，290C林班中83、84、92小班，290E林班中38小班以及290F林班中32小班，这些小班林分郁闭度较大，通过抚育采伐来调整郁闭度及保留株数，确定采伐强度，见表6-68。

②竞争调节：针对目标树，需要通过采伐周围干扰木，释放出足够的空间来促进目标树的生长。对干扰树采伐时，注意避免刮伤目标树，如果在采伐过程中有伤及周围林木，视被伤及林木的损伤程度选择伐除或修护。伐倒后的干扰树及时清理出林地加以利用，并清除残留的树枝。

③干形培育：培育林木良好干形，通过修枝，提高树冠高度，保持一定的树冠和树干比例，提高林木光合效率及通风性，促使林木径向生长与树高生长相协调，最终形成

树干高大通直、饱满度大的林木。

表 6-68 白桦林各小班林分调整计划

| 林班/小班 | 起源 | 林龄 | 郁闭度 | 伐后郁闭度 | 采伐类型 | 保留株数（株/亩） | 采伐强度（%） |
|---|---|---|---|---|---|---|---|
| 290B/22 | 天然 | 中龄林 | 8 | 6 | 疏伐 | 80 | 20.79 |
| 290B/64 | 天然 | 近熟林 | 8 | 6 | 生长伐 | 30 | 26.83 |
| 290C/83、84、92 | 天然 | 中龄林 | 9 | 6 | 疏伐 | 85 | 25.44 |
| 290E/38 | 天然 | 近熟林 | 7 | 6 | 生长伐 | 45 | 27.42 |
| 290F/32 | 天然 | 中龄林 | 8 | 6 | 疏伐 | 45 | 28.57 |
| 290C/18 | 天然 | 中龄林 | 9 | 6 | 疏伐 | 90 | 25.62 |
| 290C/57 | 天然 | 中龄林 | 7 | 6 | 疏伐 | 65 | 25.29 |
| 290B/8、16 | 天然 | 中龄林 | 8 | 6 | 疏伐 | 55 | 32.10 |
| 290E/54 | 天然 | 中龄林 | 8 | 6 | 疏伐 | 50 | 32.43 |

④健康改善：及时清理林分内的残留物，如采伐后残留的树枝等，并及时伐除清理不健康林木，如病枯、倒伏、风折、干形差等林木，进而改善林分健康状况。

⑤林下补植：在采伐后的林下空地上补植落叶松、油松、云杉等针叶树种，提高林分混交程度。

（2）白桦为主的针阔混交林

1）林分概况及其存在的问题

该类型林分主要包括290B林班中33、34小班和290C林班中18、29、42、54、57、58、64小班。该类型林分白桦占3～7成不等，山杨、落叶松、蒙古栎等所占比例在1～3成，林下白桦、山杨的更新幼苗较多，此外，蒙古栎、色木槭、山丁子等经济价值高的珍稀阔叶也有一定的幼苗更新。林分密度较大，干扰树、干型不良等不健康林木比例较高，该类型林分以中龄林为主，林层结构呈2～3层。

2）经营目标

该类型林分发展目标，注重生态效益以及维护物种多样性等各方面相互协调发展，形成健康稳定的复层异龄针阔混交林。木材生产上，白桦一般径材目标胸径30cm，培育周期40～50a，白桦大径材目标胸径50cm，培育周期为50～60a。

3）经营措施

①结构调整：根据林分不同层次调整林分垂直结构，通过伐除干扰树改善下层林木的生长环境，促进白桦、山杨、蒙古栎、色木槭、山丁子等幼苗的更新发展。对于郁闭度比较大的林分需要通过抚育采伐来调整林分水平结构，流域内290C林班中18和57小班林分郁闭度较大，通过抚育采伐来调整郁闭度及保留株数，确定采伐强度，见表6-68。

②竞争调节：针对目标树，需要通过采伐周围干扰木，释放出足够的空间来促进目标树的生长。对干扰树采伐时，注意避免刮伤目标树，如果在采伐过程中有伤及周围林木，视被伤及林木的损伤程度选择伐除或修护。伐倒后的干扰树及时清理出林地加以利

用，并清除残留的树枝。

③干形培育：培育林木良好干形，通过修枝，提高树冠高度，保持一定的树冠和树干比例，提高林木光合效率及通风性，促使林木径向生长与树高生长相协调，最终形成树干高大通直、饱满度大的林木。

④健康改善：及时清理林分内的残留物，如采伐后残留的树枝等，并及时伐除清理不健康林木，如病枯、倒伏、风折、干形差等林木，进而改善林分健康状况。

⑤林下补植：在采伐后的林下空地上补植蒙古栎、色木槭等阔叶树种，适当补植油松、云杉等针叶树种，进而提高林分混交程度。

(3)白桦纯林

1)林分概况及其存在的问题

该类型林分主要包括290B林班中8、16小班以及290E林班中47、54小班，林分内白桦占10成，林分内伴生少量山杨树种，林下其他幼苗更新较少，林分密度较大，以幼龄林为主，林层结构单一。

2)经营目标

该类型林分发展目标，通过人工引入针叶树种和其他珍稀树种，形成健康稳定的复层异龄针阔混交林。木材生产上，白桦一般径材目标胸径30cm，培育周期40~50a，白桦大径材目标胸径50cm，培育周期为50~60a。

3)经营措施

①结构调整：根据林分不同层次调整林分垂直结构，通过伐除干扰树改善下层林木的生长环境。对于郁闭度比较大的林分需要通过抚育采伐来调整林分水平结构，流域内290B林班中8和16小班以及290E林班中54小班的林分郁闭度较大，通过抚育采伐来调整郁闭度及保留株数，确定采伐强度，见表6-68。

②竞争调节：针对目标树，需要通过采伐周围干扰木，释放出足够的空间来促进目标树的生长。对干扰树采伐时，注意避免刮伤目标树，如果在采伐过程中有伤及周围林木，视被伤及林木的损伤程度选择伐除或修护。伐倒后的干扰树及时清理出林地加以利用，并清除残留的树枝。

③干形培育：培育林木良好干形，通过修枝，提高树冠高度，保持一定的树冠和树干比例，提高林木光合效率及通风性，促使林木径向生长与树高生长相协调，最终形成树干高大通直、饱满度大的林木。

④健康改善：及时清理林分内的残留物，如采伐后残留的树枝等，并及时伐除清理不健康林木，如病枯、倒伏、风折、干形差等林木，进而改善林分健康状况。

⑤林下补植：在采伐后的林下空地上补植蒙古栎、色木槭等阔叶树种，适当补植落叶松、樟子松、云杉等针叶树种，进而提高林分混交程度。

### 6.7.3　单木经营措施

单木尺度的经营，注重单株树木的培养，以林分中或者流域内个别林木为对象，以培育出高大通直的用材树和观赏价值高及经济价值高的景观树为目的。主要从用材树和景观树两方面进行单木经营措施体系研究。

#### 6.7.3.1 经营目标

对于用材树种而言，依据林分树种组成、林分发展类型等，周期性伐除与目标树形成竞争的林木，增强稳定性，提高单株林木的质量；对于景观树种而言，通过相应的经营技术保护和合理利用蒙古栎、色木槭、山丁子等景观树种，使其观赏价值和经济价值得到充分发挥；兼顾生态效益和经济效益，在最大限度降低森林经营投入的同时使森林资源得以充分开发利用。

#### 6.7.3.2 用材树经营

(1)目标树选择

1)选择标准

在生产实践中，目标树一般从能很好适应当地生长环境的乡土树种中选取，这些树种通常具有生长为中径级或大径级木材的潜力，并且为实生个体，具有通直完好的干形，梢头无分叉，冠形良好生长旺盛，基部无损伤，整体无病虫害，处于林分的主林层或优势木，具有较高的经济价值。

2)确定方法

根据研究区的实际，红塘沟流域目标树的选择，一般以白桦、山杨、落叶松、樟子松、油松等常见树种为主；此外，蒙古栎和云杉由于具有较高的经济价值，且材质较好，故在林分中适当选取干型及长势良好的树木作为目标树来培养。

3)标记

对已选为目标树的林木标记，一般采用油漆在树干 1.3m 处标号或者定树牌进行标记。打号处或者定牌处在树干的 1.3m 左右，要求打号清晰、标注规范，每隔一定时间进行复查是否重新涂写；对于定牌，要求树牌是之前已经做好的不易生锈的金属牌，上面钢字打印清晰，用钢钉固定。对已经选为目标树的林木进行定位，采用 GPS 测定每株林木的坐标并记录下来。

4)测量与建档

测量每株林木的胸径、树高、枝下高、冠幅等，并记录在事先制作好的表格内。对已经确定及测量好的目标树进行建档，建立流域内目标树的档案，以便后续利用。

(2)保留株数

1)保留原则

红塘沟流域目标树的株数保留，以研究区不同的林分结构、树种组成、发育阶段和林分优势高度为依据。其基本原则是，以林分内优势种群为目标树，目标树均匀分布于林分内，总株数占林分总株数的 2 成左右。

2)确定方法

根据林分发育阶段将研究区林分划分为建群、林分形成、抚育、目标树生长、蓄积生长和恒续林 6 个阶段。其中，建群阶段主要是造林初期或者幼龄林时期，林分优势高度不超过 5m，此时不具备选择目标树的条件；当林分开始郁闭，幼林开始形成干材，林分优势高一般大于 5m 且不超过 10m 时，为形成阶段，此时确定目标树，其保留株数可在 18 株左右；以先锋树种为主的林分开始出现顶级群落，林分优势高度一般 10～18m，是林分的抚育阶段，目标树保留株数 10～14 株；当林分主要以中小径级的乔木林为主，林分优势高度 18～26m，为目标树的主要生长阶段，目标树保留株数一般在 7 株左右；当林分优势高度达 26m 以上，大径级乔木开始蓄积生长，为蓄积生长阶段，目标树保留株数可为 4 株以上。蓄积生长和恒续林是目标树采伐和利用的两个主要阶段，第 1 代目标树采伐和利用以后，其株数逐渐减少，林分呈异龄林状态，从第 2 代目标树的选取和抚育开始，便进入恒续林阶段，目标树保留株数一般控制在 4～7 株。红塘沟流域各林分中不同发育阶段目标树对应的保留株数见表 6-69。

**表 6-69　不同发育阶段目标树保留株数**

| 发育阶段 | 目标树选择 | 林分优势树高(m) | 保留株数(株/亩) |
|---|---|---|---|
| 建群 | 幼苗、幼林 | <5 | — |
| 林分形成 | 郁闭林木 | 5～10 | 18 |
| 抚育 | 干材 | 10～18 | 10～14 |
| 目标树生长 | 中径级林木 | 18～26 | 7 |
| 蓄积生长 | 中、大径级林木 | >26 | 4 以上 |
| 恒续林 | 林分持续择伐林 | | 4～7 |

(3)培育目标

红塘沟流域用材树种目标树的培养主要是朝着大径材方向发展，但当林木生长到一定阶段以后，随着林分各种状况的出现，林木的质量与产量不一定会提升，因此，胸径的选择并非越大越好。又由于不同树种的年龄与胸径对应互有差异，所以用年龄来判断目标树是否达到木材收获的时期不太合适，用目标胸径来决定其是否收获，可以充分发挥目标树的生产潜力，使单木蓄积达到最大培养目标，实现经济效益的最大化。

不同树种的目标胸径通常不是一个固定的数值，往往会考虑到该区的立地条件、林木质量、经济价值等因素。在综合考虑树种、木材价格的变动、用材树的不同材质状况以及地区用材需求的前提下调整目标树胸径和木材生产目标。红塘沟流域不同树种目标树的生产目标、目标胸径取值以及培育周期见表 6-70。

**表 6-70　不同树种的培育目标**

| 树种 | 生产目标 | 目标胸径(cm) | 培育周期(年) |
|---|---|---|---|
| 落叶松 | 建筑、家具用材 | 40～60 | 80～100 |
| 樟子松 | 建筑、家具用材 | 45～55 | 80～100 |
| 油松 | 建筑、家具用材 | 45～55 | 60～80 |
| 云杉 | 高质量特殊用材 | 60～70 | 100～120 |
| 白桦 | 建筑、家具用材 | 45～55 | 50～70 |
| 山杨 | 建筑、家具用材 | 50～60 | 50～70 |
| 蒙古栎 | 高质量特殊用材 | 55～65 | 80～120 |

(4)竞争调节

1)调节对象

目标树的竞争对象一般是周围的干扰木，干扰木一般在林分中具有一定竞争力，影响或压制目标树的生长，需要通过间伐周围干扰木，释放出足够的空间来促进目标树的生长。

2)确定间距

依据目标树种来确定与周围林木的间距，阔叶目标树种与周围林木间距一般保持在其胸径的25倍左右，针叶目标树种与周围林木间距一般保持在其胸径的20倍左右。

3)调节方法

对干扰树进行砍伐，砍伐时注意避免刮伤目标树，如果在砍伐过程中有伤及目标树，视被损伤程度选择伐除或修护。还可对干扰树进行环剥，致使其枯立，进而不再影响目标树的生长。

4)清理林地

伐倒后的干扰树及时清理出林地加以利用，并清除残留的树枝；一定时期后，清理被环剥的枯立木，营造良好的林地卫生状况。

(5)密度分布

本研究在依据红塘沟流域近年来森林经营的经验基础之上，结合上述总结的研究区森林类型，以及该区以商品林为主要经营对象的实际，选取红塘沟流域的14个不同林分类型，设计出各林分类型对应的目标树经营作业方式(见表6-71)，并规划出了目标树在各林分中的密度分布图。

**表6-71 各林分类型单株林木经营作业表**

| 林分类型 | 目标树树种 | 目标胸径(cm) | 目标树密度(株、亩) | 发育阶段 |
|---|---|---|---|---|
| 山杨为主的阔叶混交林 | 山杨、白桦、黑桦、蒙古栎、落叶松 | 50、50、40、60、50 | 10~14 | 抚育 |
| 山杨为主的针阔混交林 | 山杨、落叶松、油松、白桦、蒙古栎 | 50、50、45、50、60 | 10~14 | 抚育 |
| 白桦为主的针阔混交林 | 白桦、山杨、落叶松、蒙古栎 | 50、50、50、60 | 18 | 林分形成 |
| 白桦为主的阔叶混交林 | 白桦、山杨、蒙古栎、落叶松、油松 | 50、50、60、50、45 | 18 | 林分形成 |
| 白桦纯林 | 白桦 | 50 | 18 | 林分形成 |

### 6.7.3.3 景观树经营

景观树种(俗称大苗)以其新奇的外形和优良的材质，不仅给人们带来视觉上的独特感受，同时还具有较高的经济价值。该流域有部分观赏价值高、经济价值高的景观树种，如油松、蒙古栎、色木槭、山丁子、花楸等。这些树种在林子内或者交通便利的地方均有分布，有的属于单株树木，有的属于丛生树木。对该流域的部分景观树种以单株林木为单位进行保护和经营具有重要的意义。

(1)不同景观树种的分布

红塘沟流域景观树种多样，分布较广泛，有生长在林下的，也有伫立于交通便利的路旁。下面主要以蒙古栎、油松、山丁子、色木槭和花楸这 5 个景观树种的分布进行示意，如图 6-69。

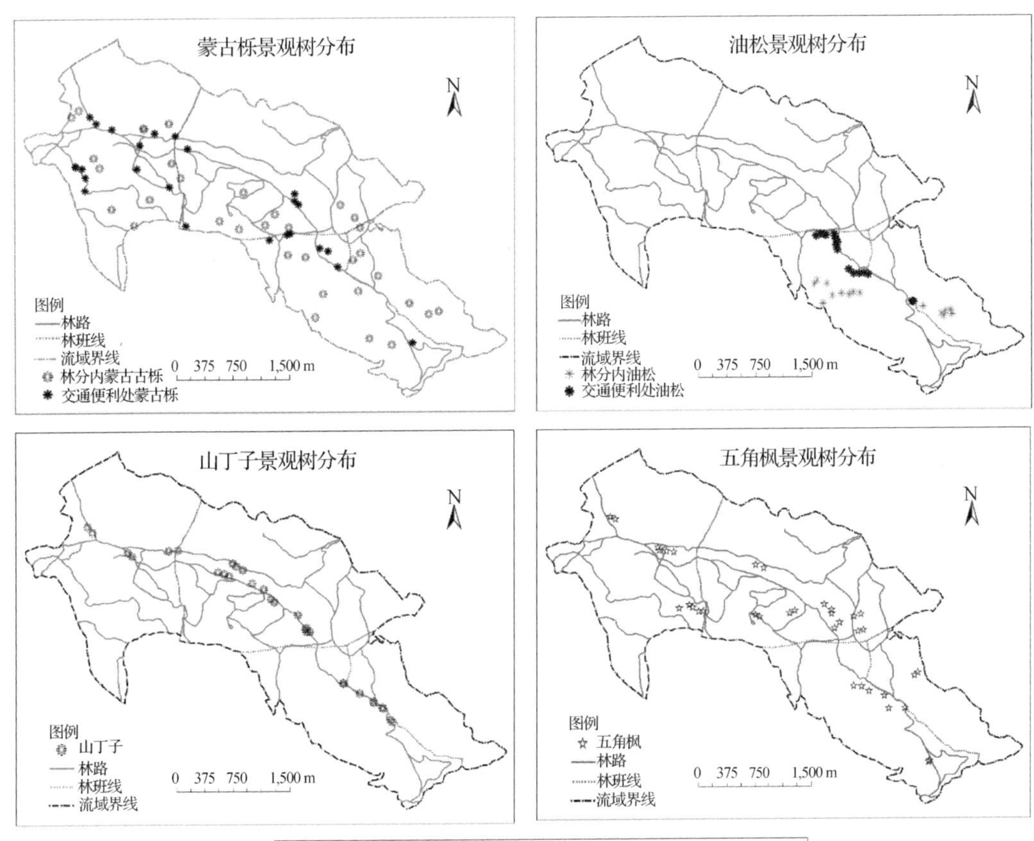


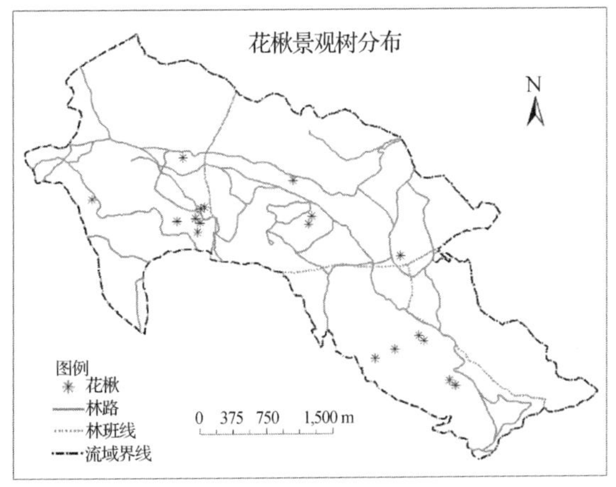


**图 6-69　各景观树种分布**

(2)景观树选择

1)选择标准

对林分内、林源附近以及道路旁的树木进行遴选，以适应当地气候的乡土树种为主，适当搭配外来引进树种；此外，要求树形美观、材质优良、长势旺盛，树叶或花观赏性高的树种。

2)选择方法

蒙古栎、色木槭等景观树种以观叶为主，既有单株形式存在，也有成丛出现，一般单株出现的选择干形良好，树冠外形美观的作为景观树，成丛出现的一般4~6株为宜，株数较多伐除后选择，株数较少不选择。山丁子主要以观花为主，单株出现时选择冠幅较大，枝干茂盛，且枝下高度2~3m的树木，成丛出现时选择3~4株为宜。花楸多以单株出现，且干形大多通直，该类景观树以观叶为主，故选择干形完好，健康茂盛的树木。油松也大多以单株出现，以观赏整体外形及树冠的奇异性为主，故选长势旺盛，冠幅较大、枝下高2~3m的树木。

(3)定位标记与测量

1)定位

对已经选为景观树种的林木进行定位，一般采用GPS测定每株林木的坐标并记录下来，以便后续经营所用。

2)标记

对已经定位的景观树种进行标记，一般采用油漆在树干1.3m处标号或者定树牌进行标记。打号处或者定牌处在树干的1.3m左右，要求打号清晰、标注规范，每隔一定时间进行复查是否重新涂写。

3)测量

对所选景观树种进行相关数据测量，一般需要测量每株林木的胸径、树高、枝下高、冠幅等，并记录在事先制作好的表格内。

(4)竞争调节

1)调节对象

景观树周围的干扰木，压制景观树生长，影响其发育成美观树形，需要通过伐除周围对其遮蔽的林木，释放出空间，减少竞争，从而满足这些景观树种对光照、养分等的需求，进而能够更好地生长。

2)确定间距

依据景观树种的不同来确定与周围林木的间距，阔叶景观树种与周围林木间距一般保持在其冠幅的2倍左右，针叶景观树种与周围林木间距一般保持在其冠幅的1倍左右。

3)调节方法

砍伐干扰木，砍伐时注意避免折断损伤景观树的树枝，如果在砍伐过程中有伤及景观树的，视被损伤程度选择伐除或修护。还可对干扰树进行环剥，致使其枯立，进而不再影响景观树的生长。

4) 清理周围林地

伐倒后的干扰树及时从景观树周围清理出去加以利用，并清除残留的树枝；一定时期后，清理被环剥的枯立木，营造良好的林地卫生状况。

(5) 整形

1) 整形对象

选择生长良好，树冠完好无缺陷，高干大冠、低干小冠或丛生，具有培育前途的景观树，将其选为整形对象，通过整形，促使其更好地朝着景观美化方向生长发育。

2) 整形样式

根据不同树种，因树而异，发展不同的树形。单株景观树，蒙古栎多整修成圆头树冠形，花楸多整修成纺锤形树冠；丛生景观树，色木槭、蒙古栎、山丁子等多引导培养成伞状树冠形。

3) 整形方法

通过疏剪过密枝，截短回缩过长枝等修剪方法，使树冠匀称健壮，冠内主干枝均匀，达到较高的整体观赏性。疏剪掉枯枝、虫害枝，以利于养分的调节。

(6) 保护措施

1) 修剪切口的保护

为防止修剪切口的腐烂、病菌感染等，促进切口愈合，需要在切口处涂抹油漆、药物等，进而使景观树健康生长。

2) 景观树保护方法

加强对景观树生长状况的保护，必要时建立护栏进行围护，防止人畜干扰。充分运用生化防治技术，及早防治，减少虫害对景观树种的威胁。加强人为管护，落实保护责任，对滥伐滥挖盗取等行为加大处罚力度。

(7) 采挖

1) 采挖范围

采挖处离树干基部要有一定的间距，避免伤及树根，根据树木的大小来确定采挖间距，一般采挖间距大小可以树冠投影作为参照。采挖出来的树木根系有尽可能多的土团包被，土团大小一般为树木胸径 10 倍左右为宜。

2) 采挖深度

确保采挖出来的树木拥有健全根基的关键，采挖深度也视被采挖树木的大小而定，根据以往采挖经营，采挖深度一般与树高比例为 1∶10。

3) 注意事项

注意不要伤及树干和主要的树枝，伤及树干以后景观树再次栽植可能会死亡，伤及主要主枝后该树的整体外观就会损坏，失去了原有的观赏价值，后期不可恢复。此外，采挖过程中要注意避免对周围其他林木造成的损伤。用草绳捆绑土团后，喷洒适量的水保持土团的湿润性，防止其松散开裂。对伤及到的根系伤口及时做好消毒和密闭处理。采挖以后，在运输移栽之前，保持原有景观效果基础上对树枝进行适当的修剪，剪除过密、病枯、杂乱的枝条，适当疏叶减少水分蒸发。

Chapter 7
# 第7章
# 内蒙古灌木林可持续经营技术研究

内蒙古地域辽阔，东西狭长，横贯东北、华北、西北，是我国北方重要的生态防线，是全国生态建设的重点地区，也是我国六大林业重点工程唯一全覆盖的省区，在国家林业发展道路上，具有举足轻重的地位。沙地广布，干旱缺水，土地瘠薄，在很大程度上限制了乔木林的发展，发展灌木林成为内蒙古生态建设的必然选择。从2001年开始，全区灌木林面积已占到当年造林总面积的70%。全区现有天然灌木林360万公顷，人工灌木林130万公顷。大力发展灌木林正逐渐成为内蒙古生态建设重点和新的经济增长点。以灌木林为主要原料的林业产业正在兴起，全区现有山杏仁、沙棘、枸杞等食品、药品加工企业和灌木林人造板、柳编、灌木饲料加工企业30多家，年创产值10亿元以上。但在大力发展灌木林及其产品利用方面也出现了很多问题，尤其是没有把灌木林产品利用与灌木林的可持续经营结合在一起，已经成为制约灌木林产业与生态保持良好平衡的瓶颈。灌木林作为林业的一个重要部分，具有不可忽视的生态、经济和社会作用，对灌木林的可持续经营不仅可以提高经营者的经济收益，同时它带来的防风固沙、防止水土流失、涵养水源等生态作用也是十分重要的。

森林与水土流失、土地荒漠化、生物多样性丧失、农村牧区贫困等生态环境与社会经济问题密切相关，关系到区域环境和社会、经济的可持续发展。用什么树种营建森林和怎样经营森林，不仅关系到“两率”和成林，更关系到成果的保护。在国家大力进行林业生态工程建设之后，宜林地质量普遍降低的情况下，如何通过发展适应性更强的灌木林来完成扩大森林面积的重任，其中必须解决的问题就是现有灌木林的可持续经营。通过可持续经营，提高现有灌木林经济效益和社会效益，反向拉动提高灌木林的生态效益，使灌木林拥有者从中受益，这是当前和今后在环境脆弱地区扩大灌木林面积、实现灌木林经营目的、增加经营者经济收入、稳定灌木林建设成果的根本所在。

目前我国关于灌木林可持续经营技术的研究还比较少，没有形成系统完整的经营技术。通过对内蒙古多种不同类型区主要灌木林多种经营技术的集成、组装和配套，并通过建立试验示范基地，归纳提炼出主要灌木林的可持续经营技术模式，以此带动内蒙古地区灌木林经营水平的提升，并辐射带动提高“三北”地区灌木林经营水平，整体提高灌木林的生态、经济和社会效益。

## 7.1 内蒙古灌木林类型区划

对内蒙古自治区自然条件、社会经济条件、灌木林资源状况进行调查，依据已有的生态区划、林业区划结果，依据灌木林分布特点，对内蒙古进行不同灌木林类型区划及主要树种选择，并针对现有灌木林的经营管理和存在的问题等进行调查分析，收集整理现有研究成果和成熟技术，集成具有针对性的灌木林可持续经营技术。研究区域包括阴山山地—内蒙古高原东部类型区、黄土高原类型区、鄂尔多斯沙地沙漠类型区、黄河河套平原类型区、内蒙古高原西部类型区、西辽河平原类型区和燕山地山地类型区主要灌木林的树种选择技术。

### 7.1.1 灌木林类型区划原则和依据

在内蒙古自治区整体概况调查分析的基础上，结合自治区林业、气候、土壤、环境保护、经济等区划成果，依据系统完整、基本类型覆盖、自然属性与生态过程地域分异以及可持续发展的原则，以国家林业局《全国森林资源经营管理分区施策导则》中资源经营类型分类方法及标准，灌木林起源、功能与用途、经营现状和发展方向等为依据，以把区域内复杂多样的自然条件按照地貌、气候、灌木林种类和建设方向等方面的相似性和差异性分门别类进行划分为目标，对内蒙古不同灌木林类型进行区划。

### 7.1.2 类型区命名方法

对内蒙古不同灌木林类型区划分为类型区、类型亚区、立地类型3个等级，对各级区划要阐述其相应的范围、自然特点、生态系统功能，以及灌木林生态建设与治理模式。上一级区划单元的技术原则和措施是下一级区划单元的指导和纲领，下一级的措施是上一级技术原则的具体体现。各等级区划单元的命名主要遵循标明地理位置空间、准确体现各级区划单元主要特点等原则。划分区域命名：类型区主要按地理区域(或水系、山脉)+大地貌命名；类型亚区主要按地理(水系、山脉)位置+主导因素命名；立地类型是作业设计的基本单元，主要依据岩性、地形、土壤、地下水位、植被等因子进行划分，确定影响林草生长的立地主导因子作为划分立地类型的依据。

### 7.1.3 不同灌木林类型区灌木树种选择方法

对立地类型内立地因子(海拔、土壤类型、土层厚度、坡向、坡位、坡度)和林分因子(灌木林种类、分布面积、经营现状、功用、平均树龄)进行调查，并依据各类型区的特点和灌木林生产经营发展方向，选择主要灌木林树种。

### 7.1.4 全区整体灌木林资源概况及类型区划成果

**表 7-1 内蒙古自治区灌木林类型区划及优势灌木林树种**

| 类型区 | 类型亚区 | 优势灌木林树种 |
|---|---|---|
| 西辽河平原－燕山山地类型区 | 科尔沁沙地类型亚区<br>燕山北麓山地类型亚区<br>燕山北麓黄土丘陵类型亚区 | 锦鸡儿、黄柳、杨柴、沙柳、虎榛子、柴桦、黄榆、棉刺、绣线菊、沼柳、榛子、山杏、沙棘 |
| 阴山山地－内蒙古高原东部类型区 | 阴山山地东段类型亚区<br>阴山山地西段类型亚区<br>阴山北麓丘陵类型亚区<br>大兴安岭北部山地类型亚区<br>大兴安岭南部山地类型亚区<br>大兴安岭东南部低山丘陵类型亚区<br>呼仑贝尔高原类型亚区<br>锡林郭勒高原类型亚区<br>浑善达克沙地类型亚区 | 山杏、锦鸡儿、黄柳、柽柳、榛子、虎榛子、红柳、白刺、绣线菊、柴桦、沙柳、沙棘、柄扁桃、黄榆、黄刺玫、蒙古扁桃、沼柳、叉子圆柏、棉刺、沙冬青、柴桦、刺玫 |
| 内蒙古高原西部及鄂尔多斯高原西北部类型区 | 内蒙古高原西部类型亚区<br>鄂尔多斯高原西北部类型亚区<br>贺兰山山地类型亚区<br>额济纳绿洲类型亚区 | 锦鸡儿、梭梭、沙柳、白刺、虎榛子、柽柳、霸王、沙冬青、黄刺玫、四合木、蒙古扁桃、叉子圆柏、沙拐枣、棉刺 |
| 黄河河套平原类型区 | 河套平原类型亚区<br>土默特平原类型亚区<br>黄河南岸平原类型亚区 | 锦鸡儿、红柳、枸杞、白刺、四合木、柽柳、沙柳、棉刺 |
| 鄂尔多斯沙地沙漠类型区 | 库布齐沙漠类型亚区<br>毛乌素沙地类型亚区 | 锦鸡儿、梭梭、扬柴、沙柳、霸王、沙冬青、花棒、沙拐枣、沙棘、柽柳、棉刺、柄扁桃、四合木 |
| 黄土高原类型区 | 黄土丘陵类型亚区 | 锦鸡儿、沙棘、虎榛子、黄榆、沙柳、杨柴、棉刺、柽柳、沙冬青、柄扁桃、黄刺玫、四合木 |

根据内蒙古已有的生态区划、林业区划等成果，将内蒙古自治区划分为 6 个类型区，22 个类型亚区，对各类型区主要分布的灌木林树种进行了调查(表 7-1)。通过对灌木林资源状况调查结果统计，全区有灌木 44 科，92 属，377 种灌木树种，其中优势灌木林树种 26 种，总面积 7095200 公顷(表 7-2)。

**表 7-2 内蒙古自治区主要灌木林经济树种面积**

| 树种 | 面积($hm^2$) | 树种 | 面积($hm^2$) | 树种 | 面积($hm^2$) |
|---|---|---|---|---|---|
| 锦鸡儿 | 1543200 | 杨柴 | 132000 | 榛子 | 32800 |
| 山杏 | 1279300 | 霸王 | 118800 | 刺玫 | 26400 |
| 白刺 | 817900 | 黄柳 | 99000 | 四合木 | 26300 |
| 虎榛子 | 718800 | 沙冬青 | 79100 | 蒙古扁桃 | 19700 |
| 棉刺 | 356100 | 柄扁桃 | 72500 | 花棒 | 6600 |

（续）

| 树种 | 面积($hm^2$) | 树种 | 面积($hm^2$) | 树种 | 面积($hm^2$) |
|---|---|---|---|---|---|
| 绣线菊 | 349400 | 梭梭 | 66000 | 沙拐枣 | 6600 |
| 柴桦 | 263600 | 黄榆 | 66000 | 叉子圆柏 | 6600 |
| 沙柳 | 243900 | 黄刺玫 | 59400 | 枸杞 | 6500 |
| 柽柳 | 224200 | 沼柳 | 32900 | 合计 | 7095200 |

## 7.2　山杏灌木林可持续经营技术研究

研究区位于赤峰市林西县新城子镇北郊的七合堂村，地理坐标为北纬 43°14′~44°15′，东经 117°38′~118°37′，属中温带大陆性季风气候。四季分明，风沙干旱严重，雨热同季，降水少而集中，日照充足，年平均气温 2.2℃，日照 2900h，降水量 360 ~ 380mm，年蒸发量达 1880.3mm，是降水量的 4.95 倍。无霜期 12 d。土壤肥力水平是“缺磷少氮，钾相对有余，有机质含量中等”。肥力分布规律是北高南低，变化幅度大。土壤有机质含量为 3.17%，全氮 0.18%，速效磷 4μg/g，速效钾 163μg/g。

对林西县山杏的种植模式以及山杏灌木林本底进行了调查，试验地山杏灌木林种植模式多样，主要有“山杏 + 苜蓿”灌 - 草种植，“山杏嫁接大扁杏”种植，“樟子松 + 山杏 + 苜蓿”乔 - 灌 - 草种植等模式。分别在“山杏 + 苜蓿”、“山杏嫁接大扁杏”、“樟子松 + 山杏 + 苜蓿”等不同种植模式的山杏灌木林以及未经抚育管理人工山杏林、天然山杏林和天然草地建立了 6 块试验样地，并对试验样地进行了立地条件、生长状况、物候期及抚育管理措施等进行现地调查。按照立地条件相似原则，分别对“山杏 + 苜蓿”、“山杏嫁接大扁杏”、“樟子松 + 山杏 + 苜蓿”等不同种植模式的山杏灌木林以及未经抚育管理人工山杏林和天然草地等 5 块试验样地进行调查，每处确定样方面积 20m × 20m，样地基本情况如下表(表 7-3)。

**表 7-3　试验样地基本情况**

| 样地模式 | | 林龄(年) | 株行距(m) | 海拔(m) | 坡向 | 坡位 | 郁闭度(%) | 平均地径(cm) | 平均树高(cm) |
|---|---|---|---|---|---|---|---|---|---|
| 人工山杏纯林 CK1 | | 15 | 2 × 4 | | | | 60 | 2.5 | 148 |
| 天然草地(CK2) | | | | | 阳坡 | 下坡 | 40 | | |
| 山杏 + 苜蓿(SM) | | 15 | 2 × 4 | 1032 | 阳坡 | 中坡 | 85 | 3.8 | 164 |
| 山杏 + 樟子松 + 苜蓿(SZM) | 山杏 | 15 | 4 × 4 | 1222 | 阴坡 | 上坡 | 91 | 3.5 | 134.9 |
| | 樟子松 | 15 | | | | | | 8.0 | 267.3 |
| 山杏嫁接大扁杏(SD) | 砧木为 2011 年栽植的山杏，嫁接 5 年 | | 2 × 4 | 1037 | 阴坡 | 中坡 | 30 | 5.0 | 257.5 |

### 7.2.1 山杏灌木林不同间种模式研究

通过山杏灌木林经营情况的调查显示，山杏林大多分布于海拔相对较高的阳坡，相对海拔较高的阴坡是采取“樟子松 + 山杏”的模式种植，且行间均间种有苜蓿，用于培肥地力，同时也为当地农民增加了经济收益。而坡度较缓、便于人工管理的阳坡则采取山杏改接大扁杏的模式种植，因大扁杏对于水、肥、草管理要求严格，因此未间种苜蓿。试验通过测定山杏几种不同种植模式的植被生物量、果实产量、植物有机碳、土壤有机质、土壤有机碳以及水源涵养等指标，研究了灌木林地间种苜蓿对山杏可持续经营的影响。

#### 7.2.1.1 不同山杏种植模式间种苜蓿植被生物量差异

由表7-4可知，植被总生物量：SZM > SM > CK，与CK相比，SM总生物量较其增长40.4%，SZM增长90.84%；乔灌木生物量：SZM > SM > CK，与CK相比，SM乔灌木生物量较其增长36.2%，SZM增长100%；草本生物量，SM > SZM > CK，与CK相比，SM草本生物量较其增长58.4%，SZM增长48.5%；山杏单株生物量：SM > SZM > CK，与CK相比，SM较其增长36.2%，SZM增长26.4%。试验结果表明，在不同种植模式山杏灌木林中间种苜蓿，可显著提高草本生物量以及山杏单株生物量和植被总生物量。

**表7-4 不同种植模式植被生物量**

| 模式 | | 乔灌木(g/株) | | | | | 总计 | 草本(kg/hm²) | | |
|---|---|---|---|---|---|---|---|---|---|---|
| | | 树干 | 树枝 | 树叶 | 树根 | 合计 | (kg/hm²) | 地上 | 地下 | 合计 |
| CK1 | | 602 | 475 | 292 | 1021 | 2390 | 2868 | 251 | 413 | 664 |
| SM | | 993 | 562 | 484 | 1217 | 3256 | 3907 | 558 | 494 | 1052 |
| SZM | 山杏 | 841 | 503 | 415 | 1263 | 3022 | 5742 | 499 | 487 | 986 |
| | 樟子松 | 2183 | 1315 | 1087 | 1963 | 6548 | | | | |

#### 7.2.1.2 不同山杏种植模式间种苜蓿土壤含水量和土壤物理性质差异

(1)土壤含水量差异

由表7-5可知，同一模式下，不同土层含水量差异不显著；不同模式下，同一土层含水量差异显著。SZM模式土壤含水量最高，SM模式次之，CK模式含水量最小。试验表明，与CK相比，SZM模式的保水能力较强，显著提高了土壤的固水能力；相对SZM模式而言，SM模式土壤含水量较小，由于其植被种类较少，其保水能力相对较弱，与CK相比，SM各土层含水量偏高，但差异不显著，主要是由于苜蓿根系生物量大且分布较深，耗水量较大，其土壤水量相对CK增加不明显；CK(人工山杏纯林)的含水量最低，分析认为主要由于植被覆盖度低，保水能力小，其次林间生长的天然杂草大多为浅根系植物，耗水量大。

**表 7-5　不同种植模式土壤含水量(%)**

| 模式 | 0~20cm | 20~40cm | 40~60cm |
|---|---|---|---|
| 人工山杏纯林(CK) | 0.0866 bA | 0.0822 bA | 0.0822 bA |
| 山杏+苜蓿(SM) | 0.0899 bA | 0.0891 bA | 0.0871 bA |
| 山杏+樟子松+苜蓿(SZM) | 0.1425 aA | 0.1661 aA | 0.1661 aB |

注：小写字母代表不同模式之间的比较，大写代表不同土层间比较。

(2)土壤容重及孔隙度差异

由表 7-6 可知，不同模式下，各灌木林地土壤容重有明显差异，在 0~60cm 土层内，土壤容重值：CK > SM > SZM。容重值越高，土壤紧实度越大，退化趋势越显著。试验表明，与 CK(人工山杏纯林)相比，在山杏灌木林地间种苜蓿可降低土壤容重。如图 7-1 所示，从同种植模式的不同土层容重的变化来看，3 种试验模式下各样地土壤的容重随着土壤层次的加深而逐渐增大，且变化趋势明显。与 CK(人工山杏纯林)相比，SM 和 SZM 在 20~60cm 的土壤容重变化趋势缓慢，分析认为苜蓿根系在这个土层的比重较大，且土壤表层的枯落物相对较多，可降低土壤容重的增加趋势。

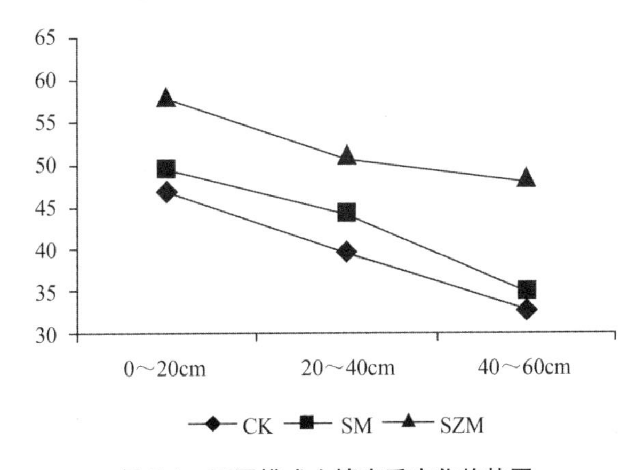


**图 7-1　不同模式土壤容重变化趋势图**

土壤容重与土壤的孔隙度和渗透率密切相关。一般来说，容重小，土壤疏松，有利于拦渗蓄水，减缓径流冲刷，容重大则相反。试验结果表明，在山杏灌木林地间种苜蓿可降低土壤容重，有效改善土壤疏松度；从同种植模式的不同土层容重的变化趋势分析可知，土壤的容重随着土壤层次的加深而逐渐增大，主要是由于随着深度的增加，土壤中有机质含量逐渐减少，土壤团聚性降低，增加了土壤的紧实度，因此灌木林地间种苜蓿可通过根系固氮和枯落物分解增加土壤有机质，进而降低不同土层容重变化趋势，从而改善土壤物理性质。

由表 7-6 可以看出，不同模式下，SZM、SM 模式 0~60cm 的土壤总孔隙度、土壤毛管孔隙度较 CK(人工山杏纯林)都有不同程度的增加。如图 7-2 所示，从土壤总孔隙度和毛管孔隙度总体来看，SZM > SM > CK。试验表明，与 CK(人工山杏纯林)相比，在山杏灌木林地间种苜蓿可增加土壤总孔隙度和毛管孔隙度。

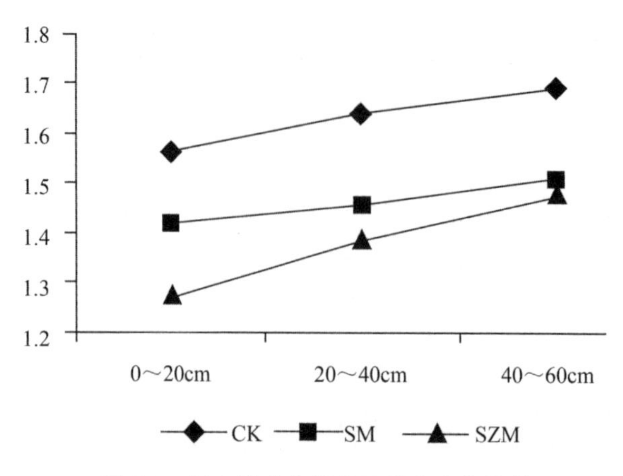


图 7-2 同一模式土壤总孔隙度变化趋势

土壤孔隙度的大小、数量及分配是土壤物理性质的基础，也是评价土壤结构特征的重要指标。土壤总孔隙度变化趋势与土壤容重变化趋势相反，即土壤总孔隙度都随着土壤层次的加深而逐渐减小，说明表层土壤比较疏松，土壤通透性越好，有利于降水的下渗，从而减少地表径流。毛管孔隙度越大，土壤中有效水的贮存容量越大，可供树木根系利用的有效水分比例增加。

试验结果表明，在山杏灌木林地间种苜蓿能增加土壤毛管孔隙和通气孔隙，有效地改善土壤物理性状，培肥地力，提高土壤水分和养分的有效利用率。CK(人工山杏纯林)模式则因灌木林地植被种类单一，植被覆盖度低，因此其土壤有效利用率低，土壤物理结构的改善能力较差。

表 7-6 不同种植模式土壤容重和孔隙度

| 模式 | 土壤容重($g/cm^3$) | | | 总孔隙度(%) | | | 毛管孔隙度(%) | | |
|---|---|---|---|---|---|---|---|---|---|
| | 0～20cm | 20～40cm | 40～60cm | 0～20cm | 20～40cm | 40～60cm | 0～20cm | 20～40cm | 40～60cm |
| CK | 1.56aC | 1.64aAB | 1.69aA | 46.78cC | 39.39cC | 32.80cC | 38.56cA | 35.20bB | 31.86bC |
| SM | 1.42bB | 1.46bB | 1.51bA | 49.46bB | 44.22bB | 35.07bB | 43.25bA | 40.21aB | 30.14cC |
| SZM | 1.34cC | 1.39bcB | 1.48bA | 57.85aA | 50.75abA | 48.31aA | 53.67aA | 40.15aB | 35.02aC |

注：小写字母代表不同模式之间的比较，大写代表不同土层间比较。

### 7.2.1.3 不同种植模式间种苜蓿植物和土壤有机碳含量差异

(1)植物有机碳含量差异

从表7-7可知，山杏有机碳含量为：SM > SZM > CK，但SM和SZM模式中山杏株丛的有机碳含量差异不显著，分析认为由于SM种植模式通过种植苜蓿，改善了土壤物理结构及肥力，促进了山杏株丛的生长及有机碳含量积累；而SZM种植模式中虽间种苜蓿，但是樟子松在生长过程中存在一定的养分竞争，此外樟子松在空间上对山杏有一定的遮蔽，对山杏的光合作用作用存在一定的影响，因此SZM种植模式中山杏生有机碳含量相对偏低；CK(人工山杏纯林)则因灌木林生长的天然杂草根系浅，只对表层土壤的物理性质有影响，对山杏根系基本没有影响，且天然杂草没有培肥立地作用，因此山杏株丛的有机碳含量最低。与 CK 相比，SM 山杏有机碳较其增长 59.9%，SZM 增长 42.6%。

草本有机碳含量为：SM > SZM > CK，但 SM 和 SZM 模式中苜蓿有机碳含量相差不大，主要是由于 SZM 植被种类多，植物之间存在一定的营养竞争相对 SM 模式较大，苜蓿生长受影响，其有机碳相对较低；而 CK(人工山杏纯林)模式中天然杂草的本身固碳能力较差，其有机碳含量最低。与 CK 相比，SM 草本有机碳较其增长 99.06kg/hm$^2$，增长了 1 倍多，SZM 草本有机碳较其增长 82.25kg/hm$^2$，增长了 91.1%。

植被总有机碳含量为：SZM > SM > CK，主要由于 SZM 种植模式中樟子松有机碳含量较高，且间种有苜蓿，植被种类多、生物量大，因此其总有机碳含量最高(图 7-3)；而 SM 种植模式灌木林间种有苜蓿，因此其总有机碳含量较高；CK(人工山杏纯林)模式中天然草有机碳含量较低，且立地条件和土壤条件相对较差，山杏株丛的有机碳含量也相对较低，因此其总有机碳含量最低。CK 总有机碳含量为 583.6g/hm$^2$，与 CK 相比，SM 总有机碳较其增长 395kg/hm$^2$，增长了 67.7%，SZM 草本有机碳较其增长 844.3kg/hm$^2$，增长了 1.5 倍。

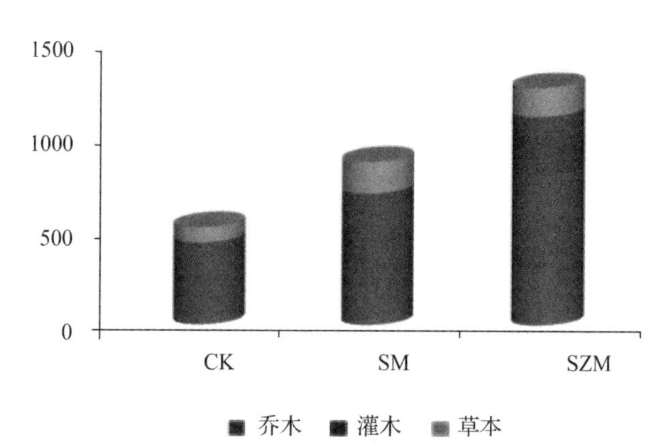


**图 7-3　不同模式植物总有机碳含量(kg/hm$^2$)**

**表 7-7　不同种植模式植物有机碳含量**

| 模式 | | 乔灌木有机碳(g/kg) | | | | 合计 | 草本有机碳(g/kg) | | 合计 |
|---|---|---|---|---|---|---|---|---|---|
| | | 树干 | 树枝 | 树叶 | 树根 | (g/株) | 地上部分 | 地下部分 | (kg/hm$^2$) |
| CK | | 167c | 155c | 176d | 183d | 411d | 149c | 128c | 90.3c |
| SM | | 187b | 179b | 264a | 208c | 657b | 202a | 167b | 189.4a |
| SZM | 山杏 | 181bc | 166bc | 192c | 215a | 586c | 177b | 175a | 172.6ab |
| | 樟子松 | 243aA | 227a | 236b | 217ab | 1506a | | | |

试验表明，与 CK 相比，SM 山杏有机碳较其增长 59.9%，SZM 增长 42.6%；SM 草本有机碳较其增长 99.06kg/hm$^2$，增长了 1 倍多，SZM 草本有机碳较其增长 82.25kg/hm$^2$，增长了 91.1%；SM 总有机碳较其增长，395kg/hm$^2$，增长了 67.7%，SZM 草本有机碳较其增长 844.3kg/hm$^2$，增长了 1.5 倍。山杏灌木林间种苜蓿可大幅度提高植被总

有机碳，促进山杏有机碳的积累，提高山杏灌木林的固碳能力。

(2)土壤有机质及有机碳含量差异

从表7-8可知，不同模式下，0～20cm土层土壤有机质及有机碳含量为：SZM＞CK＞SM，差异均显著。分析认为，SM模式间种的苜蓿地上部分被人工收获，山杏枯枝落叶在土壤表层分解积累的有机质较少，所以其0～20cm土层有机质及有机碳含量最少；CK(人工山杏纯林)灌木林间的天然杂草以及山杏的枯枝落叶在土壤表层分解积累，土壤表层有机质及有机碳含量较SM高；SZM模式中种植的苜蓿地上部分虽被收获，但是樟子松及山杏的枯枝落叶在土壤表层分解积累，所以其土壤表层有机质与有机碳较多。而20～60cm土层土壤有机质及有机碳含量为：SZM＞SM＞CK，主要是由于SZM模式下，20～60cm土层分布有苜蓿、山杏及樟子松山中植物的根系，因此其土壤有机质及有机碳含量最高；SM模式下，20～60cm土层分布有苜蓿和山杏的根系，其根系种类积分不良均少于SZM模式，因此其土壤有机质和有机碳含量少于SZM模式；CK(人工山杏纯林)在20～60cm土层只分布有山杏根系，所以其土壤有机质和有机碳含量最少。

**表7-8 不同种植模式土壤有机质、有机碳含量**

| 模式 | 有机质含量(g/kg) | | | 有机碳含量(g/kg) | | |
|---|---|---|---|---|---|---|
| | 0～20cm | 20～40cm | 40～60cm | 0～20cm | 20～40cm | 40～60cm |
| CK | 17.4cA | 10.88cB | 7.09bcC | 10.09bA | 6.31cB | 4.11bcC |
| SM | 12.76bB | 13.84bA | 7.62bC | 7.4cB | 8.03bA | 4.42bC |
| SZM | 25.46aA | 21.62aB | 15.5aC | 14.77aA | 12.54aB | 8.99aC |

由图7-4和图7-5可以看出，同一模式下不同土层有机质和有机碳含量，除SM模式0～20cm较低外，SZM和CK的有机质和有机碳含量均为：0～20cm最大，20～40cm次之，40～60cm最小。这主要是由于SM模式，灌木林间中的苜蓿地上部分被收割，只有山杏枯枝落叶、苜蓿刈割留茬及部分根系在土层分解积累，而20～40cm土层分布有山杏及苜蓿的根系比重大，其有机质和有机碳含量较表土层大，40～60cm山杏及苜蓿的根系分布比重小，因此其有机质及有机碳含量最低；SZM模式，灌木林间中的苜蓿地上部分虽被收割，但是樟子松和山杏枯枝落叶、苜蓿刈割留茬及部分根系在表土层分解积累，该土层有机质和有机碳量最大，20～40cm土层分布的樟子松、山杏及苜蓿的根系比重大于40～60cm分布的根系比重，因此0～20cm＞20～40cm＞40～60cm；CK的山杏枯枝落叶、地上杂草枯落物以及杂草根系均在表土层分解积累，所以表土层有机质及有机碳含量最高，随着图层的加深，植物及灌木根系越来越少，因此有机质及有机碳逐层减少。

试验结果表明，山杏灌木林间种苜蓿可增加土壤20～60cm土层的有机质及有机碳含量，增加土壤养分，提高土壤肥力。

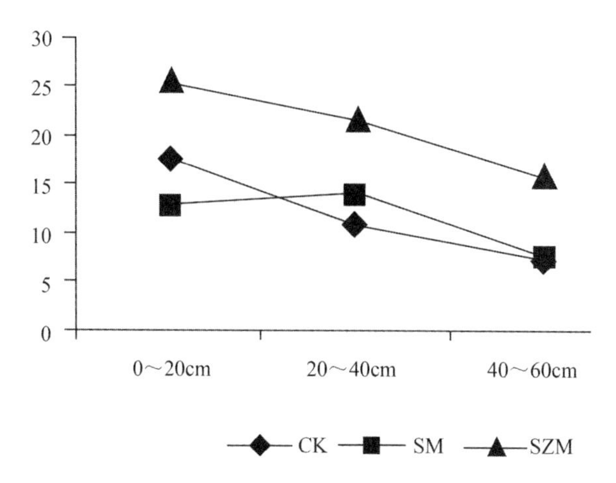


**图7-4　不同模式土壤有机质变化趋势**

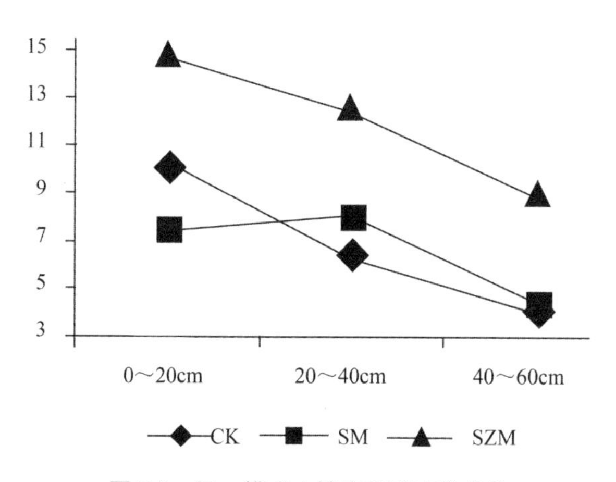


**图7-5　同一模式土壤有机碳变化趋势**

### 7.2.1.4　不同山杏种植模式间山杏果实产量差异

由表7-9可知，不同种植模式下，山杏果实产量整体较低，主要是由于各灌木林地的山杏多年没有平茬修剪等抚育措施，山杏株丛老化。由图7-6可以看出，山杏果实的产量为：SM > SZM > CK，差异显著，且SM和SZM的山杏出产杏核的比重均比CK提高10%。分析认为，山杏灌木林间种苜蓿可提高土壤肥力，增加土壤有机质，进而为山杏结实产果提供更好的养分和土壤环境，因此SM模式的山杏产量较高，是CK产量的4倍多；而SZM模式，樟子松和山杏存在一定的养分竞争，空间上对山杏也有遮蔽，对山杏的光合作用有影响，其产量远高于CK，与SM模式相比山杏产量较低。

试验结果表明，山杏灌木林间种苜蓿可提高山杏的果实产量，SM和SZM的果实产量分别提高了85.7%和28.6%。

表 7-9　不同种植模式山杏果实产量(kg/株)

| 模式 | CK | SM | SZM |
|---|---|---|---|
| 山杏(带皮) | 0.7c | 1.3a | 0.9b |
| 杏核 | 0.25c | 0.61a | 0.4b |

注：小写字母代表不同模式之间的比较。

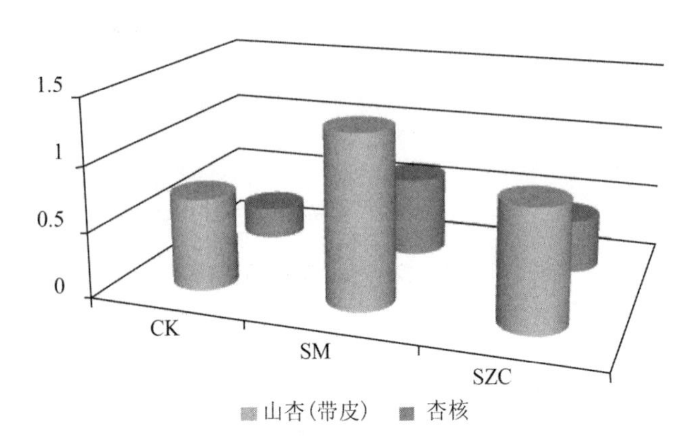


图 7-6　不同模式山杏果实产量

## 7.2.2　山杏平茬复壮技术研究

### 7.2.2.1　平茬对不同种植模式植被生物量的影响

由表 7-10 可知，不同种植模式下进行山杏平茬，平茬样地和未平茬样地相比，平茬山杏株丛和单位面积上山杏灌丛的生物量显著减少，但是平茬样地内樟子松、苜蓿以及其他植被的生物量在一定程度上有所提高，其增长量不显著。分析认为，空间利用上，山杏对其他植物的遮蔽较小，对其他植物的光合作用影响不大，因此平茬对其他植物的影响较小；土壤养分利用上，山杏平茬后其地上部分的光合作用变小，对土壤营养物质的吸收利用减少，与其他植物在土壤养分上的竞争减弱，可在一定程度上促进其他植物的生长，但其影响不显著。

试验结果表明，山杏平茬可在一定程度上促进灌木林地其他植物的生长，但其影响不显著。

### 7.2.2.2　平茬对不同种植模式植物和土壤有机碳的影响

1)平茬对山杏灌木林地植物有机碳的影响

由表 7-11 可知，灌木林地山杏株丛平茬后，平茬样地内山杏株丛地上枝条和叶的有机碳含量均低于未平茬样地内的山杏株丛，差异显著，分析认为山杏平茬后，新生枝条和叶片的生物量比未平茬山杏株丛少，其光合作用产生的有机碳也相对较少，株丛各部位的有机碳含量也降低。平茬样地与未平茬样地相比，山杏株丛根部有机碳含量变化不大，差异不显著，主要是由于山杏根部的生长受平茬影响小，其含碳量也基本不受影响。

**表 7-10　山杏林平茬样地与未平茬样地植被生物量(kg/hm²)**

| 模式 | | 乔灌木(g/株) | | | | | 总计 | 草本(kg/hm²) | | |
|---|---|---|---|---|---|---|---|---|---|---|
| | | 树干 | 树枝 | 树叶 | 树根 | 合计 | (kg/hm²) | 地上 | 地下 | 合计 |
| 人工山杏纯林未平茬 | | 625 | 490 | 322 | 1416 | 2853 | 3424 | 355 | 961 | 1317 |
| 人工山杏纯林平茬 | | 0 | 262 | 203 | 1342 | 1807 | 2168 | 358 | 966 | 1324 |
| 山杏+苜蓿(未平茬)SMN | | 1057 | 945 | 818 | 1606 | 4426 | 5311 | 529 | 517 | 1046 |
| 山杏+苜蓿(平茬)SMP | | 0 | 911 | 586 | 1571 | 3068 | 3681 | 520 | 533 | 1053 |
| 山杏+樟子松+苜蓿(未平茬)SZMN | 山杏 | 890 | 814 | 553 | 1822 | 4079 | 8575 | 450 | 517 | 967 |
| | 樟子松 | 3291 | 2523 | 1934 | 2465 | 10213 | | | | |
| 山杏+樟子松+苜蓿(平茬)SZMP | 山杏 | 0 | 391 | 389 | 1819 | 2599 | 7842 | 439 | 520 | 959 |
| | 樟子松 | 3322 | 2743 | 1908 | 2498 | 10471 | | | | |

**表 7-11　山杏林平茬样地与未平茬样地植被植物有机碳含量**

| 模式 | | 乔灌木有机碳(g/kg) | | | | 合计 | 草本有机碳(g/kg) | | 合计 |
|---|---|---|---|---|---|---|---|---|---|
| | | 树干 | 树枝 | 树叶 | 树根 | (g/株) | 地上 | 地下 | (kg/hm²) |
| 人工山杏纯林未平茬 CK | | 167.1 | 155.2a | 176.4a | 183.6a | 493b | 149.2b | 128.5a | 179.5a |
| 人工山杏纯林平茬 CKP | | | 147.5b | 166.6b | 181.9ab | 317a | 150.4a | 127.3b | 180.1a |
| 山杏+苜蓿(未平茬)SM | | 187.1 | 179.4a | 264.6a | 208.4a | 894b | 202.4ab | 167.7ab | 189.1a |
| 山杏+苜蓿(平茬)SMP | | | 168.1b | 255.8b | 207.8ab | 630a | 203.1a | 168.1a | 190.9a |
| 山杏+樟子松+苜蓿(未平茬)SZM | 山杏 | 181.5 | 166.7a | 192.1a | 215.3ab | 792b | 177.3b | 175.1ab | 170.1a |
| | 樟子松 | 243.2a | 227.4ab | 236.5a | 217.3ab | 2354ab | | | |
| 山杏+樟子松+苜蓿(平茬)SZMP | 山杏 | | 157.1b | 183.4b | 216.6a | 527a | 178.2a | 175.9a | 169.6a |
| | 樟子松 | 241.1b | 228.2a | 235.8ab | 218.7a | 2423a | | | |

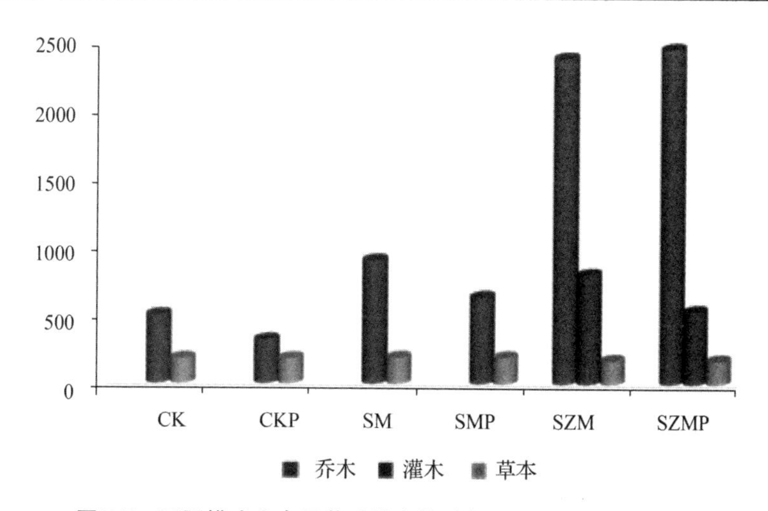


**图 7-7　不同模式山杏平茬后灌木林地各植物有机碳变化趋势**

由图 7-7 可以看出，平茬后灌木林地单位面积上，间种的乔木、草本的有机碳含量变化不显著，灌木林生长的乔木和草本植物与山杏在空间和土壤上存在一定的光照和养分的竞争，但是其竞争系数小，因此山杏平茬后对灌木林地内的其他植物生长以及光合作用合成有机碳影响较小，且平茬和未平茬样地内其他植物有机碳含量变化不大。人工山杏纯林、“山杏 + 苜蓿”和“山杏 + 樟子松 + 苜蓿”平茬后，山杏株丛总体有机碳分别降低了 35. 8% 、29. 6% 和 33. 5% 。

试验结果表明，山杏平茬后山杏株丛的有机碳含量降低，其他混合种植的植物有机碳含量基本未受影响。

(2)平茬对山杏灌木林地土壤有机碳的影响

**表 7-12 平茬样地与未平茬样地土壤有机碳含量(g/kg)**

| 模式 | 0 ~ 20cm | 20 ~ 40cm | 40 ~ 60cm |
|---|---|---|---|
| 人工山杏纯林未平茬 | 10. 09b | 6. 31a | 4. 11a |
| 人工山杏纯林平茬 | 10. 83a | 5. 87b | 3. 79b |
| 山杏 + 苜蓿(未平茬) | 7. 4a | 8. 03a | 4. 42ab |
| 山杏 + 苜蓿(平茬) | 5. 59b | 4. 54b | 4. 54a |
| 山杏 + 樟子松 + 苜蓿(未平茬) | 15. 24a | 12. 54a | 8. 99a |
| 山杏 + 樟子松 + 苜蓿(平茬) | 14. 77ab | 12. 3ab | 8. 35ab |

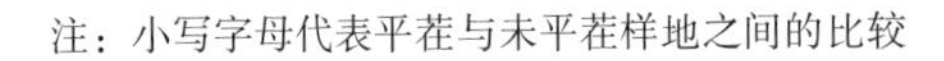
注：小写字母代表平茬与未平茬样地之间的比较

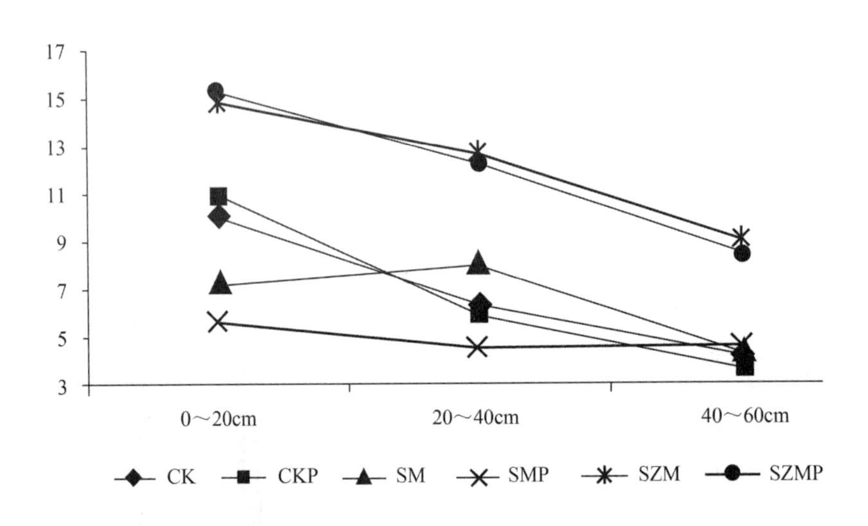


**图 7-8 不同模式山杏平茬后灌木林地土壤有机碳变化趋势**

由表 7-12 和图 7-8 可以看出，山杏平茬后，除 0 ~ 20cm 表层土壤有机质变化不一致外，在 20 ~ 60cm 土层，SZM 和 CK 土壤有机质总体均随山杏平茬变化不显著；SM 在 0 ~ 20cm 土壤有机质总体均随山杏平茬而降低，差异显著。分析认为，SM 在 0 ~ 60cm 土层的土壤有机质，平茬样地均低于未平茬样地，主要是由于山杏平茬后地上部分生物量减少，枯枝落叶量也减少，从而影响了 0 ~ 20cm 土壤表层有机碳分解积累的量，20 ~ 60cm 因山杏平茬后，其根系生长缓慢，生物量减小，所以山杏平茬后表土层有机碳含量降低。SZM 在 20 ~ 60cm 土层的土壤有机质总体均随山杏平茬而降低，但不显著，主要是由于山杏所占比重小，平茬后山杏根系生长缓慢，影响不大。CK 山杏平茬后，地上部分对灌木林地天然杂草的遮蔽作用减小，草本的光合作用加强，其浅根系在土壤表层所贮存的有机碳含量也有一定程度的增加，但不显著；而 20～60cm，因 CK 立地条件差，平茬与未平茬的山杏根系生长均缓慢，所以平茬对其根系固碳和土壤有机碳影响不大。

试验结果表明，山杏平茬后，在 20～60cm 土壤有机碳含量总体降低，差异不显著。

(3) 平茬对不同模式山杏株丛年生长量的影响

由表 7-13 可以看出，不同模式下，平茬山杏与未平茬山杏的株丛生长量均为：SM > SZM > CK，且差异显著；同一模式下，平茬后山杏株丛第 1 年、第 2 和第 3 年生的生长量均高于未平茬山杏株丛，且第 1 年生长量显著高于第 2 年和第 3 年。分析认为，在不同模式下，间种苜蓿可显著改善土壤理化性质，有培肥地力的效果，可促进山杏株丛的生长，所以 SM 和 SZM 的山杏株丛生长量较 CK 大，而 SZM 中山杏与樟子松存在一定的营养竞争，因此其山杏生长量低于 SM；同一模式中，平茬山杏的生长量显著大于未平茬样地，主要是由于山杏株丛生长多年后，其株丛老化，对营养物质的有效吸收利用率减少，生长缓慢，此外还有大量营养物质用于花芽分化和开花结果，因此其生长量较平茬山杏低。

**表 7-13　平茬样地与未平茬样地山杏年生长量**

| 种植模式 | 平茬第 1 年 | | | 平茬第 2 年 | | | 平茬第 3 年 | | |
|---|---|---|---|---|---|---|---|---|---|
| | 冠幅 | 地径 | 株高 | 冠幅 | 地径 | 株高 | 冠幅 | 地径 | 株高 |
| 人工山杏纯林(未平茬) | 11.3b | 0.5b | 14.8b | 12.5b | 0.5b | 8b | 20.4b | 0.3b | 8.4b |
| 人工山杏纯林(平茬) | 69a | 0.9a | 81a | 16a | 0.8a | 15a | 29.3a | 0.4ab | 31.4a |
| 山杏 + 苜蓿(未平茬) | 14.6b | 0.3b | 15.0b | 12.2b | 0.1b | 14.2b | 19.7b | 0.4b | 4.8b |
| 山杏 + 苜蓿(平茬) | 95.2a | 1a | 106a | 41.2a | 0.4a | 23.2a | 30.5a | 0.6a | 22.8a |
| 山杏 + 樟子松 + 苜蓿(未平茬) | 13.9b | 0.4b | 14.0b | 8.3b | 0.6a | 4.5b | 8.4b | 0.33b | 1.7b |
| 山杏 + 樟子松 + 苜蓿(平茬) | 99.1a | 1a | 120a | 26.0a | 0.5a | 5.3a | 19.3a | 0.86a | 8.9a |

注：小写字母代表平茬与未平茬样地之间的比较，大写字母代表不同模式之间的比较。

试验表明，山杏平茬可显著提高山杏株丛生长量，促进山杏株丛更新复壮。山杏平茬后生长迅速，生长量随着时间延长逐年变缓。

#### 7.2.2.3　平茬对不同模式果实产量的影响

(1) 山杏平茬对标准枝花芽数和坐果率的影响

由表 7-14 可知，同一种植模式下，山杏平茬后第 2 年、第 3 年的标准枝花芽数均低于未平茬山杏，主要由于平茬山杏枝条弱小，贮存的营养物质较少，开花结果率较低，而且也不易抵抗严峻的低温气候；与未平茬山杏相比，平茬后第 2 年山杏的雌蕊受冻率较高、坐果率较低，而平茬后第 3 年山杏的雌蕊受冻率相对较低、坐果率较高，差异显著，且平茬后第 3 年与平茬后第 2 年相比，标准枝花芽数和坐果率均有显著提高，主要由于山杏逐年生长，株丛贮存营养物质增多，因此花芽数和坐果率较高。不同种植模式下，“山杏 + 苜蓿”和“山杏 + 樟子松 + 苜蓿”平茬与未平茬样地内山杏花芽数和坐果率均高于人工山杏纯林。由于2015年4月初到5月中旬气温变化大，0℃以下低温天气持续时间长，严重的倒春寒气候影响了山杏的开花结果，样地内山杏雌蕊受冻率极大，因此试验结果数据不能有效观测平茬对山杏开花结果的影响。2016年倒春寒持续时间短，对山杏开花结实有一定影响，但数据可客观反映平茬结果。

试验结果表明：山杏平茬第2年和第3年的标准枝花芽数较少，但坐果率逐年提高，第3年可提高8%~13%。

**表7-14　平茬样地与未平茬样地山杏花芽数和坐果率**

| 模式 | 第2年 | | | 第3年 | | |
|---|---|---|---|---|---|---|
| | 标准枝花芽数量 | 雌蕊受冻率(%) | 坐果率(%) | 标准枝花芽数量 | 雌蕊受冻率(%) | 坐果率(%) |
| 人工山杏纯林(未平茬) | 16a | 97b | 3a | 49a | 83a | 17b |
| 人工山杏纯林(平茬) | 6b | 100a | 0ab | 36b | 70b | 30a |
| 山杏+苜蓿(未平茬) | 59a | 57b | 43a | 60a | 52a | 48b |
| 山杏+苜蓿(平茬) | 16b | 75a | 25b | 41b | 40b | 60a |
| 山杏+樟子松(未平茬) | 52a | 56b | 44a | 53a | 51a | 49b |
| 山杏+樟子松(平茬) | 8b | 79a | 21b | 23b | 43b | 57a |

注：小写字母代表平茬与未平茬样地之间的比较。

(2)山杏平茬对果实产量的影响

因未平茬山杏的株丛老化，其果实产量很低，且产量变化小，因此以未平茬山杏的产量来作为对比参照。由表7-15和图7-9可以看出，不同模式下，随着平茬年限的增加，其山杏果实产量也逐年增加，其果实产量为：SM > SZM > CK，CK和SZM平茬3年和5年果的实产量差异总体显著；同一模式下，果实产量为：5年生 >3年生 >2年生，平茬第二年其果实产量很低，随着平茬年限的增加，其株丛逐渐强壮，果实产量逐年增加，基本第五年达到产果高峰期。第三年CK、SM和SZM山杏产量分别较未平茬之前分别增产了0.9kg/株、1.5kg/株和1kg/株，平均提高了1倍多。第五年CK、SM和SZM山杏每株产量分别较未平茬之前分别增产了2.2kg/株、4.1kg/株和2.4kg/株，平均提高了3多倍。

试验结果表明，山杏的平茬可显著提高果实产量，因此在山杏生长到一定期限可对其进行平茬复壮，提高果实产量。

**表7-15　平茬样地与未平茬样地山杏果实(带皮)产量(kg/株)**

| | CK | SM | SZM |
|---|---|---|---|
| 未平茬的山杏产量 | 0.7cC | 1.3cA | 0.9cB |
| 平茬2年后山杏产量 | 0.05dC | 0.11dA | 0.08dB |
| 平茬3年后山杏产量 | 1.6bBC | 2.8bA | 1.9bB |
| 平茬5年后山杏产量 | 2.9aBC | 5.4aA | 3.3aB |

注：小写字母代表平茬与未平茬样地之间的比较，大写字母代表不同模式之间的比较。

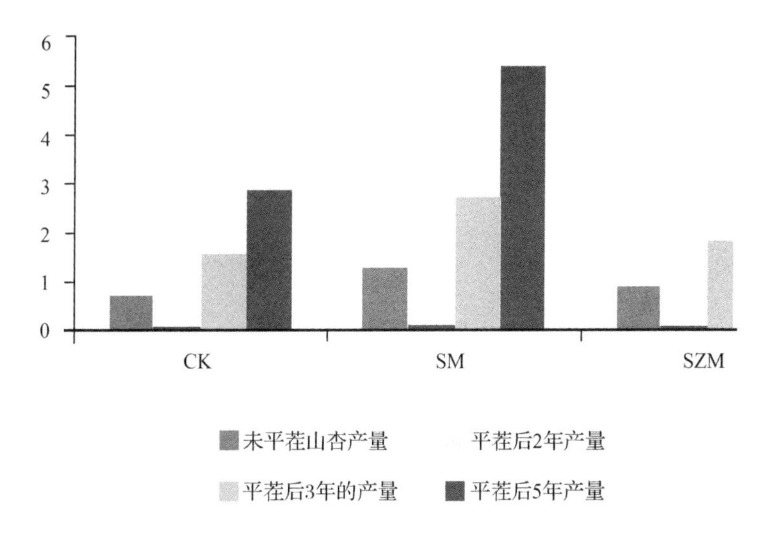


图7-9　不同模式山杏平茬后不同年份产量对比

### 7.2.3　山杏修枝剪枝技术研究

#### 7.2.3.1　修枝剪枝对不同种植模式山杏坐果率和产量的影响

由表7-16可知，不同模式下，对山杏株丛进行修枝剪枝后，CK、SM和SZM山杏的花芽分化数、坐果率和产量均显著提高，其坐果率分别提高了24.8%、28.1%和21.2%，山杏产量分别增长了1.3kg/株、2.2kg/株和1.5kg/株，均提高1倍左右。分析认为，剪除山杏老弱病虫的枝条、下垂枝条、过密枝条以及上部的部分强梢，可使山杏株丛疏密合理，空间利用得当，增强株丛有效营养物质的积累和利用。试验结果表明，对山杏株丛修枝剪枝，山杏的坐果率提高20%以上，产量增加了1.3kg/株－1.5kg/株，提高了2倍多。

表7-16　山杏修剪与未修剪的坐果率和产量

| 模式 | 枝条花芽分化数 | | 坐果率(%) | | 山杏产量(kg/株) | |
|---|---|---|---|---|---|---|
| | 未修剪 | 修剪 | 未修剪 | 修剪 | 未修剪 | 修剪 |
| CK | 36bC | 41aC | 30bC | 54.8aBC | 1.5bC | 2.8aC |
| SM | 59bA | 65aA | 36.4bA | 64.5aA | 1.9bA | 4.1aB |
| SZM | 52bB | 55aB | 34.8bB | 56aB | 1.6bB | 3.1aA |

注：小写字母代表修剪与未未修剪样地之间的比较，大写字母代表不同模式之间的比较。

#### 7.2.3.2　冬季修枝剪枝对不同种植模式山杏坐果率和产量的影响

由表7-17可知，同一种植模式下，山杏株丛冬季修剪与春季修剪相比，标准枝的花芽分化数整体较低，差异显著；冬季修剪的山杏坐果率较高，差异显著；冬季修剪与春季修剪相比，山杏产量偏低，但差异不显著。不同种植模式下，“山杏＋苜蓿”和“山杏＋樟子松＋苜蓿”样地内山杏枝条花芽数、坐果率、产量均高于人工山杏纯林。因此，春季修枝剪枝可促进枝条花芽萌动、开花，但山杏坐果率受温度、土壤水分肥影响较大，不同季节修枝剪枝对其坐果率影响较小。

试验结果表明，山杏株丛冬季修枝剪枝，对山杏产量没有显著影响。

**表 7-17 山杏冬季修剪的坐果率和产量**

| 模式 | 枝条花芽数 | | 坐果率(%) | | 山杏产量(kg/株) | |
|---|---|---|---|---|---|---|
| | 冬季修剪 | 春季修剪 | 冬季修剪 | 春季修剪 | 冬季修剪 | 春季修剪 |
| 人工山杏纯林 | 35bC | 50aC | 3aC | 3aBC | 2.8aC | 2.74aC |
| 山杏+苜蓿 | 70aA | 55bB | 48aA | 36bA | 4.1aA | 3.97bB |
| 山杏+樟子松+苜蓿 | 53bB | 60aA | 16aB | 9bB | 3.1abB | 3.25aA |

注：小写字母代表修剪与未未修剪样地之间的比较，大写字母代表不同模式之间的比较。

#### 7.2.3.3 冬季修剪对山杏生长量的影响

由表 7-18 可以看出，同一种植模式下，山杏春季修剪和冬季修剪后，修剪山杏的冠幅、株高均低于未修剪的山杏，差异显著；山杏不同季节修剪后的地径变化不大，与未修剪山杏相比没有显著差异；山杏不同季节修剪后，萌生的新生枝条数量较多，未修剪山杏基本没有新生枝条，差异显著。不同种植模式下，“山杏+苜蓿”和“山杏+樟子松+苜蓿”样地内山杏冠幅、地径、株高、新枝数均高于人工山杏纯林。分析认为，山杏修剪采用去旧留新、去高补空修剪原则，因此其冠幅、株高减小；修剪枝条对山杏株丛地径影响较小，而剪除山杏老弱病虫的枝条、下垂枝条、过密枝条以及上部的部分强梢，可使山杏株丛疏密合理，空间利用得当，增强株丛有效有效营养物质的积累和利用，可促进新生枝条的萌生。

试验结果表明，冬季修剪对山杏生长量影响不大，山杏不同季节修剪后，可促进新生枝条的萌生及生长。

**表 7-18 春季修剪和冬季修剪的山杏年生情况**

| | 冠幅 | | 地径(cm) | 株高(cm) | 新枝数 | 长度 |
|---|---|---|---|---|---|---|
| | 东西(cm) | 南北(cm) | | | | |
| 人工山杏纯林(未修剪) | 115.8 | 105 | 2.3 | 124.4 | 0 | 0 |
| 人工山杏纯林(春季修剪) | 113.8 | 119.4 | 2.5 | 133.8 | 2 | 28.6 |
| 人工山杏纯林(冬季修剪) | 89.2 | 98.8 | 2.8 | 106.6 | 3 | 33.6 |
| 山杏+苜蓿(未修剪) | 219.6 | 216 | 3 | 187 | 0 | 0 |
| 山杏+苜蓿(春季修剪) | 139.6 | 160.8 | 3.5 | 152 | 5 | 23 |
| 山杏+苜蓿(冬季修剪) | 130.75 | 138.25 | 3.5 | 168 | 12 | 20.5 |
| 山杏+樟子松(未修剪) | 202.75 | 201 | 4.76 | 193.75 | 0 | 0 |
| 山杏+樟子松(春季修剪) | 168.4 | 164.4 | 4.75 | 146.2 | 11 | 40.1 |
| 山杏+樟子松(冬季修剪) | 125 | 151.4 | 4.9 | 177 | 7.2 | 34.2 |

### 7.2.4 山杏嫁接大扁杏技术研究

#### 7.2.4.1 嫁接大扁杏的株丛生长情况及成活率

调查嫁接了大扁杏的山杏株丛株高、地径、冠幅以及嫁接后不同年份剪除根部萌蘖枝条的抹芽成活率，并与未嫁接大扁杏的山杏株丛进行对比分析。由表 7-19 可知，嫁接大扁杏后的株丛生长较快，嫁接 5 年后与同样地未嫁接大扁杏的山杏株丛进行比较，大扁杏的株高、地径、冠幅都显著高于山杏。分别在嫁接大扁杏后 2 年、3 年、4 年、5 年和 6 年剪除根部山杏萌蘖枝条，其第 2 年到第 4 年抹芽年份越晚，定株成活率越高，如果抹芽太晚，其成活率增长较小，并且对嫁接扁杏的生长、结实、产量有较大影响。主要是由于北方春冬季节多风，且风力较大，大扁杏接口处较脆弱，易被大风折断，而山杏根部萌蘖的枝条对其有较好的保护作用。试验结果表明，嫁接大扁杏后可适当的保留部分山杏枝条，逐年进行抹芽，直到大扁杏成株后在全部剪除山杏根部枝条，其成活率可提高 20% 以上。

**表 7-19　嫁接大扁杏株丛生长情况及定株成活率**

| | 株高（cm） | 地径（cm） | 冠幅 | | 定株成活率（%） |
|---|---|---|---|---|---|
| | | | 东西（cm） | 南北（cm） | |
| 嫁接 2 年 | 123 | 2.3 | 112 | 128 | 75 |
| 嫁接 3 年 | 175.6 | 3.14 | 137.2 | 135.8 | 83 |
| 嫁接 4 年 | 254.6 | 5.16 | 170.4 | 163 | 90 |
| 嫁接 5 年 | 369.6 | 6.82 | 230 | 231.8 | 91 |
| 嫁接 6 年 | 397 | 9.88 | 254.75 | 285.75 | 95 |
| 同样地未嫁接山杏 | 170 | 3.1 | 88 | 82 | |

### 7.2.4.2　嫁接大扁杏对山杏灌木林物候期的影响

由表 7-20 可知，山杏嫁接大扁杏后，其萌动期、开花期、果熟期以及叶变色期均延后 10 ~ 15 天。由于北方地区春季 4 月中旬到 5 月初常有严重的极端低温气候发生，在山杏开花结果期对其产生冻害，使其产量大幅度降低，而嫁接大扁杏可延缓开花结果期 10 ~ 15 天，可有效避免冻害的发生。不同种植模式下，大扁杏与山杏在春季发生倒春寒情况下，对开花、结实率影响的调查结果如表 7-21 所示，花芽数为 SM > SZM > DBX > CK，大扁杏的花芽数相对于 SM 和 SZM 偏低，但是其冻花率最小，坐果率最高，相对于人工山杏纯林坐果率提高 50%，相对于 SM 和 SZM 坐果率提高 15% 以上。试验结果表明，嫁接大扁杏可有效提高坐果率，增加果实产量，增加经济效益。

**表 7-20　大扁杏与山杏物候期差异**

| 模式 | 萌动期 | | 开花期 | | | 果熟期 | | 叶变色期 |
|---|---|---|---|---|---|---|---|---|
| | 花芽开始膨大期 | 花芽开放期 | 开花始期 | 开花盛期 | 开花末期 | 果实脱落始期 | 果实脱落末期 | 秋季叶开始变色期 |
| 大扁杏 | 4 月 10 日 | 4 月 20 日 | 4 月 20 日 | 5 月 1 日 | 5 月 10 日 | 7 月 20 日 | 8 月 1 日 | 10 月 1 日 |
| 山杏 | 4 月 1 日 | 4 月 10 日 | 4 月 9 日 | 4 月 20 日 | 4 月 29 日 | 7 月 10 日 | 7 月 20 日 | 9 月 17 日 |

**表 7-21 大扁杏与山杏春季的花芽数和坐果率**

| 不同模式 | 标准枝花芽数量 | 雌蕊受冻率(%) | 坐果率(%) |
| --- | --- | --- | --- |
| 人工山杏纯林(CK) | 15.8d | 0.97a | 0.03c |
| 山杏+苜蓿(SM) | 58.6a | 0.57b | 0.43b |
| 山杏+樟子松(SZM) | 52.4b | 0.56b | 0.44b |
| 大扁杏(DBX) | 47.6c | 0.41c | 0.59a |

注：小写字母代表不同处理之间的比较。

#### 7.2.4.3 嫁接大扁杏开花坐果率和产量调查及修剪对大扁杏的影响

试验对较正常年份(倒春寒持续时间短，降雨量满足山杏灌木林正常生长)的不同灌木林地标准枝花芽数、坐果率、果实产量以及杏核产量等进行调查，并与其他模式样地内修枝剪枝的山杏进行了对比。结果如表 7-22 所示。嫁接大扁杏灌木林的坐果率和果实产量都高于 CK、SM 和 SZM 模式，且果实产量同等的情况下，大扁杏杏核的产出量远高于山杏，是山杏产量 1.9 倍多。此外，与 CK 相比，SDX、SM 和 SZM 果实产量分别增长了 89.65%、41.38% 和 6.9%。试验同时研究了修枝剪枝对大扁杏产量的影响，试验结果如图 7-10 所显示，大扁杏修剪后，坐果率提高近 10%，果实产量提高了 27%。

**表 7-22 大扁杏株丛的开花结果率产量**

| 处理 | 标准枝花芽数量 | 坐果率(%) | 果实产量(kg/株) | 杏核产量(kg/株) |
| --- | --- | --- | --- | --- |
| 人工山杏纯林(CK) | 58bc | 54.8cd | 2.9cd | 1.0de |
| 山杏+苜蓿(SM) | 65a | 64.5b | 4.1bc | 1.5c |
| 山杏+樟子松(SZM) | 60b | 56.5c | 3.1c | 1.1d |
| 大扁杏修剪(SDX) | 60b | 70.8a | 5.5a | 3.3a |
| 大扁杏(SD) | 56d | 61.2bc | 4.3b | 2.6b |

注：小写字母代表不同处理之间的比较。

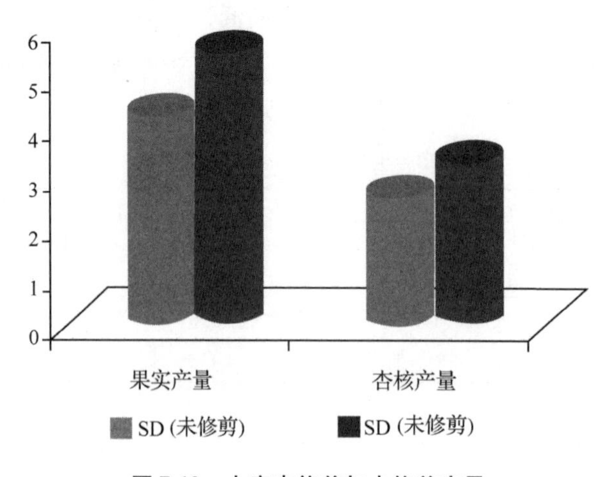


**图 7-10 大扁杏修剪与未修剪产量**

## 7.2.5　山杏灌木林最佳种植模式研究

### 7.2.5.1　山杏灌木林不同种植模式下植被生物量差异

对山杏 + 苜蓿(SM)、山杏 + 樟子松 + 苜蓿(SZM)和山杏嫁接大扁杏(SD)的植被生物量进行了测定，以人工山杏纯林(CK2)和天然草地(CK1)作为对照，结果如表 7-23 和图 7-11 所示。

**表 7-23　不同模式山杏林植被生物量**

| 模式 | 乔灌木(g/株) | | | | | 总计 | 草本(kg/hm²) | | | 总计 |
|---|---|---|---|---|---|---|---|---|---|---|
| | 树干 | 树枝 | 树叶 | 树根 | 合计 | (kg/hm²) | 地上部分 | 地下部分 | 合计 | (kg/hm²) |
| CK1 | 无 | 无 | 无 | 无 | 无 | 无 | 193d | 422c | 615d | 615e |
| CK2 | 625d | 490d | 322d | 1416c | 2853d | 3424d | 254c | 418 a | 675a | 4099d |
| SM | 1057b | 945b | 818a | 1606b | 4426b | 5311c | 529a | 523b | 1052b | 6363c |
| SD | 1941a | 1140a | 788b | 1377d | 5246a | 6295b | 无 | 无 | 无 | 6295b |
| SZM 山杏 | 890c | 814c | 553c | 1822a | 4079c | 8575a | 450b | 516bc | 966c | 9541a |
| SZM 樟子松 | 3291 | 2523 | 1935 | 2465 | 10213 | | | | | |

注：字母代表不同模式之间同一植物生物量的比较。

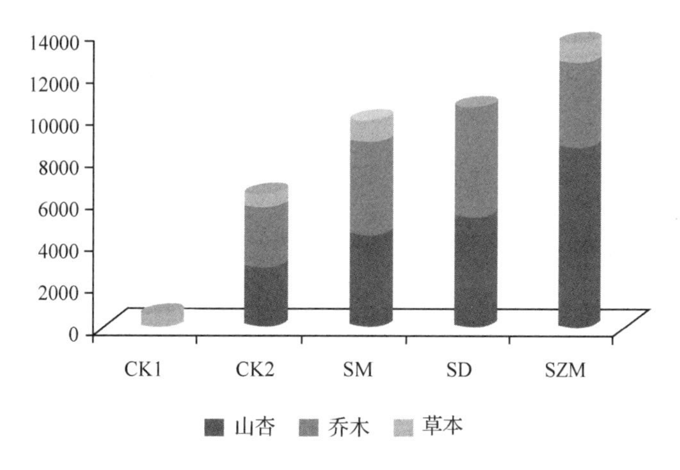


**图 7-11　不同模式植被生物量(kg/hm²)**

植被总生物量：SZM > SD > SM > CK2 > CK1。因 CK1 是天然草地，地上植被为天然杂草，所以其总生物量最低 615kg/hm²，CK2 较 CK1 总生物量增长了 6.6 倍；CK2 总生物量 4079kg/hm²，SZM、SD 和 SM 模式总生物量与 CK2 相比，增长了 2.3 倍、34.87% 和 55.87%；乔灌木生物量：SZM > SD > SM > CK2，CK2 乔灌木总生物量 3423kg/hm²，SZM 是 CK2 的 1.5 倍，SD 和 SM 乔灌木物量较 CK2 分别增长了 83.87% 和 55.13%；草本生物量：SM > SZM > CK2 > CK1 > SD，SD 有人工除草措施，因此无草本，CK2 与 CK1 相比，生物量提高了 6.5%，SM 和 SZM 草本生物量较 CK2 分别增长了 59.69% 和 47.48%；灌木单株生物量：SD > SM > SZM > CK2，与 CK2 相比，SD、SM 和 SZM 灌木单株生物量分别增长了 83.87%、55.13%、42.97%。此外，对 SD、SM、SZM 和 CK2 的果实产量进行了调查，如表 7-24 和图 7-12 所示，与 CK2 相比，SD、SM 和 SZM 果实

产量分别增长了89.65%、41.38%和6.9%。

结果表明，SM、SD和SZM种植模式植被总生物量分别较人工山杏纯林增长了55%以上，灌木单株生物量增长了42%以上，果实产量增长了41%以上(SM除外)。

**表7-24　不同模式山杏产果量**

| 处理 | 果实产量(kg/株) | 杏核产量(kg/株) |
|---|---|---|
| 人工山杏纯林(CK) | 2.9cd | 1.0cd |
| 山杏+苜蓿(SM) | 4.1ab | 1.5b |
| 山杏+樟子松(SZM) | 3.1c | 1.1c |
| 大扁杏(SD) | 5.5a | 3.3a |

注：字母代表不同模式之间同一植物生物量的比较。

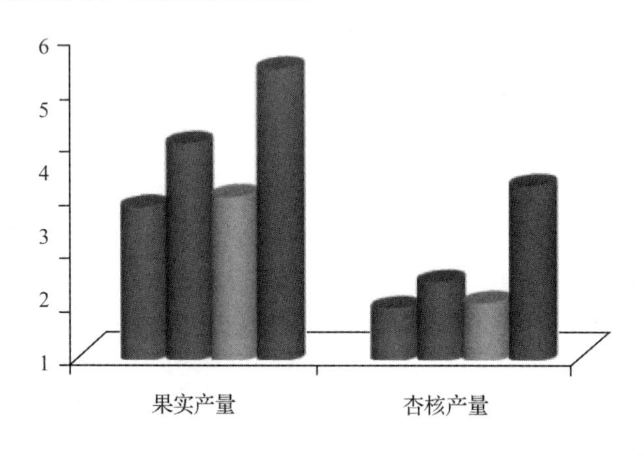


**图7-12　不同模式杏果产量(kg/株)**

### 7.2.5.2　不同模式下山杏灌木林地土壤物理性质的差异

林地土壤物理性状是反映林分水土保持功能强弱的重要指标。土壤物理性状的优劣直接影响到土壤持水和渗透能力，主要包括土壤容重、孔隙度等指标。

(1)不同模式下土壤含水量差异

对山杏+苜蓿(SM)、山杏+樟子松+苜蓿(SZM)和山杏嫁接大扁杏(SD)的土壤含水量进行了测定分析，以人工山杏纯林(CK2)和天然草地(CK1)作为对照，结果如表7-25和图7-13所示。同一模式下，不同土层含水量差异显著；不同模式下，同一土层含水量差异显著。SZM模式土壤含水量最高，其次为SD > SM > CK2 > CK1。分析认为SZM模式草的保水能力较强，固定了土壤中水分；SD灌木林地采取了人工浇灌，因而其土壤含水量较高；SM模式中苜蓿根系较深，且属于高耗水型植物，对土壤水分消耗较大；天然草地耗水量最大，草虽为浅根系，但是需水量较大。同一模式下，20~60cm土层含水量较0~20cm土层含水量高，主要是由于水分下渗，且土壤表层蒸发量较大。

表7-25　不同模式山杏林土壤含水量(%)

| 模式 | 0~20cm | 5%显著水平 | 20~40cm | 5%显著水平 | 40~60cm | 5%显著水平 |
|---|---|---|---|---|---|---|
| CK1 | 5.26 | dB | 7.66 | dA | 8.59 | cA |
| CK2 | 7.35 | cC | 8.60 | eB | 9.65 | bA |
| SM | 8.10 | cB | 9.38 | cA | 10.33 | bA |
| SD | 9.34 | bA | 9.96 | bA | 9.73 | bA |
| SZM | 13.78 | aA | 13.73 | aA | 11.53 | aB |

注：小写字母代表模式之间的比较，大写代表土层间比较。

表7-26　不同模式下土壤最大持水量

| | 0~20cm | 20~40cm | 40~60cm |
|---|---|---|---|
| CK1 | 283.83c | 249.29d | 247.09d |
| CK2 | 285.43bc | 272.91c | 273.94c |
| SM | 286.58b | 285.74b | 286.46b |
| SZM | 290.31ab | 290.3ab | 296.54a |
| SD | 292.49a | 293.98a | 292.49ab |

注：小写字母代表模式之间的比较，大写代表土层间比较。

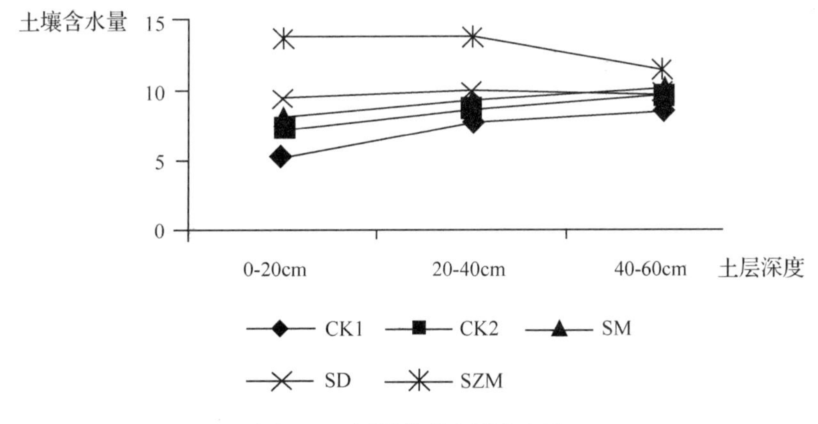


图7-13　不同模式土壤含水量

试验对SZM、SD、SM灌木林地土壤最大持水量进行了测定，结果如表7-26和图7-14所示。不同模式最大持水量为：SD>SZM>SM>CK2>CK1，其中CK和CK2随土层加深最大持水量减少，主要由于CK1的天然杂草根系主要分布在0~20cm土层，20~60cm土层根系分布少，土壤紧实，最大持水量下降较大；与CK1相比，CK2在20~60cm土层最大持水量变化不大，最大持水量最低增加了9%以上，主要由于此土层分布有山杏根系，土壤较疏松，土壤退化缓慢，最大持水量变化小；SD、SM和SZM最大持水量在0~60cm土层变化不大，且最大持水量较大，20~60cm分别较CK1最低增加了14%、16%和18%以上，20~60cm分别较CK2最低增加了4.5%、6.3%和6.7%以上，主要是由于SM和SZM在20~40cm土层根系分布多，土壤物理结构好疏松。结果表明，SM、SD和SZM灌木林地最大持水量分别较人工山杏纯林增长了4.5%、6.3%和6.7%

以上。

(2)不同模式下土壤容重差异

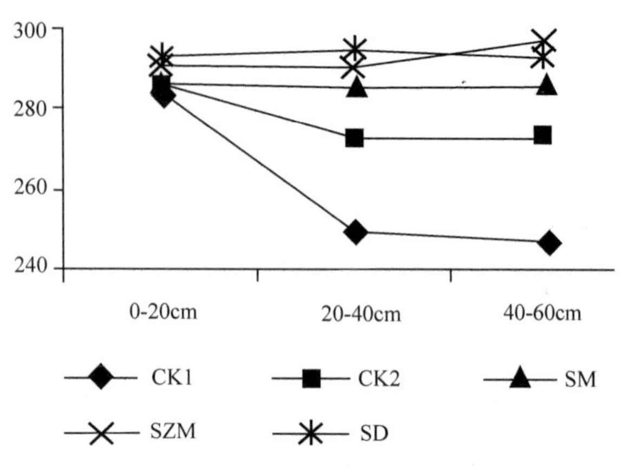

图 7-14 不同模式最大持水量

对山杏+苜蓿(SM)、山杏+樟子松+苜蓿(SZM)和山杏嫁接大扁杏(SD)的土壤容重进行了测定分析，以人工山杏纯林(CK2)和天然草地(CK1)作为对照，结果如表7-27和图7-15所示。在0~60cm土层内，土壤容重均值排列顺序为CK1>CK2>SM>SD>SZM，不同模式下，各灌木林地土壤容重有较大差异。从容重的垂直变化来看，3种试验模式下各样地土壤的容重变化趋势有着相同的变化规律，即土壤容重随着土壤层次的加深而逐渐增大，且变化趋势明显。SM模式下，土壤容重由0~20cm时的1.37 $g/cm^3$增加到40~60cm时的1.48 $g/cm^3$；SD模式林地内，土壤容重由0~20cm时的1.27$g/cm^3$增加到40~60cm时的1.39 $g/cm^3$；SZM模式林地，土壤容重由0~20cm时的1.18 $g/cm^3$增加到40~60cm时的1.48$g/cm^3$。这种变化趋势主要是由于随着深度的增加，土壤中有机质含量逐渐减少，土壤团聚性降低，增加了土壤的紧实度；而且不同植被下土壤表层的枯落物组成、分解状况和地下根系的生长发育存在差异，土壤的容重与孔隙度受土壤发育状况的影响，从而造成土壤物理性质的差异。土壤容重是土壤紧实度的敏感性指标，也是表征土壤质量的一个重要参数，它与土壤的孔隙度和渗透率密切相关。一般来说，容重小，土壤疏松，有利于拦渗蓄水，减缓径流冲刷，容重值高通常表明土壤有退化的趋势。

表7-27 不同模式山杏林土壤容重($g/cm^3$)

| 模式 | 0~20cm | 5%显著水平 | 20~40cm | 5%显著水平 | 40~60cm | 5%显著水平 |
|---|---|---|---|---|---|---|
| CK1 | 1.60 | aB | 1.69 | aA | 1.71 | aA |
| CK2 | 1.51 | bB | 1.60 | bAB | 1.65 | bA |
| SM | 1.37 | cB | 1.41 | cB | 1.48 | cA |
| SD | 1.27 | dB | 1.32 | dB | 1.39 | dA |
| SZM | 1.18 | eC | 1.36 | cdB | 1.48 | cA |

注：小写字母代表模式之间的比较，大写代表土层间比较。

(3)不同模式下土壤孔隙度及毛管孔隙度差异

土壤孔隙度的大小、数量及分配是土壤物理性质的基础，也是评价土壤结构特征的重要指标。土壤孔隙度的测定结果如表7-28和图7-16，不同模式下，SZC、SD、SM的土壤总孔隙度、土壤非毛管孔隙度、土壤毛管孔隙度较CK1、CK2模式都有不同程度的增加。土壤总孔隙度变化趋势与土壤容重变化趋势相反，即土壤总孔隙度都随着土壤层

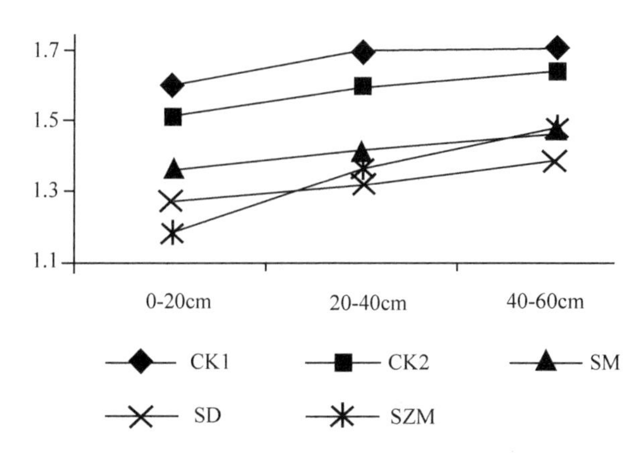


**图 7-15　不同模式土壤容重变化趋势**

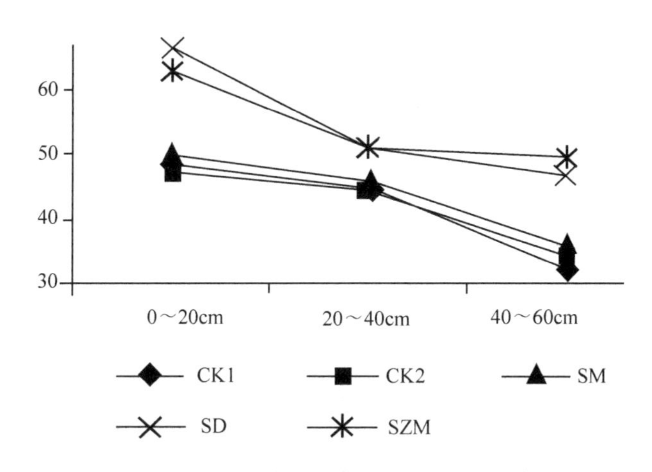


**图 7-16　不同模式土壤总孔隙度变化趋势**

次的加深而逐渐减小，说明表层土壤比较疏松，从土壤总孔隙度总体来看，SZM > SD > SM > CK1 > CK2。毛管孔隙度越大，土壤中有效水的贮存容量越大，可供树木根系利用的有效水分的比例增加，从土壤毛管孔隙度总体来看，SZM > SD > SM > CK1 > CK2。非毛管孔隙度越大的林分，其土壤通透性越好，有利于降水的下渗，从而减少地表径流，土壤非毛管孔隙度均值排列顺序为：SD > SZM > SM > CK2 > CK1。分析认为，SZM 乔灌草和 SM 灌草种植模式中，苜蓿能培肥地力，有效地改善土壤物理性状，增加土壤毛管孔隙和通气孔隙，提高灌木林地土壤水分和养分的有效利用率；SD 由于其人工抚育措施(施肥、灌溉、除草)较强，因此其土壤总孔隙度、毛管孔隙度和非毛管孔隙度较高；CK1(天然草地)模式，立地条件比较差，植被更新慢，土壤物理结构较差；CK2(人工山杏纯林)模式则因灌木林地植被种类单一，植被覆盖度低，且天然杂草对土壤有效利用率低，对深层土壤的物理结构改善能力较差。结果表明，“山杏 + 苜蓿”——灌草种植和“山杏 + 苜蓿 + 樟子松”——乔灌草种植能更有效地改善土壤物理性状。不同林分模式搭配及一定强度的人类抚育措施可以加速植被更新，进而增加土壤毛管孔隙和通气孔隙，减少非活性孔隙。

表 7-28 不同模式山杏林的土壤总孔隙度、毛管孔隙度和非毛管孔隙度差异

| 模式 | 总孔隙度(%) | | | 毛管孔隙度(%) | | | 非毛管孔隙度(%) | | |
|---|---|---|---|---|---|---|---|---|---|
| | 0~20cm | 20~40cm | 40~60cm | 0~20cm | 20~40cm | 40~60cm | 0~20cm | 20~40cm | 40~60cm |
| CK1 | 47.97bcA | 45.79bcB | 31.85dC | 45.02bcA | 42.44abA | 28.13bB | 3.64 bA | 2.43 bA | 3.14bA |
| CK2 | 47.59bcA | 44.43cA | 34.40cB | 42.67cA | 40.11bAB | 33.18bB | 3.87 bA | 3.63abA | 3.11 bA |
| SM | 50.25bA | 45.91bA | 36.14cdB | 47.90bA | 42.78abA | 29.41bB | 2.86 bB | 4.14 abAB | 5.04 aA |
| SD | 66.61aA | 50.92aB | 46.51bC | 60.83aA | 44.38abB | 42.42aB | 6.76 aA | 6.12 aA | 4.32 abB |
| SZM | 63.00aA | 51.42aB | 49.54aB | 61.74aA | 46.30aB | 47.13aB | 4.00 bA | 5.08 aA | 4.98 aA |

注：小写字母代表模式之间的比较，大写代表土层间比较。

(4)不同模式下土壤速效氮、磷、甲含量差异

对山杏+苜蓿(SM)、山杏+樟子松+苜蓿(SZM)和山杏嫁接大扁杏(SD)的土壤速效磷、速效氮和速效钾进行了测定分析，以人工山杏纯林(CK2)和天然草地(CK1)作为对照，结果如表 7-29 和图 7-17 至图 7-19 所示。速效氮含量在 0~60cm 总体为：SZM > SM > SD > CK1 > CK2，且随着土壤逐渐加深而减少，分析认为 SZM 和 SM 模式间种苜蓿，苜蓿根部根瘤菌的固氮作用提高了土壤速效氮含量；而 SD 由于人工施肥，所以其速效氮含量较对照 CK1 和 CK2 高；CK2 山杏生长吸收氮，速效氮含量较 CK1 低。速效磷在 0~60cm 总体为：CK1 > SZM > SD > SM > CK2，着土壤逐渐加深而减少，分析认为，CK2 植被单一，山杏较天然草本植物生物量大、生长快，对土壤磷元素的吸收利用大，且贮存磷元素能力弱，因此其土壤速效磷含量最低 SZM 和 SM 山植物种类较多，虽然生物量大、生长快，对土壤速效磷的吸收利用也较高，但其贮存磷元素的能力较好，对磷元素的供应能力也较强，因此 SM 和 SZM 土壤速效磷含量较 CK2 高；SD 生物量较大、生长快，对土壤速效磷吸收利用大，但因人工施肥，其土壤速效磷含量较高；CK1 生长着浅根系的天然杂草，立地条件差，虽然贮存磷元素能力较弱，但其生物量小，生长缓慢，对速效磷的消耗也少，所以其土壤速效磷含量最高。速效钾在 0~60cm 总体为：SD > CK2 > SM > CK1 > SZM，随着土壤逐渐加深而减少，分析认为，SD 因人工施肥所以其土壤速效钾含量最大；SM 和 SZM 植物种类多，生物量大，生长快，虽土壤钾元素的吸收利用最大，所以其土壤速效钾含量较低；CK2 植物种类和生物量相对 SM 和 SZM 模式较少，对土壤速效钾的吸收利用相对较小，所以其土壤速效钾含量相对较高；而 CK1 因植物种类单一，立地条件差，其速效钾含量最低。结果表明：SM 和 SZM 土壤速效氮和速效磷的贮存量和供应能力整体水平较高，SD 因人工施肥，其土壤肥力水平也较高。

表 7-29 不同模式速效氮、速效磷和速效钾含量

| 模式 | 速效氮(mg/kg) | | | 速效磷(mg/kg) | | | 速效钾(mg/kg) | | |
|---|---|---|---|---|---|---|---|---|---|
| | 0~20 | 20~40 | 40~60 | 0~20 | 20~40 | 40~60 | 0~20 | 20~40 | 40~60 |
| CK1 | 9.92c | 9.67bc | 8.17d | 4.62a | 4.62a | 4.53a | 131.04b | 123.76cd | 120.73bc |
| CK2 | 9.33cd | 4.08c | 0.58e | 2.97c | 1.61e | 1.03d | 136.13c | 135.32b | 109.51d |
| SM | 20.42a | 20.02a | 14.92b | 2.98c | 3.01bc | 1.23cd | 132.13cd | 125.34c | 119.03c |

（续）

| 模式 | 速效氮(mg/kg) | | | 速效磷(mg/kg) | | | 速效钾(mg/kg) | | |
|---|---|---|---|---|---|---|---|---|---|
| | 0~20 | 20~40 | 40~60 | 0~20 | 20~40 | 40~60 | 0~20 | 20~40 | 40~60 |
| SZM | 19.83ab | 19.25ab | 18.08a | 3.26bc | 3.56b | 2.58b | 128.42d | 120.2d | 126.63b |
| SD | 19.25b | 12.25b | 12.13c | 3.75b | 2.97d | 1.71c | 146.24a | 140.7a | 133.67a |

注：小写字母代表模式之间的比较，大写代表土层间比较。

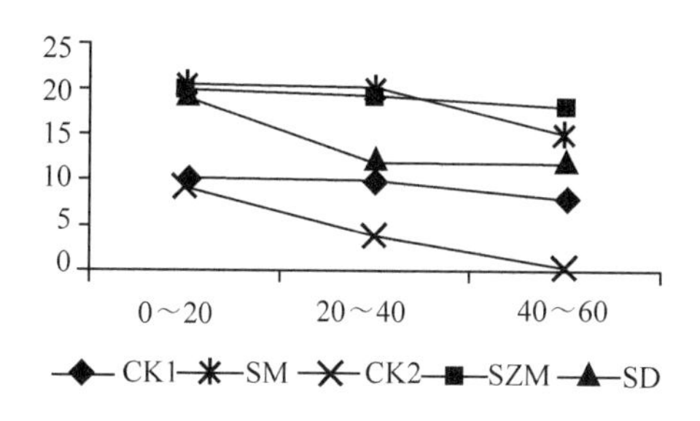


图7-17　不同模式土壤速效氮变化趋势

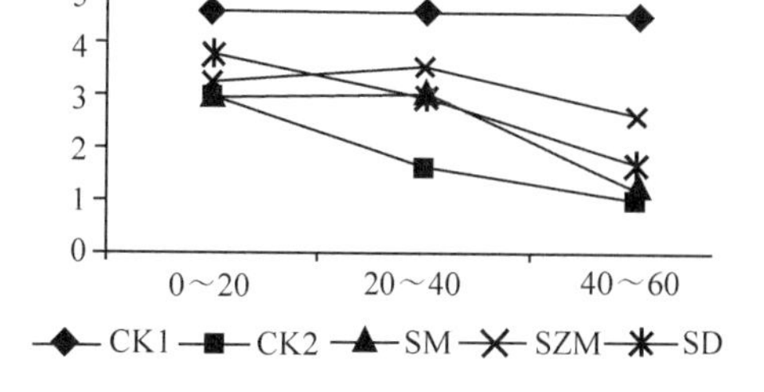


图7-18　不同模式土壤速效磷变化趋势

(5)不同模式土壤有机质、有机碳含量差异

试验对山杏+苜蓿(SM)、山杏+樟子松+苜蓿(SZM)和山杏嫁接大扁杏(SD)的土壤有机质和有机碳进行了测定分析，以人工山杏纯林(CK2)和天然草地(CK1)作为对照，结果如表7-30和图7-20、图7-21所示。不同模式间土壤有机质含量和有机碳含量总体为：SZM>SD>SM>CK2>CK1，且变化一致，均随土层深度增加而减少。分析认为，SZM和SM植物种类多样，在0~60cm土层分布的植物根系生物量较大，固定和贮存的有机质和有机碳含量最大；SD在0~60cm土层分布的植物根系生物量较SM和SZM少，但其有人工施肥、除草等措施，所以其土壤有机和有机碳含量整体水平较高；且在从不同土层之间比较，SZC、CK2、SM有机质、有机碳在20~40cm土层含量较高，20~40cm>40~60cm；CK1、SD有机质、有机碳在40~60cm土层含量较高。CK2在20~60cm土层只分布有山杏和天然杂草根系，所以其土壤有机质和有机碳含量较少；而CK1因植被单一，土壤根系生物量分不少，立地条件差，土壤有机质和有机碳含量最少。

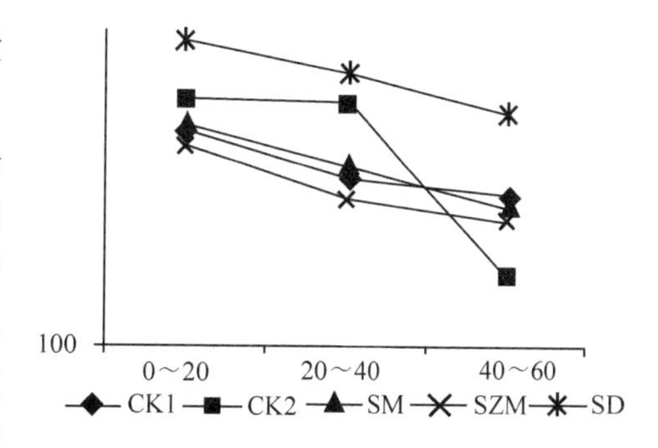


图7-19　不同模式土壤速效钾变化趋势

结果表明，“山杏+苜蓿”—灌草种植和“山杏+苜蓿+樟子松”—乔灌草种植土层根系分布量大且分布均匀，可显著提高土壤有机质和有机碳的含量，增加土壤养分，提高土壤肥力；SD因人工抚育措施力度大，土壤肥力水平也较高。

**表 7-30 不同种植模式土壤有机质、有机碳含量**

| 模式 | 有机质含量(g/kg) | | | 有机碳含量(g/kg) | | |
|---|---|---|---|---|---|---|
| | 0~20cm | 20~40cm | 40~60cm | 0~20cm | 20~40cm | 40~60cm |
| CK1 | 16.71deA | 11.95dB | 6.73dC | 8.7dA | 5.47cdB | 4.09cdC |
| CK2 | 17.4dA | 10.88eB | 7.09cdC | 10.09cA | 6.31cB | 4.11cdC |
| SM | 12.76cB | 13.84cA | 7.62cC | 7.4eB | 8.03bA | 4.42cC |
| SZM | 25.46aA | 21.62abB | 15.5aC | 14.77aA | 12.54abB | 8.99aC |
| SD | 23.91bA | 22.02aB | 11.98b | 13.87bA | 12.77aB | 6.95bC |

注：小写字母代表不同模式之间的比较，大写代表不同土层间比较。

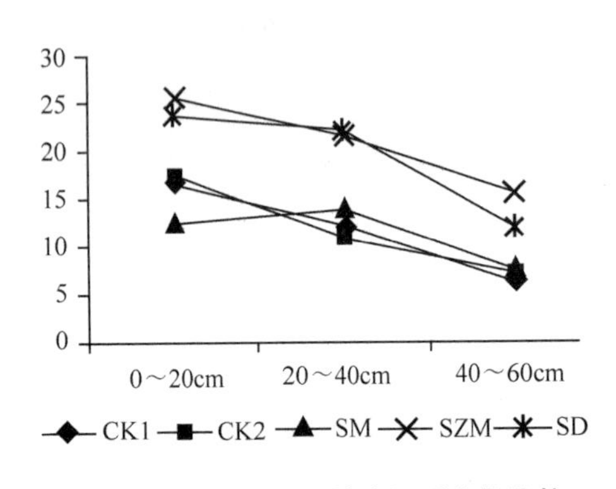


**图 7-20 不同模式土壤有机质变化趋势**

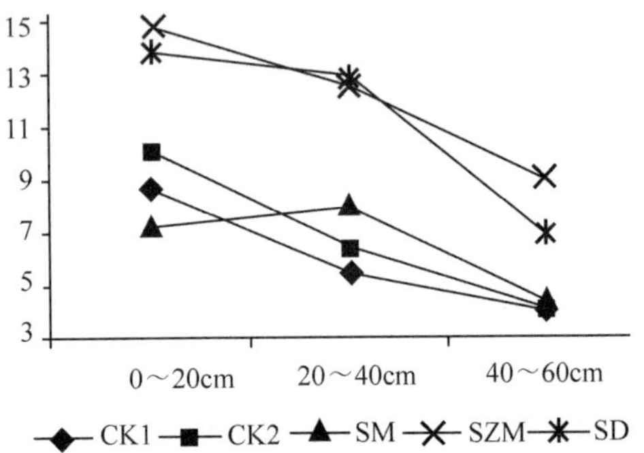


**图 7-21 不同模式土壤有机碳变化趋势**

(6)不同模式下植物各器官有机碳含量差异

试验对山杏+苜蓿(SM)、山杏+樟子松+苜蓿(SZM)和山杏嫁接大扁杏(SD)的植物有机质和有机碳进行了测定分析，以人工山杏纯林(CK2)和天然草地(CK1)作为对照，结果如表 7-31 和图 7-22 所示。

**表 7-31 不同种植模式植物有机碳含量**

| 模式 | | 乔灌木有机碳(g/kg) | | | | 合计(g/株) | 草本有机碳(g/kg) | | 合计($kg/hm^2$) |
|---|---|---|---|---|---|---|---|---|---|
| | | 树干 | 树枝 | 树叶 | 树根 | | 地上部分 | 地下部分 | |
| CK1 | | 无 | 无 | 无 | 无 | 0 | 167ab | 110c | 78d |
| CK2 | | 181c | 166b | 192b | 215b | 562e | 159b | 137c | 98.6c |
| SM | | 196cB | 188b | 223a | 228b | 933c | 207a | 173b | 200a |
| SD | | 207a | 203bc | 211b | 262a | 1180b | 无 | 无 | 0 |
| SZM | 山杏 | 197bc | 175bc | 166c | 143c | 681d | 177b | 175a | 170b |
| | 樟子松 | 252b | 235a | 247ab | 223b | 2461a | | | |

注：小写字母代表不同模式之间的比较。

不同模式间植被总有机碳含量为：SZM > SM > SD > CK2 > CK1，主要由于 SZM、SM 和 SD 植被种类多、生物量大，因此其总有机碳含量最高，CK2 的山杏和草本植物生物量小，有机碳含量较低，CK1 立地条件差，植被单一，因此其总有机碳含量最低。CK1 植被总有机碳为 78.2$kg/hm^2$，CK2 植被总有机碳为 773$kg/hm^2$，CK2 植被总有机碳含量

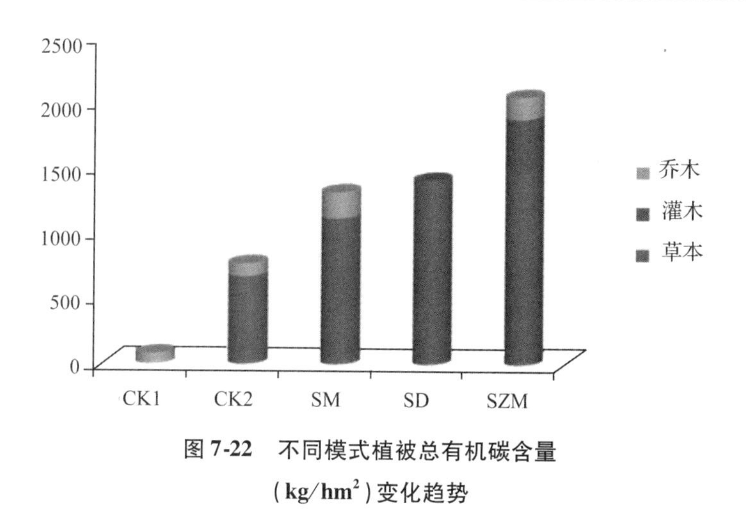


**图7-22　不同模式植被总有机碳含量（kg/hm²）变化趋势**

较CK1提高了8.8倍，SM、SD和SZM分别较CK1提高了15.8、17和2.6倍；SM、SD和SZM分别较CK2提高了70.8%、83.2%和1.65倍。

山杏有机碳含量为：SD>SM>SZM>CK2，大扁杏株丛比山杏高大，生长快，有机碳含量也较山杏高；SM和SZM间种苜蓿，土壤肥力和物理结构较CK2好，山杏株丛活力旺盛，固碳能力较CK2高，SZM和樟子松间种，存在一定养分和空间竞争，所以山杏株丛生物量和固碳能力较SM低。CK2山杏株丛有机碳为562g/株，SZM、SM和SD灌木株丛含碳量分别比CK2提高了21.2%、66.15%和1.1倍。

各灌木林草本有机碳含量为：SM>SZM>CK2>CK1。CK1每公顷草本有机碳含量为78.72kg/hm$^2$，SZM、SM和CK2与CK1相比，每公顷草本有机碳含量提高了1.5倍、1.2倍和25.19%；CK2每公顷草本有机碳含量为98.55kg/hm$^2$，SZM和SM与CK2相比，其每公顷草本有机碳含量分别提高了1倍和72.5%。

试验结果表明，“山杏+苜蓿”——灌草模式和“山杏+苜蓿+樟子松”——乔灌草模式可提高植被总有机碳70%以上，提高山杏株丛活力和固碳能力，山杏嫁接大扁杏因株丛高大，其固碳能力也较强。

## 7.3　沙柳灌木林可持续经营技术研究

以沙柳、小红柳等灌木林作为主要研究对象，以恢复、保护生态系统功能、结构，提高生长量和固碳能力为主要经营目的，调查沙柳灌木林总体经营状况和沙柳灌木林本底，研究灌木林抚育管护、平茬复壮、修剪、病虫害防治、封禁保护等可持续经营技术措施，构建鄂尔多斯、锡林郭勒沙地类型区柳属灌木林可持续经营模式。

### 7.3.1　未平茬沙柳生长分析

表7-32为样地内连续三年未平茬沙柳生长情况统计表。由于2013年到2015年不同

平茬高度样地内的未平茬沙柳的丛高、丛基径、丛径变化比较复杂，沿时间顺序变化有所不同，表明沙柳灌丛这三个生长指标受到的影响因子较多，可能需要扩大样本数量才能得出比较稳定的结果。与此相反，活枝、枯枝数量、枯枝数量比例和活枝、枯枝重量、枯枝重量比例的变化趋势比较明确：整体生长量较小，枯枝数量和相应生物量的比例在逐年增加，树势逐渐衰退。

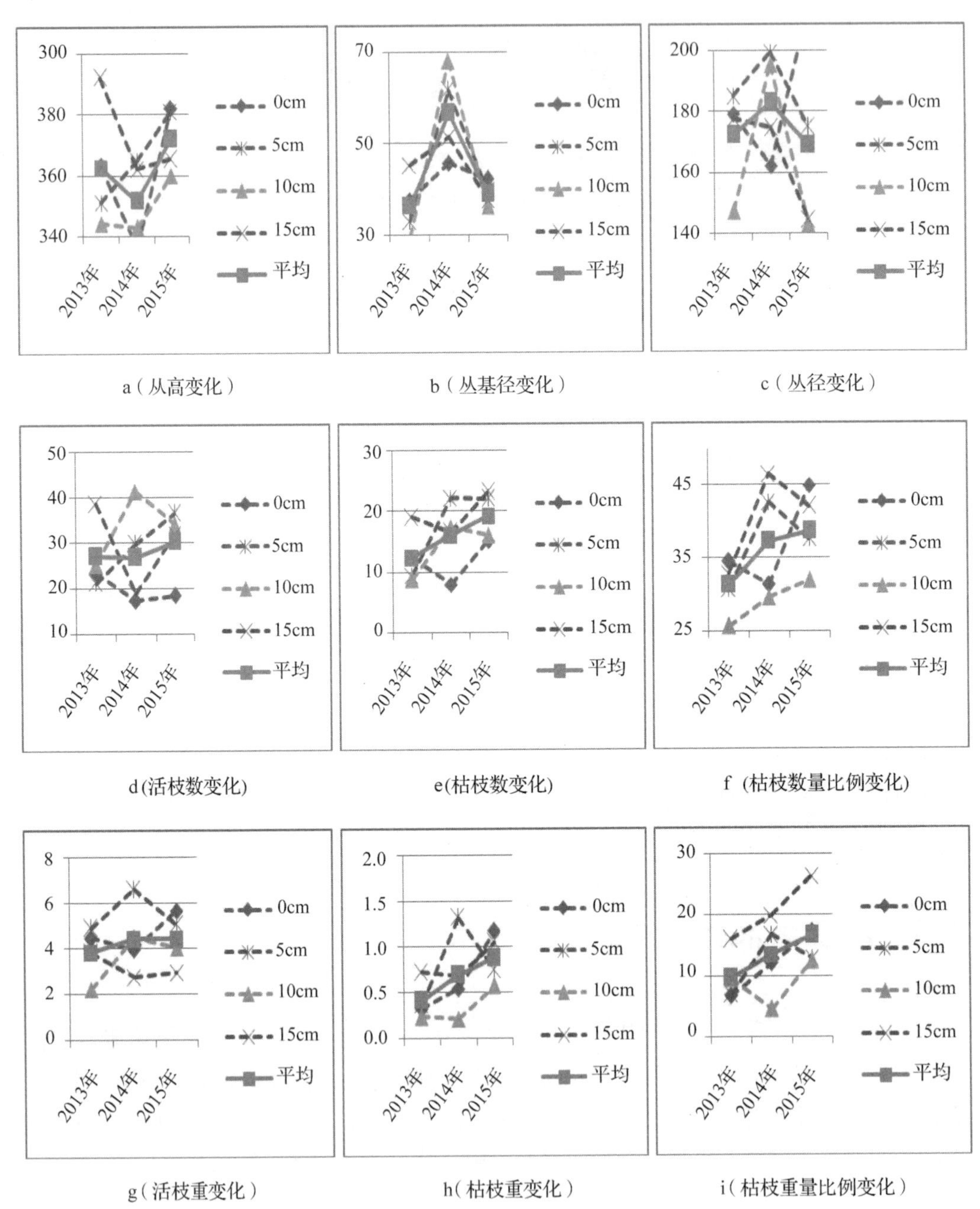


**图 7-23 未平茬灌木柳生长情况**

表 7-32　未平茬沙柳生长状况数据

| 年度 | 平茬高度 | 丛高（cm） | 丛基径（cm） | 丛径（cm） | 枝条数量(根) | | | | 枝条重(kg) | | | |
|---|---|---|---|---|---|---|---|---|---|---|---|---|
| | | | | | 小计 | 活枝 | 枯枝 | 枯枝比例（%） | 小计 | 活枝 | 枯枝 | 枯枝比例（%） |
| 2013 | 0cm | 263.0 | 37.6 | 179.0 | 35.6 | 23.3 | 12.3 | 34.55 | 4.77 | 4.45 | 0.32 | 6.71 |
| 2014 | 0cm | 236.4 | 45.7 | 162.0 | 25.2 | 17.3 | 7.9 | 31.35 | 4.48 | 3.94 | 0.54 | 12.05 |
| 2015 | 0cm | 281.7 | 42.1 | 213.3 | 33.6 | 18.5 | 15.1 | 44.94 | 6.82 | 5.65 | 1.17 | 17.16 |
| 2013 | 5cm | 251.0 | 32.9 | 184.9 | 30.5 | 21.1 | 9.4 | 30.82 | 5.24 | 4.88 | 0.36 | 6.87 |
| 2014 | 5cm | 264.7 | 61.5 | 199.3 | 51.8 | 29.7 | 22.1 | 42.66 | 7.88 | 6.56 | 1.32 | 16.75 |
| 2015 | 5cm | 280.8 | 39.4 | 174.8 | 58.4 | 36.4 | 22.0 | 37.67 | 5.76 | 5.02 | 0.74 | 12.85 |
| 2013 | 10cm | 244.0 | 29.4 | 147.2 | 33.9 | 25.2 | 8.7 | 25.66 | 2.43 | 2.2 | 0.23 | 9.47 |
| 2014 | 10cm | 242.8 | 68.0 | 195.2 | 58.4 | 41.1 | 17.3 | 29.62 | 4.66 | 4.45 | 0.21 | 4.51 |
| 2015 | 10cm | 259.8 | 36.3 | 142.8 | 50.0 | 34.0 | 16.0 | 32.00 | 4.59 | 4.02 | 0.57 | 12.42 |
| 2013 | 15cm | 292.0 | 45.2 | 177.5 | 57.3 | 38.4 | 18.9 | 32.98 | 4.51 | 3.79 | 0.72 | 15.96 |
| 2014 | 15cm | 262.0 | 51.3 | 174.5 | 35.5 | 19.0 | 16.5 | 46.48 | 3.42 | 2.74 | 0.68 | 19.88 |
| 2015 | 15cm | 265.3 | 37.6 | 144.2 | 54.9 | 31.8 | 23.1 | 42.08 | 3.99 | 2.94 | 1.05 | 26.32 |
| 2013 | 平均 | 262.5 | 36.3 | 172.2 | 39.3 | 27.0 | 12.3 | 31.34 | 4.24 | 3.83 | 0.41 | 9.62 |
| 2014 | 平均 | 251.5 | 56.6 | 182.8 | 42.7 | 26.8 | 16.0 | 37.33 | 5.11 | 4.42 | 0.69 | 13.45 |
| 2015 | 平均 | 271.9 | 38.9 | 168.8 | 49.2 | 30.2 | 19.1 | 38.70 | 5.29 | 4.41 | 0.88 | 16.68 |

图 7-23 是丛高、丛基径、丛径和活枝、枯枝、枯枝数量或鲜重比例图。从这些图中可以直观看出其变化趋势。

图 7-23 中，图 a 至图 c 表明，不同平茬高度丛高、丛基径、丛径变化趋势和不同平茬高度总平均的相应指标变化趋势具有不确定性，采用上述 3 个指标衡量灌丛生长状况需要进一步加大取样数量。

图 d 至图 i 表明，不同平茬高度灌丛活枝、枯枝、枯枝数量或鲜重变化趋势和不同平茬高度总平均的相应指标变化趋势比较明确，采用这类指标衡量灌丛生长状况受其他因素影响较小，特别是总平均的相应指标变化趋势明确，2013 年至 2015 年总平均活枝数量和鲜重略有增长，活枝数量从 2013 年 27.0 根增加到 2015 年 30.2 根，增加了 11.85%；活枝鲜重从 2013 年 3.83kg 增加到 2015 年 4.41kg，增加了 15.14%。与此相反，总平均枯枝、活枝数量和鲜重逐年明显增加，相应比例也依次明显加大，依次枯枝数量从 2013 年 12.3 根增加到 2015 年 19.1 根，相应比例也从 31.34% 增加到 38.70%，增加了 7.36 个百分点；枯枝鲜重从 2013 年 0.41kg 增加到 2015 年 0.88kg，相应比例也从 9.62% 增加到 16.68%，增加了 7.06 个百分点。

综合上述活枝和枯枝的数量或重量比例，活枝数量和鲜重增加幅度较小，枯枝数量和鲜重增加幅度较大，其中相应的枯枝数量增加比例为活枝数量增加比例的 3.27 倍，同时在不考虑活枝含水量(一般含水量在 30% 左右)较高影响的前提下，枯枝鲜重增加比例为活枝鲜重增加比例的 1.10 倍，这些均表明沙柳灌丛随着生长年限的增加，灌丛的衰退程度在逐渐逐年加重。

### 7.3.2 不同平茬高度对沙柳生长量的影响

以未平茬沙柳生长量为对照，平茬沙柳的生长量以未平茬沙柳的百分比计算，分析多年生沙柳平茬后，丛高、丛基径、丛径、枝条数量、年均生物量等变化，结果见表7-33和图7-24。

#### 7.3.2.1 枝条数量变化情况

表7-33和图7-24表明，沙柳平茬后自1年开始不同平茬高度沙柳灌丛的萌生枝条数均超过了原灌丛(CK)的活枝条数，可达101.30%~290.00%。一方面，平茬后随着灌丛的生长，枝条数量有所减少，从第1年到第3年依次增加比例逐渐减少为198.41%~290.00%、101.30%~201.72%和102.38%~182.94%；另一方面，增加比例随平茬高度增加而减少，从平茬高度0cm到15cm依次增加比例逐渐减少为182.94%~270.82%、155.45%~290.00%、102.38%~198.41%和101.30%~246.09% 。其中，平茬高度10cm、15cm萌生枝条数量明显少于未平茬沙柳枝条数。

#### 7.3.2.2 丛高生长变化情况

平茬后1年可达到CK丛高的83.31%~92.99%，平茬后2年可达到原丛高的86.58%~101.52%，平茬后3年可达到CK丛高的87.81%~113.73%。4种平茬高度中以平茬高度10cm的丛高生长最快，自平茬后第2年就超过平茬前灌丛的高度；其次是平茬高度0cm和5cm沙柳灌丛。平茬高度10cm的丛高生长最快可能与其萌生枝条数较少有关。

#### 7.3.2.3 丛基径变化情况

丛基径在平茬后1年超过了CK的丛基径幅度，可达113.07%~172.79%；平茬后2年均有所回缩，为85.41%~107.14%；平茬后3年均有回升且超过原灌丛的丛基径幅度，为107.14%~142.52%。平茬后丛基径由高到低依次为平茬高度10cm、15cm、0cm、5cm。

丛径在平茬后2年均未达到CK的丛径幅度，第3年除5cm平茬高度灌丛未达到外，其他3种平茬高度灌丛的丛幅均超过了CK。在平茬后1年为原灌丛的59.98%~98.32%，平茬后2年为67.39%~82.91%，平茬后3年为75.42%~115.01%。平茬后3年丛径由高到低依次为平茬高度0cm、15cm、10cm、5cm，各平茬高度灌丛的丛径基本处于逐年增加的状态。

#### 7.3.2.4 年平均生物量变化情况

平茬后第一年和第二年，平茬高度15cm的生物量最大，其次是10cm、5cm、0cm，生物量逐年增加，且10cm与15cm的生物量在第二年均超过CK。平茬后第三年，10cm与15cm的生物量减少，0cm和5cm的生物量最大，年均生物量超过CK，有逐年增加的趋势。平茬三年后，年均生物量0cm、5cm、10cm、15cm较CK分别提高130.55%、105.56%、50%、52.7%。

平茬后萌生枝条数量应该是被平茬灌木恢复树势的重要指标，有足够数量的萌生枝条，灌木的功能才能恢复或超过配平茬前的灌木。当然，萌生枝条数量多，生长需要的养分也较多，土壤养分阶段性不能满足其生理代谢需要，造成丛高、丛基径等生长短期落后，并不会影响日后生物量的积累、碳汇功能、防护功能等效益的发挥。试验结果表明，平茬高度 0cm、5cm 是最佳经营方式。

**表 7-33　平茬对沙柳灌丛生长的影响**

| 平茬后生长时间 | 平茬高度 | 丛高(%) | 基径(%) | 丛径(%) | 活枝数(%) | 年均生物量(%) |
|---|---|---|---|---|---|---|
| 1 年 | 0cm | 83.31 | 118.62 | 98.32 | 270.82 | 36.11 |
| | 5cm | 85.22 | 113.07 | 59.98 | 291.00 | 38.88 |
| | 10cm | 92.99 | 172.79 | 77.92 | 198.41 | 77.78 |
| | 15cm | 84.66 | 146.68 | 73.07 | 246.09 | 94.44 |
| 2 年 | 0cm | 92.24 | 89.89 | 82.91 | 201.72 | 13.89 |
| | 5cm | 83.94 | 79.64 | 61.17 | 177.25 | 36.11 |
| | 10cm | 101.52 | 107.14 | 71.54 | 106.35 | 86.11 |
| | 15cm | 86.58 | 100.66 | 78.25 | 101.30 | 119.44 |
| 3 年 | 0cm | 99.29 | 117.35 | 115.01 | 182.94 | 130.55 |
| | 5cm | 87.81 | 107.14 | 75.42 | 155.45 | 105.56 |
| | 10cm | 113.73 | 142.52 | 108.39 | 102.38 | 50 |
| | 15cm | 91.06 | 140.93 | 107.49 | 103.13 | 52.7 |

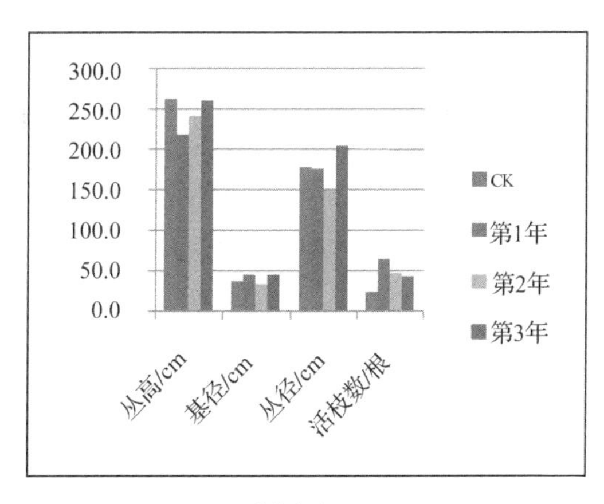


a (平茬高度 0cm)

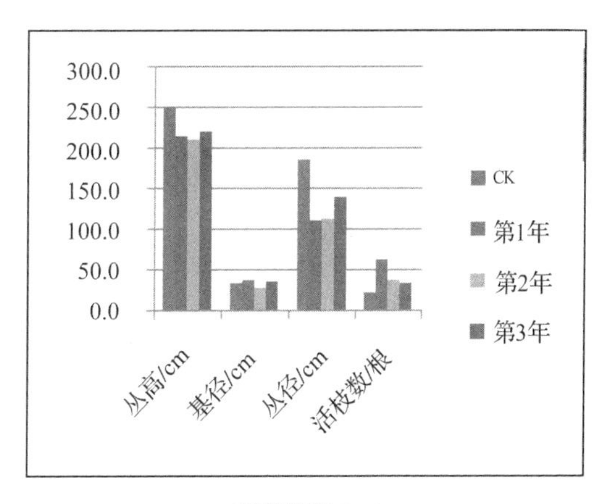


b(平茬高度 5cm)

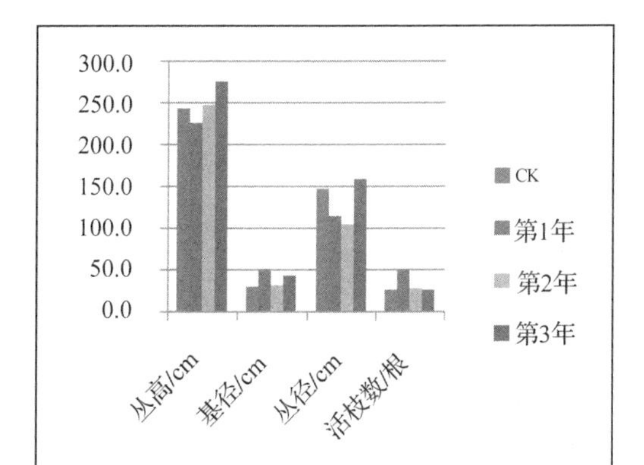


c (平茬高度 10cm)

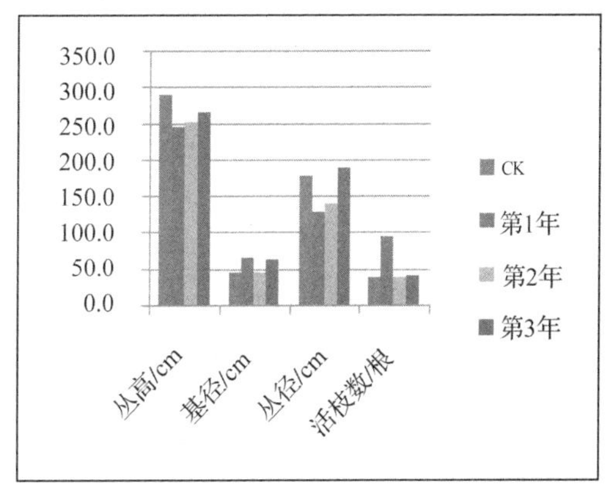


d(平茬高度 15cm)

**图 7-24　多年生沙柳不同平茬高度之前后生长比较**

表7-34表明，不同平茬高度对萌生枝条数量有一定影响，0、5cm高度萌生枝条数量比较接近，其次是10cm高度萌生枝条数量，而15cm高度萌生枝条数量较多。不同平茬高度下，新萌生的枝条均有死亡现象，一般随平茬高度增加死亡率有提高的趋势。0cm、5cm、10cm、15cm平茬高度下新萌生枝条死亡率依次为40.57%、39.09%、46.40%、58.84%，其中10cm较0cm、5cm平茬高度的死亡率有较大增幅，15cm平茬高度的死亡率明显增加。随着平茬高度的增加，萌生枝条的死亡率也明显增加，说明较高位置平茬在沙区大风和干旱气候条件下，平茬方法存在与环境条件不相适应的问题，特别是靠近较高位置平茬根桩上部枝条存活较少，也印证了这种方法的不足。

**表7-34　2013年平茬沙柳枝条变化情况**

| 平茬高度 | 0cm | | 5cm | | 10cm | | 15cm | |
|---|---|---|---|---|---|---|---|---|
| 年龄 | 1年生 | 2年生 | 1年生 | 2年生 | 1年生 | 2年生 | 1年生 | 2年生 |
| 活枝数量 | 63.1 | 37.5 | 61.4 | 37.4 | 50.0 | 26.8 | 94.5 | 38.9 |
| 枯枝数量 | | 13.4 | | 10.0 | | 13.1 | | 20.2 |
| 合计 | 63.1 | 50.9 | 61.4 | 47.4 | 50.0 | 39.9 | 94.5 | 59.1 |
| 2年-1年 | -12.2 | | -14.0 | | -10.1 | | -35.4 | |

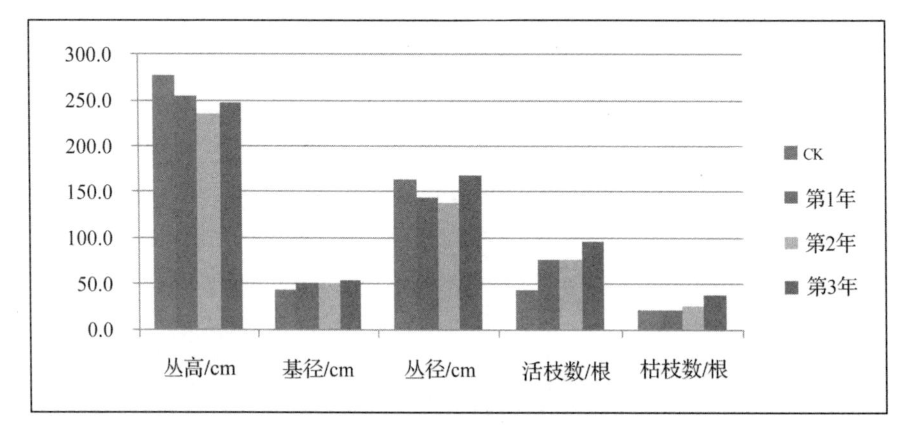


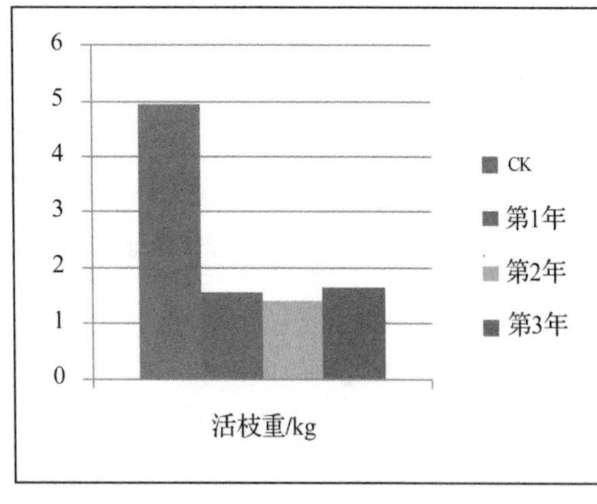


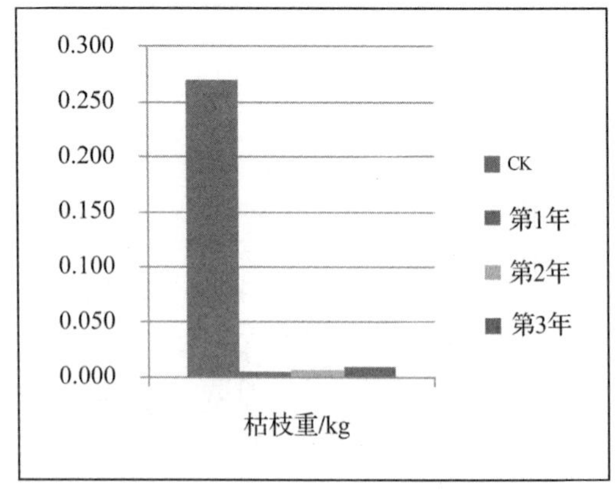


**图7-25　连续平茬3次对灌丛生长的影响**

### 7.3.3 连续平茬对沙柳生长的影响

图 7-25 表明，间隔一定年限进行平茬，当年可收到明显的生长效果改善，但连续平茬可削弱沙柳灌丛的长势，丛高、丛基径、丛径、枝条数量、活枝鲜重均出现下降的趋势，而枯枝数量则呈上升趋势。2016 年雨量增加，使丛高、丛基径、丛径、枝条数量、活枝鲜重均较前 1 年或 2 年有所增加，但丛高增幅较小且枯枝数量增加较多，还是从一定角度反映了连续平茬对灌丛长势的负面影响。

上述结果表明，应在平茬后间隔一定年限在进行第二次平茬，以恢复、保护生态系统功能、结构，提高生长量和固碳能力为主要经营目的，间隔 3 ~ 5 年进行平茬可促进碳储量的积累；即便是用于柳编的原料林，也应间隔 2 ~ 3 年进行平茬。

### 7.3.4 沙柳样地生物多样性分析

**表 7-35 沙柳灌木林地内生物多样性统计表**

| 名称 | 数量（株/m²） | 高度（cm） | 盖度（%） | 频度（%） | 相对频度（%） | 相对密度（%） | 相对盖度（%） | 重要值 |
|---|---|---|---|---|---|---|---|---|
| 披针叶黄华 | 2.3 | 22.0 | 1.3 | 33.33 | 9.09 | 2.94 | 6.43 | 18.47 |
| 牛心铺子 | 0.3 | 37.0 | 1.7 | 33.33 | 9.09 | 0.42 | 8.04 | 17.55 |
| 羊草 | 2.0 | 22.0 | 1.3 | 66.67 | 18.18 | 2.52 | 6.11 | 26.81 |
| 多叶棘豆 | 9.3 | 3.0 | 7.3 | 33.33 | 9.09 | 11.76 | 35.38 | 56.24 |
| 猪毛菜 | 51.3 | 5.0 | 6.1 | 100.00 | 27.27 | 64.71 | 29.24 | 121.22 |
| 碱蒿 | 14.0 | 18.0 | 3.1 | 100.00 | 27.27 | 17.65 | 14.80 | 59.72 |
| 合计 | 79.3 | 107.0 | 20.7 | 366.7 | | | | |

**表 7-36 沙柳灌木林地周边草地生物多样性统计表**

| 名称 | 数量（株/m²） | 高度（cm） | 盖度（%） | 频度（%） | 相对频度（%） | 相对密度（%） | 相对盖度（%） | 重要值 |
|---|---|---|---|---|---|---|---|---|
| 苦豆子 | 4.3 | 57.0 | 10.0 | 33.33 | 11.11 | 7.51 | 17.86 | 36.48 |
| 蓝刺头 | 0.7 | 52.0 | 1.0 | 33.33 | 11.11 | 1.16 | 1.79 | 14.05 |
| 猪毛菜 | 10.7 | 12.0 | 4.7 | 33.33 | 11.11 | 18.50 | 8.33 | 37.94 |
| 碱蓬 | 26.0 | 5.0 | 9.3 | 100.00 | 33.33 | 45.09 | 16.67 | 95.09 |
| 披针叶黄华 | 0.3 | 35.0 | 0.3 | 33.33 | 11.11 | 0.58 | 0.60 | 12.28 |
| 碱蒿 | 15.7 | 37.0 | 30.7 | 66.67 | 22.22 | 27.17 | 54.76 | 104.15 |
| 合计 | 57.7 | 198.0 | 56.0 | 300.0 | | | | |

表 7-35 和表 7-36 为 2015 年沙柳灌木林地内和在周边草地生物多样性统计表，结果表明：沙柳灌木林地内有 6 种植物，其中猪毛菜、碱蒿所占比重较大，依次重要值为 121.22，数量为 51.3 株/m²，相对盖度为 29.24%；重要值为 59.72，数量为 14.0 株/m²，相对盖度为 14.80%。在周边草地内有 6 种植物，其中碱蓬、碱蒿、猪毛菜所占比重较

大，依次重要值为 95.09，数量为 26.0 株/m$^2$，相对盖度为 16.67%；重要值为 104.15，数量为 15.7 株/m$^2$，相对盖度为 54.76%；重要值为 37.94，数量为 10.7 株/m$^2$，相对盖度为 8.33%。

2015 年沙柳灌木林地内和在周边草地生物多样性调查与 2014 年存在一定差距，主要是调查时间不同，草本植物因生长期长短不一样，种类也发生变化所致。

### 7.3.5 沙柳灌木林碳汇量估算

周毅研究了毛乌素沙地臭柏、乌柳、沙柳、油蒿的生物量及碳通量，结果表明，四种灌木的主枝含碳率均较低，构件含碳率分布无一定规律可循；植物种间全株含碳率大小顺序为：臭柏(51.21%)>乌柳(50.91%)>沙柳(49.27%)>油蒿(48.46%)；四种灌木均表现为主枝生物量和碳储量最大，主枝是四种灌木储存碳的主要构件和构成种群的主要构件。

按照沙柳全株含碳率 49.27% 估算，平茬复壮对沙柳标准枝碳储量的影响见表 7-37、图 7-26。

**表 7-37 平茬复壮沙柳标准枝的碳储量**

| 平茬高度 | 生长时间(a) | 标准枝鲜重(g) | 含水量(%) | 生物量(g) | 年平均生物量(g/a) | 含碳率(%) | 年均碳储量(g/a) |
|---|---|---|---|---|---|---|---|
| 0cm | 1 | 73.4 | 6.67 | 4.9 | 4.9 | 49.27 | 2.4 |
| | 2 | 101.5 | 8.00 | 8.1 | 4.1 | 49.27 | 2.0 |
| | 3 | 219.4 | 11.41 | 25.0 | 8.3 | 49.27 | 4.1 |
| 5cm | 1 | 47.9 | 10.44 | 5.0 | 5.0 | 49.27 | 2.5 |
| | 2 | 78.6 | 12.41 | 9.8 | 4.9 | 49.27 | 2.4 |
| | 3 | 210.9 | 10.56 | 22.3 | 7.4 | 49.27 | 3.7 |
| 10cm | 1 | 61.1 | 10.48 | 6.4 | 6.4 | 49.27 | 3.2 |
| | 2 | 118.6 | 11.28 | 13.4 | 6.7 | 49.27 | 3.3 |
| | 3 | 157.2 | 10.34 | 16.2 | 5.4 | 49.27 | 2.7 |
| 15cm | 1 | 64.9 | 10.84 | 7.0 | 7.0 | 49.27 | 3.5 |
| | 2 | 127.0 | 12.45 | 15.8 | 7.9 | 49.27 | 3.9 |
| | 3 | 165.5 | 10.05 | 16.6 | 5.5 | 49.27 | 2.7 |
| ck | 9 | 251.6 | 13.01 | 32.7 | 3.6 | 49.27 | 1.8 |

从表 7-37、图 7-26 可以看出，随着平茬高度增加，平均鲜重、生物量(干重)、含碳量依次下降，而含水率依次略有增加。对于不同平茬高度灌木林，上述现象的其中原因之一是平茬高，灌木枝条基部较粗，木质化程度增加，相对含水量也较少，随留茬高度增加，造成含水率增加和重量下降，进而造成碳储量的下降。但本次试验标准枝取样是在完成 3 年一次的实验周期后，不同平茬高度标准株的标准枝均采用同样近地表取样方式，因此下降的因素应在其他方面。

从图 7-26 可以看出，不同平茬高度对沙柳碳储量影响存在差异，平茬高度较低时，最初 1~2 年的碳储量积累较差，但第 3 年能够快速增加；随着平茬高度的增加，第 1~

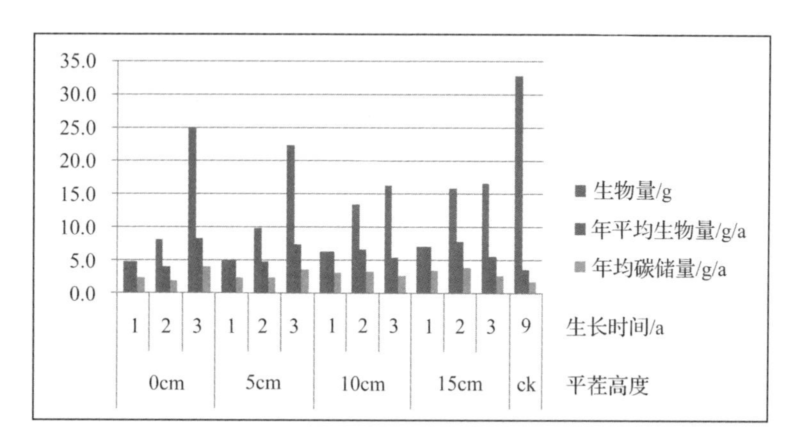


**图7-26　平茬复壮沙柳标准枝的碳储量**

2年的碳储量积累均较好，但第3年却有所减少。从生长3年沙柳灌丛碳储量情况比较，平均每年碳储量最高的为平茬高度0cm的植株，其次是平茬高度5cm的植株，而平茬高度10cm和15cm植株的碳储量相对较低。尽管如此，4种平茬高度沙柳的平均每年碳储量均高于9年生(注：该灌丛活枝的年龄最大为6年)沙柳灌丛平均每年的碳储量。

平茬高度0cm和5cm两种平茬复壮措施，使沙柳灌丛碳储量逐年增加；平茬高度10cm和15cm两种平茬复壮措施，使沙柳灌丛碳储量在第3年有一定幅度减少，也能说明平茬高度0cm和5cm两种平茬复壮措施是沙柳可持续经营的适宜措施。

上述结果表明，平茬3年后，平茬沙柳与未平茬沙柳碳储量比，平茬高度0cm提高1.3倍，平茬高度5cm提高1倍，平茬高度10cm和15cm提高50%，因此平茬可促进沙柳碳储量的积累，平茬复壮是灌木柳经营的重要措施，0~5cm是最佳平茬高度。

## 7.3.6　沙柳灌木林碳汇量估算及平茬复壮技术研究

### 7.3.6.1　沙柳灌木林碳汇量估算

参照沙柳全株含碳率49.27%估算筐柳、小红柳、乌柳的碳储量，平茬复壮对筐柳、小红柳、乌柳标准枝碳储量的影响见表7-38、图7-27。

从表7-38、图7-27可以看出，采取同样平茬复壮措施的不同种灌木柳在平均鲜重、生物量(干重)、含碳量方面表现不同。筐柳含碳量最高，其次是乌柳和小红柳。由于3种灌木柳寿命较沙柳长，一般9~11年，在平茬后3~5年依然是这些灌木柳比较快速生长的时期，其生物量以及碳储量也因此处于逐年增加的状态。筐柳较小红柳、乌柳的碳储量大，是由于筐柳本身的遗传特性决定，其个体大于后者，生长量也相应较大。因此，如果以恢复、保护生态系统功能、结构，提高生长量和固碳能力为主要经营目的，应间隔5~7年进行平茬复壮。

**表 7-38 平茬复壮筐柳等灌木柳标准枝的碳储量**

| 树种 | 生长时间(a) | 标准枝鲜重(g) | 含水量(%) | 生物量(g) | 年平均生物量(g/a) | 含碳率(%) | 年均碳储量(g/a) |
|---|---|---|---|---|---|---|---|
| 筐柳 | 3 | 103.8 | 14.11 | 14.7 | 4.9 | 49.27 | 2.4 |
| | 4 | 196.9 | 12.71 | 25.0 | 6.3 | 49.27 | 3.1 |
| | 5 | 399.4 | 14.17 | 56.6 | 11.3 | 49.27 | 5.6 |
| 小红柳 | 3 | 66.3 | 12.11 | 8.0 | 2.7 | 49.27 | 1.3 |
| | 4 | 129.7 | 14.71 | 19.1 | 4.8 | 49.27 | 2.3 |
| | 5 | 302.9 | 12.73 | 38.6 | 7.7 | 49.27 | 3.8 |
| 乌柳 | 3 | 94.6 | 8.04 | 7.6 | 2.5 | 49.27 | 1.2 |
| | 4 | 171.4 | 10.44 | 17.9 | 4.5 | 49.27 | 2.2 |
| | 5 | 398.2 | 10.00 | 39.8 | 8.0 | 49.27 | 3.9 |

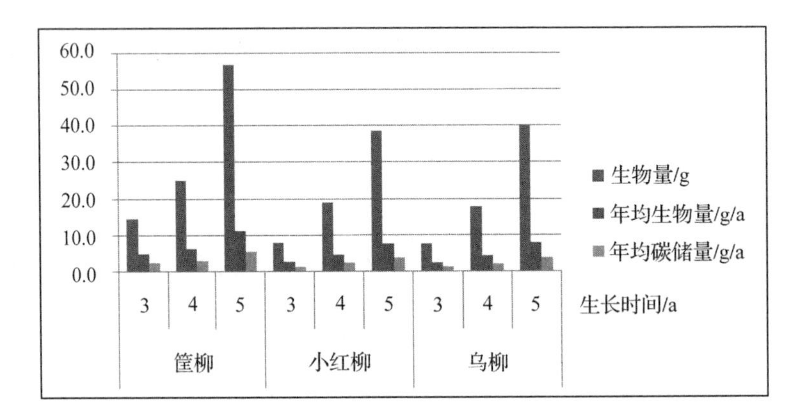


**图 7-27 平茬复壮筐柳等灌木柳标准枝的碳储量**

### 7.3.6.2 沙柳灌木林平茬复壮技术研究

(1)不同平茬高度对灌木柳生长的影响

表 7-39 表明，平茬能促进筐柳等灌木柳恢复树势，达到复壮的目的。但不同平茬高度对筐柳等灌木柳生长影响不同。平茬后经过一个生长季，萌蘖枝条数量、基径、长度和丛高各指标均以留茬高度 3cm 的最大，其次是留茬高度 0cm 和 5cm 的，留茬高度 10cm 和 15cm 的各指标明显减小。从平茬复壮措施考虑，0～5cm 的留茬高度，均能满足恢复筐柳等灌木柳树势的要求，也便于机械操作。

**表 7-39 平茬高度对筐柳等灌木柳生长的影响**

| 留茬高度(cm) | 萌蘖枝条数(个) | 丛高(cm) | 萌蘖枝条基径(mm) | 萌蘖枝条长度(cm) | 长势 |
|---|---|---|---|---|---|
| 0 | 75 | 156 | 9.87 | 120 | 好 |
| 3 | 81 | 162 | 10.33 | 123 | 好 |
| 5 | 63 | 144 | 7.62 | 111 | 中 |
| 10 | 42 | 132 | 7.06 | 103 | 差 |
| 15 | 44 | 124 | 6.37 | 98 | 差 |

(2)不同枝条基径对灌木柳生长的影响

表7-40表明，枝条基径的粗细，对平茬后筐柳等灌木柳生长有一定的影响。在本研究中，母株最粗3根枝条基径平均粗度在25.88~30.42mm之间的萌蘖枝条数量、基径、长度和丛高各指标均最大，其次是基径平均粗度在11.93~25.63mm和30.67~35.32mm之间各项指标居中，基径平均粗度在35.44~39.98mm之间的各项指标最小。枝条基径粗度在一定程度上反映枝条的年龄，较细的生长时间短，营养积累没有达到最大值，平茬对其复壮的作用还没有达到最大；基径较粗的生长时间长，一定程度出现老化衰退现象，平茬对其复壮的作用也因此达不到最好的效果。从本研究六组母株基径平均粗度对平茬后筐柳等灌木柳生长的影响看，11.93~14.87mm、14.92~19.13mm、19.73~25.63mm、25.88~30.42mm和30.67~35.32mm等五组筐柳等灌木柳平茬后的生长能够达到促进生长、恢复树势的要求。

**表7-40　枝条基径对筐柳等灌木柳生长的影响**

| 母株基径区间(mm) | 萌蘖枝条数(个) | 丛高(cm) | 萌蘖枝条基径(mm) | 萌蘖枝条长度(cm) | 长势 |
|---|---|---|---|---|---|
| 11.93~14.87 | 69 | 148 | 8.32 | 117 | 好 |
| 14.92~19.13 | 72 | 155 | 9.48 | 121 | 好 |
| 19.73~25.63 | 69 | 164 | 10.32 | 125 | 好 |
| 25.88~30.42 | 72 | 165 | 11.48 | 127 | 好 |
| 30.67~35.32 | 55 | 151 | 8.44 | 118 | 好 |
| 35.44~39.98 | 43 | 143 | 7.55 | 113 | 中 |

(3)衰老对灌木柳生长的影响

灌木生理年龄相对乔木而言明显小，因此灌木柳随着年龄的增加，容易出现生长衰退、干枯死亡等现象。随着灌木柳年龄的增加，特别是枝条生长6~7年以后，其灌丛中逐渐出现枯死的枝条，并随年龄的增加有新枝萌生出来，进入自我更新阶段，但多数灌丛的树势处于衰退状态，自我更新复壮缓慢，需要人为干预，对其平茬复壮。

表7-41表明，当筐柳母株最粗3根枝条基径平均粗度达到30.88mm以上时，灌丛中开始出现枯死枝，说明筐柳此时已进入自我更新的阶段；从萌蘖枝条数量、基径、长度和丛高各指标看，干枯衰老筐柳经平茬处理，长势旺盛，恢复生长情况良好，但比较而言，枝条基径平均粗度30.88~35.26mm之间的筐柳生长势更好一些。

**表7-41　衰老对筐柳生长的影响**

| 母株基径区间(cm) | 枯枝比(%) | 丛高(cm) | 萌蘖枝条数(个) | 萌蘖枝条基径(mm) | 萌蘖枝条长度(cm) | 长势 |
|---|---|---|---|---|---|---|
| 30.88~35.26 | 24~37 | 155 | 57 | 8.38 | 119 | 好 |
| 36.09~39.15 | 24~37 | 144 | 49 | 7.62 | 114 | 中 |

因此，如果以恢复、保护生态系统功能、结构，提高生长量和固碳能力为主要经营目的，应间隔5~7年，在基径平均粗度达到30~40mm进行平茬复壮；如果是用于柳编

的原料林，应间隔2~3年，在基径平均粗度达到11.93~25.63mm进行平茬。

#### 7.3.6.3 灌木柳林平茬复壮技术

不同灌木柳之间存在差异，生物学和生态学特性不同。筐柳，灌木，高1.5~2.5m。一年生枝黄绿色，无毛。生于山地、河流两岸、河塘边缘及沙丘间低地。中国特有树种，产于河北、山西、河南、陕西、甘肃、内蒙古。可作为固堤护岸、固沙树种。小红柳，灌木，高1~2m。小枝红褐色，当年生枝细长，常弯曲或下垂。生于沙丘间低地、河谷。中国产于辽宁、内蒙古、宁夏、青海、新疆。根系发达，生长迅速，是良好的固沙树种。乌柳，灌木或小乔木，高可达4m。枝细长，一二年生枝紫红色或紫褐色，有光泽。生于沙丘间低地及河流、溪沟两岸。中国产于华北、西北、西南。可作为固沙、护堤树种。在风沙草原区，小红柳、筐柳、乌柳常共同组成沙丘间低地的优势灌丛，对防止草原风蚀沙化、嫩茎叶在枯草期提供牲畜饲料、成熟枝条架设牲畜围栏等均具有重要作用，是风沙草原植被重要的组成部分。

因此，需要区别不同情况，针对造林目的分别选择相应树种，并采取相应的经营措施。

(1)沙柳、黄柳在“人工灌木林主要树种平茬复壮技术规程(DB15/T557-2013)”中，人工林平茬周期通常为4~5年，这与沙柳和、黄柳寿命一般4~6年有关。

(2)筐柳、乌柳和小红柳平茬复壮措施：

筐柳、小红柳、乌柳连续9~11年不平茬均会出现生长衰退、干枯死亡问题。因此，根据筐柳、乌柳和小红柳特性，制订以下平茬复壮措施(本平茬复壮措施特别指沙丘间低地天然筐柳、小红柳、乌柳防护林的平茬复壮方法)。

由于筐柳、小红柳、乌柳在4~10月为生长季，如果平茬不当，时间不妥，平茬周期过短，则会影响其生长，甚至导致死亡，还会显著增加平茬成本。为了研究合理的平茬时期和技术要领，经过大量的试验，研究总结出筐柳、小红柳、乌柳平茬复壮方法。

在冬末春初土壤结冻期，将筐柳、小红柳、乌柳防护林划分为交错排列的，平茬区植被盖度40%以上为宜。平茬区和保留区带宽比为1∶6~8，平茬区带宽为20m，保留区带宽为120~160m，保留区带宽与平茬周期对应，平茬周期7、8、9年的保留区带宽依次为120、140、160m(图7-28)。使用锋利的平茬机将整丛全部刈割，留茬高度距地面0~5cm。平茬径级粗度10~40mm，如果以恢复、保护生态系统功能、结构，提高生长量和固碳能力为主要经营目的，应间隔5~7年，在基径平均粗度达到30~40mm进行平茬复壮；如果是用于柳编的原料林，应间隔2~3年，在基径达到10~25mm进行平茬。所述平茬区和保留区可以为隔行带状划分。筐柳、小红柳、乌柳平茬一般应在冬末春初土壤结冻期进行，这一时期筐柳、小红柳、乌柳完全停止生长，积累大量营养物质于根部，根系处于冻土层，平茬时不会因用力摇拽而伤害根系，有利于春季萌发，而土壤解冻后平茬，土壤疏松，会造成大量根系损伤，也不利于机械在活动沙地中行走和运送平茬枝条。一年当中，筐柳、小红柳、乌柳一般4月下旬至5月初开始萌动，10月中下旬封顶，因此在此期间，不能进行平茬。

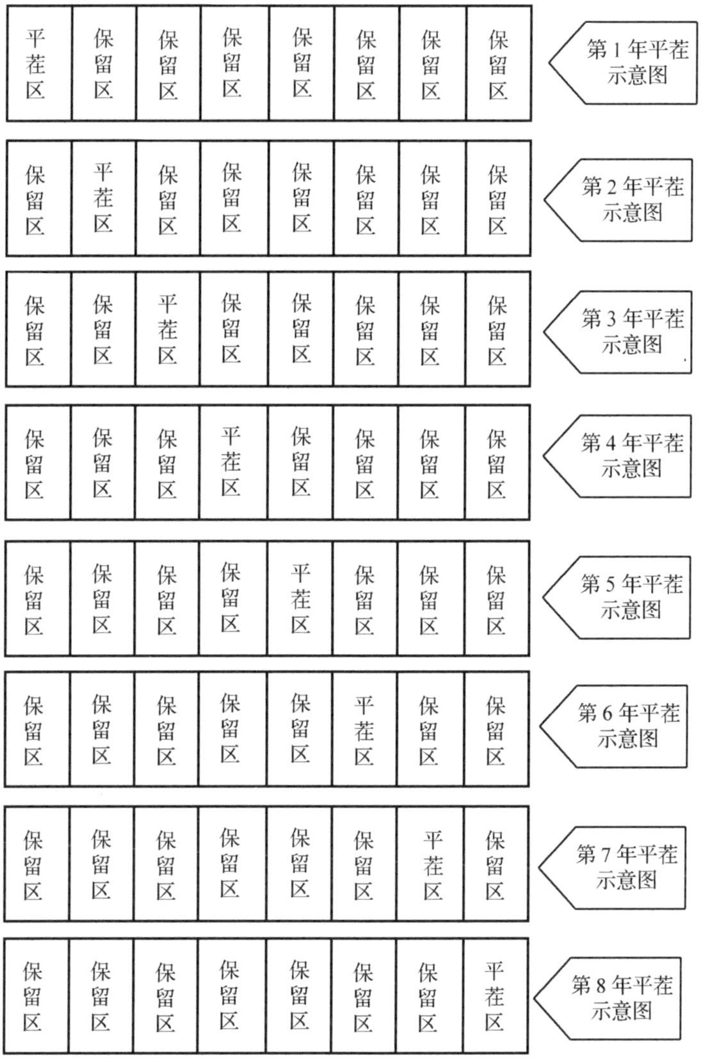

| | | | | | | | | |
|---|---|---|---|---|---|---|---|---|
| 平茬区 | 保留区 | 保留区 | 保留区 | 保留区 | 保留区 | 保留区 | 保留区 | 第 1 年平茬示意图 |
| 保留区 | 平茬区 | 保留区 | 保留区 | 保留区 | 保留区 | 保留区 | 保留区 | 第 2 年平茬示意图 |
| 保留区 | 保留区 | 平茬区 | 保留区 | 保留区 | 保留区 | 保留区 | 保留区 | 第 3 年平茬示意图 |
| 保留区 | 保留区 | 保留区 | 平茬区 | 保留区 | 保留区 | 保留区 | 保留区 | 第 4 年平茬示意图 |
| 保留区 | 保留区 | 保留区 | 保留区 | 平茬区 | 保留区 | 保留区 | 保留区 | 第 5 年平茬示意图 |
| 保留区 | 保留区 | 保留区 | 保留区 | 保留区 | 平茬区 | 保留区 | 保留区 | 第 6 年平茬示意图 |
| 保留区 | 保留区 | 保留区 | 保留区 | 保留区 | 保留区 | 平茬区 | 保留区 | 第 7 年平茬示意图 |
| 保留区 | 保留区 | 保留区 | 保留区 | 保留区 | 保留区 | 保留区 | 平茬区 | 第 8 年平茬示意图 |

**图 7-28　筐柳等灌木柳平茬复壮示意图**

# 参考文献


Abella S R. 2010. Thinning Pine Plantations to Reestablish Oak Openings Species in Northwestern Ohio. Environmental Management, 46(3): 391 – 403.

Adger. 1999. Social Vulnerability to Climate Change and Extremes in Coastal Vietnam. World Development, (27): 249 – 269.

Aguirre O, GadowK, Jiménez J. 2003. An analysis of spatial forest structure using neighborhood – based variables. *Forest Ecology and Management*, 183, 137 – 145.

Alvarez J A, Villagra P E, Villalba R, *et al*. 2013. Effects of the pruning intensity and tree size on multi-stemmed *Prosopis flexuosa* trees in the Central Monte, Argentina. Forest ecology and management, 310: 857 – 864.

Anderson A B, Ioris E M. 1992. An Bateson Placing money value on the unprieed. Benefits of Forestry. 85 (3): 152 – 165.

Andivia E, Vazquez-Pique J, Fernandez M, *et al*. 2013. Litter production in Holm oak trees subjected to different pruning intensities in Mediterranean dehesas. Agroforestry systems, 87 (3): 657 – 666.

Attocchi G. 2013. Effects of pruning and stand density on the production of new epicormic shoots in young stands of pedunculate oak (*Quercus robur* L. ). Ammals of forest science, 70 (7): 663 – 673.

Brun F. 2002. Multifunctionality of mountain forests and economic evaluation. Forest Policy and Economics, 4 (2): 101 – 112.

Buhyoff, G. J. , J. D. Wellman, H. Harvey, R. A. Fraster. 1978. Landscape Architect's Interpretation of People's Landscape Preference, J. Environ. Manage. (6): 225 – 262.

Calderon-Aguilera L E, Rivera-Monroy V H, Porter-Bolland L, Martínez-Yrízar A, Ladah L B, Martínez-Ramos M, Alcocer J, Santiago-Pérez A L, Hernandez-Arana H A, Reyes-Gómez V M, Pérez-Salicrup D R, Díaz-Nuñez V, Sosa-Ramírez J, Herrera-Silveira J, Búrquez A. 2012.

Clark P J, Evans F C. 1954. Distance to nearest neighbor as a measure of spatial relationships in populations. *Ecology*, 35, 445 – 453.

Clutter J L, Fortson J C, Pienaar L V, *et al*. 1983. Timber management: a quantitiveapproach. New York: Wiley, 62 – 66.

Corley J C, Villacide J M, Vesterinen M, *et al*. 2012. Can early thinning and pruning lessen the impact of pine plantations on beetle ant diversity in the Patagonian steppe?. Southern forests, 74(3): 195 – 202.

Damiran, D, DelCurto T, Johnson D E, *et al*. 2006. Estimating shrub forage yield and utilization using a photographic technique. Northwest Science, 80(4): 259 – 263.

Detwiler R P, Hall C A. 1988. Tropical forests and the global carbon cycle. Science. , 239(4835): 42 – 47.

Estornell, J, Ruiz L, Velázquez-Martí B, *et al*. 2012. Estimation of biomass and volume of shrub vegetation using LiDAR and spectral data in a Mediterranean environment. Biomass and Bioenergy, 46: 710 – 721.

Eswaran H, Van Den Berg E, Reich P. 1993. Organic carbon in soils of the world. Soil science society of America journal, 57(1): 192 – 194.

Fernández M E, J. E. Gyenge G D S, Schlichter T M. 2002. Silvopastoral systems in northwestern Patagonia I: growth and photosynthesis of Stipa speciosa under different levels of Pinus ponderosa cover. Agroforestry Systems, 55: 27 - 35.

Filippo Brun. 2002. Multi-functionality of mountain forests and economic evaluation. Forest Policy and Economics, (4): 101 - 112.

Flombaum P, and Sala O. 2007. A non-destructive and rapid method to estimate biomass and aboveground net primary production in arid environments. Journal of Arid Environments, 69: 352-358.

Follett R F. 2001. Management concepts and carbon sequestration in cropland soils. Soil and Tillage Research, 61: 77 - 92.

Gao BJ, Li DY. 1999. Community characteristics of degraded Chinese pine stands and their biodiversity restoration. *ActaEcologicaSinica*, 19, 647 - 653.

Garnett M H, Ineson P, Stevenson A C, *et al.* 2001. Terrestrial organic carbon storage in a British moorland. Global Change Biology, , 7(4): 375 - 388.

Gundersen P, Laurén A, Finér L, Ring E, Koivusalo H, Sætersdal M, Weslien J, Sigurdsson B D, Högbom L, Laine J, Hansen K. 2010. Environmental Services Provided from Riparian Forests in the Nordic Countries. AMBIO, 39(8): 555 - 566.

Guo L B, Gifford R. 2002. Soil carbon stocks and land use change: a meta analysis. Global Change Biology, 8 (4): 345 - 360.

Guo-fan S, Li-min D, Ying-shan L, Yong-min L, Guang-xin B. 2003. A decision-support system for multi-objective forest management in Northeast China. Journal of Forestry Research, 2(14): 141 - 145.

HallRL. 2003. Interception loss as a function of rainfall and forest types: Stochastic modeling for tropical canopies revisited. J Hydrol, 280: 1 - 12.

Halvorson R D, Reule C A, Follet R F. 1999. Nitrogen ferlization effects on soil carbon nitrogen in dryland cropping system . Soil Sciety of America, 63: 912 - 917.

Hession W C, Johnson T E, Charles D F, Hart D D, Horwitz R J, Kreeger D A. 2000. Ecological Benefits of Riparian Rwforestation in Urban Watersheds: Study Design and Perliminary Results. Environmental Monitoring and Assessment, (63): 211 - 222.

Hiratsuka M, Toma T, Mindawati N, Heriansyah I, Morikawa Y. 2005. Biomass of a man-made forest of timber tree species in the humid tropics of West Java, Indonesia. Journal of Forest Research, 10(6): 487 - 491.

Houghton R A. 2006. Aboveground forest biomass and the global carbon balance. Global Change Biology, 11: 945 - 958.

Hui. A. Pommerening. 2014. Analysing tree species and size diversity patterns in multi-species uneven-aged forests of Northern China. Forest Ecology and Management, 316: 125 - 138.

Janzen H, Campbell C, Ellert B, *et al.* 1997. Soil organic matter dynamics and their relationship to soil quality. Developments in soil science. The Netherlands: Elserier, 25: 277 - 292.

Jimenez-Casas M, Zwiazek J J. 2013. Effects of branch pruning and seedling size on total transpiration and tissue Na and Cl accumulation in *Pinus leiophylla* seedlings exposed to salinity. Forest science, 59 (4): 407 - 415.

Jingjing Zhou, Zhong Zhao, Jun Zhao, Qingxia Zhao. 2013. A comparison of three methods for estimating leaf area index of black locust ( Robinia pseuduacacia L. ) plantations on the Loess Plateau, China. International Joural of Remote Sensing, ID: 866289 DOI: 10. 1080/01431161. 2013. 866289.

Jing-Jing Zhou, Zhong Zhao, Qingxia Zhao, Jun Zhao, Haize. 2013. Quantification of aboveground forest biomass using Quickbird imagery, topographic variables, and field data. Journal of Applied Remote Sensing, Vol. 7: 073484(1 - 17).

Jujnovsky J, Nez T M G L, Cantoral-Uriza E A, Ero L A. 2012. Assessment of Water Supply as an Ecosystem Service in a Rural-Urban Watershed in Southwestern Mexico City. Environmental Management, 49: 690 - 702.

Kint V, van Meirvenne M, Nachtergale L, Geudens G, Lust N. 2003. Spatial methods for quantifying forest stand structure development: a comparison between nearest-neighbor indices and variogramanalysis. *Forest Science*, 49, 36 - 49.

Kush J S, Meldahl R S, McMahon C K, Boyer W D. 2004. Longleaf Pine: A Sustainable Approach for Increasing Terrestrial Carbon in the Southern United Stat es. Environmental Management, 33(S1).

Kuuluvainen T. 2002. Natural variability of forests as a reference for restoring and managing biological diversity in boreal Fennoscandia. *Silva Fennica*, 36, 97 - 125.

Kuuluvainen T, Penttinen A, Leinonen K, Nygren M. 1996. Statistical opportunities for comparing stand structural heterogeneity in managed and primeval forests: an example from boreal spruce forest in southern Finland. *Silva Fennica*, 30, 315 - 328.

Lei-Deng, Wen-Hui Zhang, Jin-Hong Guan. 2014. Seed rain and community diversity of Liaotung oak( Quercus liaotungensis Koidz) in Shaanxi, northwest China. EcologicalEngineering, 104 - 111.

Li yuanfa, Hui gangying, Zhao zhonghua, *et al.* 2014. Spatial structural characteristics of three hardwood species in Korean pine broad-leaved forest—Validating the bivariate distribution of structural parameters from the point of tree population. Forest Ecology and Management, 314: 17 - 25.

Li yuanfa, Ye Shaoming, Hui gangying, et al. 2014. Spatial structure of timber harvested according to structure-basedforest management. Forest Ecology and Management, (322) 106 - 116.

Lisboa M, Acuna E, Cancino J, *et al.* 2014. Physiological response to pruning severity in *Eucalyptus regnans* plantations. New Forests, 45 (6): 753 - 764.

Litynski J T, Klara S M, McIlvried H G, Srivastava R D. 2006. An Overview of Terrestrial Sequestration of Carbon Dioxide: the United States Department of Energy's Fossil Energy R&D Program. Climatic Change, 74(1 - 3): 81 - 95.

Liu H. , Zang R. & Chen H. Y. H. 2016. Effects of grazing on photosynthetic features and soil respiration of rangelands in the Tianshan Mountains of Northwest China. Scientific Reports, 6, 30087.

Lovell S T, Mendez V E, Erickson D L, Nathan C, DeSantis S R. 2010. Extent, pattern, and multifunctionality of treed habitats on farms in Vermont, USA. Agroforestry Systems, 80(2): 153 - 171.

Makinen H, Verkasalo E, Tuimala A. 2014. Effects of pruning in Norway spruce on tree growth and grading of sawn boards in Finland. Forestry, 87 (3): 417 - 424.

Marchi E, Neri F, Fioravanti M, *et al.* 2013. Effects of cuffing patterns of shears on occlusion processes in pruning of high-quality wood plantations. Croatian journal of forest engineering, 34 (2): 295 - 304.

Maurin V, DesRochers A. 2013. Physiological and growth responses to pruning season and intensity of hybrid poplar. Forest ecology and management, 304: 399 - 406.

McNaughton S J. 1977. Diversity and stability of ecological communities: a comment on the role of empiricism in ecology. *TheAmerican Naturalist*, 111, 515 - 525.

McWethy D B, Hansen A J, Verschuyl J P. 2010. Bird response to disturbance varies with forest productivity in the northwestern United States. Landscape Ecology, 25(4): 533 - 549.

Moya D, De las Heras J, Lopez-Serrano F R, *et al*. 2009. Structural patterns and biodiversity in burned and managed Aleppo pine stands. Plant ecology, 200 (2): 217 - 228.

Navar J, Mendez E, Najera A, *et al*. 2004. Biomass equations for shrub species of Tamaulipan thornscrub of North-eastern Mexico. Journal of Arid Environments, 59: 657 - 674.

Neil Adger W. 1999. Social Vulnerability to Climate Change and Extremes in Coastal Vietnam. World Development, 27(2): 249 - 269.

Ortega-Vargas E, Lopez-Ortiz S, Burgueno-Ferreira J A, *et al*. 2013. Date of pruning of *Guazuma ulmifolia* during the rainy season affects the availability, productivity and nutritional quality of forage during the dry season. Agroforestry systems, 87 (4): 917 - 927.

Pan Y D, Birdsey R, *et al*. 2004. New estimates of carbon storage and sequestration in China ' s forests: effects of age-class and method on inventory-based carbon estimation. J Climatic Change. 67: 211 - 213.

Paton D, Nunez J, Bao D, *et al*. 2002. Forage biomass of 22 shrub species from Monfragüe Natural Park (SW Spain) assessed by log-log regression models. Journal of Arid Environments, 52: 223 - 231.

Peters E B, Wythers K R, Bradford J B, Reich P B. 2013. Influence of Disturbance on Temperate Forest Productivity. Ecosystems, 16(1): 95 - 110.

PHILLIPS O L. 1997. The changing ecology of tropical forests. Biodiversity and Conservation, 6: 291 - 311.

Piao S, Fang J, Ciais P, *et al*. 2009. The carbon balance of terrestrial ecosystems in China. Nature, 458 (7241): 1009 - 1013.

Pimentel D, Harvey C, Resosudarmo P, *et al*. 1995. Environmental and economic costs of soil erosion and conservation benefits. Science, New Series, 267(5201): 1117 - 1123.

Pommerening A. 2002. Approaches to quantifying forest structures. *Forestry*, 75, 305 - 324.

Purvis A, Hector A. 2000. Getting the measure of biodiversity. *Nature*, 405, 212 - 219.

Ripley B D. 1977. Modeling spatial patterns. *Journal of the Royal Statistical SocietySeries B* (*Methodological*), 39, 172 - 212.

Sah J P, Ross M S, Koptur S, *et al*. 2004. Estimating aboveground biomass of broad leaved woody plants in the understory of Florida Keys pine forests. Forest Ecology and Management, 203: 319 - 329.

Schmidt T L, Wardle T D. 2002. Impact of pruning eastern redcedar (*Juniperus virginiana*). Western Journal of Applied Forestry, 17 (4): 189 - 193.

Scurlock J M O, Johnson K, Olson R J. 2002. Estimating net primary productivity from grassland biomass dynamic measurements . Global Change Biology, 8(8): 736 - 753.

Shannon CE, Weaver W. 1959. The Mathematical Theory of Communication. University of Illinois Press, Urbana. 2 - 200.

Shilong Piao, Jingyun Fang*et al*. 2009. The carbon balance of terrestrial ecosystems in China. J Nature. 458 (23): 1009 - 1014.

Shimoda H, Gholz H L, Nakane K. 1997. The Use of Remote Sensing in the Modeling of Forest Productivity. Forestry Sciences, 50.

Simpson EH (1949) Measurement of diversity. *Nature*, 21, 213 – 251.

Sokolov V A. 2008. Prospects of the forestry development in Siberia. Contemporary Problems of Ecology, 1 (3): 289 – 294.

Somebroek W. 1993. Amounts, dynamics and sequestering of carbon in tropical and subtropical soils. Ambio, 22: 417 – 426.

Spiecker H. 2003. Silvicultural management in maintaining biodiversity and resistance of forests in Europe temperate zone. *Journal of Environmental Management*, 67, 55 – 56.

Stapanian MA, Cline SP, Cassell DL. 1997. Evaluation of a measurement method for forest vegetation in a large-scale ecological survey. *Environmental Monitoring and Assessment*, 45, 237 – 257.

Stuart G A, Porter G A, Erich M S. 2002. Organic Amendment and rotation crop effects on the recovery of soil organic matter and aggregation in potato cropping system. Soil Science Society of America Journal, 66: 1311 – 1319.

Torras O, Saura S. 2008. Effects of silvicultural treatments on forest biodiversity indicators in the Mediterranean. Forest ecology and management, 255 (8 – 9): 3322 – 3330.

Tyrv Inen L, V N Nen H. 1998. The economic value of urban forest amenities: an application of the contingent valuation method. Landscape and Urban Planning, 43(1 – 3): 105 – 118.

West T. O. , Post W. M. 2002. Soil organic carbon sequestration rates by tillage and crop rotation [J]. Soil science society of America journal, 66(6): 1930 – 1946.

Zhao ZH, Hui GY, Hu YB, Wang HX, Zhang GQ, Gadow K. 2014. Testing the significance of different tree spatial distribution patterns based on the uniform angle index. *Canadian Journal of Forest Research*, 44, 1417 – 1425.

Zipperer W C, Foresman T W, Walker S P, Daniel C T. 2012. Ecological consequences of fragmentation and deforestation in an urban landscape: a case study. Urban Ecosystems, 15(3): 533 – 544.

包哈森高娃，刘红梅，刘清泉，等. 2015. 通辽地区4种天然柳的调查分析. 防护林科技，9: 35 – 38.

鲍士旦. 2000. 土壤农化分析. 北京：中国农业出版社：25 – 97.

鲍文，包维楷，丁德蓉，等. 2004. 岷江上游人工油松林凋落量及其持水特征. 西南农业大学学报(自然科学版)，(05): 567 – 571.

蔡永茂，许兰霞，张咏. 2003. 八达岭林场的分类经营评价. 北京林业大学学报，(S1): 57 – 62.

蔡哲，刘琪璟，欧阳球林. 2006. 千烟洲试验区几种灌木生物量估算模型的研究. 中南林学院学报，26 (3): 15 – 19.

曾慧卿，刘琪璟，马泽清，等. 2006. 千烟洲灌木生物量模型研究. 浙江林业科技，26(1)，13 – 17.

陈步峰，吴统贵，肖以华，等. 2010. 珠江三角洲3种典型森林类型乔木叶片生态化学计量学. 植物生态学报，34(1) : 58 – 63.

陈昌雄，陈平留. 1997. 闽北天然异龄林林分结构规律的研究. 福建林业科技，24(4): 1 – 4.

陈东来，秦淑英. 1994. 山杨天然林林分结构的研究. 河北农业大学学报. 17(1): 36 – 43.

陈光彩，郝士成，李怡. 2004. 麻池背油松天然林林分生长结构的研究. 山西林业科技: (4): 10 – 13.

陈军强，张蕊，侯尧宸，等. 2014. 亚高山草甸植物群落物种多样性与群落C、N、P生态化学计量的关系. 植物生态学报 2013，37 (11): 979 – 987

陈新军. 2005. 半干旱黄土丘陵区主要林分的水分生态研究. 山东农业大学.

陈新美，张会儒. 2010. 柞树树高结构的研究. 西北林学院学报. 25(4)：130－134.

陈学群. 1995. 不同密度30年生马尾松林生长特征与林分结构的研究. 福建林业科技. 22(增刊)：40－43.

程滨，赵永军，张文广，等. 2010. 生态化学计量学研究进展. 生态学报，30，1628－1637.

川口武雄，方华荣. 1990. 森林的水土保持机能——流域保护机能和局部场所防灾机能. 水土保持科技情报，(1)：55－57.

崔丽红，孙海静，张曼，等. 2015. 华北落叶松和油松混交林林隙特征及更新研究. 西北林学院学报，30(1)：14－19.

崔丽红，张树梓，黄选瑞. 2013. 孟滦林场不同年龄杨桦天然次生林生物多样性研究. 林业资源管理，6：114－120.

崔宁洁，刘小兵，张丹桔，等. 2014. 不同林龄马尾松人工林碳氮磷分配格局及化学计量特征. 生态环境学报，23(2)：188－195

崔铁成，张爱芳，吴宽让，等. 1993. 森林生态和社会效益的综合评价与实现途径. 水土保持学报，(03)：93－96.

党鹏，王乃江，王娟婷，等. 2014. 黄土高原子午岭不同发育阶段油松人工林土壤理化性质的变化. 西北农林科技大学学报，06：115－121.

邓坤枚，邵彬，李飞等. 1999. 长白山北坡云冷杉林胸径、树高结构及其生长规律的分析. 资源科学，21(1)：77－84.

邓磊，. 张文辉. 2010，黄土沟壑区刺槐人工林的天然发育规律. 林业科技，45(12)，15－22.

刁秋实，蒙宽宏，张文达，等. 2013. 小兴安岭典型人工林固碳释氧功能研究. 林业勘查设计，(02)：26－28.

丁访军，王兵，钟洪明. 2009. 赤水河下游不同林地类型土壤物理特性及其水源涵养功能. 水土保持学报，23(3)：179－183，231.

丁小慧 a，罗淑政，刘金巍，等. 2012. 呼伦贝尔草地植物群落与土壤化学计量学特征沿经度梯度变化. 生态学报，32(11)：3467－3476.

董道瑞，李霞，万红梅，等. 2012. 塔里木河下游柽柳灌丛地上生物量估测. 西北植物学报，32(2)：384－390.

董海凤，杜振宇等. 2014. 黄河三角洲长期人工刺槐林对土壤化学性质的影响. 水土保持通报，34(3)：55－60.

董文宇，邢志远. 2006. 利用 Weibull 分布描述日本落叶松的直径结构. 沈阳农业大学学报，(2)：225－228.

董晓峰. 2007. 黄前水库集水区典型人工林植被土壤结构及水文物理特征. ，31－40.

段爱国，张建国，童书振. 2003. 6种生长方程在杉木人工林林分直径结构上的应用. 林业科学研究. 16(4)：423－429.

段劼，马履一，张萍，等. 2010. 不同立地侧柏林下植被与水源涵养能力的关系. 湖北农业科学，49(2)：330－333.

方怀龙. 现有林分密度指标的评价. 东北林业大学学报，1995，23(4)：100－105.

方晰，田大伦，项方化，等. 2004. 杉木工工林土壤有机碳的垂直分布特征. 浙江林学院学报，21(4)：418－423.

方岳，刘华，白志强，等. 2014. 新疆喀纳斯保护区森林碳储量及碳密度研究. 南京林业大学学报(自然科学版),38(6):17 - 22.

冯楷斌,张晹晹,郭敬丽,等. 2016. 冀北山地不同类型白桦林枯落物及土壤持水性能研究. 林业资源管理,02:74 - 80.

冯宗炜,王效科,吴刚. 中国森林生态系统的生物量和生产力[M]. 北京:科学出版社. 1999.

傅华,陈亚明,王彦荣,等. 阿拉善主要草地类型土壤有机碳特征及其影响因素. 生态学报,2004,24(3):469 - 476.

高富君,侯俊桦. 2001. 转变经营机制 发展多功能林业. 吉林林业科技,(03):49 - 50.

高敏,马香丽,杨晋宇,等. 2016. 围封对冀北山地华北落叶松人工林土壤动物群落结构的影响. 西北农林科技大学学报,(03):141 - 152.

高人,周广柱. 2003. 辽宁省东部山区 5 种森林植被类型水文生态效益综合评判. 中国生态农业学报,(02):128 - 131.

高添,徐斌,杨秀春,等. 内蒙古西部草原地上生物量的遥感估算. 中国沙漠,2013,(2):597 - 603.

高艳鹏,赵廷宁,等. 2011. 黄土丘陵沟壑区人工刺槐林土壤水分物理性质. 东北林业大学学报. 39(2),64 - 71.

郭静,姚孝友,刘霞等. 2008. 不同生态修复措施下鲁中山区土壤的水文特征. 浙江林学院学报.

郭丽虹,李荷云. 2000. 恺木人工林林分胸径与树高的威布尔分布拟合. 江西林业科技. (2):26 - 27.

郭永盛,白玉英,杨宏伟,等. 内蒙古大青山典型植被水源涵养功能分析. 林业资源管理. 2010,3:75 - 78.

郭子武. 2012. 生态学报,雷竹林土壤和叶片 N、P 化学计量特征对林地覆盖的响应

韩文娟,曹旭平,张文辉. 2014. 地被物对油松幼苗早期更新的影响. 林业科学,50(1):49 - 54.

韩文娟,何景峰,张文辉,等. 2013. 黄龙山林区油松人工林林窗对幼苗根系生长及土壤理化性质的影响. 林业科学,49(11):16 - 23.

韩文娟,袁晓青,张文辉. 2012. 油松人工林林窗对幼苗天然更新的影响. 应用生态学报 ,23(11):2940 - 2948.

韩新生、王彦辉、邓莉兰,等,2015,六盘山叠叠沟华北落叶松林不同生长特征的水分承载力指示作用。中国水土保持科学,13(5):43 - 51.

贺金生,韩兴国. 2010. 生态化学计量学:探索从个体到生态系统的统一化理论. 植物生态学报,34(1):2 - 6.

侯元兆,王琦. 1995. 中国森林资源核算研究. 世界林业研究,(3):51 - 56.

侯元兆. 2002. 国外林业政府机构演变趋势和重组我国林业部的必要性. 世界林业研究,(05):1 - 8.

胡艳波,惠刚盈. 2015. 基于相邻木关系的林木密集程度表达方式研究. 北京林业大学学报,39(9):1 - 7.

胡玉昆,高国刚,李凯辉,等. 2009. 巴音布鲁克草原不同围封年限高寒草地植物群落演替分析[J],冰川冻土,31(6),1186 - 1184.

胡玉昆,高国刚,李凯辉,等. 2009. 巴音布鲁克草原不同围封年限高寒草地植物群落演替分析. 冰川冻土.

华孟,王坚. 1993. 土壤物理学. 北京:北京农业大学出版社.

黄建辉,陈灵芝. 1991. 北京百花山附近杂灌丛的化学元素含量特征. 植物生态学与地植物学学报,15(3):224 - 233

黄龙生,霍艳玲,金辉,等. 2014. 冀北山地白桦典型大小比数与直径生长关系研究. 林业资源管理,

3：71－76.
黄龙生，李永宁，冯楷斌，等. 2015. 冀北山地杨桦次生林林分空间结构研究. 中南林业大学学报，35(1)：50－55.
黄龙生，李永宁，霍艳玲，等. 2014. 冀北山地杨桦次生林种群的空间分布格局. 东北林业大学学报，42(11)：57－61.
黄玫，季劲钧，曹明奎，等. 中国区域植被地上与地下生物量模拟. 生态学报，2006，26(12)：4156－4163.
黄清麟. 1995. 福建青冈萌芽林分结构及生产力的研究. 福建林学院学报，15(2)：107－111.
黄石竹，张彦东，王政权. 2006. 树木细根养分内循环. 生态学杂志，25(11)：1395－1399
黄耀，王乃江，裴乔. 2017. 庆阳市油松人工林多功能评价研究. 华南农业大学学报，38(1)：109－115.
黄耀，王乃江，裴乔. 2017. 庆阳市油松人工林生态服务功能研究. 西北林学院学报，32(1)：74－81.
惠刚盈，胡艳波，赵中华，等. 2013. 基于交角的林木竞争指数. 林业科学，49(6)：68－73.
惠刚盈，胡艳波. 2001. 混交林树种空间隔离程度表达方式的研究. 林业科学研. 14(1)：177－181.
惠刚盈，克劳斯·冯佳多. 德国现代森林经营技术. 北京：中国科学技术出版社，2001.
惠刚盈，克劳斯·冯多佳，胡艳波等. 2007. 结构化森林经营. 北京：中国林业出版社.
惠刚盈，张弓乔，赵中华，等. 2016. 天然混交林最优林分状态的π值法则. 林业科学，52(5)：1－8.
惠刚盈，张连金，胡艳波，等. 2016. 林分拥挤度及其应用. 北京林业大学学报. 38(10)：1－6.
惠刚盈，赵中华，胡艳波，等. 2016. 我国西北主要天然林经营模式设计. 林业科学研究，29(2)：155－161.
惠刚盈，赵中华，张弓乔. 2016. 基于林分状态的天然林经营措施优先性研究. 北京林业大学学报，38(1)：1－10.
惠刚盈. 2013. 基于相邻木关系的林分空间结构参数应用研究. 北京林业大学学报，35(4)：1－8.
霍艳玲，金 辉，赵海玉，等. 2014. 杨桦中幼龄次生林结构与自然度的比较研究. 中南林业科技大学学报，34(12)：91－95.
蒋定生，黄国俊. 1984. 地面坡度对降雨入渗影响的模拟试验. 水土保持通报. 4(4)：10－13.
焦醒，刘广全. 黄土高原刺槐生长状况及其影响因子. 国际沙棘研究与开发，2009，6(2)：42－47.
金峰，杨浩，菜祖聪，等. 土壤有机碳密度及储量的统计研究. 土壤学报，2001，38(4)：522－528.
金鑫，亢新刚，胡万良，等. 2012. 辽东山区水源林多功能经营技术及模式. 林业实用技术，(02)：10－12.
井学辉，曹磊，郭仲军，等. 2015. 阿尔泰山小东沟林区植被随地形分布规律. 应用与环境生物学报，21(3)：533－539.
井学辉，曹磊，臧润国. 2013. 阿尔泰山小东沟林区乔木物种丰富度空间分布规律. 生态学报，33(9)：2886－2895.
井学辉，曹磊，刘云生，等. 2016. 阿尔泰山小东沟林区乔木地上部分生物量空间分布规律分析. 干旱区研究，33(3)：511－518.
雷志栋. 1992. 土壤水动力学. 北京：清华大学出版社.
李芳东，李宗然，周道顺，等. 1996. 兰考泡桐林分结构规律研究. Forest Research，2：114－120.
李贵祥，孟广涛. 2007. 抚育间伐对云南纯松林结构及物种多样性的影响研究. 西北林学院学报. 22(5)：164－167.

李鸿博，史锟. 2005. 不同植物过程土壤剖面有机碳含量和含水量研究. 大连铁道学院报，26(1)：92－95.

李金良，郑小贤. 2004. 北京地区水源涵养林健康评价指标体系的探讨. 林业资源管理，(01)：31－34.

李菁，骆有庆，石娟. 2012. 基于生物多样性保护的兴安落叶松与白桦最佳混交比例——以阿尔山林区为例. 生态学报，32(16)：4943－4949.

李军等. 2010. 黄土高原半干旱和半湿润地区刺槐林地生物量与土壤干燥化效应的模拟. 植物生态学报，34(3)，330－339.

李永宁，刘利民，崔立艳，等. 2014. 林冠开阔度对GNSS RTK在森林中定位可用性及初始化时间的影响. 林业科学，50(2)：78－84.

李永宁，高慧娟，霍艳玲，等. 2013. GNSS RTK在山区森林中定位的应用研究——以桦树次生林中的3种地形条件为例. 林业资源管理，5：125－130.

李永宁，刘丽颖，冯楷斌，等. 2016. 燕山北部白桦林剥皮木的空间分布特征及风折规律. 林业科学，52（01）：10－17.

李勇. 1995. 黄土高原植物根系与土壤抗冲性. 北京：科学出版社.

李玉霖，毛伟，赵学勇，等. 2010. 北方典型荒漠及荒漠化地区植物叶片氮磷化学计量特征研究. 环境科学，31（8）：1716－1725.

李远发，赵中华，胡艳波，等. 2012. 天然林经营效果评价方法及其应用. 林业科学研究，25(2)：123－129.

李征，韩琳，刘玉虹，等. 2012. 滨海盐地碱蓬不同生长阶段叶片C、N、P化学计量特征植物. 植物生态学报，36(10)：1054－1061.

李志刚，朱强，李健. 2012. 宁夏4种灌木光合固碳能力的比较. 草业科学，29(3)：352－357.

李智勇. 2001. 商品人工林可持续经营的环境成本研究. 中国农业大学博士学位论文

李周，徐智. 1984. 森林社会效益计量研究综述. 北京林学院学报，(4)：61－70.

连纲，郭旭东，傅伯杰，等. 2008. 黄土高原县域土壤养分空间变异特征及预测——以陕西省横山县为例. 土壤学报，45(4)：577－584.

梁会民，彭世揆，佘光辉. 2009. 森林可持续经营综合评价方法比较研究. 林业资源管理，(6)：34－38.

梁启鹏，余新晓，庞卓. 2010. 不同林分土壤有机碳密度研究. 生态环境学报，19(4)：889－893.

林新坚，王飞，王长方，等. 2012. 长期施肥对南方黄泥田冬春季杂草群落及其C、N、P化学计量的影响. 中国生态农业学报，20，573－577.

刘波，王力华，阴黎明等. 2010. 两种林龄文冠果叶N、P、K的季节变化及再吸收特征. 生态学杂志，29(7)：1270－1276.

刘波云，赵静，刘东兰，等. 2012. 金沟岭林场森林多功能评价指标体系构建. 中南林业科技大学学报，(12)：158－161.

刘东兰，郑小贤，李金良. 2004. 森林经营环境影响评价的探讨. 北京林业大学学报，26(2)：16－20.

刘凤娇，孙玉军. 2011. 林下植被生物量研究进展. 世界林业研究，24(2)：53－58.

刘海荣，宋力，鲜靖苹. 2009. 种常用灌木固碳释氧能力的比较研究. 安徽农业大学学报，36(2)：204－207.

刘红梅，吕世杰，刘清泉，等. 2015. 塔木素天然梭梭林空间分布及其林地地貌起伏变化的关系. 生态学杂志, 34(9): 2415 - 2423.
刘华, 佘春燕, 白志强, 等. 2016. 喀纳斯保护区西伯利亚云杉树干液流动态变化南京林业大学学报, 40(1): 64 - 71.
刘建立. 2008. 六盘山叠叠沟坡面生态水文过程与植被承载力研究. 中国林业科学研究院, 博士论文.
刘金福, 王笃志. 福建杉木人工林可变密度收获表编制方法的研究. 林业勘察设计, 1995, (2): 1 - 5.
刘金良, 于泽群, 张顺祥. 2014. 渭北黄土高原区刺槐人工林健康评价体系的构建. 西北农林科技大学学报(自然科学版), 42(6): 93 - 99.
刘丽颖, 马燕, 张绍轩, 等. 2014. 典型针阔混交林白桦生物量和碳储量研究. 林业资源管理, 3: 82 - 86.
刘旻霞, 朱柯嘉. 2013. 青藏高原东缘高寒草甸不同功能群植物氮磷化学计量特征研究. 中国草地学报, 35, 52 - 58.
刘盛, 李国伟. 2007. 林分碳贮量测算方法的研究. 北京林业大学学报, 29(4): 166 - 169.
刘霞, 张光灿, 江廷水, 等. 2000. 国内外公益林效益计量评价研究进展. 水土保持学报, (02): 95 - 100.
刘允芬, 欧阳华, 张宪洲, 等. 2000. 青藏高原农田生态系统碳平衡. 土壤学报, 39(5): 636 - 642.
卢振龙, 龚孝生. 2009. 灌木生物量测定的研究进展. 林业调查规划, 34(4): 37 - 40.
鲁绍伟, 刘凤芹, 余新晓, 等. 2006. 北京市八达岭林场森林生态系统健康性评价. 水土保持学报, (03): 79 - 82.
罗亚勇, 张宇, 张静辉, 等. 2012. 不同退化阶段高寒草甸土壤化学计量特征. 生态学杂志, 31(2): 254 - 260.
骆以明, 彭少麟. 1996. 农业生态系统分析. 广东: 科技出版社.
马香丽, 杨晋宇, 黄选瑞, 等. 2016. 塞罕坝落叶松纯林和混交林凋落物层中小型土壤动物群落特征. 四川农业大学学报, (02): 147 - 152.
马映栋, 刘文桢, 赵中华, 等. 2014. 小陇山锐齿栎林种群空间格局及关联性变化分析. 西北植物学报, 34(9): 1878 - 1886.
马长欣, 刘建军, 康博文, 等. 2010. 1999—2003年陕西省森林生态系统固碳释氧服务功能价值评估. 生态学报, (06): 1412 - 1422.
孟磊, 丁维新, 蔡祖聪, 等. 2005. 长期定量施肥对土壤有机碳储量和土壤呼吸影响. 地球科学进展, 20(6): 687 - 692.
明安刚, 贾宏炎, 陶怡, 等. 2012. 米老排人工林碳素积累特征及其分配格局. 生态学杂志, 31(11): 2730 - 2735.
莫菲, 于澎涛, 王彦辉, 等. 2009. 六盘山华北落叶松林和红桦林枯落物持水特征及其截持降雨过程. 生态学报, (06): 2868 - 2876.
慕长龙, 龚固堂. 2001. 长江中上游防护林体系综合效益的计量与评价. 四川林业科技, (01): 15 - 23.
欧阳叙回, 唐国垣. 1998. 浅谈森林生物多样性保护的意义. 中南林业调查规划, (03): 55 - 58.
彭道黎, 张志华, 靳云燕. 2006. 北京市生态公益林经营目标及指标体系的研究. 林业调查规划, (06): 16 - 19.
戎建涛, 雷相东, 张会儒, 等. 2012. 兼顾碳贮量和木材生产目标的森林经营规划研究. 西北林学院学报，(02)：155－162.

茹永强，哈登龙，熊林春，等. 2004. 鸡公山自然保护区森林生态系统服务功能及其价值初步研究. 河南农业大学学报，(02)：199－202.

苏占雄，石辉，郭晋伟，等. 2010. 利用数码照片估算灌木地上生物量的研究. 安徽农业科学，38(7)：3620－3624.

孙海静，张曼，崔丽红，等. 2014. 华北落叶松林土壤有机碳对择伐及人工更新的响应. 中南林业科技大学学报，34(9)：98－102.

孙海静，张玉谦，张玉珍，等. 2014. 择伐及人工更新对华北落叶松林下碳储量的影响. 林业资源管理. 3：58－65.

孙景翠，岳上植. 2010. 国有林区森林社会效益评价指标体系研究. 林业经济，(06)：26－32.

孙书存，钱能斌. 1999. 刺旋花种群形态参数的分析与亚灌木个体生物量建模. 应用生态学报，10(2)：155－158.

太田猛彦. 2005. 森林の原理. 日本林业调查会.

汤洁，韩维峥，李娜，等. 2010. 吉林西部草地生态系统不同退化演替阶段土壤有机碳变化研究. 生态环境学报，19(5)：1182－1185.

汤洁，张楠，李昭阳，等. 2011. 吉林西部不同土地利用类型的土壤有机碳垂向分布和碳密度. 吉林大学学报，41(4)：1151－1156.

童书振，盛炜彤，张建国. 2002. 杉木林分密度效应研究. 林业科学研究，15(1)：66－75.

王爱娟，章文波. 2009. 林冠截留降雨研究综述. 水土保持研究，16(4)：55－59.

王兵，魏文俊，冷泠. 2006. 宁夏六盘山不同森林类型土壤贮水与入渗研究. 内蒙古农业大学学报(自然科学版)，(03)：1－5.

王冬至，张冬燕，蒋凤玲，等. 2015. 塞罕坝华北落叶松人工林地位指数模型. 应用生态学报，26(11)：3413－3420.

王冬至，张冬燕，张志东，等. 2015. 冀北山区不同林龄落叶松人工林林分结构及更新. 中南林业大学学报，35(10)：33－39.

王冬至，张志东，牟洪香，等. 2015. 结构方程模型在落叶松林经营中的应用. 北京林业大学学报，37(3)：69－75.

王宏翔，胡艳波，赵中华. 2013. 树种空间多样性(TSS)的简洁预估方法，西北林学院学报，28(4)：184－187.

王计平，蔚奴平，丁易，等. 2013. 森林植被对积雪分配及其消融影响研究综述. 自然资源学报，28(10)：1808－1816.

王娟婷，王乃江. 2014. 辽东栎幼苗的生长规律研究. 北方园艺，08：64－68.

王磊，孙长忠，周彬. 2016. 北京九龙山不同结构侧柏人工纯林降水的再分配. 林业科学研究，29(5)：752－758.

王蕾，张宏，哈斯，等. 2004. 基于冠幅直径和植株高度的灌木地上生物量估测方法研究. 北京师范大学学报(自然科学版)，40(5)：700－704.

王蕾，张景群，王晓芳，等. 2010. 黄土高原两种人工林幼林生态系统碳汇能力评价. 东北林业大学学报，38(7)：75－78.

王礼先. 1995. 水土保持学. 北京：中国林业出版社.

王柳，段英，周静. 2010. 基于遥感的珠江三角洲森林固碳释氧效应变化分析. 贵州师范大学学报(自然科学版)，(02)：36－39.

王梅，张文辉. 2009. 不同密度油松人工林生长更新状况及群落结构. 西北农林科技大学学报(自然科学版)，(07)：75－80.

王乃江，白黎琼，王娟婷，等. 2013. 黄土高原主要造林树种种子吸水特性研究. 种子，32(11)：11－15.

王群. 2009. 森林经营与生物多样性保护分析. 河北农业科学，(08)：66－67.

王艳，王迪海，于泽群，等. 2014. 黄土区不同密度侧柏人工林树冠二维特征的差异. 西北林学院学报，29(3)：125－128.

王云霓，曹恭祥，王彦辉，等. 2015. 宁夏六盘山华北落叶松人工林植被碳密度特征. 林业科学，51(10)：10－16.

王忠诚，王淮永，华华，等. 2013. 鹰嘴界自然保护区不同森林类型固碳释氧功能研究. 中南林业科技大学学报，(07)：98－101.

魏小平，赵长明，王根轩，等. 2005. 民勤荒漠绿洲过渡带优势植物地上和地下生物量的估测模型. 植物生态学报，29(6)：878－883.

温远光，陈放，刘世荣，等. 2008. 广西桉树人工林物种多样性与生物量关系. 林业科学，(04)：14－19.

温远光，郑羡，李明臣，等. 2009. 广西桉树林取代马尾松林对土壤理化性质的影响. 北京林业大学学报，(06)：145－148.

温远光. 1998. 大明山不同环境梯度植被的物种多样性研究. 广西农业大学学报，(02)：131－137.

吴建国，张小全，徐德应. 2004. 土地利用变化对土壤有机碳贮量的影响. 应用生态学报，15(4)：593－599.

吴秀花，刘清泉，郭永盛，等. 2014. 基于照相技术的枸杞地上生物量模型研究. 林业调查规划，39(5)：20－24.

吴秀花，刘清泉，郭永盛，等. 2015. 托克托县不同土地利用类型土壤有机碳和碳密度分布. 林业调查规划，40(2)：49－53.

吴秀花，魏春光，陈实，等. 2017. 枸杞木虱在枸杞植株上的发生规律及初步调查. 中国森林病虫，36(1)：39－42.

吴秀花，杨荣，刘丽英，等. 2017. 白枸杞瘤螨的虫瘿特点、分布及对枸杞的危害. 植物保护，43(1)：135－139.

夏忠胜，曾伟生，朱松，等. 2012. 贵州省人工杉木立木材积方程研建. 北京林业大学学报，(01)：1－5.

项文化，田大伦，闫文德. 2003. 森林生物量与生产力研究综述. 中南林业调查规划，22(3)：57－60.

肖兴威. 2006. 中国森林生物量与生产力的研究. 肖兴威. 东北林业大学.

徐曙娟. 2006. 多功能林分的效益评价问题探讨. 江苏林业科技，(06)：47－50.

徐文科. 2001. 黑龙江省带岭林业局森林生态系统经营多目标决策. [硕士东北林业大学.

许浩，张源润，胡天华，季波，何建龙，蔡进军，王继飞. 2013. 宁夏贺兰山自然保护区油松林碳储量及分布格局. 生态环境学报，(11)：1785－1789.

许洪军，于立忠，黄选瑞，等. 2015 辽东山区次生林与人工林大型地表节肢动物多样性. 生态学杂志，34(3)：727－735.

杨传金，杨帆，梅浩，等. 2012. 区域森林碳储量估算方法概述. 中南林业调查规划，(03)：62－66.

杨景成，韩兴国，黄建辉，等. 2003. 土地利用变化对陆地生态系统贮量的影响. 应用生态学报，14(8)：1385－1390.

杨昆，管东生. 2007. 森林林下植被生物量收获的样方选择和模型. 生态学报，27(2)：705－714.

杨荣，杨宏伟，刘丽英，等. 2017. 不同林分山杏灌木林枯落物持水性能研究. 西北农林科技大学学报，45(2)：96－102.

杨晓梅，程积民，孟蕾，等. 2010. 不同林地土壤有机碳储量及垂直分布特征. 中国农学通报，26(9)：132－135.

杨学军，姜志林. 2001. 溧阳地区森林景观的生物多样性评价. 生态学报，(04)：671－675.

姚先铭，康文星. 2007. 城市森林社会服务功能价值评价指标与方法探讨. 世界林业研究，(04)：67－71.

叶高，刘华，白志强，等. 2014. 喀纳斯自然保护区3种天然林分土壤呼吸速率的动态变化. 东北林业大学学报，42(3)：77－80.

殷鸣放，郑小贤，殷炜达. 2012. 森林多功能评价与表达方法. 东北林业大学学报，(06)：23－25.

尤健健，张文辉，邓磊. 2015. 油松中龄林间伐的密度效应. 西北林学院学报，30(1)：172－ 17.

于泽群，刘金良，杨婷婷，等. 2014. 渭北黄土高原侧柏人工林种子雨和种子库研究. 西北农林科技大学学报(自然科学版)，42(6)：85－92.

余碧云，张文辉，何婷，等. 2014. 秦岭南坡林窗大小对栓皮栎实生苗构型的影响. 应用生态学报，12：3399－3406.

余新晓，周彬，吕锡芝，等. 2012. 基于InVEST模型的北京山区森林水源涵养功能评估. 林业科学，(10)：1－5.

袁立敏，闫德仁，王熠青，等. 2011. 沙地樟子松人工林碳储量研究. 内蒙古林业科技[J]. 37(1)：9－13

张邦文，欧阳杰，金苏蓉，等. 2014. 兴国县飞播马尾松林多功能经营评价. 林业科技开发，(01)：50－54.

张帆，刘华，方岳，等. 2014. 新疆阿尔泰山地天然针叶林林分空间结构特征. 安徽农业大学学报，41(4)：629－635.

张弓乔，惠刚盈. 2015. Voronoi多边形的边数分布规律及其在林木格局分析中的应用. 北京林业大学学报，37(4)：1－6.

张国盛，黄高宝，ChanYin. 2005. 农田土壤有机碳固定潜力研究进展. 生态学报，25(2)：351－357.

张海清，刘琪璟，陆佩玲，等. 2005. 千烟洲试验站几种常见灌木生物量估测. 林业调查规划，30(5)：43－49.

张劲峰，Jeannette Van Rijsoort，周鸿，等. 2006. 生物多样性保护的新概念：参与性自然资源监测. 北京林业大学学报(社会科学版)，(04)：60－64.

张敬. 2001. 森林多种效益的计量方法探讨. 内蒙古林业调查设计，(S1)：55－56.

张均. 2010. 多功能人工林造林密度设计的探讨安徽林业，(04)：81－82.

张连金，孙长忠，辛学兵，等. 2014. 基于改进TOPSIS法的北京九龙山森林功能评价. 林业科学研究，(05)：644－650.

张连金，惠刚盈，孙长忠. 2011. 马尾松人工林首次间伐年龄的研究. 中南林业科技大学学报，31(6)：22－27.

张连金，赖光辉，孔颖，等. 2016. 基于因子分析法的北京九龙山土壤质量评价. 西北林学院学报 31

(3)：7－14.

张连金，赖光辉，孙长忠，等. 2016. 北京九龙山土壤质量综合评价. 森林与环境学报，36(1)：22－29.

张连金，赖光辉，孙长忠，等. 2017. 北京九龙山不同林分土壤肥力诊断与综合评价，中南林业科技大学学报，37(1)：1－6.

张连金，孙长忠，胡艳波，等. 2015. 北京九龙山侧柏人工林空间结构多样性. 生态学杂志，34(1)：60－69.

张曼，高兴九，孙海静，等. 2014. 冀北山地杨桦次生林不同林层的空间结构特征. 东北林业大学学报，42(9)：33－38.

张曼，刘相兵，王丽华，等. 2012. 河北省孟滦林场华北落叶松白桦混交林空间结构分析. 河北林果研究，27(3)：249－254.

张润涛，刘双秀. 2008. 浅谈实现森林可持续经营的途径. 林业科技情报，(04)：12－13.

张树梓，李梅，张志东，等. 2013. 不同林分改造措施对华北落叶松人工林群落稳定性的影响. 林业资源管理，6：96－101.

张树梓，李梅，张树彬，等. 2014. 塞罕坝华北落叶松人工林天然更新影响因子. 生态学报，16：5403－5411.

张树梓，李梅，张树彬，等. 2015. 塞罕坝华北落叶松人工林天然更新影响因子分析. 生态学报，35(16)：1－12.

张树梓，李梅，张志东，等. 2013. 不同林分改造措施对华北落叶松人工林群落稳定性的影响. 林业资源管理，6：96－101.

张彦雷. 2014. 山西太岳山油松人工林多功能快速评价研究. [硕士]北京林业大学.

张愿，马长明. 2014. 华北落叶松人工林凋落物储量及其持水特性. 林业资源管理，6：64－70.

张智光，竺杏月. 2006. 森林资源—环境—经济复合大系统可持续发展优化模型及其应用. 中国人口、资源与环境，16(6)：85－89.

赵红宇. 2011. 林业在生态建设中的特殊地位. 内蒙古林业调查设计，(06)：6－128.

赵萱，李海梅. 2009.11 种地被植物固碳释氧与降温增湿效益研究. 江西农业学报，21(1)：41－47.

赵学明，刘东兰，郑小贤. 2010. 北京八达岭林场森林多功能评价指标体系探讨. 林业资源管理，(03)：45－48.

赵中华，白登忠，惠刚盈，等. 2013. 小陇山实施不同经营措施锐齿栎天然林物种多样性研究. 林业科学研究，26(3)：326－331.

赵中华，惠刚盈，胡艳波，等. 2014. 基于大小比数的林分空间优势度表达方法及其应用. 北京林业大学学报，36(1)：78－82.

郑绍伟，唐敏，邹俊辉，等. 2007. 灌木群落用生物量研究综述. 成都大学学报(自然科学版)，26(3)：189－192.

郑郁善，林开敏，黄祖清，等. 1993. 造林模式效益评价的综合决策研究. 福建林学院学报，(04)：394－400.

周彬. 2013. 太岳山油松林人工林水文特征研究. [硕士]北京林业大学.

周国模，吴家森，姜培坤. 2006. 不同管理模式对毛竹林碳贮量的影响. 北京林业大学学报，28(6)：51－55.

周洁敏，寇文正. 2011. 区域森林生产力评价的分析. 南京林业大学学报(自然科学版)，(01)：1－5.

朱绍文，张立，孙春林. 2003. 八达岭林场森林资源价值评估及生态效益经济补偿的初步探讨. 北京林业大学学报，(S1)：71－74.

竺杏月. 2004. 江苏省森林资源－环境－经济复合系统(FEES)可持续发展的评价与优化. 南京林业大学.